铜铟硫基量子点敏化太阳能电池

$CuInS_2$ Based Quantum Dot Sensitized Solar Cells

彭卓寅　李微　汤玉婷　著

化学工业出版社
·北京·

内容简介

本书主要介绍了 $CuInS_2$ 基量子点敏化太阳能电池结构优化及性能评价技术，在阐述量子点敏化太阳能电池工作原理的基础上，从量子点的制备技术及量子点敏化太阳能电池的优化技术等研究角度出发，重点阐述了量子点敏化太阳能电池的敏化技术、后处理技术、钝化技术、结构调控及对电极开发对电池性能的影响。本书共 10 章，是 $CuInS_2/TiO_2$ 基量子点敏化太阳能电池领域科研成果的一个汇编和总结，可供从事量子点太阳能电池、新能源材料、光伏发电等领域的科研人员与技术人员参考，也可供高等学校相关专业的师生参阅。

图书在版编目（CIP）数据

铜铟硫基量子点敏化太阳能电池/彭卓寅，李微，汤玉婷著. —北京：化学工业出版社，2023.6

ISBN 978-7-122-43765-5

Ⅰ.①铜… Ⅱ.①彭… ②李…③汤… Ⅲ.①太阳能电池-研究 Ⅳ.① TM914.4

中国国家版本馆CIP数据核字（2023）第155438号

责任编辑：高 宁 仇志刚　　装帧设计：王晓宇

责任校对：杜杏然

出版发行：化学工业出版社（北京市东城区青年湖南街 13 号　邮政编码 100011）

印　　装：北京建宏印刷有限公司

710mm×1000mm 1/16 印张 14¾ 字数 277 千字 2023 年 6 月北京第 1 版第 1 次印刷

购书咨询：010-64518888　　售后服务：010-64518899

网　　址：http://www.cip.com.cn

凡购买本书，如有缺损质量问题，本社销售中心负责调换。

定　　价：98.00 元

前言

PREFACE

随着国家“双碳”战略的推进，高效太阳能利用技术成了新能源产业发展的重点。太阳能电池是实现光伏发电的核心部件，是国内外研究人员关注的焦点。晶硅太阳能电池是目前商业化最广泛的电池，然而其制造成本已经无法满足光伏发电平价上网和竞价上网的需求，亟待进一步加速传统晶硅太阳能电池的技术创新和低成本、高效率新型太阳能电池的产业化进程。

量子点太阳能电池具有化学稳定性好、多激子效应、量子尺寸效应等优点，单节太阳能电池的理论效率能够达到45%，同时也能通过叠层增效，应用前景广泛。其中，$CuInS_2/TiO_2$ 基量子点敏化太阳能电池是国内外学者的研究重点之一。然而，目前 $CuInS_2/TiO_2$ 基量子点敏化太阳能电池的光电转换效率还无法达到大规模产业化的要求，量子点敏化太阳能电池的电荷产生和电荷传输效率问题亟待解决。

本书主要介绍了 $CuInS_2$ 基量子点敏化太阳能电池结构优化及性能评价技术，在阐述量子点敏化太阳能电池工作原理的基础上，从量子点的制备技术及量子点敏化太阳能电池的优化技术等研究角度出发，重点阐述了量子点敏化太阳能电池的敏化技术、后处理技术、钝化技术、结构调控及对电极开发对电池性能的影响。全书文字简洁易懂，具有前瞻性的科学借鉴价值和实践指导意义。

本书反映了作者及同行们的最新研究成果，是对 $CuInS_2/TiO_2$ 基量子点敏化太阳能电池领域科研成果的一个汇编和总结，极具参考价值，可供从事量子点太阳能电池、新能源材料、光伏发电等领域的科研人员与技术人员参考，也可供高等学校相关专业的师生参阅。

特向参与编写本著作的编者表示衷心的祝贺和感谢，相信本书能够推动我国新能源产业进一步发展，为国家“双碳”战略目标提供支持。

彭卓寅

2023 年 5 月

目录

CONTENTS

第1章 绪论

1.1 概述

随着人类文明社会的持续发展，世界人口不断增长，未来需要更多的电量维持人类社会的可持续发展。然而，这一日益增长的电力需求必然需要消耗更多的资源。据相关部门预计，到2060年世界能源需求量将比现在翻三番。当今世界，煤炭、石油和核能是主要的能源源头[1-4]。然而，全球的煤炭和石油资源是有限的，在不久的将来，煤炭和石油等燃料将不能够满足全球能源的需求。与此同时，煤炭和石油等燃料的燃烧每年会释放出近7亿吨的二氧化碳气体到大气中，而二氧化碳是一种温室气体，它的大规模排放是造成全球气温上升的主要原因之一。这种能源消耗而造成的二氧化碳气体的增加对地球上的生命造成潜在的威胁。相比起来，核能的利用表面上能够有效地解决能源问题，但是通过核能发电存在巨大的安全隐患，近年来连续出现的核电站泄漏等问题对人类社会造成巨大的灾难。由于不断增长的能源消耗和对环境的负面影响，可再生能源的利用对人类社会开始变得日益重要[5-7]。从图1-1中可以看出，随着时间的推移，煤炭、石油、天然气和铀矿等不可再生能源将逐渐减少，风能、水能、生物质能和太阳能等可再生能源将逐渐被应用作为人类社会的主要能源。在这些可再生能源中，最具有吸引力的替代能源就是太阳能。

太阳能源自太阳的核聚变反应辐射产生的光能和热能，能够有效地覆盖整个地球表面。并且太阳能取之不尽，用之不竭，清洁无污染，使用安全，能够完全取代煤炭、石油和天然气等燃料来提供能源。近年来，太阳能发电已经成为国内外科学家和工程师的研究重点[8-11]。相比于受到几何模型限制的太阳能热发电设施，太阳能光伏发电作为一种简单、可靠和持久的技术飞速发展，并且太阳能电池设施已经大量应用到科研以及人们的日常工作和生活中，如宇宙空间开发能源、太阳能电池幕墙、太阳能电池路灯等，这既解决了能源短缺问题又能减轻生态环境的压力。随着科技的进步，如今的太阳能电池依旧作为研究热点，朝着高效率、低成本、高稳定性和环境友好型的绿色光伏器件的方向发展。

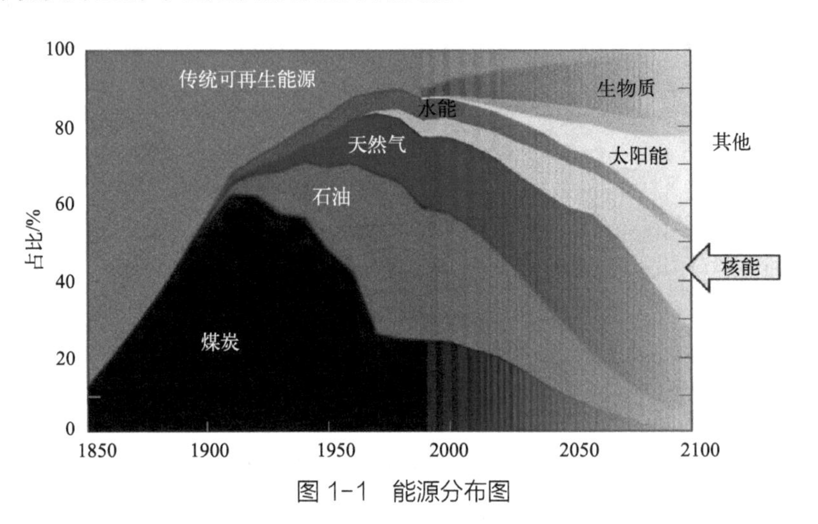

图 1-1　能源分布图

1.2　太阳能电池的分类

太阳能电池是一种通过光电效应直接把太阳光能转化成电能的装置，它的基本要求就是能持久有序地吸收光并且通过光电效应产生电子 - 空穴流动。而半导体材料尤其是纳米半导体材料能够有效地满足这个要求。众所周知，不同的半导体具有不同的本征禁带宽度，这样能够有利于它们在太阳光光谱范围内吸收不同波长的光子，进而产生光生电子 - 空穴对，所产生的光生电子和空穴在半导体晶格或者太阳能电池整个系统中流动，最终实现光能向电能的转化。基于此基础理论，国内外研究者进行了几十年的深入研究，并且组装出一系列新型太阳能电池，进行了大面积的工业化生产 [12,13]。

随着对太阳能电池研究的日益深入，各种各样新型的太阳能电池都被开发出来，根据目前各研究者所探索的材料，主要可以分为硅系太阳能电池、无机薄膜太阳能电池、有机薄膜太阳能电池、染料敏化太阳能电池、钙钛矿太阳能电池、量子点敏化太阳能电池等 [14]。

（1）硅系太阳能电池

在太阳能电池的初期研究中，硅系太阳能电池是被最早开发出来的，并且也是当前工业生产和应用中最广泛的一种太阳能电池 [15,16]。硅系太阳能电池可分为三类，分别为单晶硅、多晶硅和非晶硅薄膜[17-23]。其中单晶硅太阳能电池的生产技术较为成熟，光电转换效率较高，如今在生产应用中已经能达到25%，但是烦琐的制作工艺和高昂的成本很大程度限制了单晶硅太阳能电池的广泛应用[24-26]。非晶硅薄膜太阳能电池虽然成本低，重量轻，但是其光电转换效率只有10%，并且稳定性不够，存在一定的效率衰减[27]。相比之下，多晶硅太阳能电池成本比单晶硅太阳能电池要低，光电转换效率超过22%，有望通过进一步研究来提高效率[28,29]。因此，重点开发多晶硅太阳能电池在未来太阳能电池应用研究中占主导作用。

（2）无机薄膜太阳能电池

由于硅系太阳能电池价格高昂，国内外学者在探索太阳能电池的道路中研究出了新型无机薄膜太阳能电池用于取代硅系太阳能电池，研究最为广泛的主要是镉系（CdX，X=S、Se、Te）、砷化镓系及铜铟（镓）硒系薄膜太阳能电池[30-37]。其中镉系薄膜太阳能电池现阶段的光电转换效率超过22%，但是镉有毒，对环境有较大的影响[38]。而砷化镓系薄膜太阳能电池的光电转换效率较高，可以达到28.3%[39]，其复合薄膜GaInP/GaAs/GaInAs太阳能电池光电转换效率可以达到36.9%[40]，但是制作所需材料的价格比较昂贵，只能用于特殊的用途。而铜铟（镓）硒系薄膜太阳能电池，因其独特的光学性能非常适合作为光伏器件，并且不存在效率衰退的问题，其光电转换效率现为20.3%[41]，虽然利用的是稀有金属材料作为原料，但铜铟（镓）硒系薄膜在光电转换效率上的潜能使得该薄膜太阳能电池成了一个重点发展方向。

（3）有机薄膜太阳能电池

为了进一步降低太阳能电池的制作成本，并且制作出更为轻便的柔性太阳能电池产品，近年来有机薄膜太阳能电池也逐渐成为一个新的研究方向。然而，由于有机材料在光热条件下的不稳定性及寿命问题，在长期研究过程中有机薄膜太阳能电池的光电转换效率一直不高。随着国内外学者对新型有机高分子材料的进一步开发，有机薄膜太阳能电池的光电转换效率在近两年达到一个新的高度（19%）[42-46]。与硅系太阳能电池相比，其光电转换效率还是较低，有机薄膜太阳能电池依然要在未来的产业化道路中长时间探索。

（4）染料敏化太阳能电池

随着国内外研究学者对半导体薄膜太阳能电池的研究日益加深，通过引入光敏化剂而发展的第三代纳米晶薄膜太阳能电池也成为近十年来的研究热点，其中染料敏化太阳能电池就是研究重点之一。染料敏化太阳能电池的研究开始于20世纪80年代初，但是当时太阳能电池的效率还不到1%，直到1991年，M. Grätzel和B. O. Regan以价格便宜和比表面积高的二氧化钛纳米颗粒为基础制作染料敏化太阳能电池，并且使其光电转换效率达到8%[47]，这是第一个实现纳米技术的光电转换器件。

在接下来的近二十年中，Grätzel 小组通过对光阳极制作工艺的研究，将染料敏化太阳能电池的效率提高到 10%[48-50]；通过调制不同组成的电解液进一步提高效率至 11.4%[51]；通过研制不同光吸收能力的染料光敏化剂将效率提高到 12.3%[52]。与传统的硅系太阳能电池相比，染料敏化太阳能电池成本更低，制作更简单，可制成柔性太阳能电池。虽然染料敏化太阳能电池已具备商业化的基础条件，但是染料敏化剂的价格还是比较昂贵，并且染料的光稳定性较差，光电转换效率需要进一步提高，这些问题依旧需要进一步深入研究。

（5）钙钛矿太阳能电池

钙钛矿太阳能电池是一种新型太阳能电池，其包括钙钛矿结构的化合物，最常用的是杂化有机 - 无机铅或锡卤化物类材料，作为吸光层。钙钛矿材料，如甲基铵卤化铅和全无机卤化铯，成本低且易于制造。金属卤化物钙钛矿具有独特的功能，使其可用于太阳能电池。所使用的原材料以及可能的制造方法（例如各种印刷技术）都是低成本的。它们的高吸收系数使大约 500nm 的超薄薄膜能够吸收完整的可见太阳光谱。这些特征的结合导致创造低成本、高效率、薄型、轻量和柔性太阳能模块的可能性。钙钛矿太阳能电池是目前发展最快的太阳能技术，其单结太阳能电池效率从 2009 年的 3.8% 提高到 2022 年的 25.8%[53,54]。然而，钙钛矿太阳能电池的稳定性亟待提升。目前，国内著名电池生产厂商保利协鑫、宁德时代已经开始进行钙钛矿太阳能电池的产业化研究，有望进一步推动钙钛矿太阳能电池商业化发展。

（6）量子点敏化太阳能电池

在第三代纳米晶太阳能薄膜电池的研究中，量子点敏化太阳能电池近年来被视为染料敏化太阳能电池的替代者，受到国内外研究学者的广泛关注 [55,56]。它与染料敏化太阳能电池不同点在于采用不同的量子点来替代有机染料作为光吸收体，并且通过调整不同的量子点组成、尺寸及结构来实现全太阳光光谱吸收，进而产生更多的光生电子 [57]。与此同时，量子点敏化太阳能电池同样制作简单，可制成柔性太阳能电池，而且不需要使用价格高昂的染料敏化剂。因此，深入探索量子点敏化太阳能电池以研制高效太阳能电池具有非常重要的意义。

1.3 量子点敏化太阳能电池的研究概况

1.3.1 半导体量子点的特性

半导体纳米晶体是尺寸在 1 ～ 10nm 的结晶颗粒。这些颗粒尺寸通常小于电荷载流子的波尔半径，因此这些半导体纳米晶体的电子能级由于量子限制的因素而受到尺寸变化的影响，这些半导体纳米晶体被称为量子点。Ⅱ - Ⅵ、Ⅲ - Ⅴ、Ⅳ - Ⅵ和Ⅳ族半导体通常被制备成半导体量子点材料，它们会展现出不同于本征半导体的独特的性能。在过去几十年中，半导体量子点被深入研究，并且由于其独特的性能应用到许多新型的纳米器件中，如发光二极管、场效应晶体管、生物探针和太阳能电池[58-68]。综合国内外学者对半导体量子点的研究可以发现，半导体量子点具有几个独特的物理化学性能，并且这些特性能够有效地应用到太阳能电池中来提高其光电转换效率。

（1）量子尺寸效应[69-73]

当粒子尺寸下降到某一数值时，费米能级附近的电子能级由准连续变为离散能级或者能隙变宽，同时伴随着吸收光谱变化的现象，这就是量子尺寸效应。从图 1-2 中不同尺寸的 CdSe 和 PbS 光吸收边界可以看出，量子点的光吸收范围随着颗粒尺寸的减小或增大会发生蓝移或红移现象[74,75]。因此，通过调整量子点的尺寸可以实现紫外、可见和红外光区的有效吸收，这对太阳能电池的光吸收性能调控具有非常重要的意义。从图 1-3 中可见，由不同的量子点作为敏化剂制作的光阳极光吸收范围随着尺寸的增加逐渐向可见光区延伸。此外，量子点的能隙宽度也随着尺寸的减小而增大[76]。

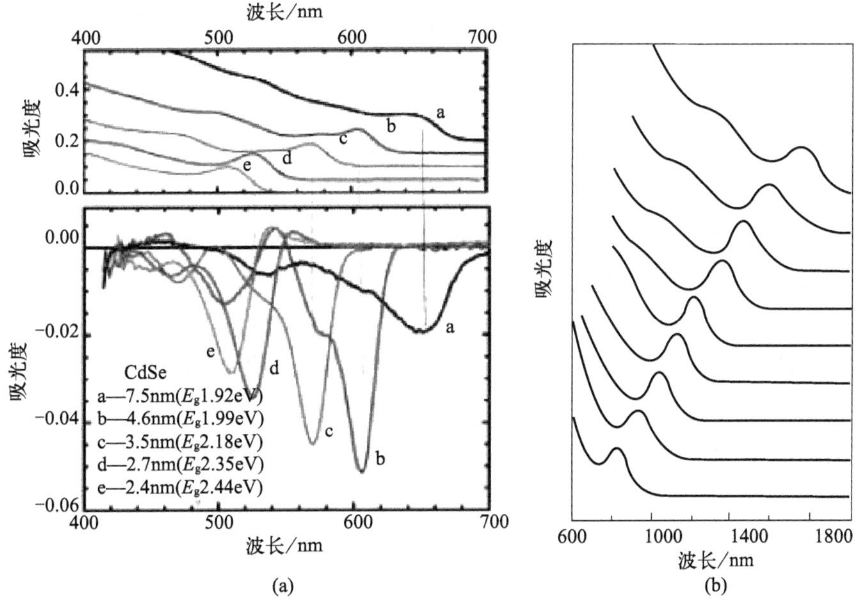

图 1-2　(a) 不同尺寸 CdSe 的光学性能；(b) 不同尺寸 PbS 的光学性能[74,75]

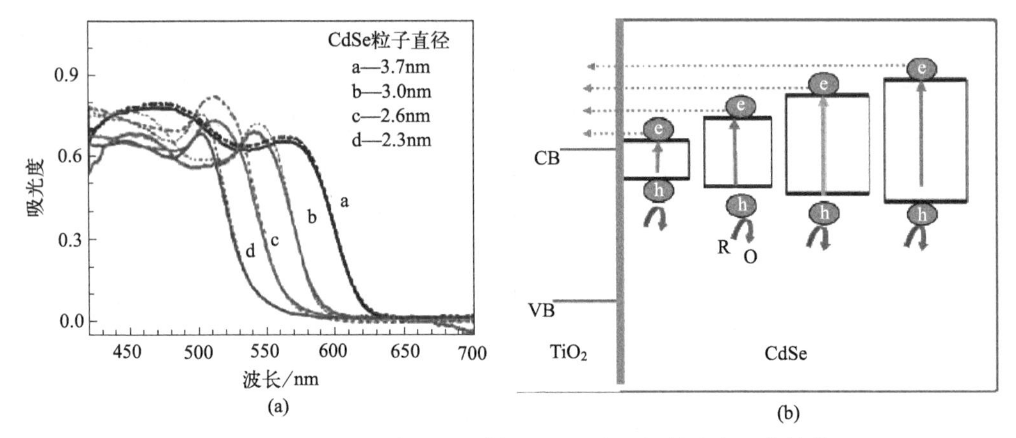

图 1-3 (a) 不同尺寸 CdSe 敏化 TiO_2 光阳极的光学吸收性能；
(b) 不同尺寸 CdSe 敏化 TiO_2 光阳极的能带图 [76]

（2）量子限域效应 [77-79]

量子点尺寸的改变影响其对光的吸收系数，当量子点的尺寸逐渐减小，小于激子的波尔半径尺寸时，其电子就会被限制在一个狭小的空间内，所有方向上的势垒能级都受到限制，因此很容易形成激子并产生激子吸收带。随着量子点尺寸的继续减小，所形成的激子继续增加，进而使得激子对光的吸收系数逐渐增强，从而扩大了其对光吸收系数的范围，这就是量子限域效应的影响。

1986 年，Brus 用函数表达式有效地诠释了半导体量子点带隙能量与半径之间的关系 [80]，见式（1-1）：

$$E(R)=E_{\mathrm{g}}^{\mathrm{bulk}}+\frac{h^2\pi^2}{2\mathrm{e}R^2}\left(\frac{1}{m_{\mathrm{e}}}+\frac{1}{m_{\mathrm{h}}}\right)-\frac{1.8\mathrm{e}}{4\pi\varepsilon r}-\frac{0.124\mathrm{e}^3}{h^2(4\pi\varepsilon)^2}\left(\frac{1}{m_{\mathrm{e}}}+\frac{1}{m_{\mathrm{h}}}\right)^{-1} \tag{1-1}$$

式中，R 为量子点的尺寸；$E_{\mathrm{g}}^{\mathrm{bulk}}$ 为量子点的本征禁带能级；h 为普朗克常数；m_{e} 为电子的有效质量；m_{h} 为空穴的有效质量；ε 为介电常数。式中右侧第二项和第三项分别为量子限域电子 - 空穴的能量和量子限域库仑引力的能量，根据不同量子尺寸而引起激发光的吸收和发射导致能量带系的转移，如红移和蓝移现象 [81-83]。该函数准确地证明量子点的有效带隙能量由尺寸所决定，同时也决定了量子点的电学和光学性能。通过控制不同的量子点尺寸能够有效地调整其光吸收系数强度和范围，其应用到量子点太阳能电池中对光谱吸收能力具有非常重要的作用。

（3）超快电子传导 [84-91]

半导体量子点在光吸收之后所产生的电子或空穴能够在数飞秒或数皮秒内有效地传输至接收载体的表面。在量子点太阳能电池的应用中，通过光生电子和空穴的有效分离，光生电子超快的传输速度更有利于光电流密度的提高。从图 1-4 中可见，光生电子在 CdSe 量子点与电子接收载体之间具有超快的传输速度（约 70fs），并且能有效地分离电子 - 空穴对 [92]。

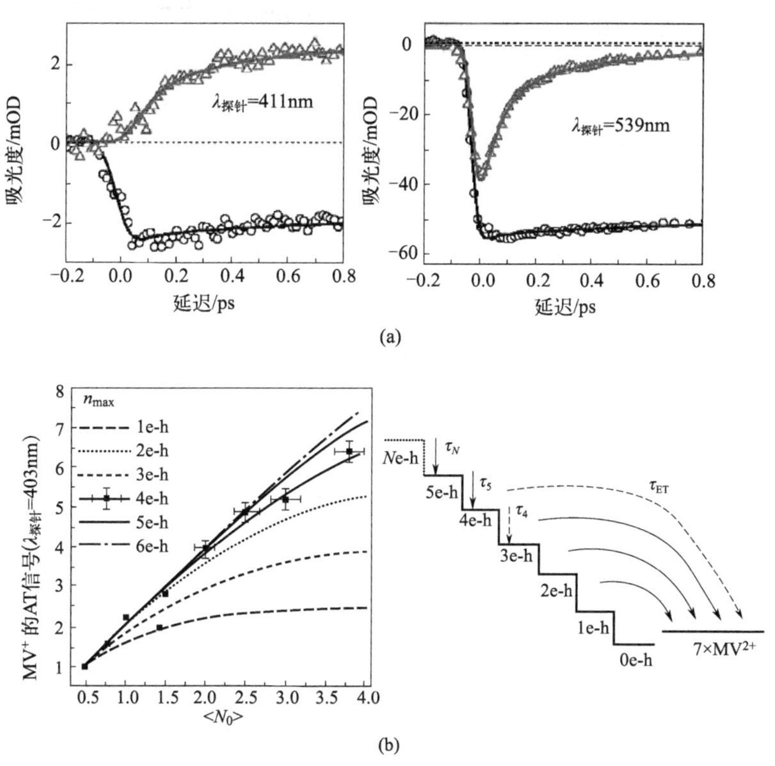

图 1-4 (a) CdSe 量子点光吸收动力学谱图；(b) CdSe 量子点电子传输示意图 [92]

（4）多激子激发 [93-97]

在传统的太阳能电池中，当太阳光的光子能量高于半导体带隙的时候产生电子 - 空穴，并且在很短的时间内失去能量而限制了传统太阳能电池的理论效率。而在纳米半导体中，电子或空穴的能量随着碰撞过程发生转移，使得电子或空穴发生跃迁或者回到低能态，所释放的能量能激发另外的电子 - 空穴对，这就是俄歇复合和碰撞离子化过程。通过碰撞离子化过程能有效激发更多的激子，并且随着半导体量子点尺寸的减小而增强。从图 1-5 中可见，半导体 PbSe 量子点在光照条件下激发电子 - 空穴对，电子 - 空穴对经过俄歇复合和碰撞离子化过程，进而产生更多的电子 - 空穴对。研究表明，光子激发激子效率可达到 700%，量子点太阳能电池的理论效率可达 66%。因此，利用半导体量子点独特的多激子激发效应，能更有效地增加电子的产生量，提高光电流密度 [98]。

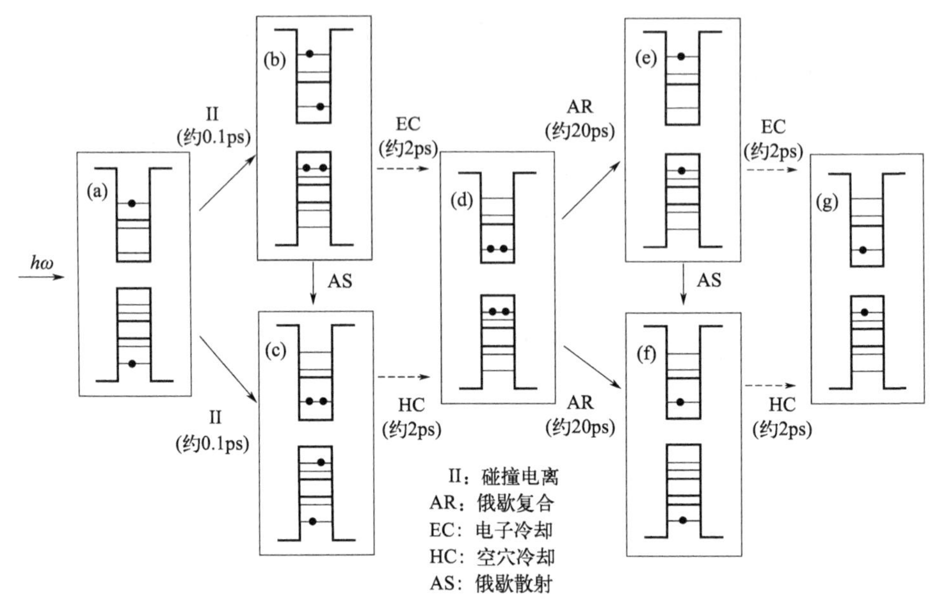

图 1-5　多激子激发过程的示意图[98]

1.3.2　量子点敏化太阳能电池的研究现状

在量子点敏化太阳能电池具备高效理论效率的前提下，国内外学者在近十几年中对量子点敏化太阳能电池进行了全面的探索研究，量子点敏化太阳能电池的光电转换效率也在稳步提升。在众多的探索中，量子点敏化太阳能电池的研究重点主要集中在以下几个方面：

（1）量子点的选择

由于半导体量子点独特的物理化学性能，越来越多的研究者将各种各样的材料制备成为量子点材料。受到材料本征带隙及光学性能的影响，其中能有效作为太阳能电池的量子点敏化剂的主要是二元过渡金属硫系化合物（A_xB_y，A = Cd、Pb、Ag、Sn 等，B = S、Se、Te）[99-115]、二元过渡金属磷系化合物（A_xB_y，A = In、Ga，B = P、As）[116-121] 及三元过渡金属硫系化合物（ABC_y，A = Cu、Ag，B = In，C = S、Se）[122-130]。

在量子点敏化太阳能电池的探索过程中，二元过渡金属硫系化合物敏化剂发展得最好，特别是 Cd 系和 Pb 系敏化剂获得了较好的光电转换效率。CdX（X = S、Se、Te）材料是一种优良的光学材料，将其作为半导体量子点敏化剂能有效地改善太阳能电池的效率。以 TiO_2 纳米颗粒为光阳极的基底材料为例，研究初期，CdSe 量子点敏化太阳能电池效率为 1%[131]；采用两步法制备的 CdSe 量子点敏化太阳能电池效率提升到2.65%[132]，随后进一步提高至3.91%[133]；通过调整电解液制备出填充因子为0.89的CdS量子点敏化太阳能电池，效率达到3.2%[134]。

PbX（X = S、Se）是一种能吸收红外光的材料，通过合成不同结构尺寸的PbX量子点可更有效地增强光吸收。采用PbS量子点敏化TiO_2纳米晶太阳能电池效率为1.23%[135]；通过改善制备工艺，PbS量子点敏化太阳能电池效率可达2%[136]。另外，还有一些二元过渡金属硫系量子点也被研究探索。以Ag_2Se为敏化剂制备量子点敏化太阳能电池，效率为3.03%[137]；以$SnSe_2$为敏化剂制备量子点敏化太阳能电池，效率为0.12%[114]；以$CuInS_2$为敏化剂制备量子点敏化太阳能电池，效率为2.43%[138]。

在二元过渡金属磷系化合物中，InP和InAs量子点也被研究，采用InP制备的量子点敏化太阳能电池能有效提高光电流响应[139-141]；采用InAs改进的量子点敏化太阳能电池效率为0.3%[142,143]。

从上述研究成果可以看出，CdX系量子点敏化太阳能电池具有较高的效率，但其本征光学带隙为2.4eV，在光吸收范围内并不能达到最佳强度，并且该材料易光解，对环境有污染。因此，国内外学者开发了新型的三元过渡金属硫系量子点。三元过渡金属硫系量子点以$CuInX_2$和$AgInX_2$（X = S、Se）为代表，它们无污染，稳定性高，并且具有极佳的光吸收区域[144]。$AgInX_2$（X = S、Se）的研究并不深入，其量子点敏化太阳能电池效率也不到3%[145,146]，而以$CuInX_2$取代CdX作为量子点敏化剂具有极大的发展前景。

（2）光阳极的选择

不同的量子点材料光吸收性能不同，而光阳极材料的选择和形貌结构的改变对量子点敏化太阳能电池的效率也有很大的影响。

众所周知，TiO_2因其独特的光学性能已经被广泛应用到太阳能电池中，并且取得了一定的成果。为了能提高太阳能电池的效率，国内外学者探索了其他一些纳米材料作为光阳极的基底材料，主要是ZnO和SnO_2纳米材料。

ZnO的能带结构和物理性能与TiO_2极其类似，其电子迁移率是TiO_2的四倍，并且合成方法简单，因此被视为TiO_2的最佳替代者。近年来，各种形貌的ZnO纳米材料都被研究用来制作量子点敏化太阳能电池[147-153]。采用ZnO纳米棒为光阳极制备的CdSe/CdS/PbS量子点敏化太阳能电池效率为2.35%[154]；ZnO/TiO_2/CdS复合结构的太阳能电池，其效率可以提高到2.44%[155]；采用ZnO纳米棒/纳米片制备的CdS/CdSe量子点敏化太阳能电池的效率提升至3.28%[156]；以ZnO纳米结构为基底，采用MnS钝化CdS量子点敏化太阳能电池效率为3.7%[157]；以三维TiO_2/ZnO纳米阵列为光阳极制备的CdS/CdSe敏化太阳能电池，其性能提升到4.57%[158]；通过合成ZnO纳米棒结构，调整纳米棒生长取向，优化CdS/ZnO纳米棒结构，所制备太阳能电池效率达到4.83%[159]。通过以上研究可以发现，ZnO基量子点敏化太阳电池的效率在稳步提升并逐渐接近TiO_2基量子点敏化太阳能电池，可以相信ZnO基量子点敏化太阳能电池在未来的研究中能取得重大突破。

SnO_2的电子迁移率也比TiO_2高，并且导带能级比TiO_2的导带能级要低，也被国内外研究者用作量子点太阳能电池的光阳极材料。由于导带能级较低，光生电子更容易从量子点传输到SnO_2的导带中，进而更有利于电子-空穴的分离和光电流密度的增加[160,161]。采用CdS和PbS共敏化SnO_2量子点敏化太阳能电池的效率可达2.23%[162]；而采用CdS和CdSe共敏化SnO_2量子点敏化太阳能电池的效率可进一步提升至3.68%[163]。然而，其效率与TiO_2基量子点敏化太阳能电池还存在一定的差距。

虽然还有其他一些纳米材料被用在太阳能电池中，如Zn_2SnO_4等[164-166]，但TiO_2基光阳极的效率还是最佳。因此，基于TiO_2形貌结构的研究就成为一个研究重点，包括纳米颗粒、纳米棒、纳米线和纳米管[167-171]。TiO_2纳米颗粒最先用于量子点敏化太阳能电池的研究中，其作为光阳极的电池效率稳步提升，从当初的0.8%提高到现在的5.4%。然而，TiO_2纳米颗粒之间存在界面，对电子传输存在阻碍，导致电子-空穴的复合，这限制了太阳能电池效率的提升。而一维TiO_2纳米材料具有单晶和有序特性，能有效地提高电子传输速度，如图1-6所示。

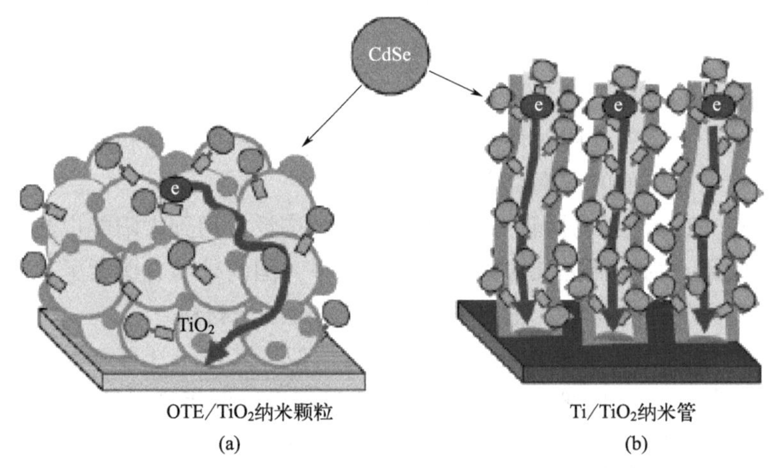

图1-6　电子在不同结构光阳极中传输过程[173]

(a) 纳米颗粒；(b) 纳米管

CdS量子点敏化TiO_2纳米棒太阳能电池效率达到1.8%[169]；PbS/CdS量子点敏化TiO_2纳米棒太阳能电池效率为2%[172]。而一维锐钛矿TiO_2纳米线比表面积更大，其作为光阳极的染料敏化太阳能电池效率可达到8%，因此将其应用于量子点敏化太阳能电池有望使光电转换效率达到新的高度。高度有序的TiO_2纳米管，因其独特的管道结构及高比表面积更有利于量子点吸附和电子传输。采用 CdS 和 CdSe 共敏化 TiO_2 纳米管制备量子点敏化太阳能电池效率可达 2.74%[173]；通过进一步改进制备工艺，合成新型 TiO_2 纳米管所制备的太阳能电池效率可以提升至 4.6%[174]。

从上述研究成果可以看出，在各类太阳能电池的光阳极材料中，TiO_2 作为光阳极能够获得更好的光电性能，然而其光电转换效率距离理论值仍然相差甚远。因此，合成和利用新型零维、一维和三维的 TiO_2 纳米材料作为光阳极对进一步提高量子点敏化太阳能电池的效率具有重要的意义。

（3）敏化技术的选择

为了更有效地提高太阳能电池的效率，国内外学者研究了各种新型的敏化技术，如有机耦合法、化学浴沉积法、连续离子层吸附法、电沉积法、喷涂法等[175-179]。与此同时，不同量子点的共敏化技术也被开发并且制作出最为高效的量子点敏化太阳能电池。最初，有机耦合剂主要用于量子点的合成，随着量子点敏化太阳能电池的兴起，有机耦合法也在逐渐发展。通过有机耦合吸附之后，CdSe/TiO_2 的光电性能增强[180]；CdTe 量子点通过有机耦合过程制备 CdTe/TiO_2，光电性能显著增加[181]；通过添加有机耦合剂，CdSe 量子点敏化 TiO_2 太阳能电池效率提升到 1.8%，并且填充因子有显著的提高[132]。

为了进一步提高效率，化学浴沉积法和连续离子层吸附法被广泛应用于量子点敏化太阳能电池的制备中，并且结合量子点共敏化技术制备最为高效的太阳能电池。采用化学浴沉积法制备的 CdS 量子点敏化太阳能电池效率为 1.84%[176]；采用化学浴沉积法制备的 CdS/CdSe 量子点敏化太阳能电池效率提升到 4.22%[182]；采用新型化学沉积法制备的 CdS/CdSe 量子点敏化太阳能电池效率提升到 4.21%[183]；采用连续离子层吸附法制备的 Mn-CdS/CdSe 量子点敏化太阳能电池获得最高效率 5.4%[184]。

喷涂法和电沉积法是近几年被开发用来提高量子点敏化太阳能电池效率的技术方法。采用喷涂法制备 CdS 量子点敏化太阳能电池，电池效率仅为 1.56%[185]；而采用电沉积法制备 CdS/CdSe 量子点敏化太阳能电池的电池效率可达 4.58%，可以看出电沉积法制备量子点敏化太阳能电池更有效[178]。

1.3.3 柔性量子点敏化太阳能电池光阳极的研究现状

随着光伏产业的飞速发展，在一些特殊的环境和特殊结构中太阳能电池必须弯曲或卷曲，传统太阳能电池已经无法满足结构上的要求，需要利用高效柔性太阳能电池。对柔性量子点敏化太阳能电池来说，其光阳极薄膜的制备至关重要。

光阳极是柔性量子点敏化太阳能电池的重要组成部分，多孔膜的类型、孔径分布、表面电子结构、膜厚、光阳极中的粒径分布等参数对柔性量子点敏化太阳能电池的量子点吸附量有重要影响。光阳极的电荷复合、电荷传输和光吸收效率将在很大程度上影响柔性量子点敏化太阳能电池的光电转换效率。

近年来，许多金属氧化物被用作柔性量子点敏化太阳能电池中光阳极的基础材料，被引入作为量子点的沉积载体和载流子传输的有效途径。根据柔性量子点敏化太阳能电池的工作原理，有四个光致电荷转移过程来确保正常的输出电流[186]。金属氧化物的组成和结构可以影响量子点的沉积，以及光生电荷的传输和复合。因此，金属氧化物的研究成为提高柔性太阳能电池光电性能的重要研究方向。

光阳极薄膜的能级和结构是获得高的光电转换效率两个重要的影响因素[187]。光生电子的转移行为在柔性量子点敏化太阳能电池的光电流产生过程中起着重要的作用。从量子点到金属氧化物的电荷跃迁是电荷传输的第一步，它对随后的电荷传输过程有着重要的影响。

因此，量子点和金属氧化物的能级工程对量子点中的光生电荷跃迁具有重要影响。此外，氧化物半导体的不同结构对电荷的分离、传输和收集有着重要的影响。纳米颗粒型金属氧化物具有较高的比表面积和孔隙率，可以保证较大的吸附能力，这也有利于电解液的渗透。纳米阵列型金属氧化物具有单晶结构，可以明显提高光的散射能力和光的传输距离，还可以为光生电荷传输提供直接途径，这大大提高了光生电子 - 空穴对的分离效率[188]。因此，氧化物半导体在量子点敏化太阳能电池光阳极的选择、制备、物相、结构等参数的优化方面得到了广泛的研究，使量子点敏化太阳能电池的光电转换效率提高了 10% 以上。

柔性金属薄膜或塑料薄膜上的金属氧化物是柔性量子点敏化太阳能电池光阳极的关键材料。传统的量子点敏化太阳能电池是在 FTO 玻璃基底上制备，光阳极薄膜需要在 450℃左右高温煅烧，去除有机添加剂并促进粒子之间的化学互连，以建立它们的电连接[189,190]。虽然柔性金属衬底可以承受高温，但光线必须从前面照射，这就不可避免地造成光吸收损耗。其他柔性塑料导电基板，例如氧化铟锡 / 聚乙烯萘 -2,6- 二羧酸酯（ITO/PEN）、氧化铟锡 / 聚对苯二甲酸乙二酯（ITO/PET）等，可从背面照明，以改善太阳能电池的光学吸收性能。然而，由于它们的低熔点，都不能承受超过 200℃的高温。因此，氧化物半导体光阳极的低温处理成为柔性量子点敏化太阳能电池的关键。

光阳极薄膜的选择和形貌是实现柔性量子点敏化太阳能电池高光吸收、快速电荷传输和低电荷复合性能的关键因素。近年来，许多不同形貌的金属氧化物纳米材料得到了进一步的研究。

（1）TiO_2 纳米颗粒

纳米薄膜的光阳极可以为太阳能电池提供大的比表面积。作为光催化的商业材料，P25已经成为柔性量子点敏化太阳能电池中光阳极的原始TiO_2纳米颗粒，Lee等报道的CdS/CdSe QDSSC可以实现4.22%的高光电转化效率[182]。为了消除P25中金红石相的光电性能限制，研究人员采用纯锐钛矿相TiO_2纳米颗粒制备了光阳极，实现了对柔性量子点敏化太阳能电池效率的提高。如Mali等制备了PbS量子点敏化锐钛矿相TiO_2纳米晶太阳电池，以改善其光电化学性能[191]。此外，研究人员还制备了许多新型高活性锐钛矿型二氧化钛纳米颗粒，以改善柔性量子点敏化太阳能电池中的电荷传输性能。为了获得更高的光电转换效率，研究人员开发了具有高活性晶面的二氧化钛纳米片。Wu等利用纳米颗粒作为柔性量子点敏化太阳能电池的光阳极，其光电转换效率高达3.47%[192]。为了制备柔性TiO_2基太阳能电池，Weerasinghe等通过在TiO_2纳米颗粒中使用乙醇、酸和其他低温黏合剂、溶剂来制备TiO_2纳米颗粒光阳极，在DSSC中实现7.4%的光电转换效率[193]，还可用于制备柔性量子点敏化太阳能电池中的TiO_2光阳极。

为了提高电荷传输效率和减少电荷复合，引入Zn、Nb、N、B等特定元素用于TiO_2掺杂过程，可以提高柔性量子点敏化太阳能电池的光电性能。Zhu等制备了Zn-TiO_2纳米颗粒光电极制备柔性CdS量子点敏化太阳能电池，其光电转换效率提高了24%，如图1-7所示[194]。此外，还引入氮用于TiO_2掺杂$CdSe_xS_{(1-x)}$/CdSe QDSSCs，其光电转换效率为3.67%[195]。Li等采用硼和氮共掺杂TiO_2纳米颗粒光电极，光电转换效率进一步提高到4.88%[196]。笔者利用低温制备方式开发了石墨烯/TiO_2纳米晶体复合材料，石墨烯和TiO_2纳米颗粒之间的良好界面组合可提高导电性。此外，在热分解过程中，将碳原子掺杂到TiO_2纳米颗粒的晶体结构中，能够缩小带隙，进而增强光吸收，有利于提高光电转换效率[197]。因此，TiO_2光电极的掺杂过程或与石墨烯的复合对提高柔性量子点敏化太阳能电池的性能有巨大贡献。

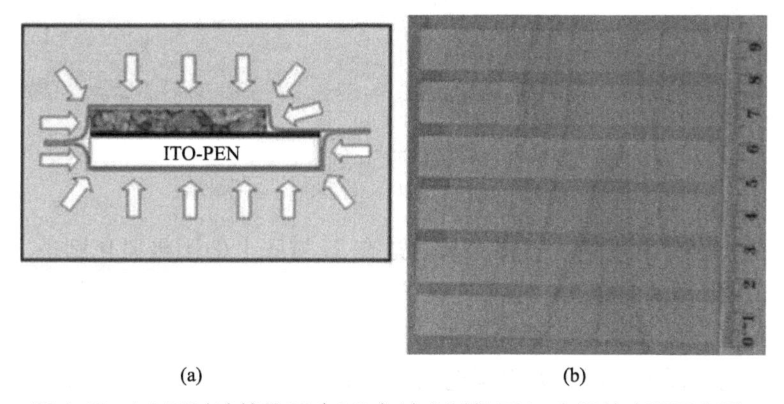

图1-7 (a)通过冷等静压（CIP）技术制备TiO_2电极的步骤示意图；(b) PEN/ITO衬底上的TiO_2薄膜

（2）TiO_2 纳米阵列结构的光阳极

纳米阵列光阳极结构可以为柔性量子点敏化太阳能电池提供较高的电荷传输效率。如图 1-8（a）所示，金红石 TiO_2 纳米棒在 FTO 玻璃衬底上通过水热工艺直接制备了量子点敏化太阳能电池的光阳极，其在量子点敏化太阳能电池中表现出快速的电荷传输速率 [198]。CdS/TiO_2 纳米棒基光阳极如图 1-8（b）所示，可以产生更多的电荷来增强量子点敏化太阳能电池的电流密度 [199]。然而，制备的金红石 TiO_2 纳米棒 / 纳米枝晶直径仍然过大，无法获得高比表面积的光阳极。与 P25 类似，锐钛矿 TiO_2 可能获得更好的光电性能。如图 1-8（c）所示，锐钛矿型 TiO_2 纳米线已制备在 FTO 玻璃基板上，用于量子点敏化太阳能电池的光阳极，其在量子点敏化太阳能电池中表现出很高的电流密度 [200]。垂直排列的枝状结构锐钛矿 TiO_2 纳米线也被用作 CdS/CdSe 共敏太阳能电池的光阳极，这明显提高了量子点敏化太阳能电池的短路电流密度、填充因子和电荷传输效率 [201，202]。

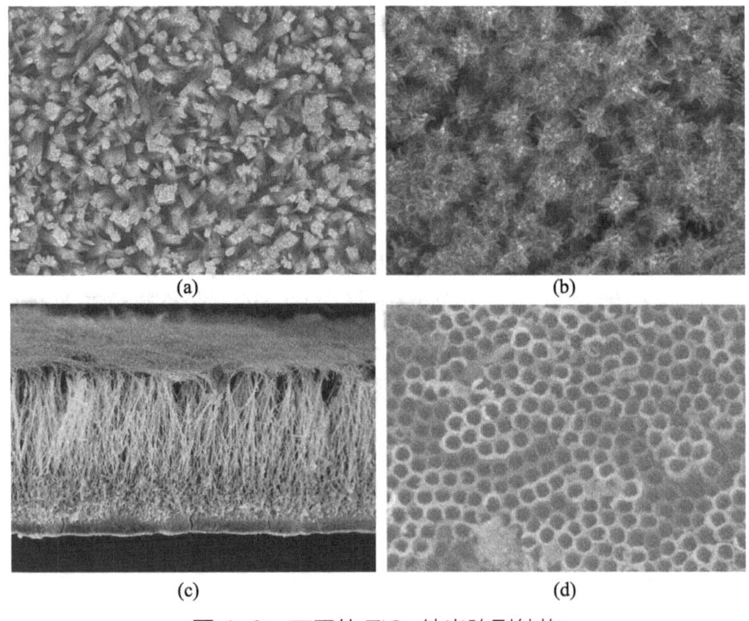

图 1-8　不同的 TiO_2 纳米阵列结构

(a) 纳米棒；(b) 纳米枝晶；(c) 纳米线；(d) 纳米管

此外，锐钛矿 TiO_2 纳米管很容易通过在 Ti 衬底上的阳极氧化制备，这可以为量子点沉积提供很大的空间，以实现量子点敏化太阳能电池中电荷生成和电荷传输的极大增强 [203]。为了消除正面光照造成的光吸收损失，将 TiO_2 纳米管阵列薄膜转移到 FTO 玻璃基板上，用于太阳能电池的光电阳极，如图 1-8（d）所示 [204]。Wu 等已经制备了多维 TiO_2 分级结构，以改善光阳极的表面积和孔径，从而将光电转换效率从3.03%提高到4.15%[205]。笔者通过在阳极氧化过程中调节施加的电压，在钛箔上直接制备了具有双直径的独立锥形TiO_2纳米管阵列，然后将生长的TiO_2纳米管阵列转移到柔性ITO/PEN衬底上以形成柔性光阳极，并增强了锥形结构的光吸收性能[206]。因此，TiO_2纳米阵列，如纳米线和纳米管已经在Ti箔或金属丝基底上被制备出来，用于制造柔性量子点敏化太阳能电池，实现了超过3%的光电转换效率[207]。

许多其他新型纳米结构已被制备为柔性量子点敏化太阳能电池的光阳极，如微花、纳米球等。TiO_2纳米花已经被制备出来以提高光电性能[208]。三维分层TiO_2空心球已被制备为柔性量子点敏化太阳能电池中的光阳极，实现了6.01%的高光电转换效率[209]。通过交替的阳极氧化过程制造出竹子状的TiO_2纳米管，以改善柔性量子点敏化太阳能电池的光学吸收[210]。这些潜在的TiO_2纳米结构将在未来的应用中提高柔性量子点敏化太阳能电池的光电效率。

（3）氧化锌光阳极

尽管效率仍然低于基于TiO_2的柔性量子点敏化太阳能电池，但ZnO纳米材料作为柔性量子点敏化太阳能电池的光阳极仍然表现出巨大的潜力，被认为是柔性量子点敏化太阳能电池研究中的有效材料。

由于纳米阵列结构的有效电荷传输，ZnO纳米棒和纳米线已经可以通过水热和电沉积工艺制成量子点敏化太阳能电池中的光阳极，应用于一般和柔性量子点敏化太阳能电池，实现了理想的光电性能。Wang等在ZnO纳米棒上对双面CdS和CdSe QDs进行了共敏处理，表现出明显的光电性能提升[211]。Raj等基于ZnO纳米棒光阳极，制备了CdSe/CdS/PbS量子点敏化太阳能电池，实现了2.35%的光电转换效率[212]。Chen等还基于ZnO纳米棒制备了CdSe量子点敏化太阳能电池，其光电转换效率达到1%[213]。与TiO_2纳米枝晶类似，图1-9（a）中的六边形ZnO纳米点已经被制备出来，以改善光散射和电荷收集，表现出4.86%的高光电转换效率[214]。如图1-9（b）（c）所示，ZnO纳米线和密集枝晶ZnO纳米线已被作为量子点敏化太阳能电池中的光阳极，可以提高光吸收和电荷传输性能。基于枝晶氧化锌纳米线的量子点敏化太阳能电池效率是纯氧化锌纳米线的两倍[215]。Tian等制备了氧化锌纳米片/纳米线结构来制造量子点敏化太阳能电池，展示出高达3.28%的光电转换效率[216]。如图1-9（d）所示，在ZnO纳米线的基础上制备了三维ZnO微球，可以有效地增加光阳极的表面积，并表现出较高的短路电流密度、填充因子和光电转换效率[217]。此外，TiO_2和ZnO组合纳米结构被合成作为量子点敏化太阳能电池的光阳极。ZnO纳米棒/TiO_2纳米片复合结构可以有效提升量子点敏化太阳能电池的光电流响应[218]。Feng等制备了TiO_2纳米线/ZnO纳米片光阳极结构，将光电转换效率提高到4.57%[219]。这些不同的纳米结构为量子点敏化太阳能电池提供了良好的光电性能。

图 1-9　不同的 ZnO 结构

(a) 纳米片；(b) 纳米棒；(c) 分支纳米棒；(d) 球状

（4）其他金属氧化物光阳极

为了进一步提高柔性量子点敏化太阳能电池的光电性能，常引入一些其他金属氧化物纳米材料作为光阳极，如 SnO_2。采用不同结构的 SnO_2 纳米作为光阳极，可以有效地在柔性量子点敏化太阳能电池中收集电荷。$TiCl_4$ 掺杂的 SnO_2 可以提高 PbS/CdS 基光阳极的光电性能，达到 1.6% 的光电转换效率。用 CdS/CdSe 量子点敏化的菜花状 SnO_2 空心球状结构，具有高表面积和良好的光散射效果，光电转换效率达到 2.5%。SnO_2/ZnO 基光阳极可以增强 CdS 量子点敏化太阳能电池的电荷传输性能，达到 3.41% 的光电转换效率。三维互联有序多孔结构的 SnO_2 光阳极可以将光电转换效率提升至 4.37%。

1.4　$CuInS_2$ 量子点敏化太阳能电池的研究现状

随着国内外学者对 $CuInX_2$（X = S、Se）量子点材料的研究日益深入，该量子点材料已经被视为 CdX 量子点材料的优良替代者应用于太阳能电池中，其中 $CuInS_2$ 量子点敏化太阳能电池已经取得了一定的研究成果。

1.4.1　$CuInS_2$ 量子点的特性

从 20 世纪 80 年代开始，$CuInX_2$（X = S、Se、Te 等）系光敏材料已经受到广泛关注[220-222]。研究至今，$CuInS_2$（$CuInSe_2$）纳米半导体材料已经作为主流的研究方向并应用到太阳能电池的制备中。作为ⅠB-ⅡA-ⅥA族化合物，$CuInS_2$是直隙半导体材料，其光学带隙为1.5eV，能够与太阳光谱所需带隙完美匹配[223,224]。$CuInS_2$为黄铜矿结构，其晶体结构为正方晶系[225,226]。图1-10为金刚石和$CuInS_2$单元的晶体结构示意图。从图1-10中对比可见，三元黄铜矿$CuInS_2$的晶体单元与金刚石的晶体结构不同，它是由相互对称分布的Cu离子与In离子和S离子相互套构而成。与此同时，$CuInS_2$半导体材料所存在的本征缺陷使其能够通过自身元素比例的调节来控制$CuInS_2$半导体材料的类型[227,228]。例如通过调节Cu和In的比例可以制备出p型或n型$CuInS_2$半导体材料。利用这个性质可以制备出同质型太阳能电池。

另外$CuInS_2$半导体材料无毒无污染，对光照和温度不敏感，生产成本不高，能够吸收太阳全光谱范围内的光，吸光系数比较高（10^4～10^5cm^{-1}），能够吸收比入射光能量高很多的光子，很适合用于太阳能电池中[229]。通过调节$CuInS_2$形貌和尺寸能有效提高其光吸收性能。

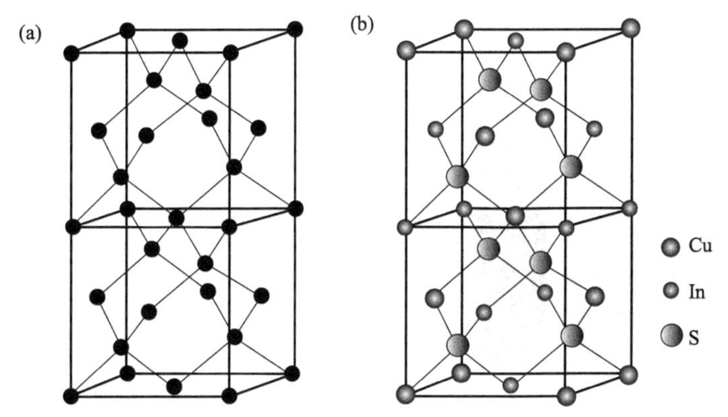

图1-10　(a)金刚石的晶体结构；(b) $CuInS_2$单元的晶体结构[191,192]

1.4.2　$CuInS_2$量子点的合成技术

作为一种三元化合物，$CuInS_2$量子点材料制备过程比二元CdS量子点材料略微复杂。在研究者的广泛探索下，各种新型的$CuInS_2$量子点合成技术也被开发出来，如光解法、微波辐照法、溶剂热法、热分解法、水相合成法等。

图1-11为不同方法合成$CuInS_2$量子点的形貌和光学性能。从图1-11可见，采用光解法制备尺寸小于2nm的$CuInS_2$量子点，其制备尺寸限制太大，不利于后续使用[230]；采用微波辐照法可以制备尺寸为3～5nm的$CuInS_2$量子点，虽然能在一定尺寸范围内制备量子点，但是制备条件要求过高[231]；以油胺为耦合剂采用溶剂热法

制备尺寸为 3 ～ 5nm 的 $CuInS_2$ 量子点，制备方法简单，但是该方法制备的量子点尺寸范围需增加[232,233]；利用多种有机耦合剂，通过热分解法制备 2 ～ 20nm 的 $CuInS_2$ 量子点，虽然能有效制备各种尺寸的量子点，但是有机耦合剂对量子点表面状态影响过大，很难用于太阳能电池的制备中；以十二硫醇和油酸为耦合剂采用热分解法制备 10nm 以内的 $CuInS_2$ 量子点，该方法需要消减十二硫醇对量子点表面状态的影响，是一种有潜力的制备方法[234,235]；以巯基乙酸为耦合剂采用水相合成法制备 10nm 以内的 $CuInS_2$ 量子点，该方法制备的量子点能直接用于太阳能电池的制备[236]。

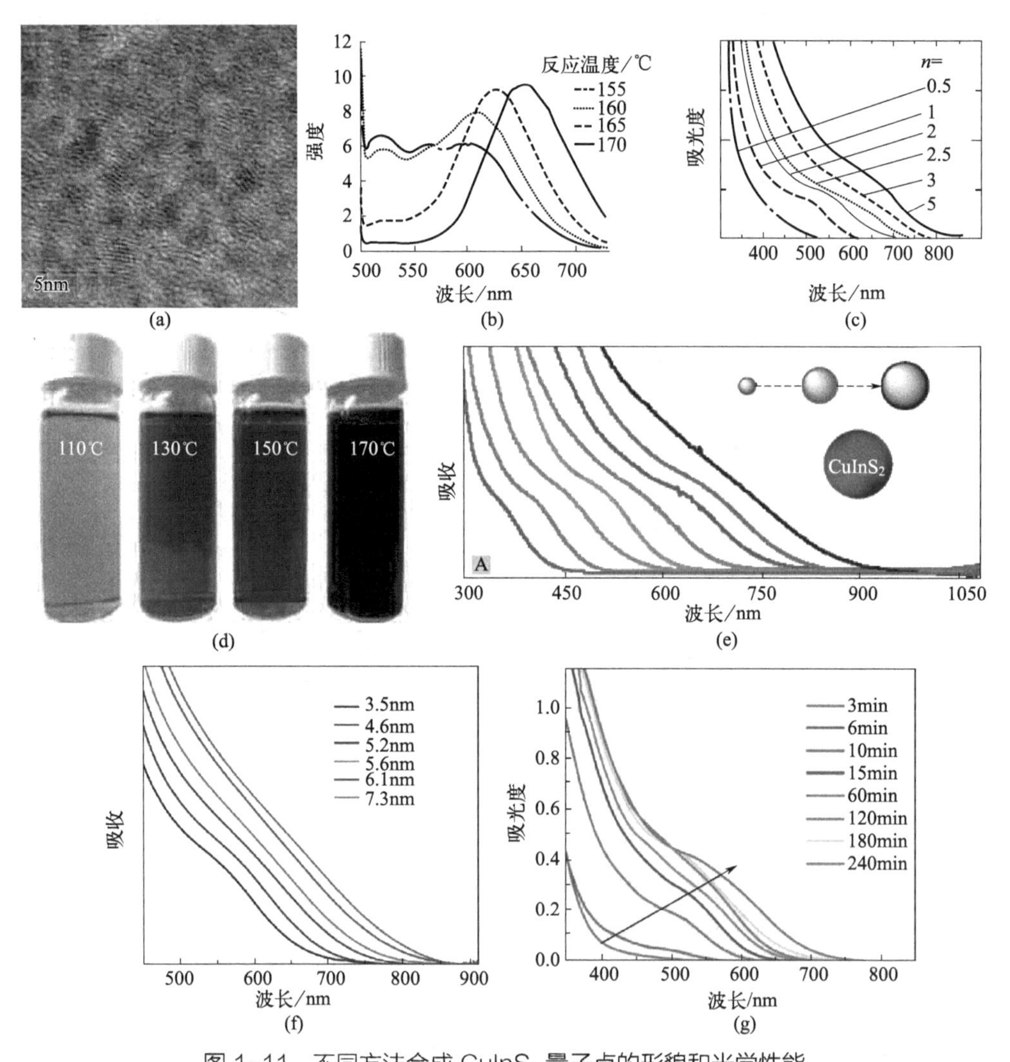

图 1-11　不同方法合成 $CuInS_2$ 量子点的形貌和光学性能

(a) 光解法合成量子点的 TEM 图像；(b) 微波辐照法合成量子点的紫外 - 可见光吸收谱图；
(c) 水热法合成量子点的紫外 - 可见光吸收谱图；(d) 溶剂热法合成的样品；
(e)、(f) 热分解法合成量子点的紫外 - 可见光吸收谱图；(g) 水相合成法合成量子点的紫外 - 可见光吸收谱图

综合 $CuInS_2$ 量子点的制备方法可以发现，热分解法、溶剂热法和水相合成法分别通过不同的有机耦合剂来合成产物，并不是所有的 $CuInS_2$ 量子点都能够用于制备量子点敏化太阳能电池。因此，选择合适的 $CuInS_2$ 量子点制备方法，提高 $CuInS_2$ 量子点的质量，同时开发出全新的 $CuInS_2$ 量子点的制备方法能更有效应用到量子点敏化太阳能电池的制备中。

1.4.3 $CuInS_2$ 量子点的敏化技术

在长期的研究过程中，量子点敏化太阳能电池已经取得了一系列的成果。$CuInS_2$ 量子点因其优异的性能及趋近成熟的合成工艺，已经成为当前量子点敏化太阳能电池的研究热点。由于其三元结构较难直接敏化光阳极，因此在众多研究中有机耦合法就成了最重要的敏化方法。

有机耦合法的效果主要取决于量子点的合成工艺。采用水相合成法合成的 $CuInS_2$ 量子点，制备太阳能电池的光电转换效率为 0.38%，通过共敏化方法提高至 1.47%[237,238]；采用溶剂热法制备的 $CuInS_2$ 量子点，通过有机耦合剂交换之后，制备太阳能光电转换效率为 0.31%，并通过共敏化提高到 4.2%，该方法需要进行有机耦合剂交换，对最终效率有影响，需要进一步改进[239]。通过对 $CuInS_2$ 量子点的元素掺杂，调控三元量子点的元素组合，形成 $Zn_{0.4}Cu_{0.7}In_{1.0}S_xSe_{2-x}$ 量子点，所制备的太阳能电池转换效率提高到 14.4%[240]。热注入合成法制备的量子点能直接用于有机耦合法，效果较好，通过改进敏化工艺能提升太阳能电池的效率。采用热注入合成法制备 $CuInS_2$ 量子点，并通过有机耦合过程制备太阳能电池的光电转换效率为 13.82%，并通过二步有机耦合法制备的量子点敏化太阳能电池的光电转换效率提升到 15.52%[241]。该方法由于有机耦合剂无法消除，采用间接的电沉积法进行敏化有效地提高了太阳能电池的效率。从研究成果可以看出，有机耦合法虽然能够实现 $CuInS_2$ 量子点的敏化过程，但是该方法需要适合光阳极敏化的量子点。结合 $CuInS_2$ 量子点的合成技术可知，并非所有方法制备的 $CuInS_2$ 量子点都能够用于有机耦合，这个问题在一定程度上严重限制了 $CuInS_2$ 量子点敏化太阳能电池光电性能的提高。因此，结合 $CuInS_2$ 量子点的合成技术和有机耦合技术进行深入研究具有非常重要的意义。

有机耦合法制备量子点敏化太阳能电池存在一定的局限性，该方法制备的光阳极表面不能最大程度地提高量子点的吸附量，并且有机耦合剂在光阳极中的存在一定程度上影响电子传输，因此开发研究新型 $CuInS_2$ 量子点的敏化技术是非常有必要的。众所周知，在 CdX 系量子点敏化太阳能电池的制备方法中，连续离子层吸附法对光阳极表面不存在影响，并且能有效地控制量子点的吸附量进而提高太阳能电池的效率。因此，为了提高 $CuInS_2$ 量子点敏化太阳能电池的效率，国内外学者也在重点研究连续离子层吸附法制备 $CuInS_2$ 量子点的敏化工艺。采用连续离子层吸附法制备 $CuInS_2$ 纳米管太阳能电池，其效率为 0.47%[242]；采用连续离子层吸附法制备 $CuInS_2$ 量子点敏化 TiO_2 纳米棒太阳能电池，效率为 1.06%[243-245]。从研究结果来看，相比有机耦合法，采用连续离子层吸附法制备 $CuInS_2$ 量子点敏化太阳能电池光电转换效率能明显提高，但是该方法用于制备三元 $CuInS_2$ 尚处于探索阶段，在制备过程中对溶液浓度及反应时间要求比较精确，成功率还并不高，并且制备出来的样品中存在很多杂质，填充因子也非常低。因此，为了制备更高效量子点敏化太阳能电池，需要进一步开发和改善连续离子层吸附法工艺，提高纯度和填充因子。

1.4.4 $CuInS_2$ 量子点敏化太阳能电池的后处理及对电极

量子点敏化太阳能电池研究中，钝化层的加入能够对光阳极进行有效保护，防止光阳极在电解液中被部分腐蚀，阻止电子与电解液中氧化还原对再结合，增加光生电流密度。传统的钝化层采用 ZnS，众多研究表明该材料是二元量子点最佳的钝化层材料，但是这并不能说明其适用于 $CuInS_2$ 三元的量子点材料。因此，探索新型的材料作为 $CuInS_2$ 量子点敏化太阳能电池的钝化层非常重要。

$CuInS_2$ 量子点通过化学法合成，其结晶性能并不太好。与此同时，$CuInS_2$ 量子点通过有机耦合法进行敏化，有机耦合剂对太阳能电池的光电性能也会产生一定的影响。因此，采用一定的后处理方法解决有机耦合剂和结晶性能的影响是非常有必要的。

另外，传统的量子点敏化太阳能电池采用 Cu_2S 薄膜作为对电极，国内外研究者也采用各种手段对 Cu_2S 薄膜进行改进，以提高对电极的电荷传输特性，但这些合成手段相对复杂，对电极的稳定性和重复性并不好。因此，研究简单的制备方法合成更为有效的 Cu_2S 薄膜作为对电极，能够提高太阳能电池的光电转换效率。

通过上述的研究进展可以看出量子点敏化太阳能电池由于其低成本和高理论效率在未来的太阳能电池应用中具有非常大的潜能。然而量子点敏化太阳能电池的光电转换效率仍然需要进一步提高。因此，选取优良的量子点和高效及高度有序的 TiO_2 基纳米材料，可控合成多尺寸 $CuInS_2$ 量子点、改进量子点的敏化工艺、改良量子点与 TiO_2 的界面结合及敏化量、改进光阳极后处理工艺及对电极的使用等，将成为最终提高量子点敏化太阳能电池的光电转换效率的关键技术。

第2章

$CuInS_2$量子点的制备技术

2.1 引言

随着对太阳能电池的研究日益深入，第三代量子点敏化纳米晶薄膜太阳能电池成了当前的研究热点，各种各样的半导体量子点纳米材料被国内外研究学者所开发作为太阳能电池光阳极材料的敏化剂，如 CdS、CdSe、PbS 等。半导体量子点由于具有独特的优异光学吸收性能、量子尺寸效应、量子限域效应、多激子效应等，作为敏化剂在光学器件特别是太阳能电池中具有非常重要的应用。而在众多半导体量子点中，$CuInS_2$ 量子点的制备也成了国内外研究者的一个重点研究方向。各种独特的合成方法如热分解法、水热 / 溶剂热法、微波法等被国内外研究者开发用来制备不同尺寸的 $CuInS_2$ 量子点，并应用于各种光电器件的研制中。然而如何更好地制备出适用于太阳能电池的 $CuInS_2$ 量子点仍然需要进一步研究。

2.2 多尺寸 $CuInS_2$ 量子点的热分解法制备技术

在 $CuInS_2$ 量子点材料的研究中，热分解法是合成各种尺寸的 $CuInS_2$ 量子点最常用的一种方法。

2.2.1 多步热分解法制备技术

2.2.1.1 多步热分解法制备工艺

多步热分解法制备 $CuInS_2$ 量子点，主要采用含有铜离子、铟离子和耦合剂的有机溶液为主体反应溶液，在一定的反应条件下加入另外一个含有硫的有机溶液，通过调整耦合剂浓度和反应温度来控制合成不同尺寸的 $CuInS_2$ 量子点。

具体步骤：首先在容量为 50mL 的三颈瓶中加入 5mL 的十八烯溶液，然后在氩气的保护下，分别将 0.1mmol/L 的醋酸铟、0.1mmol/L 的醋酸铜和 0.2mmol/L 的油酸加入 5mL 的十八烯溶液中，在 80℃下搅拌 30min 使得溶液变成澄清；接着在混合溶液中加入一定量的正十二硫醇，在 80℃下搅拌 10min，溶液从蓝色变成淡黄色。在另一个 50mL 的烧杯中加入 5mL 的十八烯溶液，将 0.3mmol/L 的硫单质和 0.1mmol/L 的油胺加入十八烯溶液中，同样在 80℃下搅拌 30min 使得溶液澄清。最后在一定的温度下将溶解有硫单质的十八烯溶液加入三颈瓶中，溶液从淡黄色变成棕色，保持温度反应 5min 之后，停止加热并且将溶液冷却至室温。在棕色溶液中加入过量的丙酮溶液，强烈混合之后在 10000r/min 下离心分离 5min，然后去除上层清液，再在离心管中加入三氯甲烷溶液将离心出来的沉淀分散即可得到 $CuInS_2$ 量子点产物。通过改变正十二硫醇的浓度和反应温度来控制不同 $CuInS_2$ 量子点材料的尺寸。合成工艺流程图如图 2-1 所示。

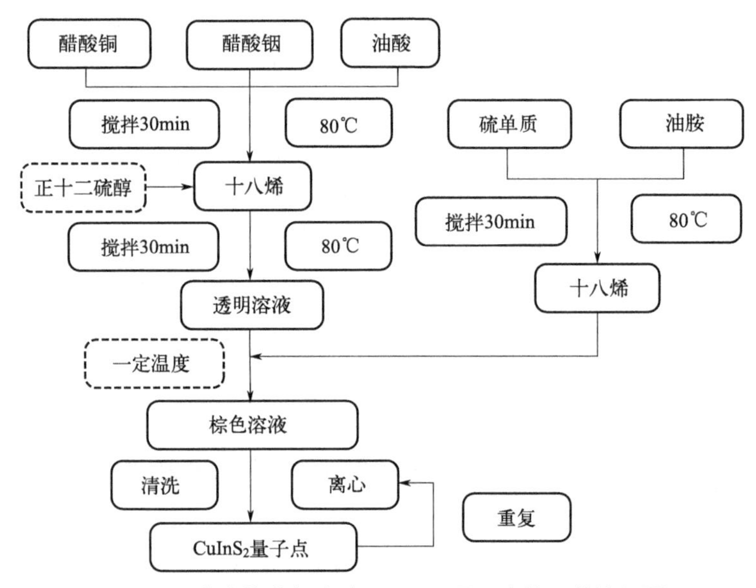

图 2-1　多步热分解合成 $CuInS_2$ 量子点的工艺流程图

2.2.1.2　多步热分解法制备 $CuInS_2$ 量子点结构和性能

在热分解法的发展历程中，多步热分解法是制备各种尺寸的 $CuInS_2$ 量子点的最有效的方法。图 2-2 中分别是在 1mmol/L 十二硫醇 80℃、1mmol/L 十二硫醇 130℃、1mmol/L 十二硫醇 180℃、0.3mmol/L 十二硫醇 180℃、0.2mmol/L 十二硫醇 180℃和 0.1mmol/L 十二硫醇 180℃下反应制备得到的样品。从图中可以看出，采用该方法制备的样品分别在 27.88°、46.31° 和 54.79° 处出现衍射峰，对应的晶面参数为（112）、（204）和（116），该晶面参数对应为 JCPDS 00-032-0339 卡片的黄铜矿相 $CuInS_2$。同时，图中样品的衍射峰半高宽在逐渐减小，这也说明了 $CuInS_2$ 量子点尺寸在逐渐增大，通过谢尔公式计算可知这六个样品的尺寸分别为 2.6nm、3.5nm、4.5nm、5.5nm、6.6nm 和 7.7nm。

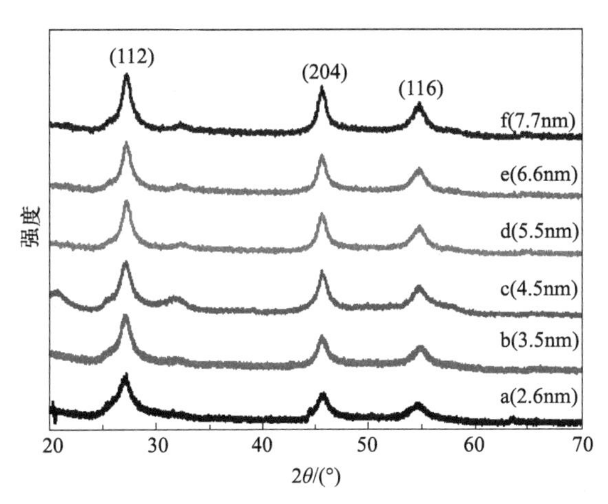

图 2-2　不同条件下合成的样品的 XRD 谱图

a—1mmol/L 十二硫醇 80℃；b—1mmol/L 十二硫醇 130℃；c—1mmol/L 十二硫醇 180℃；d—0.3mmol/L 十二硫醇 180℃；e—0.2mmol/L 十二硫醇 180℃；f—0.1mmol/L 十二硫醇 180℃

通过 TEM 图像进一步分析 $CuInS_2$ 量子点的尺寸，如图 2-3 所示。从图中可以看出，随着反应条件的改变，$CuInS_2$ 量子点的尺寸也在逐渐增大，量子点样品所对应的尺寸为（2.5 ± 0.2）nm、（3.4 ± 0.1）nm、（4.5 ± 0.1）nm、（5.4 ± 0.3）nm、（6.5 ± 0.3）nm 和（7.5 ± 0.3）nm。图中 $CuInS_2$ 量子点的尺寸分布略微有些不均匀，这是由于量子点离心清洗过程中有少许的小尺寸量子点分离较困难而引起。从 3.5nm 量子点的 HRTEM 图像中的晶格条纹可以分析其晶面间距约为 0.196nm，与 $CuInS_2$ 的（204）面晶格参数相匹配，这也说明了该方法能够制备出纯相 $CuInS_2$ 量子点。

为了研究尺寸对量子点的光学性能的影响，对多步热分解法制备的不同尺寸 $CuInS_2$ 量子点进行紫外 - 可见光吸收光谱和荧光光谱分析，如图 2-4 所示。从图 2-4 中可见，不同尺寸的 $CuInS_2$ 量子点的光吸收边界和荧光发光峰位都不同。随着量子点尺寸的增加，$CuInS_2$ 量子点的光吸收边界和荧光发光峰位逐渐向可见光区移动。通过计算可以发现随着尺寸的增加，$CuInS_2$ 量子点的光学带隙逐渐降低并且接近 $CuInS_2$ 的本征禁带宽度 1.5eV，这就是受到了量子尺寸效应的影响其光学性能发生变化。为了进一步证明 $CuInS_2$ 量子点尺寸与光学带隙之间的关系，采用 Brus 方程式对 $CuInS_2$ 量子点进行了计算并得到相应的曲线如图 2-4（d）。从图中可看出，通过实验合成的 $CuInS_2$ 量子点尺寸与 Brus 方程计算曲线比较吻合。

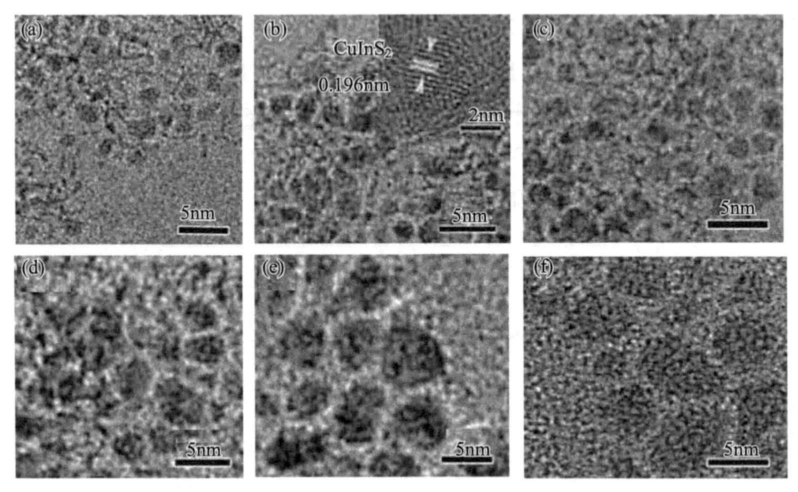

图 2-3　不同条件下合成样品的 HRTEM 图像

(a) 1mmol/L 十二硫醇 80℃；(b) 1mmol/L 十二硫醇 130℃；(c) 1mmol/L 十二硫醇 180℃；
(d) 0.3mmol/L 十二硫醇 180℃；(e) 0.2mmol/L 十二硫醇 180℃；(f) 0.1mmol/L 十二硫醇 180℃

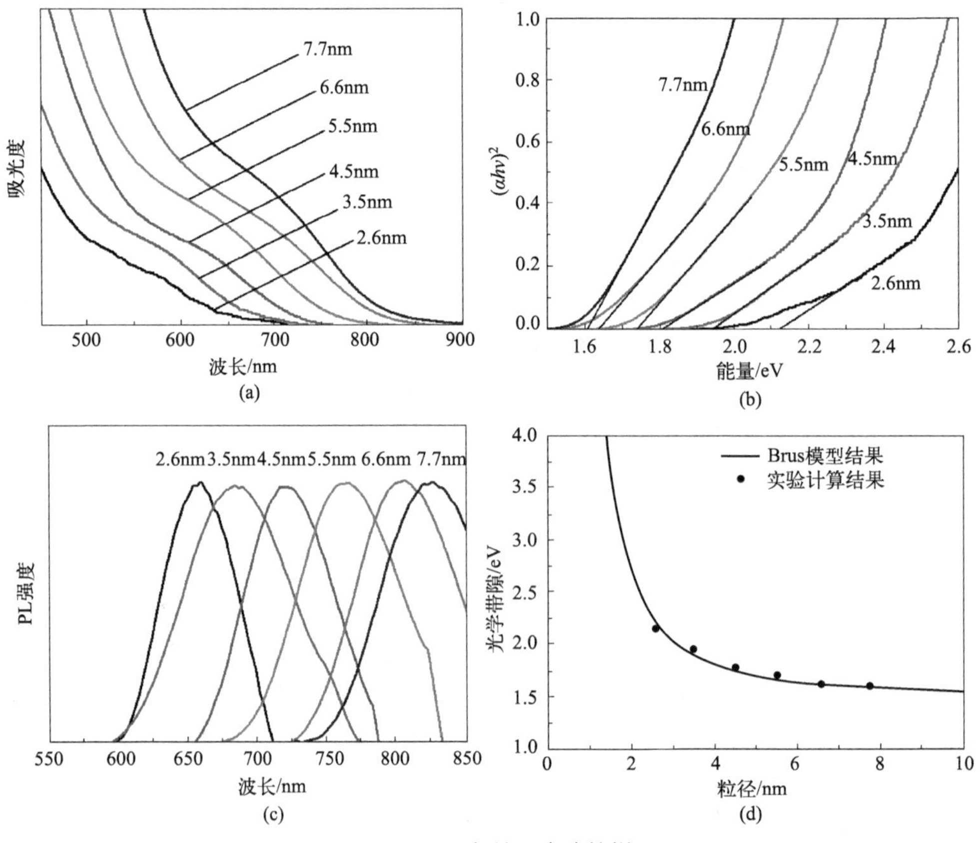

图 2-4　不同条件下合成的样品

(a) 紫外 - 可见光吸收谱图；(b) 光学带隙图；(c) 荧光光谱图；(d) 尺寸 - 光学带隙图

从表 2-1 中可以看出，通过 XRD 谱图、TEM 图像和光学谱图分析中所得到的 $CuInS_2$ 量子点的尺寸基本一致，这也证明了实验结果的准确性。但是从制备过程中可以发现，反应中使用了大量的有机耦合剂，起主导作用的为十二硫醇。

表2-1　不同分析方法对应的$CuInS_2$量子点尺寸

样品	*a*/nm	*b*/nm	*c*/nm	*d*/nm	*e*/nm	*f*/nm
D_{XRD}	2.6	3.5	4.5	5.5	6.6	7.7
D_{TEM}	2.5 ± 0.2	3.4 ± 0.1	4.5 ± 0.1	5.4 ± 0.3	6.5 ± 0.3	7.5 ± 0.3
D_{UV-PL}	2.4 ± 0.2	3.4 ± 0.2	4.4 ± 0.2	5.3 ± 0.3	6.6 ± 0.1	7.7 ± 0.1

图 2-5 红外光谱图分析可以发现在波数为 $2925cm^{-1}$、$2854cm^{-1}$、$1466cm^{-1}$、$1378cm^{-1}$、$1300cm^{-1}$ 和 $721cm^{-1}$ 存在红外吸收峰，正好对应十二硫醇的红外光谱图。这就说明所制备的 $CuInS_2$ 量子点被十二硫醇所键合，十二硫醇是一种稳定的有机物，无法被其他有机耦合剂所取代，虽然能可控制备不同尺寸的 $CuInS_2$ 量子点，但却难以用于太阳能电池的制备中。因此，需要进一步改进实验制备方法。

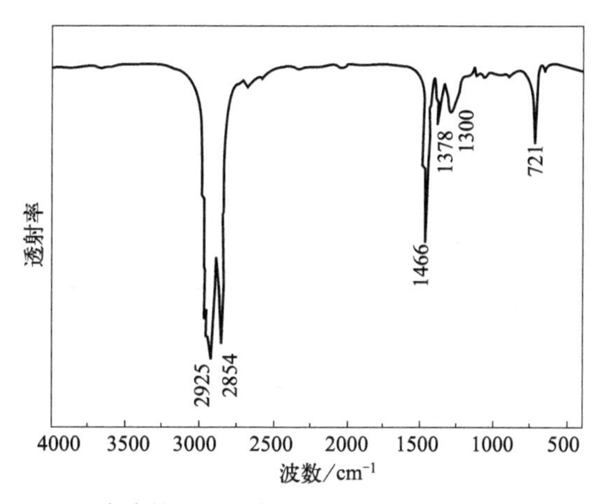

图 2-5　多步热分解制备 $CuInS_2$ 量子点的红外光谱图

2.2.2　一步热分解法制备技术

虽然采用多步热分解法制备 $CuInS_2$ 量子点尺寸均匀，产率较高，但是材料制备过程较复杂，并且制备出来的 $CuInS_2$ 量子点表面存在稳定的正十二硫醇耦合剂非常难以去除，不能用于后续的量子点敏化太阳能电池的研究中，因此采用更为简单有效的方法制备各种尺寸 $CuInS_2$ 量子点能更有利于其在量子点敏化太阳能电池中的应用。

2.2.2.1 一步热分解法制备工艺

采用一步热分解法制备不同尺寸的油酸耦合的 $CuInS_2$ 量子点材料。实验主要采用含有亚铜离子、铟离子和混合耦合剂的有机溶液为主体反应溶液，在一个固定的温度下进行热分解反应，通过调整反应时间来控制合成不同尺寸的 $CuInS_2$ 量子点。

具体步骤：首先在容量为 50mL 的三颈瓶中加入 10mL 的十八烯溶液，然后在氩气的保护下，分别将 0.5mmol/L 的醋酸铟、0.5mmol/L 的碘化亚铜和 0.5mL 的正十二硫醇加入 10mL 的十八烯溶液中，在 120℃下搅拌 30min 使得溶液变成淡黄色澄清溶液；接着在混合溶液中加入 0.5mL 的油酸，在 120℃下继续搅拌 30min，溶液颜色不发生改变。随后将温度上升至 200℃，在该温度下保持一定的时间，随着时间的延长，溶液的颜色逐渐加深。最后停止加热，待溶液冷却至室温之后，在溶液中加入过量的甲醇溶液，强烈混合之后形成混合物，然后在 10000r/min 下离心分离 5min，去掉上层清液，再在离心管中加入甲苯溶液使沉淀分散。接着重复该离心分离和清洗过程数次以得到所需的产物。通过控制不同的热分解反应时间来制备不同尺寸的 $CuInS_2$ 量子点材料。合成工艺流程图如图 2-6 所示。

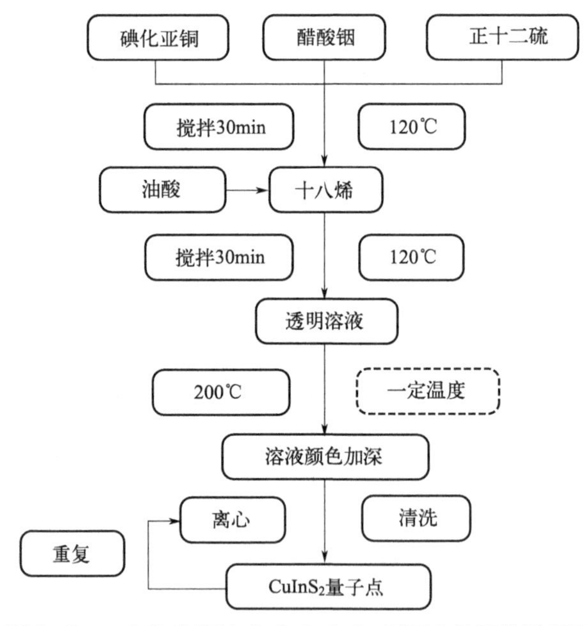

图 2-6 一步热分解法合成 $CuInS_2$ 量子点的工艺流程图

2.2.2.2 一步热分解法制备 $CuInS_2$ 量子点结构和性能

图 2-7 中分别是在 200℃下反应 10min、20min、30min、60min、90min、120min、150min 和 180min 制备并离心清洗得到的样品。从图中可以看出，采用一步热分

解法制备的样品同样能制备出纯相的 $CuInS_2$ 量子点。另外，随着反应时间的增加样品的衍射峰半高宽在逐渐减小，这也说明了 $CuInS_2$ 量子点尺寸在逐渐增大，通过谢尔（Sherrer）公式计算可知这八个样品的尺寸分别为 2.1nm、2.8nm、3.4nm、4.2nm、4.9nm、5.6nm、6.3nm 和 7.1nm。

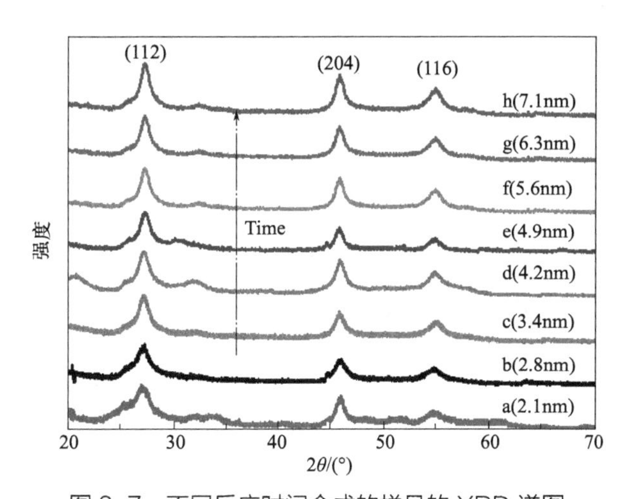

图 2-7　不同反应时间合成的样品的 XRD 谱图

a—10min；b—20min；c—30min；d—60min；e—90min；f—120min；g—150min；h—180min

通过 HRTEM 进一步分析反应时间分别在 10min、30min、90min、120min、150min 和 180min 的样品，如图 2-8 所示。从图 2-8 中可以看出，随着反应时间的增加，$CuInS_2$ 量子点的尺寸也在逐渐增大，量子点样品所对应的尺寸为（2.2 ± 0.2）nm、（3.5 ± 0.1）nm、（4.8 ± 0.2）nm、（5.5 ± 0.3）nm、（6.4 ± 0.3）nm 和（7.2 ± 0.3）nm。图中 $CuInS_2$ 量子点的尺寸分布相比多步热分解法要均匀，这可能是由于减少了其他有机耦合剂对反应的影响而造成。从 3.4nm 量子点的 HRTEM 图像中的晶格条纹可以分析其晶面间距约为 0.196nm，与 $CuInS_2$ 的（204）面晶格参数相匹配，这也说明该方法制备也能制备出纯相 $CuInS_2$ 量子点。

图 2-9 为一步热分解法制备的不同尺寸 $CuInS_2$ 量子点的紫外 - 可见光吸收谱图和荧光光谱图，从图中可见，不同尺寸的 $CuInS_2$ 量子点的光吸收边界和荧光发光峰位都不同。随着量子点尺寸的增加，$CuInS_2$ 量子点的光吸收边界和荧光发光峰位逐渐向可见光区移动。通过计算可以发现随着尺寸的增加，$CuInS_2$ 量子点的光学带隙逐渐从 2.4eV 降低到 1.58eV，并且逐渐接近 $CuInS_2$ 的本征禁带宽度 1.5eV，该结果与多步热分解法制备的样品类似。通过 Brus 方程式对 $CuInS_2$ 量子点进行了计算并得到相应的曲线如图 2-9（d）。从图中可以看出，通过合成的 $CuInS_2$ 量子点尺寸与 Brus 方程计算曲线同样也比较吻合。因此，采用一步热分解法制备也同样能够制备出高质量高纯度的 $CuInS_2$ 量子点。

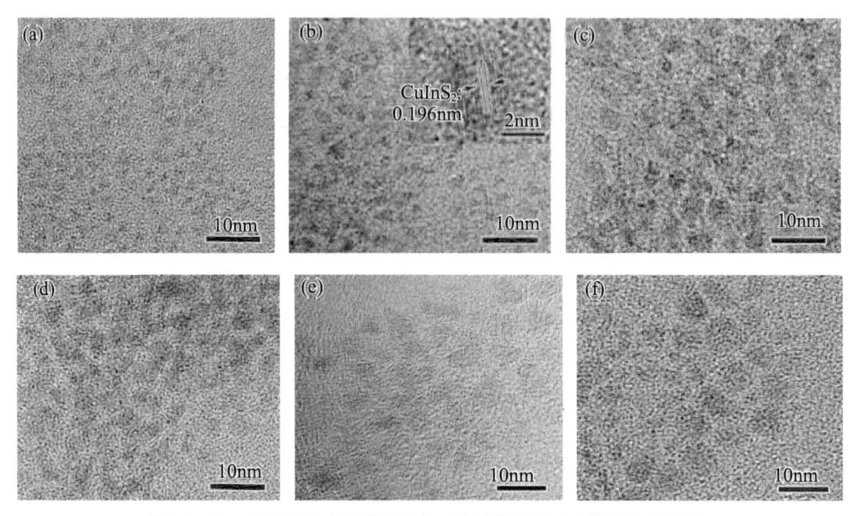

图 2-8 不同反应时间下合成的样品的 HRTEM 图像

(a) 10min；(b) 30min；(c) 90min；(d) 120min；(e) 150min；(f) 180min

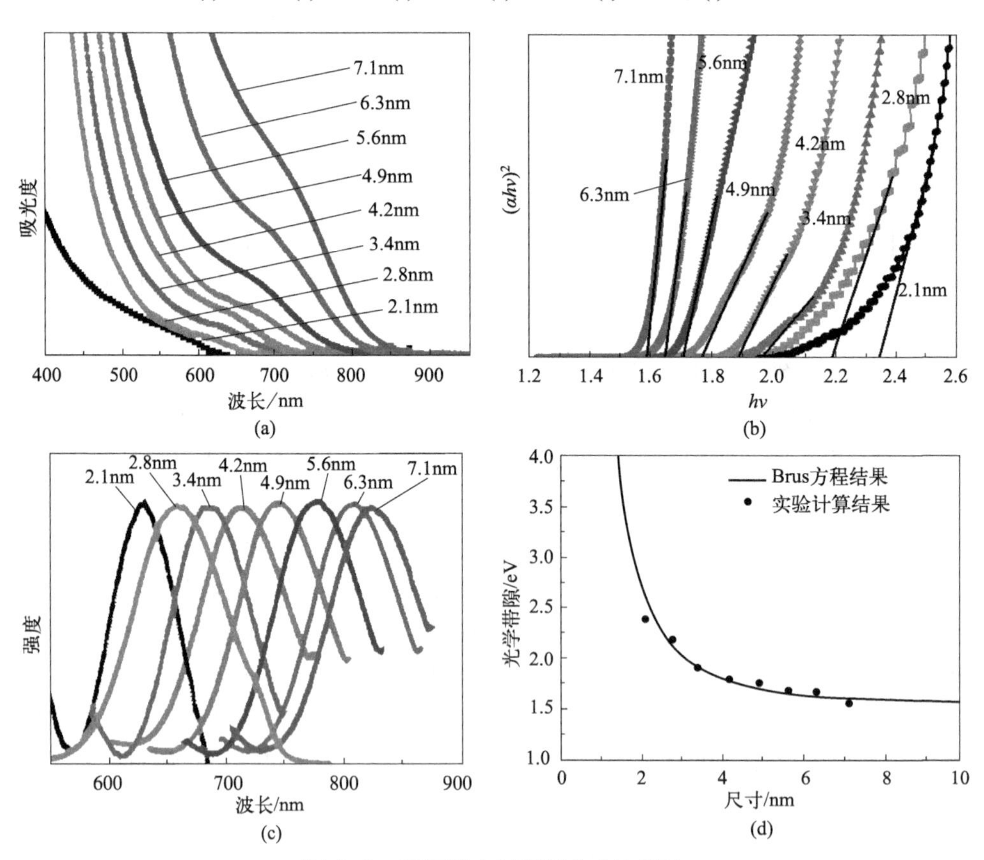

图 2-9 不同反应时间下合成的样品

(a) 紫外 - 可见光吸收谱图；(b) 光学带隙图；(c) 荧光光谱图；(d) 尺寸 - 光学带隙图

为了进一步探索不同尺寸的 $CuInS_2$ 量子点荧光发光性能，对样品进行了时间分辨荧光光谱测试，通过荧光衰减时间来分析 $CuInS_2$ 量子点尺寸的影响，如图 2-10 所示。从图 2-10 中可见，不同尺寸的 $CuInS_2$ 量子点的荧光衰减时间不同，根据式（2-1）计算可知，随着 $CuInS_2$ 量子点尺寸的增加，荧光衰减时间先增加后降低，当尺寸在 4.2nm 左右荧光衰减时间达到最大值，约为 185ns，这是由于 $CuInS_2$ 量子点的表面状态及内部电子 - 空穴转换反应而引起。量子点收到荧光激发所产生的激子有可能在表面或者内部捕获，进而造成快速荧光衰减或慢速荧光衰减，所捕获的激子能级会转换成辐射或非辐射复合。量子点的尺寸减小将会引起激子辐射捕获能级的增加而增加荧光衰减时间，但随着尺寸的减小而导致比表面积增大，进而使得激子非辐射捕获能级增加而减少荧光衰减时间，因此平衡激子辐射和非辐射捕获是增加荧光衰减时间的重要因素。从结果可以发现 4.2nm 的 $CuInS_2$ 量子点具有最佳的荧光发光性能。

$$\tau = \frac{\alpha_1\tau_1^2 + \alpha_2\tau_2^2 + \alpha_3\tau_3^2}{\alpha_1\tau_1 + \alpha_2\tau_2 + \alpha_3\tau_3} \tag{2-1}$$

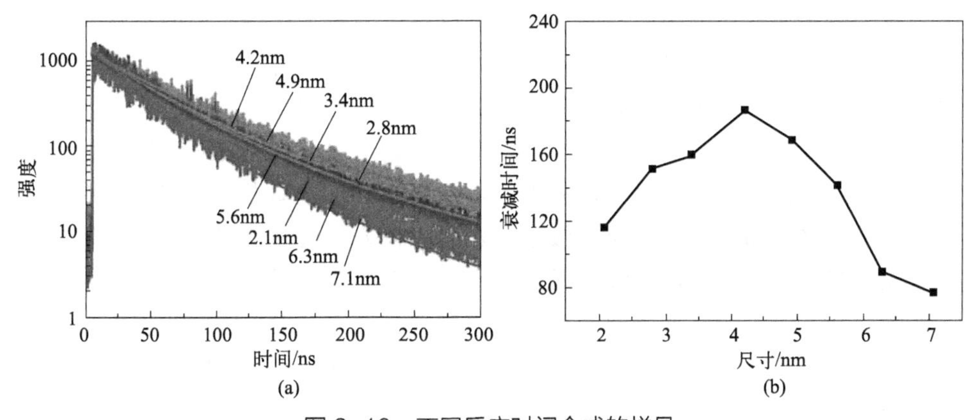

图 2-10　不同反应时间合成的样品

(a) 时间分辨荧光光谱；(b) 荧光衰减时间图

表 2-2　不同分析方法对应的 $CuInS_2$ 量子点尺寸

样品	10min /nm	20min /nm	30min /nm	60min /nm	90min /nm	120min /nm	150min /nm	180min /nm
D_{XRD}	2.1	2.8	3.4	4.2	4.9	5.6	6.3	7.1
D_{TEM}	2.2 ± 0.2	—	3.5 ± 0.1	—	4.8 ± 0.2	5.5 ± 0.3	6.4 ± 0.3	7.2 ± 0.3
D_{UV-PL}	2.4 ± 0.2	2.7 ± 0.2	3.5 ± 0.1	4.1 ± 0.1	4.8 ± 0.1	5.5 ± 0.2	6.4 ± 0.2	7.2 ± 0.2

从表 2-2 中可以看出，当 $CuInS_2$ 量子点尺寸较小时，通过 XRD 谱图、TEM 图像和光学谱图分析中所得到数值略微有偏差，其他的 $CuInS_2$ 量子点的尺寸基本一

致，这也证明了实验结果的准确性。在一步热分解过程中，正十二硫醇既是有机耦合剂又是硫源，因此在最后的反应产物中十二硫醇的含量有可能会比多步热分解法要低。与此同时，通过离心清洗能够得到低含量十二硫醇耦合的 $CuInS_2$ 量子点。事实证明用此方法制备的 $CuInS_2$ 量子点能够通过有机耦合法制备量子点敏化太阳能电池。

2.2.3 热分解法制备 $CuInS_2$ 量子点的反应物调控

随着量子点材料研究的逐渐深入，越来越多的方法被研究者开发出来用于制备各类量子点材料。在众多制备方法中，热分解法由于其相对简单易行的实验过程和良好的普适性而得到人们青睐。在热分解法制备量子点过程中，通过控制不同的反应温度、时间、有机耦合剂、硫源前驱体等条件可以得到不同形貌、结构、物相的量子点材料。

在热分解法制备量子点过程中，有机耦合剂扮演着重要角色。在制备过程中，通常采用无机金属盐作为金属前驱体，而有机耦合剂对于这些盐类的溶解起到重要作用。同时，金属盐溶解后形成“金属 - 有机耦合剂”中间体，这一中间体在反应过程中的分解进而释放出金属离子参与到量子点形成过程。在反应过程中，如果没有有机耦合剂存在，金属盐前驱体与硫源前驱体会迅速反应生成颗粒尺寸较大的沉淀产物，因此有机耦合剂在反应过程中可以起到控制反应动力学过程等作用。除此之外，量子点材料由于其本身尺寸极小，表面能较大，通常情况下是不稳定的。当量子点表面存在大量的表面活性剂时，量子点的表面能降低，同时量子点之间被表面活性剂分开，可以较好地分散于不同的溶剂中，而不会发生团聚等现象。由此可见，有机耦合剂在量子点材料的制备、保存等过程中均起到重要的作用。因此，有机耦合剂的调控对于热分解法制备 $CuInS_2$ 量子点的影响具有重要意义。

2.2.3.1 十二硫醇有机耦合剂的调控

十二硫醇中硫醇键能够络合绝大多数金属盐，形成“M—S—R”结构（M 代表金属，S 为硫，R 为有机官能团），使得金属盐在有机溶剂中具有良好的溶解度。由于 M—S—R 结构本身含有硫，因此在量子点制备过程中，该结构可以存在多种方式参与到反应过程中，如图 2-11 所示。

当该结构中 S—R 键断开时，可以得到 M—S 结构，该新结构即可被视为形成金属硫化物过程中的单体，单体经聚集后得到金属硫化物的晶核，进而生长得到量子点，具体生长过程如图 2-11（a）所示。在 S—R 键分解的过程中，M—S—R 结构既充当金属前驱体，也提供硫源，因此，在量子点制备过程中无需再加入硫源前驱体，这是一种典型的一步热分解法。此外，M—S—R 结构也可以另外一种方式参与到反应过程中，如图 2-11（b）所示。在该过程中，M—S—R 结构仅仅作为金属前驱体参与到反应中，因此需要加入硫源前驱体提供硫源，该过程是一种多步热分解法。

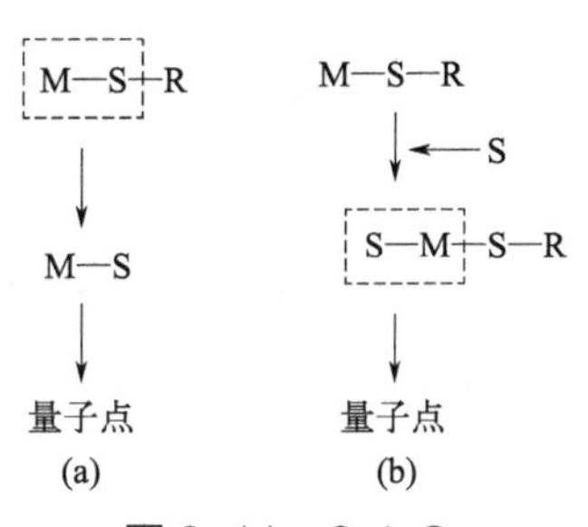

图 2-11　$CuInS_2$ 量子点生长过程反应示意图
(a) S—R 键断开；(b) M—S 键断开

在一步热分解法中，由于 S—R 键的断开需要反应温度高于 190℃，因此该反应过程通常在较高温度下进行。同时，S—R 键的分解以及量子点的生长过程相对较为缓慢，因此，为得到较高产率，通常会选择较高的反应温度和较长的反应时间。而在多步热分解法过程中，由于金属前驱体与硫源前驱体的反应势垒较低，因此，通常可以有较大的温度选择范围，在低温下（最低约为 110℃）即可进行反应。除此之外，在较短的反应时间内，该反应即可快速完成。

（1）$CuInS_2$ 量子点的制备工艺

采用十二硫醇作为有机耦合剂，通过调整有机耦合剂的比例、反应温度、反应时间等条件来控制 $CuInS_2$ 量子点的尺寸，如图 2-12 所示。具体步骤如下：称取 0.5mmol 的醋酸铜、0.5mmol 的醋酸铟、1mL 油酸和一定量（0 ～ 18.5mL）的十八烯，加入容积为 50mL 的三颈烧瓶中，通入氩气并搅拌 15min，排出烧瓶内的空气。升高温度至 80℃，使金属盐完全溶解，得到澄清的蓝色溶液，然后加入一定量的（1.5 ～ 20mL）十二硫醇，升温至 110℃，并保温 10min，使金属盐和十二硫醇完全络合，溶液由蓝色逐渐变为浅黄色。随后将溶液温度升高至目标温度，并将体积为 2mL、浓度为 1mol/L 的含有单质硫的十八烯溶液快速注入该溶液中，溶液颜色迅速由黄色变为棕黑色。待反应一定时间后（30 ～ 300s），停止加热和搅拌，并将三颈烧瓶放入乙醇中使反应溶液迅速冷却。当溶液温度降至室温后，对制备的量子点进行清洗。清洗过程中，将上述 10mL 母液加入含有 30mL 甲醇的离心管中，并混合均匀，得到大量沉淀，然后将其放入离心机中在 8000r/min 下离心 3min。离心结束后，所制备的量子点均被沉降在离心管底部，反应过程中未完全反应的盐、多余的前驱体以及有机溶剂等均分散于上层清液中，因此将上层清液去除即可。然后向离心管中加入 10mL 己烷，使沉淀再次溶解，最后再放入离心机中 8000r/min 离心 3min。此时，反应过程中所生成的大颗粒或杂质等被沉降于离心管底部，上层己烷溶液中即为所得到的量子点溶液。重复该清洗过程，量子点的纯度可以进一步提升，进而得到更高质量的量子点，但需注意多次清洗也会影响量子点的稳定性。

（2）$CuInS_2$ 量子点的结构

在制备 $CuInS_2$ 量子点的基础上，对其进行相关的表征测试。图 2-13 分别为

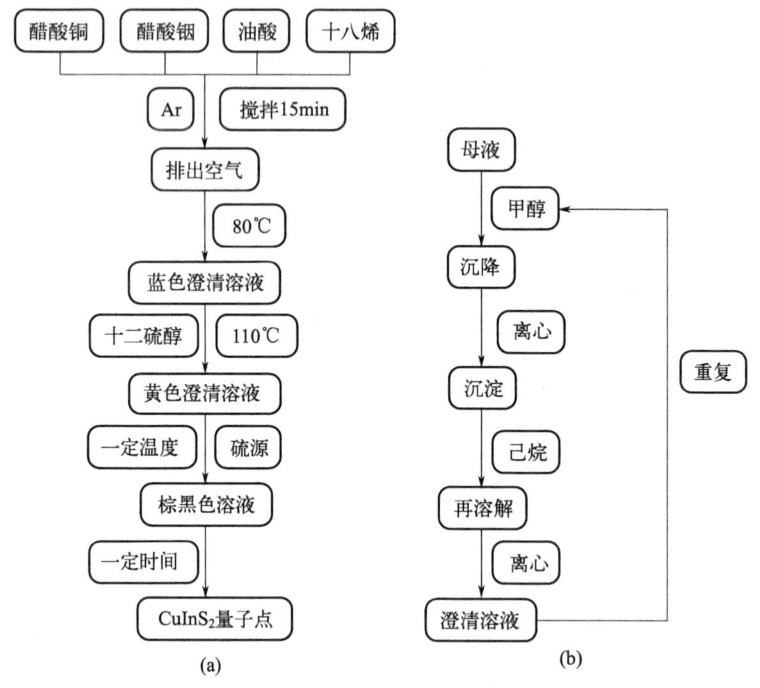

图 2-12　$CuInS_2$ 量子点制备过程流程图

(a) 制备工艺；(b) 清洗工艺

6mL 十二硫醇 110℃反应 30s、60s、300s，6mL 十二硫醇 130℃反应 300s，6mL 十二硫醇 150℃反应 300s，1.5mL 十二硫醇 150℃反应 300s 制备得到产物的 XRD 谱图。从图中可以看出所有产物中均出现三个较为明显的衍射峰，分别位于 28.22°、46.88° 以及 55.35°。通过与标准 PDF 卡片对比后发现，该衍射峰能够与 JCPDS 卡片号为 32-0339 的四方相 $CuInS_2$ 较好匹配，且这三个衍射峰分别对应于（112）、（204）和（312）晶面，其晶格常数为 $a = b = 5.5170$，$c = 11.0600$。因此，可以认为所制备产物均为四方相结构的 $CuInS_2$。除此之外，对比图中不同的谱图可以看出，样品的衍射峰半高宽由下到上逐渐减小，说明所得到的产物尺寸逐渐增大。根据 Sherrer 公式，以 $2\theta = 28.22°$ 位置处的衍射峰对所制备的产物的尺寸进行计算，结果显示，图中样品的尺寸分别约为 3.2nm、4.4nm、5.2nm、6.5nm、7.9nm 以及 9.2nm。

图 2-14 为上述条件下所制备得到产物的 TEM 图像，从图中可以看出，所制备的量子点尺寸较为均匀，具有良好的单分散性。同时，改变反应条件，所得到的量子点尺寸逐渐增加。图 2-15（a）～（f）为分别对应于图 2-14（a）～（f）中量子点的尺寸分布图（曲线采用 Gauss 拟合），从图中可以看出，所对应的量子点的尺寸分别为（3.4 ± 0.3）nm（$\sigma = 8.8\%$）、（4.4 ± 0.5）nm（$\sigma = 11.4\%$）、（5.6 ± 0.5）nm（$\sigma =$

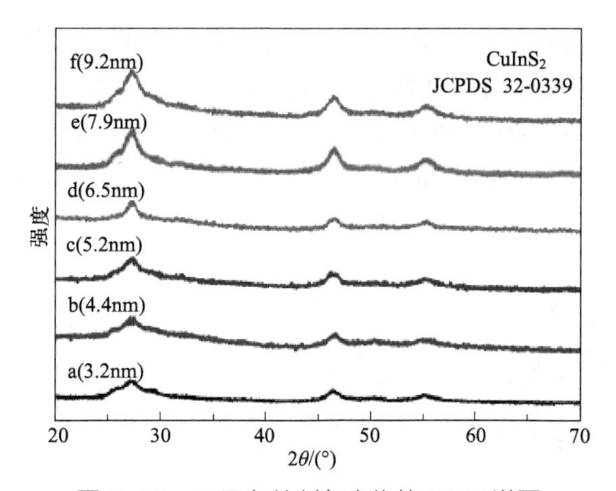

图 2-13　不同条件制备产物的 XRD 谱图

a—6mL 十二硫醇 110℃反应 30s；b—6mL 十二硫醇 110℃反应 60s；c—6mL 十二硫醇 110℃反应 300s；
d—6mL 十二硫醇 130℃反应 300s；e—6mL 十二硫醇 150℃反应 300s；f—1.5mL 十二硫醇 150℃反应 300s

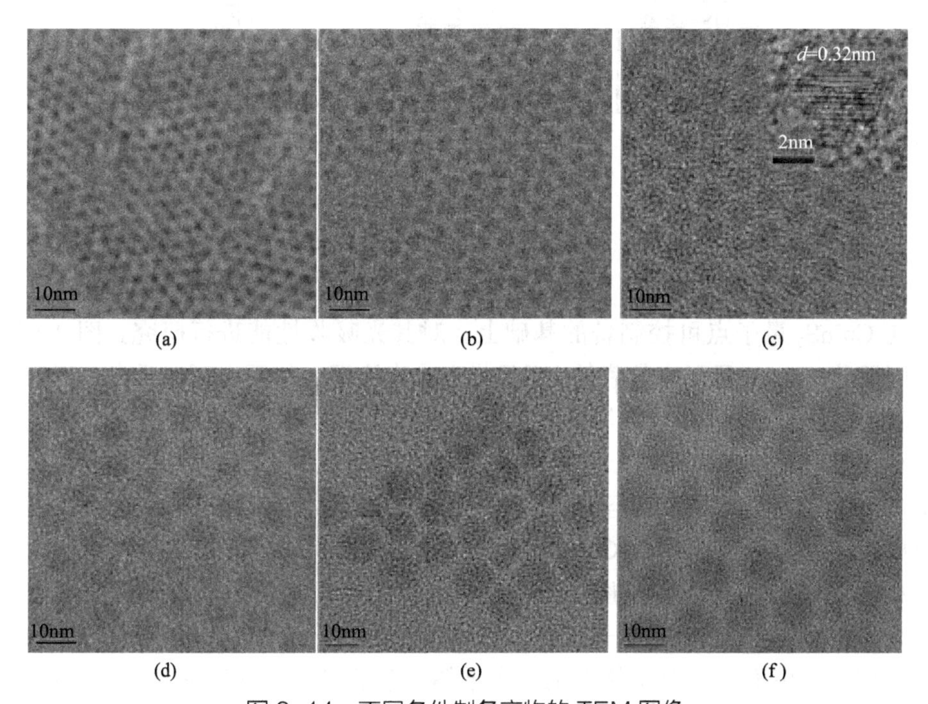

图 2-14　不同条件制备产物的 TEM 图像

(a) 6mL 十二硫醇 110℃反应 30s；(b) 6mL 十二硫醇 110℃反应 60s；
(c) 6mL 十二硫醇 110℃反应 300s（插图为 HRTEM 图像，标尺为 2nm）；
(d) 6mL 十二硫醇 130℃反应 300s；(e) 6mL 十二硫醇 150℃反应 300s；(f) 1.5mL 十二硫醇 150℃反应 300s

8.9%）、（7.1 ± 0.6）nm（σ = 8.5%）、（7.8 ± 0.9）nm（σ = 11.5%）、（10.4 ± 1.3）nm（σ = 12.5%），这与图 2-13 中 XRD 谱图的计算结果符合。同时，所有量子点的标准

差都在 10% 左右，表明所有的量子点尺寸均具有较窄的尺寸分布，进一步说明制备得到的量子点具有良好的单分散性。图 2-14（c）中插图为该条件下制备的量子点的 HRTEM 图像，从图中可以看出，量子点晶格条纹较为明显，说明量了点具有良好结晶性。其晶面间距为 0.32nm，与 $CuInS_2$ 的（112）晶面对应，进一步说明通过热分解法所制备的量子点为 $CuInS_2$ 结构。

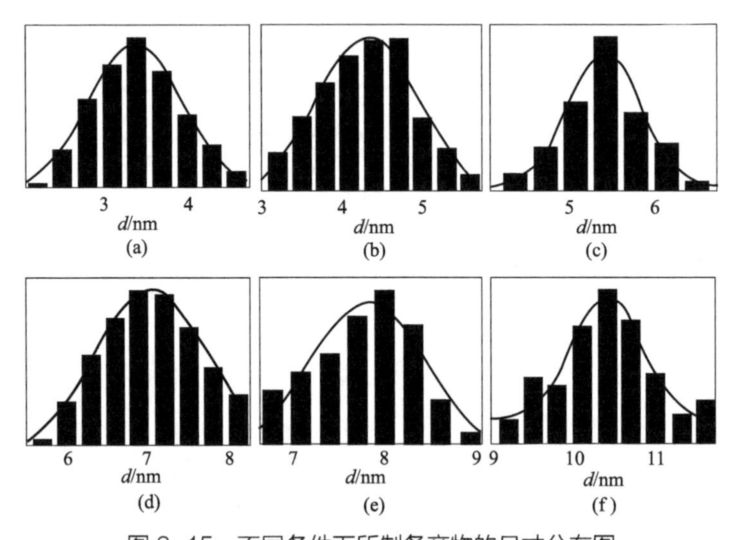

图 2-15　不同条件下所制备产物的尺寸分布图

(a) 6mL 十二硫醇 110℃反应 30s；(b) 6mL 十二硫醇 110℃ 60s；(c) 6mL 十二硫醇 110℃ 300s；(d) 6mL 十二硫醇 130℃反应 300s；(e) 6mL 十二硫醇 150℃反应 300s；(f) 1.5mL 十二硫醇 150℃反应 300s

在 $CuInS_2$ 量子点可控制备的基础上，对其光吸收性能进行研究。图 2-16（a）为不同尺寸 $CuInS_2$ 量子点的紫外 - 可见光吸收光谱图。从图中可以看出，不同尺寸的 $CuInS_2$ 量子点在可见光区均具有良好的吸收，同时量子点的光吸收边界随着尺寸减小逐渐向紫外方向移动。当 $CuInS_2$ 量子点的尺寸为 10.4nm 时，其吸收边界约为 850nm；量子点尺寸减小至 3.4nm 时，其吸收边界移动至约 660nm 处，表现出明显的量子尺寸效应。通过 $CuInS_2$ 量子点的光吸收曲线对其光学带隙进行相应计算，如图 2-16（b）所示。从图中可以看出，量子点尺寸的减小导致其光学带隙逐渐增大，由 10.4nm $CuInS_2$ 量子点的 1.58eV 变化为 3.4nm $CuInS_2$ 量子点的 2.22eV。

采用十二硫醇作为有机耦合剂，通过热分解法可以合成高质量的 $CuInS_2$ 量子点，同时控制反应条件可以实现量子点尺寸的可控制备。然而，十二硫醇作为有机耦合剂时，最终反应产物的产率相对较低，通常低于 20%（产率 = 实际产物质量 / 理论产物质量，$CuInS_2$ 量子点的理论产物质量均以铜盐加入量作为标准计算），并且所得到的量子点产物表面有大量的十二硫醇基团。同时，十二硫醇与金属之间的结合稳定性较高，使其难以被其他有机短链分子或者无机基团所取代。作为有机长链分子，十二硫醇的导电性等物理性质较差，使得通过该方法得到的量子点在实际应用过程中遇到一定障碍。例如，在光照条件下 $CuInS_2$ 量子点可以吸收光子并产生光生电子 - 空穴对，然而，十二硫醇基团的存在使得所产生的光生电子 - 空穴很难快速有效地传输到外电路中，进而大幅增加光生电子 - 空穴的复合，并且极大降低太阳能电池的短路电流密度，最终导致太阳能电池性能不佳。

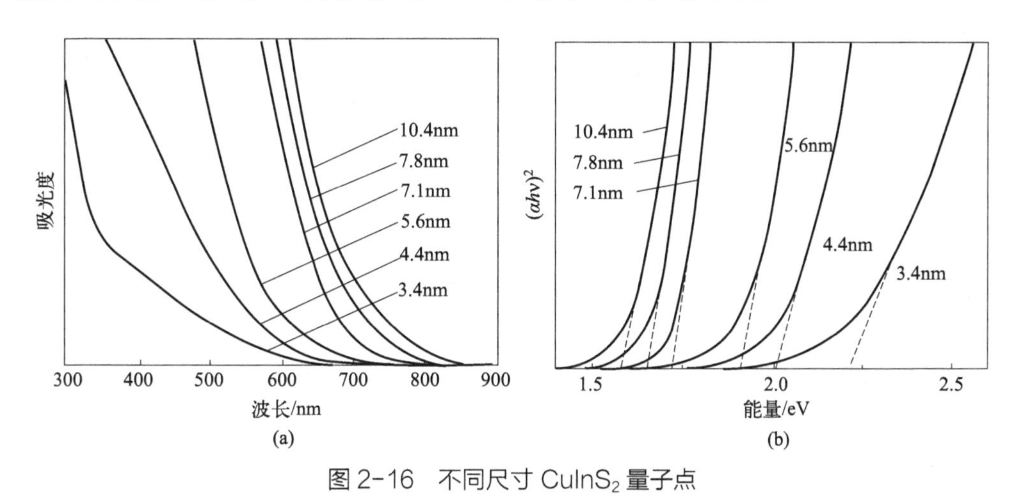

图 2-16　不同尺寸 $CuInS_2$ 量子点

(a) 紫外 - 可见光吸收谱图；(b) 光学带隙图

2.2.3.2　油胺有机耦合剂的调控

油胺和十二硫醇一样也是一种长链有机物及良好的有机溶剂。油胺具有较高沸点（约 350℃），因此在量子点材料的高温制备中得到大量应用。油胺具有两个官能团，即碳碳双键和氨基，如图 2-17 所示。碳碳双键的存在使其具有一定还原性，这使得其在量子点制备过程中起到特殊作用。同时，氨基较强的络合性使其能够作为量子点制备过程中的有机耦合剂。与十二硫醇一样，油胺可以络合大多数无机金属盐。但是，油胺与十二硫醇也存在一定的区别。油胺分子中本身不含硫，因此与金属盐形成的络合物在反应过程中仅存在一种分解方式。除此之外，油胺分子的络合性相比于十二硫醇要低，这使得在制备得到的量子点表面虽然含有大量的油胺基团，但是可以通过多种方法将油胺基团进行取代，进而改变量子点的表面性质，使量子点不仅可以分散在

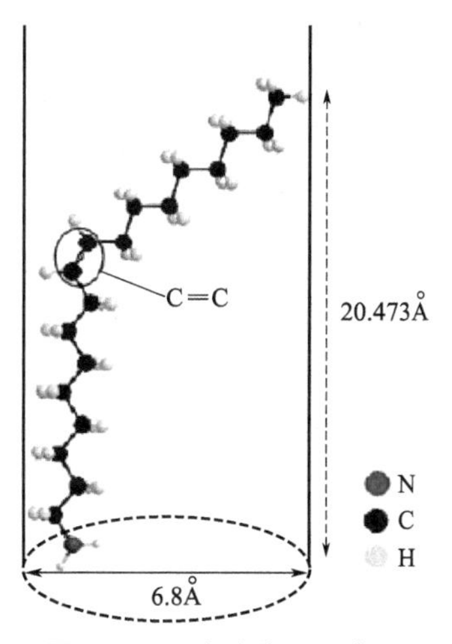

图 2-17　油胺分子示意图

不同种类、极性的溶剂中，也可以大幅提升量子点的电荷传导率。因此，在制备光电器件时，如太阳能电池、发光二极管等，通常采用油胺作为有机耦合剂来制备不同种类的量子点材料。

（1）$CuInS_2$ 量子点的制备工艺

油胺含量对于量子点制备过程中的动力学影响并不是太明显，因此在 $CuInS_2$ 量子点的制备过程中，仅通过调整反应温度和反应时间来控制量子点的尺寸。具体步骤如下所述：称取 0.5mmol 碘化亚铜、0.5mmol 醋酸铟和 20mL 油胺，加入容积为 50mL 的三颈烧瓶中，通入氩气并搅拌 15min，排出烧瓶内空气。升高温度至 110℃，并保温 10min，使金属盐和油胺完全络合，溶液由浅绿色逐渐变为浅黄色。随后将溶液温度升高至目标温度（170 ～ 210℃），并将体积为 2mL、浓度为 1mol/L 的含有单质硫的十八烯溶液快速注入该溶液中，溶液颜色迅速由黄色变为棕黑色。待反应一定时间后（30 ～ 300s），停止加热和搅拌，并将三颈烧瓶放入乙醇中使反应溶液迅速冷却。当溶液温度降至室温后，对制备的量子点进行清洗。制备工艺流程图如图 2-18 所示。

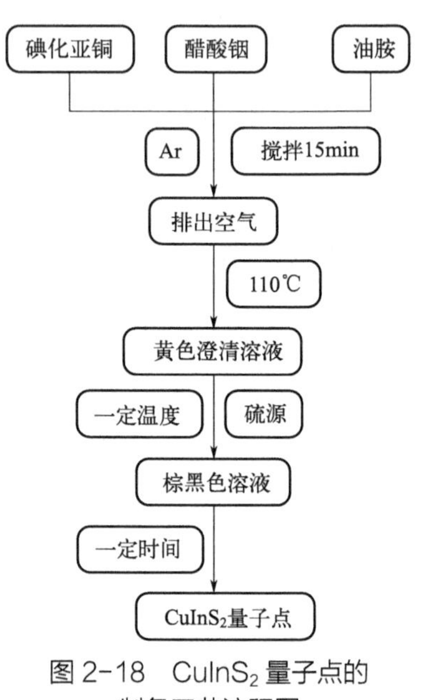

图 2-18　$CuInS_2$ 量子点的制备工艺流程图

（2）$CuInS_2$ 量子点的结构

图 2-19 分别为 190℃反应 30s、60s，170℃反应 300s，190℃反应 180s、300s，210℃反应 300s 时所得到产物的 XRD 谱图。从图中可以看出，这些产物的谱图均在 28.71°、46.94° 以及 55.55° 处出现三个较为明显的衍射峰。通过与标准 PDF 卡片对比后发现，该衍射峰能够与 JCPDS 卡片号为 32-0339 的四方相 $CuInS_2$ 物相具有较好匹配，谱图中出现的三个衍射峰对应于（112）、（204）和（312）晶面，说明该方法同样也可以制备出四方相 $CuInS_2$ 相。另外，产物的衍射峰由下至上逐渐变窄，说明 $CuInS_2$ 量子点的尺寸逐渐增大，通过 Sherrer 公式以位于 $2\theta = 28.71°$ 处的衍射峰对所制备产物的尺寸进行计算。结果显示，图中样品的尺寸分别约为 2.8nm、3.9nm、5.4nm、6.2nm、8.1nm 以及 10.3nm。

图 2-20 为油胺作为有机耦合剂制备产物的 EDS 谱图，从图中可以看出，产物中含有铜、铟、硫三种元素，各元素的含量分别为 28.64%（铜）、24.02%（铟）以及 47.34%（硫），基本与 $CuInS_2$ 相的化学计量比有较好的符合，说明所得到的产物是 $CuInS_2$。

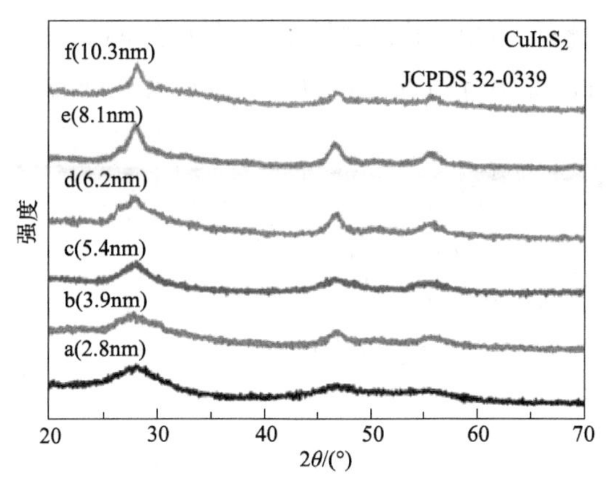

图 2-19　不同条件制备产物的 XRD 谱图

a—190℃反应 30s；b—190℃反应 60s；
c—170℃反应 300s；d—190℃反应 180s；
e—190℃反应 300s；f—210℃反应 300s

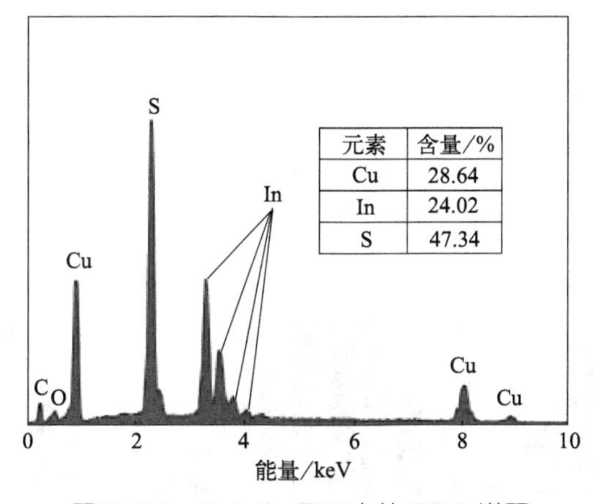

元素	含量/%
Cu	28.64
In	24.02
S	47.34

图 2-20　$CuInS_2$ 量子点的 EDS 谱图

图 2-21 为上述不同条件下所制备 $CuInS_2$ 量子点的 TEM 图像。从图中可以看出，反应条件的改变使量子点的尺寸逐渐增大，且尺寸分布较为均匀，显示出良好的单分散性。图 2-21（c）中的插图为该尺寸下量子点的 HRTEM 图像，从图中可以看出量子点具有良好的结晶性，晶格条纹明显且清晰。测量其条纹间距约为 0.32nm，对应于 $CuInS_2$ 的（112）晶面，说明该方法所制备的量子点为 $CuInS_2$ 结构，与 XRD 数据较好地吻合。

进一步对图 2-21 中量子点的尺寸进行测量，结果如图 2-22 所示（曲线采用 Gauss 拟合）。从图中可以看出，$CuInS_2$ 量子点的尺寸分别为（3.0 ± 0.2）nm（σ = 6.3%）、（4.1 ± 0.4）nm（σ = 9.8%）、（4.9 ± 0.5）nm（σ = 10.2%）、（6.9 ± 0.7）nm（σ = 1 0.1%）、（9.5 ± 1.2）nm（σ = 12.6%）、（13.2 ± 1.0）nm（σ = 7.6%），这与 XRD 中

的计算结果相对应。此外，图中所有的量子点尺寸分布均在较窄的尺寸范围内，其标准差都在 10% 左右，说明所制备得到的量子点具有良好的单分散性。

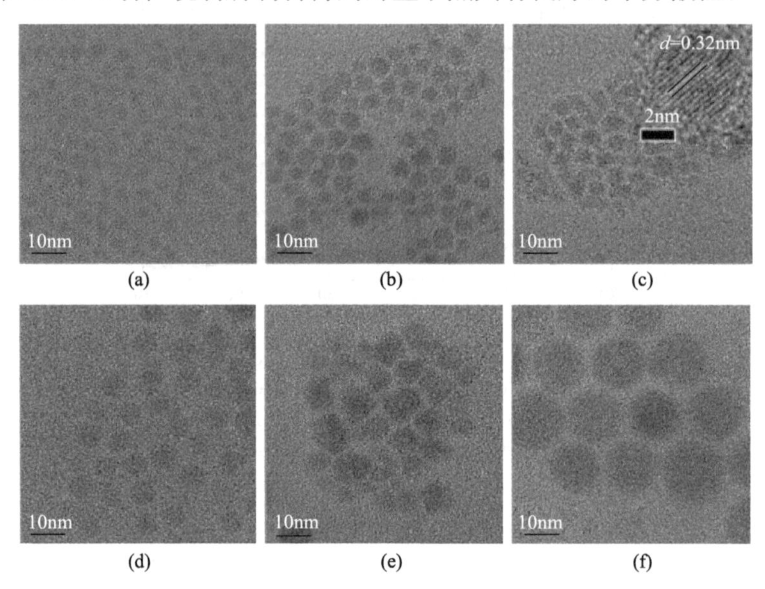

图 2-21　不同条件下所制备产物的 TEM 图像

(a) 190℃下反应 30s；(b) 190℃下反应 60s；(c) 170℃下反应 300s（插图为 HRTEM 图像，标尺为 2nm）；(d) 190℃下反应 180s；(e) 190℃下反应 300s；(f) 210℃下反应 300s

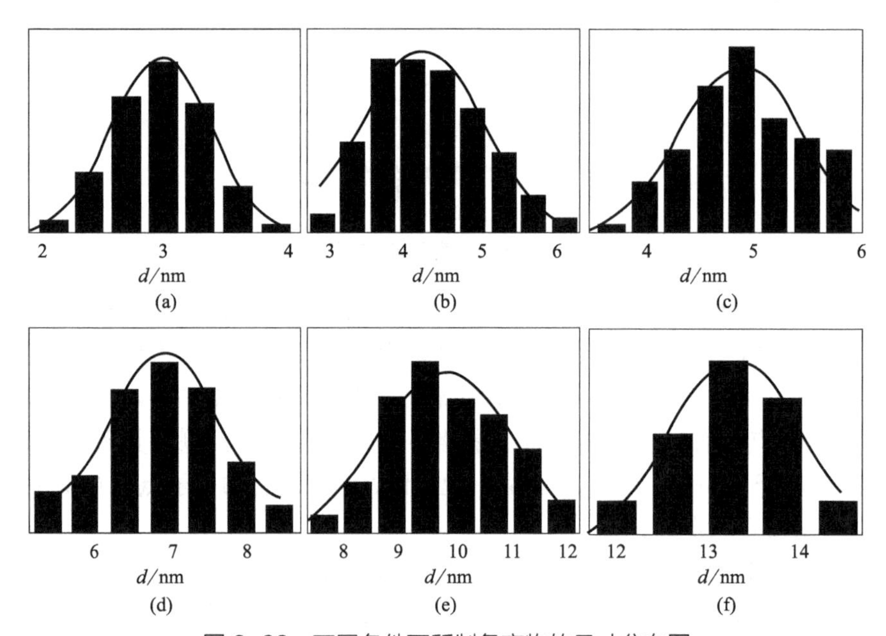

图 2-22　不同条件下所制备产物的尺寸分布图

(a) 190℃下反应 30s；(b) 190℃下反应 60s；(c) 170℃下反应 300s；(d) 190℃下反应 180s；(e) 190℃下反应 300s；(f) 210℃下反应 300s

油胺在热分解法制备量子点的过程中作为有机耦合剂时，与金属盐络合后所形成的键较容易发生分解，因此油胺在整个系统中的含量对于反应动力学的影响相对较小。本实验过程中研究反应温度和反应时间对于量子点尺寸的影响。图 2-23（a）为反应时间为 5min 时量子点尺寸与反应温度之间的关系曲线。由于铜盐的反应活性较大，同时铟盐的反应活性较小，因此当反应温度低于 170℃时，产物中会出现大量 Cu_xS 杂相，甚至导致没有 $CuInS_2$ 量子点形成。当反应温度高于 210℃时，反应过程较快，进而较为难以控制。因此，本实验过程将反应温度设定在 170 ～ 210℃。从图 2-23（a）中可以看出，随着反应温度升高，$CuInS_2$ 量子点尺寸呈现较为线性增长趋势。与十二硫醇作为有机耦合剂时的反应过程相类似，升高温度会促进热分解过程，同时提升粒子反应活性，从而加快反应动力学过程的进行。

限定反应温度为 190℃，研究反应时间对于 $CuInS_2$ 量子点尺寸的影响关系，如图 2-23（b）所示。从图中可以看出，在热注入过程开始后随着反应时间延长，$CuInS_2$ 量子点的尺寸迅速长大，0.5min 时量子点直径约为 3.0nm，5min 后即长大至 8.4nm 左右。这一过程中伴随着量子点的快速成核以及晶核的生长过程。然而，反应时间继续延长，量子点的尺寸并没有明显的增加。反应时间为 10min、20min 以及 30min 时，$CuInS_2$ 量子点的尺寸分别为 8.5nm、8.7nm 和 8.8nm。随着反应时间延长，量子点产率逐渐提高。反应时间为 5min 时，该实验过程能够得到约 0.035g 的产物（产率约为 29%），而反应时间延长至 30min 后，产量约 0.045g（产率约为 37%）。与十二硫醇作为有机耦合剂时的产物进行对比，可以发现随着反应时间延长，在前期过程中（5min 内），两种实验方案中 $CuInS_2$ 量子点的尺寸均逐渐增加。然而继续延长反应时间后，十二硫醇作为有机耦合剂中的产物的尺寸继续变大且均匀性变差，而油胺体系中量子点的尺寸没有发生明显变化，且尺寸分布仍然保持较

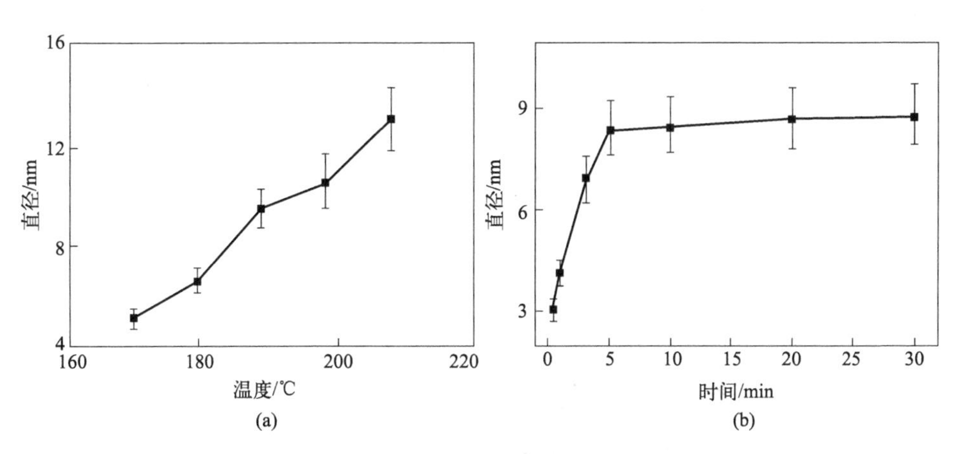

图 2-23 不同反应条件对量子点尺寸的影响

(a) 反应温度；(b) 反应时间

好。除此之外，油胺体系中 $CuInS_2$ 量子点的产率明显得到大幅提升。导致这些差异的原因在于十二硫醇的分解过程相对较慢，因此在短时间内（5min），仍然有大量前驱体并没有发生分解参与到反应过程中，因此体系中单体数量在反应时间为5min后就维持在较低水平，使得量子点的长大仅能依靠颗粒之间的相互结合，即奥斯特瓦尔德（Ostwald）熟化过程，进而导致量子点尺寸的分布不均匀和大颗粒的出现，同时也引起产率的低下等问题。但在油胺体系中，由于油胺与金属盐络合后的键相对容易发生分解，因此，在热注入过程发生后，溶液中存在大量的单体，能够满足量子点的快速成核，同时在5min后仍然能够提供足够的单体使小尺寸的量子点逐渐长大。在这一长大过程中，并没有发生Ostwald熟化过程，量子点的长大还是依靠吸收单体而进行的，因此时间的延长并没有使量子点尺寸分布发生明显变化，同时还能够提升该反应过程中量子点的产率。

图2-24（a）为不同尺寸 $CuInS_2$ 量子点的紫外-可见光吸收光谱图，从图中可以看出，随着量子点尺寸增加，其吸收范围逐渐拓宽至红外光区域。当 $CuInS_2$ 量子点尺寸为3.0nm时，其吸收边界约为630nm，量子点尺寸增大至13.2nm后，其吸收边界移动至约865nm处，表现出明显的量子尺寸效应。通过Tauc拟合可以计算不同尺寸 $CuInS_2$ 量子点的光学带隙，如图2-24（b）所示。从图中可以看出，量子点尺寸增大导致其光学带隙逐渐减小，从最小尺寸对应的2.27eV移动至13.2nm大小的 $CuInS_2$ 量子点对应的1.50eV。

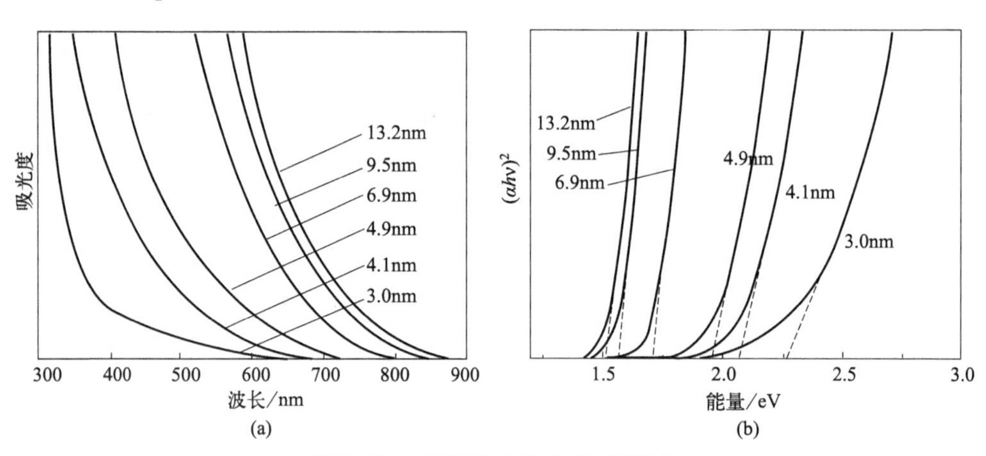

图2-24　不同尺寸 $CuInS_2$ 量子点

(a) 紫外-可见光吸收谱图；(b) 光学带隙图

2.2.3.3　*N,N′*-二苯基硫脲硫源前驱体

单质硫作为硫源前驱体时存在的弊端促使研究工作者寻找新型硫源前驱体。在前期研究报道中，采用硫脲可作为硫源前驱体制备铜基金属硫化物量子点材料，但

是由于硫脲的反应活性相对较高，使得整个反应动力学过程进行较快，量子点的形貌结构难以控制。硫脲的结构式如图 2-25（a）所示，其结构式中所含有的碳硫双键在化学反应过程中可以断开，进而为反应提供硫源，制备金属硫化物材料。硫脲具有低廉的价格以及较好的适应性，除此之外，硫脲可以溶解于多种溶剂中，这使其在众多化学反应中得到应用。譬如：在水热反应中硫脲可以与金属盐共同溶解于有机溶剂中，加热后与金属盐进行反应生成金属硫化物；在水相反应中，硫脲可以溶解于水，在一定温度下缓慢分解进而可以在化学浴沉积中制备出高质量均匀的薄膜。虽然硫脲具有众多的优点和广泛的应用，但是在热分解法制备金属硫化物的过程中，硫脲的反应速率过快，这使得整个反应过程较为难以精确控制，容易得到大尺寸且不均匀的纳米晶颗粒。

从图 2-25（a）硫脲的结构示意图中可以看出，其结构中含有两个氨基，氨基中的氢原子可以被其他基团取代，形成取代基硫脲衍生物，如图 2-25（b）所示。取代基团的数量及种类可以对所形成衍生物的反应活性产生极大影响。通常情况下，取代基团数量越多，反应活性越低，也就是说四取代的硫脲衍生物的反应活性最低，三取代衍生物反应活性次之，二取代衍生物反应活性明显加快，一取代衍生物反应活性最高。除此之外，取代基种类对于反应活性也有重要的影响。取代基为苯基的衍生物，其反应活性通常要高于取代基为烷基的衍生物。同时，取代基中含有卤素、氮等可以一定程度上提升衍生物的反应活性，而增加碳链的长度则会降低衍生物的反应活性。

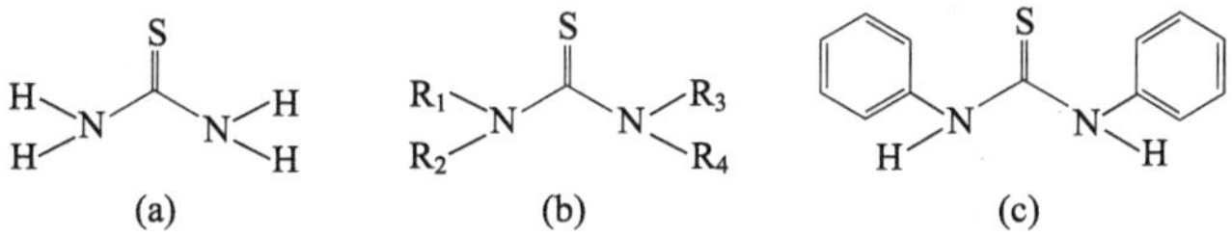

S
H N N H
H H
(a)
S
R_1 N N R_3
R_2 R_4
(b)
S
H N N H
(c)

图 2-25　(a) 硫脲，(b) 取代基硫脲衍生物，(c) *N,N′*- 二苯基硫脲的结构示意图

取代基硫脲衍生物这一活性可控的特性使其能够在热注入法中得到应用。当阳离子反应活性较高时，可以采用低活性衍生物作为硫源前驱体进行反应。与之相反，当阳离子反应活性相对较低时，可以适当采取高活性的衍生物。在 $CuInS_2$ 量子点制备过程中，虽然铜离子的反应活性相对较高，但是铟离子的反应活性则相对较低，因此可以选择适当活性的硫脲衍生物作为硫源前驱体进行反应。图 2-25（c）为 *N,N′*- 二苯基硫脲的结构示意图，从图中不难看出该衍生物为苯基取代的二取代硫脲衍生物，因此其具有相对较高的反应活性。除此之外，*N,N′*- 二苯基硫脲的合成过程较为简单，已经可以商业化批量生产，同时也具有较为低廉的价格，其价格与单质硫的价格相当。在 *N,N′*- 二苯基硫脲作为硫源前驱体使用过程中，可以将其溶解在二苯醚等有机溶剂中。不同于单质硫溶解时的复杂过程，*N,N′*- 二苯基硫脲

的溶解过程较为简单，其仅仅是溶解于二苯醚中，并不与二苯醚发生反应。因此，在 *N,N'*- 二苯基硫脲的溶解过程中也不会发生任何副反应，这也使得其作为硫源前驱体时能够最大限度地参与到反应过程中而不产生任何副反应或者中间产物。由此可知，相比于单质硫，选择 *N,N'*- 二苯基硫脲作为硫源前驱体具有价格便宜的优点，还具有较高的反应活性和简单的反应过程，因此 *N,N'*- 二苯基硫脲是一种更为合适的硫源前驱体。

分别使用十二硫醇和油胺作为有机耦合剂，并采用 *N,N'*- 二苯基硫脲取代单质硫作为硫源前驱体制备 $CuInS_2$ 量子点。*N,N'*- 二苯基硫脲作为硫源前驱体时，先将其溶解在二苯醚中，浓度为 1mol/L，在 150℃下加热 10 ～ 20min，*N,N'*- 二苯基硫脲最终完全溶解并形成浅黄色澄清溶液。图 2-26（a）为十二硫醇作为有机耦合剂时，产物的 XRD 谱图，其中十二硫醇的含量为 6mL，反应温度为 130℃，反应时间为 5min。对该结果进行分析可以看出，产物中出现的衍射峰位置对应于 $CuInS_2$ 相的衍射峰，说明该方法同样可以得到 $CuInS_2$ 物相。进一步对该产物进行 TEM 形貌测试，见图 2-26（b）。从图中可以看出，得到的 $CuInS_2$ 量子点的尺寸分布较为均匀，其尺寸约为 7.9nm。

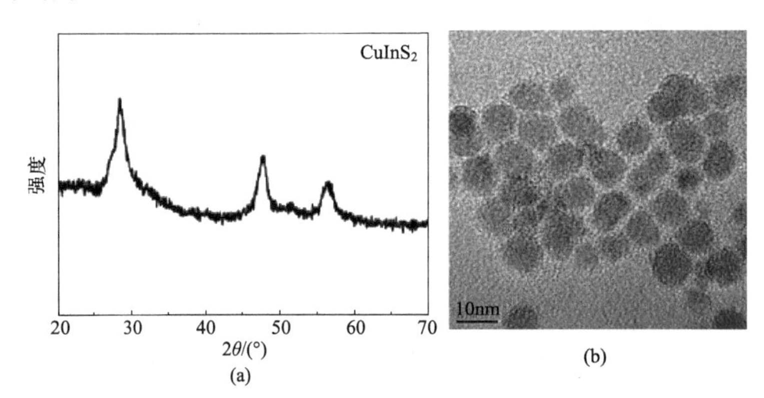

图 2-26　*N,N'* - 二苯基硫脲作为硫源前驱体，十二硫醇作为有机耦合剂时产物
(a) XRD 谱图；(b) TEM 图像，标尺为 10nm

继续采用油胺作为有机耦合剂，同时将 *N,N'*- 二苯基硫脲作为硫源前驱体来制备 $CuInS_2$ 量子点。在制备过程中发现，*N,N'*- 二苯基硫脲作为硫源前驱体时，可以大幅降低制备过程中的反应温度，且不出现 Cu_xS 杂相。图 2-27（a）为油胺作为有机耦合剂、*N,N'*- 二苯基硫脲作为硫源前驱体、反应温度为 110℃、反应时间为 5min 时，产物的 XRD 谱图。从图中可以看出，所得到的产物为 $CuInS_2$ 物相结构，并没有出现其他的杂相，说明在该反应温度下，*N,N'*- 二苯基硫脲的使用可以有效地避免杂相的出现。对比以单质硫作为硫源前驱体时的反应条件，可以看出，反应温度得到的大幅降低，最低反应温度从 170℃降低至 110℃。单质硫作为硫源

前驱体时，由于其相对较低的反应活性，使得当反应温度低于 170℃时，铟离子反应活性较低，进而生成 Cu_xS 杂相。由此可以认为，*N,N′*- 二苯基硫脲作为硫源前驱体时，促进了铟离子的反应动力学过程进行，进而避免由于铟离子反应活性低于铜离子的反应活性而导致的 Cu_xS 杂相的出现。图 2-27（b）为该反应条件下得到的 $CuInS_2$ 量子点的 TEM 图像，从图中可以看出，所得到的 $CuInS_2$ 量子点具有良好的单分散性，其尺寸约为 4.5nm。

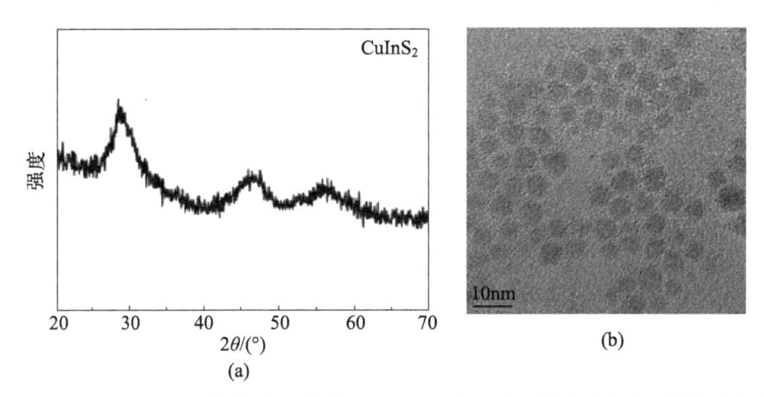

图 2-27　*N,N′*- 二苯基硫脲作为硫源前驱体，油胺作为有机耦合剂时产物
(a) XRD 谱图；(b) TEM 图像，标尺为 10nm

随后对 *N,N′*- 二苯基硫脲作为硫源前驱体的反应过程进行深入研究。通过控制反应时间，研究整个反应过程中量子点尺寸以及产率的变化。图 2-28（a）（b）为 *N,N′*- 二苯基硫脲作为硫源前驱体，十二硫醇和油胺分别作为有机耦合剂时量子点尺寸随反应时间的变化曲线。从图中可以看出，在热注入过程发生后，量子点尺寸迅速长大，5min 后就形成大量量子点。十二硫醇作为有机耦合剂时，30s 之后，量子点的尺寸已经长大至 7.6nm；反应时间延长至 5min 后，量子点的尺寸仅为 7.9nm，并没有明显长大。同样，当油胺作为有机耦合剂时，量子点的尺寸在 10s 之后就可长大至 4.2nm，而反应在 5min 后，量子点的尺寸长大至 4.5nm，并没有明显长大。这说明 *N,N′*- 二苯基硫脲作为硫源前驱体时，可以大幅提升热分解的反应动力学过程，在极短的时间内，量子点的尺寸即可达到相对稳定的状态。这主要是由于 *N,N′*- 二苯基硫脲相对较高的反应活性，可以使在热注入过程发生后系统中的单体数量急剧增大，并促使量子点的成核过程在极短时间内完成，随后进入到生长阶段，使量子点迅速长大。同时，由于系统中仍然存在大量的单体，因此在 5min 的反应时间内，量子点的尺寸并不会明显的长大，仅发生小尺寸量子点吸收单体生长这一过程。

进一步研究量子点产率随着时间变化的关系，如图 2-28（c）（d）所示。从图中可以看出，在反应开始后 5s，量子点的产率就可以达到 22%（十二硫醇作为有机耦合剂）和 39%（油胺作为有机耦合剂）。这一产率高于单质硫作为硫源前驱体时反应进行 5min 时的产率。随着时间的延长，量子点产率逐渐增加，反应时间为 5min 时，十二硫醇作为有机耦合剂时，量子点的产率可以达到 81%；油胺作为有机耦合剂时，量子点产率可达到 92%。这一结果表明 *N,N′*-二苯基硫脲可以使得 $CuInS_2$ 量子点产率得到大幅度提升，在保证量子点的形貌结构可控的前提下，反应溶液中的前驱体得到最大限度利用。由此可见，在热分解法制备 $CuInS_2$ 量子点的实验过程中，相比于单质硫，*N,N′*-二苯基硫脲是一种更为合适的硫源前驱体材料。

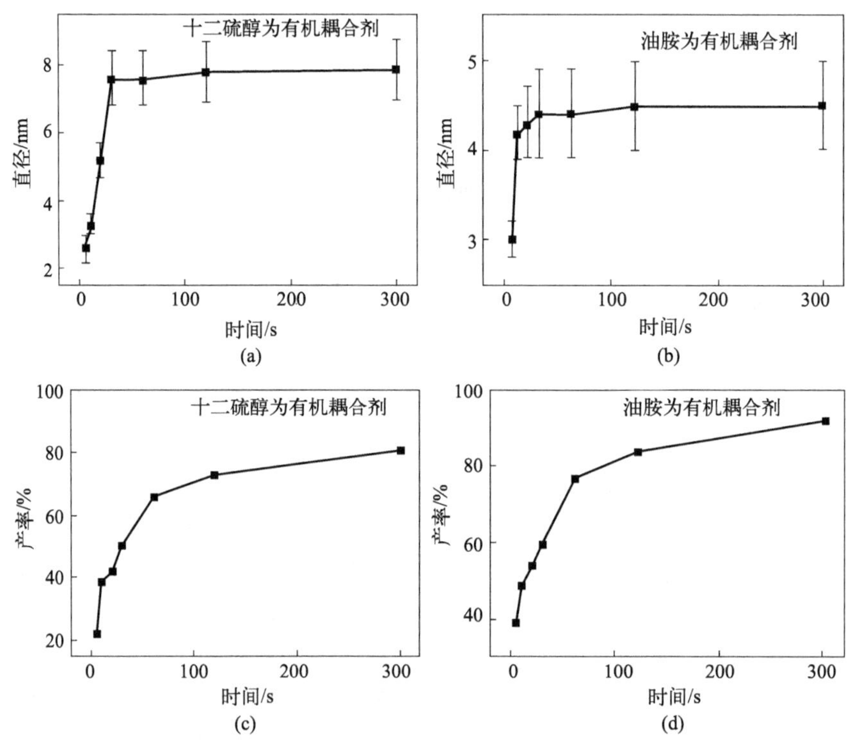

图 2-28 *N,N′*-二苯基硫脲作为硫源前驱体时量子点尺寸（a）（b）及产率（c）（d）与时间的关系曲线

2.2.4 热分解法制备 $CuInS_2$ 量子点的生长机理

从化学反应的角度来说，多步热分解和一步热分解反应过程都是先生成中间产物然后通过高温热分解反应制备得到。在第一步的中间产物生成过程中，多步热分解反应以 S 单质为硫源，十二硫醇为有机耦合剂，而一步热分解法是以十二硫醇为硫源和有机耦合剂，在一定温度下通过与无机金属 Cu 和 In 离子反应逐渐生成了中间产物 $CuIn(SR)_x$，反应过程如下：

$$Cu^{2+} + In^{3+} + DDT \xrightarrow[\triangle]{S} CuIn(SR)_x \tag{2-2}$$

$$Cu^{2+} + In^{3+} + DDT \xrightarrow{\triangle} CuIn(SR)_x \tag{2-3}$$

在第二步高温热分解过程中，$CuIn(SR)_x$ 中的有机物被分解，从而转换成 $CuInS_2$ 量子点，并随着时间的增加 $CuInS_2$ 的含量及尺寸逐渐增加，该反应过程如下：

$$CuIn\,(SR)_x \xrightarrow{\text{分解}} CuInS_2 \tag{2-4}$$

而 $CuInS_2$ 量子点的生长过程来看，可以由图 2-29 的生长机理来分析：当无机 Cu、In 离子和正十二硫醇加入之后，在一定的温度下，相对过量的正十二硫醇开始与 Cu 离子和 In 离子键合进而使得 Cu 和 In 的化合物完全溶解于混合溶液中。在持续保温过程中，正十二硫醇键合的 Cu 和 In 物质逐渐结合并形成 $CuIn(SR)_x$ 的网络结构稳定存在于混合溶液中[246]。多步热分解法引入了其他几种有机耦合剂作为稳定剂如油酸、油胺、三正辛基膦等，而一步热分解反应只是加入了油酸作为混合溶液的稳定剂。此时就为两种不同热分解反应的核心过程：第一，在一步热分解反应中，正十二硫醇作为 $CuInS_2$ 量子点的硫源，当达到 $CuIn(SR)_x$ 的网络结构极限分解温度的时候，$CuIn(SR)_x$ 开始发生热分解反应，其中的部分十二硫醇开始被破坏，其中的 S 逐渐与 Cu 和 In 在网络结构中形成了 $CuInS_2$ 的晶核。随着反应的持续进行，$CuInS_2$ 晶核开始朝着两个不同的反应模式进行生长：Ostwald 熟化反应和团聚反应[247-249]。由于油酸的存在可以保证混合溶液中网络结构的稳定性，进而减缓团聚反应的发生过程。因此在混合溶液反应的大部分时间中，Ostwald 熟化反应起主导作用，其中超小的纳米晶单体逐渐被溶解并且包覆在相对大的纳米晶单体表面进而使得 $CuInS_2$ 量子点逐渐长大，这样也从一定程度上降低了 $CuInS_2$ 量子点表面的十二硫醇。随着 $CuInS_2$ 量子点的长大，混合溶液中反应逐渐开始向团聚反应方向发展，因此在反应制备过程中存在一定量的不可分散的团聚颗粒。第二，在多步热分解反应中，随着 S 单质的加入，$CuIn(SR)_x$ 的网络结构迅速与 S 单质反应热分解生成了正十二硫醇键合的 $CuInS_2$ 晶核，并在数分钟内生长达到该温度下的最大 $CuInS_2$ 量子点尺寸。这是由于众多有机稳定剂的存在，正十二硫醇也并未作为硫源参与 $CuInS_2$ 量子点生成反应，因此在 $CuInS_2$ 量子点生长过程中起主导作用的也是 Ostwald 熟化反应，并且较难发生团聚反应。由于反应速度过快，Ostwald 熟化反应迅速完成进而形成了尺寸稳定的 $CuInS_2$ 量子点。随着反应温度的持续上升，热分解反应和晶核生长速度就会加剧，因此能够通过提高反应温度来增大 $CuInS_2$ 量子点的尺寸。另外，通过降低正十二硫醇的加入量进一步增加 $CuInS_2$ 量子点的尺寸。由于正十二硫醇的减少，溶液中稳定性降低，Ostwald 熟化反应和团聚反应同时发生加速了 $CuInS_2$ 量子点的生长。因此，通过调整正十二硫醇的加入量能够制备得到尺寸 20nm 的 $CuInS_2$ 量子点，同时在产物中也存在大量的团聚颗粒。

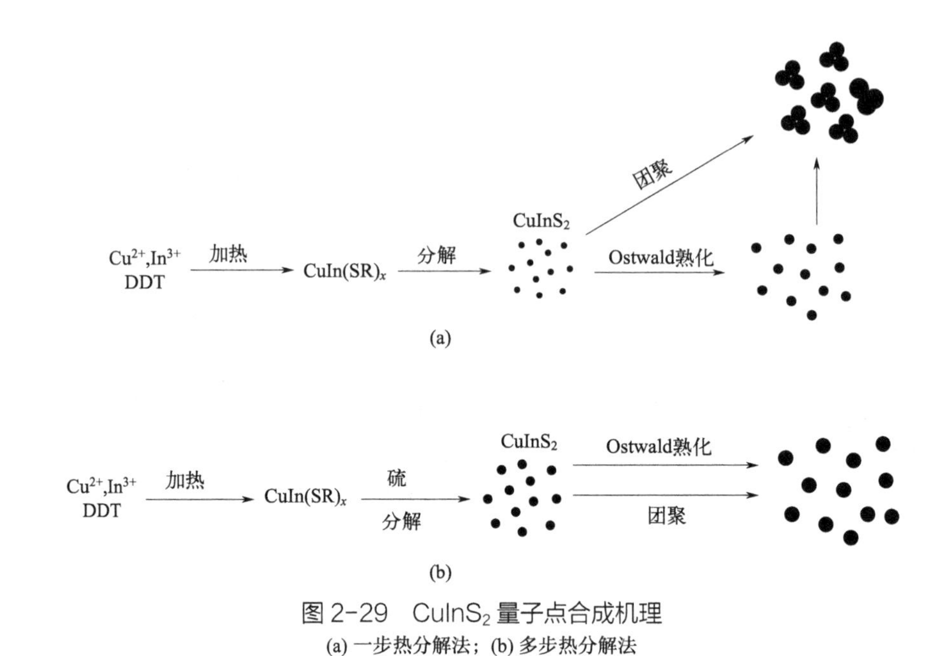

图 2-29　$CuInS_2$ 量子点合成机理

(a) 一步热分解法；(b) 多步热分解法

2.3　多尺寸 $CuInS_2$ 量子点的溶剂热法制备技术

虽然通过一步热分解法能制备出不同尺寸的 $CuInS_2$ 量子点材料，但是由于反应过程中正十二硫醇的存在，导致最终制备的 $CuInS_2$ 量子点表面还是存在正十二硫醇的耦合剂而影响 $CuInS_2$ 量子点在量子点敏化太阳电池中的应用。下面对制备技术进行改进以改善应用。

2.3.1　多尺寸 $CuInS_2$ 量子点的溶剂热法制备工艺

该技术摒弃了正十二硫醇，利用油胺为耦合剂采用溶剂热法制备不同尺寸的 $CuInS_2$ 量子点材料。主要采用含有亚铜离子、阴离子和油胺耦合剂的有机溶液为主体反应溶液，在一定的反应条件下加入另外一个含有硫的油胺溶液，通过调整溶剂热的反应温度来控制合成不同尺寸的 $CuInS_2$ 量子点。

具体步骤：首先在容量为 25mL 的三颈瓶中加入 2mL 的油胺溶液，然后在氩气的保护下，分别将 0.1mmol/L 的碘化亚铜和 0.1mmol/L 的醋酸铟加入 2mL 的油胺溶液中，在 120℃下搅拌 1h，溶液逐渐从蓝色澄清溶液变成了淡黄色澄清溶液。在另一个 50mL 的烧杯中加入 10mL 的油胺溶液，将 10mmol/L 的硫单质加入油胺溶液中，同样在 120℃下搅拌使得硫单质溶解，溶液逐渐由无色透明变成深红色透明溶液。接着在 150mL 装有聚四氟乙烯内衬的反应釜中加入 120mL 的正己烷溶液，在强力搅拌下，将上述两个溶液迅速加入正己烷溶液中，强力搅拌 1min，最后将反应釜密封置于水热烘箱中，在一定温度下溶剂热反应 1h。反应结束后，待反应釜冷却至室温，将聚四氟乙烯内衬中的产物取出，置于离心管内，加入过量的体积比为 3∶1 甲醇 / 乙醇混合溶液，在 10000r/min 下离心分离 5min，去掉上层清液，再在离心管中加入正己烷溶液，最后重复该过程两次得到产物。通过调整不同的溶剂热反应时间来制备不同尺寸的 $CuInS_2$ 量子点材料。合成工艺流程图如图 2-30 所示。

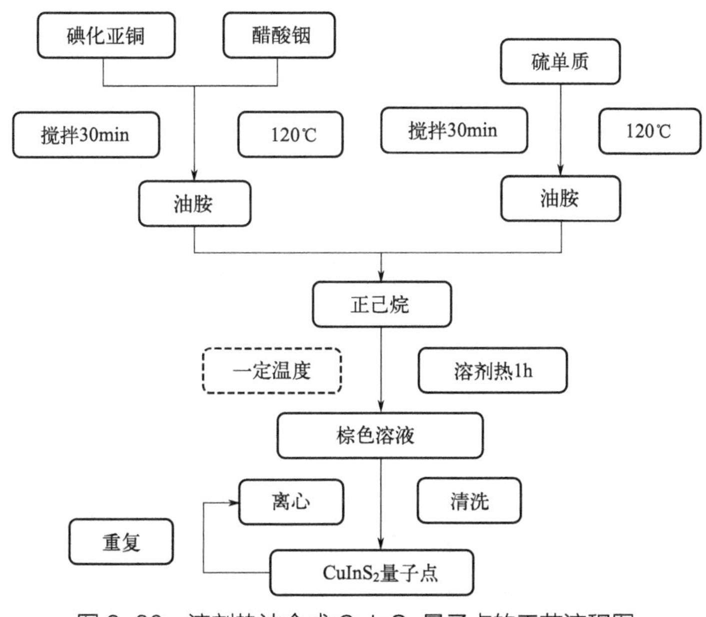

图 2-30　溶剂热法合成 $CuInS_2$ 量子点的工艺流程图

2.3.2　溶剂法制备 $CuInS_2$ 量子点结构和性能的影响

图 2-31 中分别是在 110℃、130℃、150℃和 170℃下溶剂热反应 1h 后并离心清洗得到的样品。从图中可以看出，采用溶剂热法也能制备出纯相的 $CuInS_2$ 量子点，通过谢尔公式计算可知这四个样品的尺寸分别为 3.0nm、3.5nm、4.2nm 和 4.7nm。通过溶剂热法制备的 $CuInS_2$ 量子点尺寸比较接近，因此采用 TEM 图像不容易分辨，因此只通过 TEM 粗略区分不同反应温度下制备的 $CuInS_2$ 量子点的尺寸。从图 2-32 中可以看出，随着反应时间的增加，$CuInS_2$ 量子点的尺寸也在逐渐增大，初步估计量子点样品所对应的尺寸为（3.0 ± 0.2）nm、（3.5 ± 0.3）nm、（4.2 ± 0.4）nm 和（4.7 ± 0.5）nm。图中 $CuInS_2$ 量子点的尺寸均匀程度相比热分解法要差，尺寸越

大尺寸分布越不均匀，这是由于不同温度下 $CuInS_2$ 量子点溶剂热内部反应机制所造成，具体在生长机理中讨论。从 3.5nm 的量子点的 HRTEM 图像中的晶格条纹可以分析其晶面间距约为 0.167nm，与 $CuInS_2$ 的（116）面晶格参数相匹配，说明制备的为纯相 $CuInS_2$ 量子点。

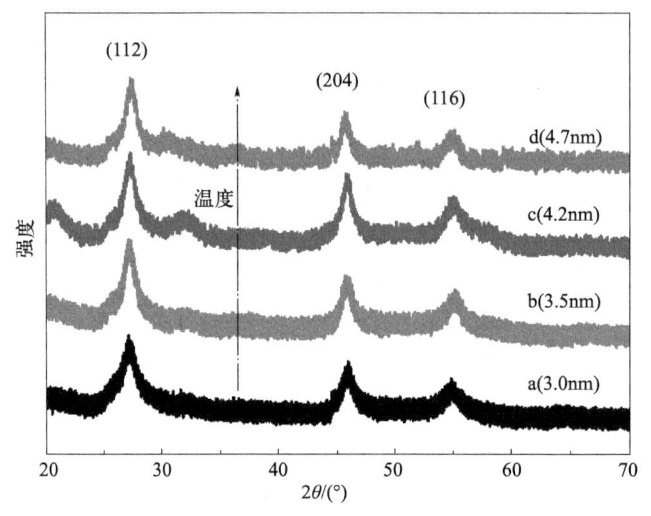

图 2-31 不同反应温度合成的样品 XRD 谱图

a—110℃；b—130℃；c—150℃；d—170℃

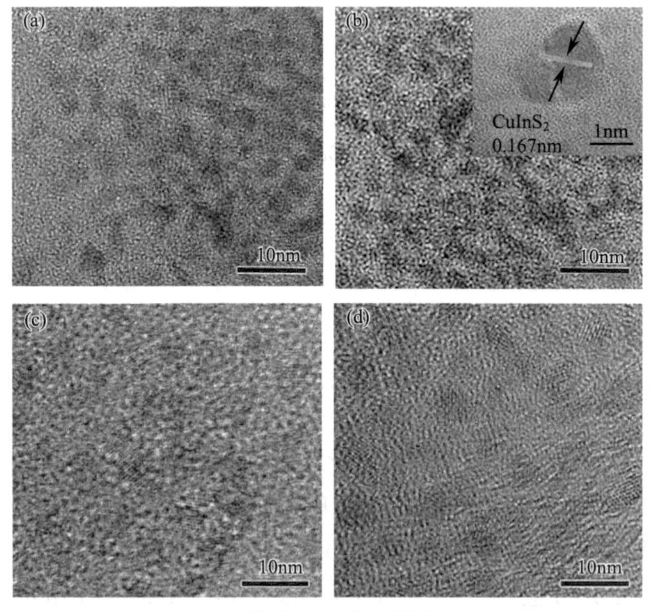

图 2-32 不同反应温度下合成的样品的 HRTEM 图像

(a) 110℃；(b) 130℃；(c) 150℃；(d) 170℃

图 2-33 为溶剂热法制备的不同尺寸 $CuInS_2$ 量子点进行了紫外 - 可见光吸收光谱和荧光光谱图，从图中可见，不同尺寸的 $CuInS_2$ 量子点的光吸收边界和荧光发光峰位都不同。随着量子点尺寸的增加，$CuInS_2$ 量子点的光吸收边界和荧光发光峰位逐渐向可见光区移动。通过计算可以发现随着尺寸的增加，$CuInS_2$ 量子点的光学带隙逐渐从 2.2eV 降低到 1.8eV，该结果与热分解法制备的样品类似。通过 Brus 方程式对 $CuInS_2$ 量子点进行了计算并得到相应的曲线，见图 2-33（d）。图中可以看出，通过实验合成的 $CuInS_2$ 量子点尺寸的变化趋势与 Brus 方程计算曲线同样也比较吻合，但是相比热分解法，溶剂热法制备的 $CuInS_2$ 量子点在尺寸分布上与 Brus 方程计算曲线偏差要略微大一些。

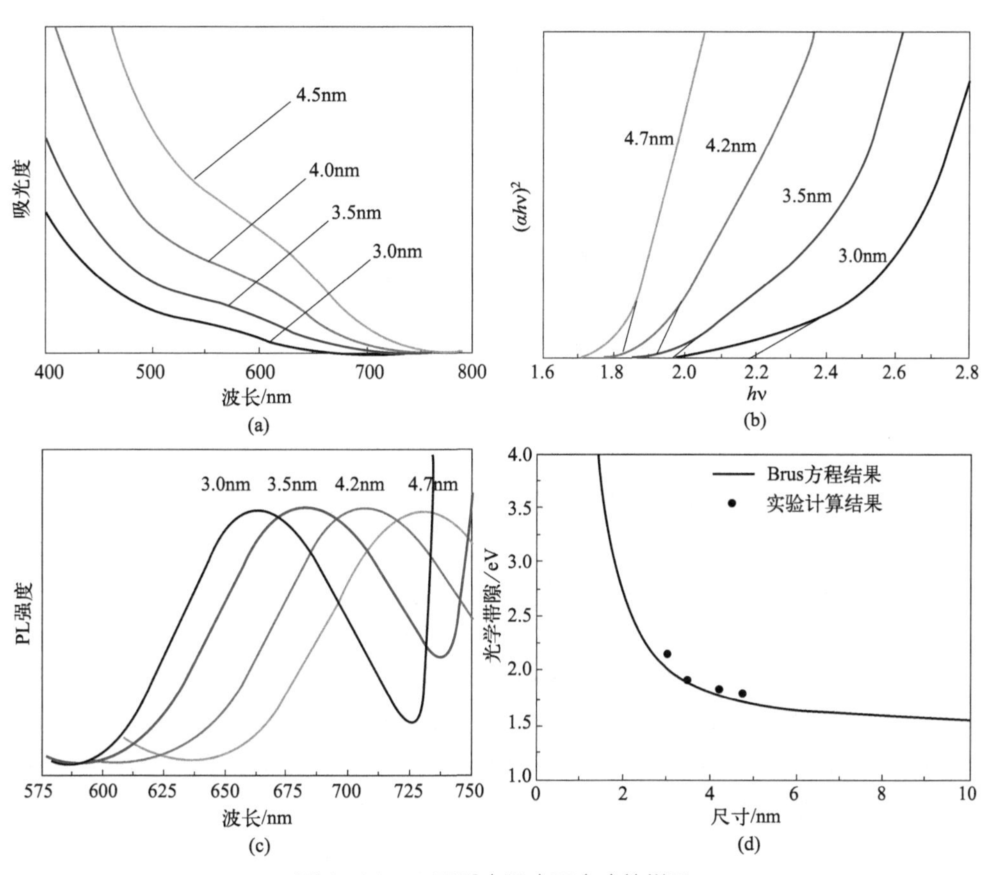

图 2-33　不同反应温度下合成的样品

(a) 紫外 - 可见光吸收谱图；(b) 光学带隙图；(c) 荧光光谱图；(d) 尺寸 - 光学带隙图

从表 2-3 中可以看出，对比 XRD 谱图、TEM 图像和光学谱图，采用溶剂热法制备的 $CuInS_2$ 量子点尺寸分布偏差比热分解法的样品要大。但是，在溶剂热反应过程中，油胺是有机耦合剂，图 2-34 红外光谱分析可以发现在波数为 $3376cm^{-1}$、

3297cm^{-1}、3005cm^{-1}、2924cm^{-1}、2853cm^{-1}、1621cm^{-1}、1467cm^{-1}、1376cm^{-1}、1306cm^{-1}、1073cm^{-1}、957cm^{-1}、796cm^{-1} 和 722cm^{-1} 处存在红外吸收峰，正好对应了油胺的红外光谱图。这就说明所制备的 $CuInS_2$ 量子点被油胺所键合，这样就排除了十二硫醇的影响，能够通过有机耦合剂转换过程应用于量子点敏化太阳能电池中。

表 2-3 不同分析方法对应的 $CuInS_2$ 量子点尺寸

样品	110℃ /nm	130℃ /nm	150℃ /nm	170℃ /nm
D_{XRD}	3.0	3.5	4.2	4.7
D_{TEM}	3.0 ± 0.2	3.5 ± 0.3	4.2 ± 0.4	4.7 ± 0.5
D_{UV-PL}	2.8 ± 0.2	3.5 ± 0.1	4.0 ± 0.3	4.5 ± 0.4

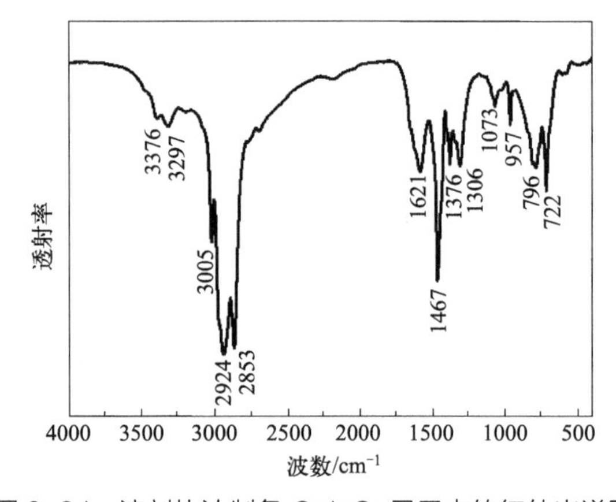

图 2-34 溶剂热法制备 $CuInS_2$ 量子点的红外光谱图

2.3.3 溶剂法制备 $CuInS_2$ 量子点的生长机理

从化学反应的角度来说，溶剂热反应也可以分成两步，在第一步的中间产物生成过程中，油胺作为有机耦合剂和稳定剂，先将 Cu 离子和 In 离子在一定温度下与油胺耦合形成中间产物 $CuIn(NR)_x$，然后加入 S 单质进行第二步溶剂热反应迅速形成一定尺寸的油胺键合的 $CuInS_2$ 量子点，反应过程如下：

$$Cu^{2+} + In^{3+} + OA \xrightarrow{\triangle} CuIn(NR)_x \tag{2-5}$$

$$CuIn(NR)_x \xrightarrow[\text{溶剂热}]{S} CuInS_2 \tag{2-6}$$

$CuInS_2$ 量子点的生长过程可以由图 2-35 的生长机理来分析。当 Cu、In 离子和油胺混合之后，在一定的温度下，相对过量的油胺开始与 Cu 离子和 In 离子键合进而使得 Cu 和 In 的化合物完全溶解于混合溶液中并形成 $CuIn(NR)_x$。此时，在混合溶液中迅速加入 S 单质并在一定温度下开始溶剂热反应，由于 S 单质极度过量，加速了与金属 Cu 和 In 离子的反应使得 $CuInS_2$ 晶核飞速产生并生长达到一定的尺寸[250]。此过程避免了热分解过程中 $CuInS_2$ 晶核生成之后的奥斯特瓦尔德熟化和团聚反应的发生，进而直接得到了 $CuInS_2$ 量子点。在反应温度小于 150℃时，所得到的 $CuInS_2$ 量子点尺寸分布还比较均匀；而当温度大于 150℃之后，金属离子快速耗尽，此时奥斯特瓦尔德熟化反应开始发生，量子点尺寸开始增大，这样导致众多量子点尺寸分布不均匀。因此，在一定的温度范围内，采用这种溶剂热法能够有效地制备一定尺寸范围内油胺耦合的 $CuInS_2$ 量子点。

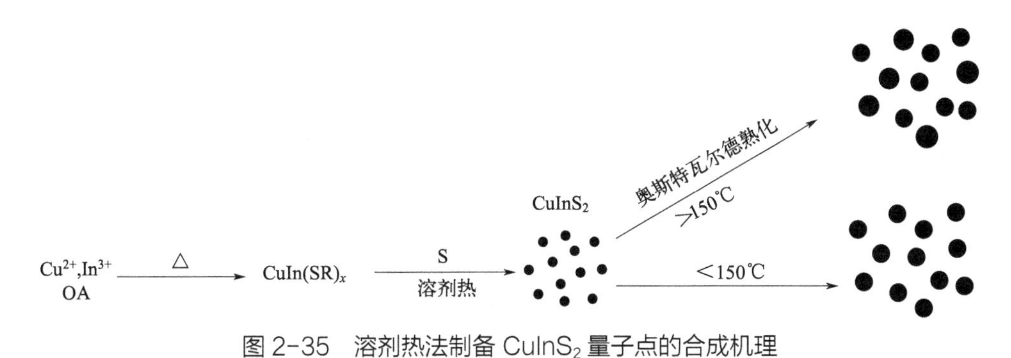

图 2-35　溶剂热法制备 $CuInS_2$ 量子点的合成机理

2.4　多尺寸 $CuInS_2$ 量子点水相合成法制备技术

通过热分解法和溶剂热法能够有效地制备出不同尺寸的 $CuInS_2$ 量子点材料，然而，这些 $CuInS_2$ 量子点材料都是属于亲油性，若要用于量子点敏化太阳电池的研究中必须要将这些 $CuInS_2$ 量子点材料转化成亲水性材料，这样的转化过程必然会对 $CuInS_2$ 量子点材料本身的光学性能造成一定的影响。

2.4.1　多尺寸 $CuInS_2$ 量子点水相合成法制备工艺

利用水溶性的巯基丙酸作为耦合剂采用水相合成法直接制备 $CuInS_2$ 量子点材料，并通过热处理改变 $CuInS_2$ 量子点的尺寸。主要采用含有 Cu 离子、In 离子和巯基丙酸耦合剂的水溶液为主体反应溶液，在溶液中加入硫化钠水溶液，混合搅拌而成，然后通过后续热处理来控制 $CuInS_2$ 量子点的尺寸。

具体步骤：首先在容量为 250mL 的三颈瓶中加入 10mL 的去离子水，然后在氩气的保护下，分别将 0.2mmol/L 的氯化铜和 0.2mmol/L 的氯化铟加入 150mL 的水溶液中，搅拌一定时间使得溶液变成蓝色澄清溶液，在混合溶液中加入 2.5mmol/L

的巯基丙酸，溶液从蓝色变成淡黄色悬浊液，缓慢加入氢氧化钠溶液使悬浊液转变成为淡黄色澄清溶液，再搅拌 10min 之后，加入 0.5mmol/L 的硫化钠水溶液，溶液从淡黄色逐渐变成棕黄色溶胶，最后采用旋转蒸发仪将溶液蒸发至 20mL 即可。为了得到不同尺寸的 $CuInS_2$ 量子点，将制备的产物旋涂于 Si/Pt 基底，在 300℃下热处理不同的时间即可得到。合成工艺流程图如图 2-36 所示。

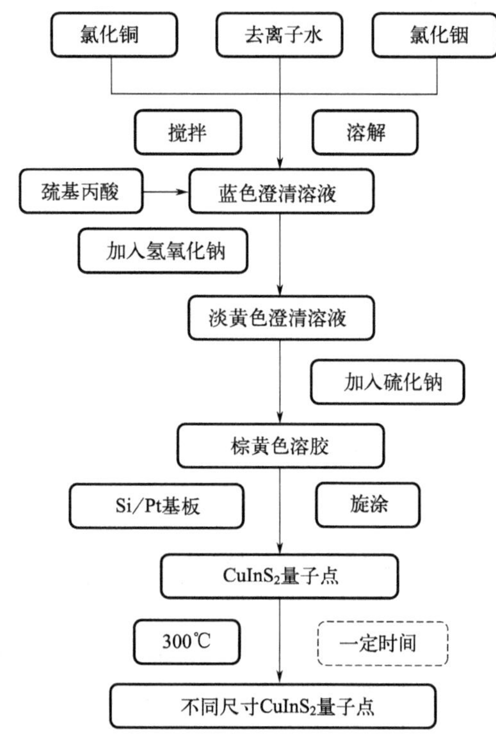

图 2-36　水相热处理法合成 $CuInS_2$ 量子点的工艺流程图

2.4.2　水相合成法制备 $CuInS_2$ 量子点结构和性能的影响

通过水相合成法和热处理过程在 Si/Pt 基底表面制备 $CuInS_2$ 量子点。图 2-37 为热处理 30s 所得到样品的 XRD 谱图，从图中可以看到该样品为黄铜矿相 $CuInS_2$，这说明了通过该方法可以制备出纯相的 $CuInS_2$ 量子点。通过谢尔公式计算可知这个样品的尺寸约为 3.5nm。

将水相合成的 $CuInS_2$ 量子点旋涂于 Si/Pt 基板之后分别热处理 0s、30s、60s、90s 和 120s，然后从基板表面取下 $CuInS_2$ 粉末分散在乙醇溶液中进行 TEM 测试，如图 2-38 所示。从图 2-38 中可以看出，随着热处理反应时间的增加，$CuInS_2$ 量子点的尺寸也在逐渐增大，$CuInS_2$ 量子点样品所对应的尺寸为（2.3 ± 0.2）nm、（2.8 ± 0.2）nm、（3.6 ± 0.3）nm、（5.4 ± 0.2）nm 和（7.2 ± 0.4）nm。图中 $CuInS_2$ 量子点的尺寸分布均匀程度较好。从 7.2nm 量子点的 HRTEM 图像中晶格条纹可以分析其晶面间距约为 0.196nm，与 $CuInS_2$ 的（204）面晶格参数相匹配，这也说明了该方法制备也能制备出纯相 $CuInS_2$ 量子点。

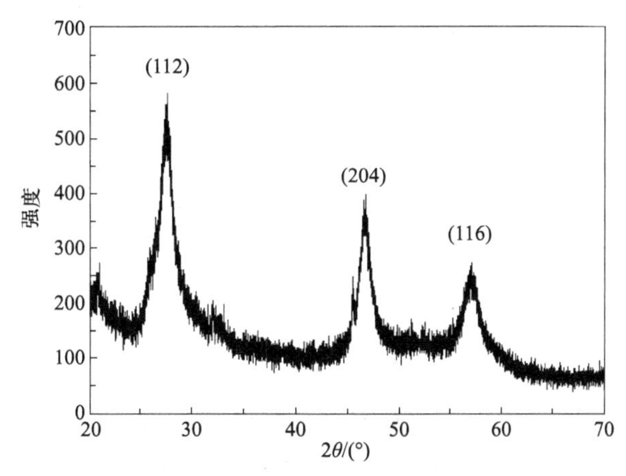

图 2-37　水相合成热处理 30s 后样品的 XRD 谱图

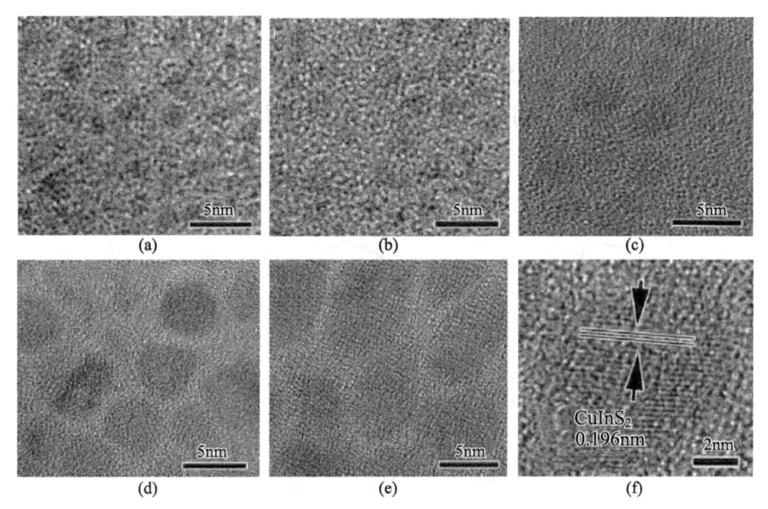

图 2-38　热处理不同时间合成样品的 HRTEM 图像

(a) 0s；(b) 30s；(c) 60s；(d) 90s；(e) 120s；(f) 120s

图 2-39 为水相热处理合成法制备的不同尺寸 $CuInS_2$ 量子点的紫外 - 可见光吸收谱图，从图中也可以看出，随着量子点尺寸的增加，$CuInS_2$ 量子点的光吸收边界逐渐向可见光区移动。通过计算可以发现随着尺寸的增加，$CuInS_2$ 量子点的光学带

隙逐渐从 2.4eV 降低到 1.6eV。从以上结果可以知道，通过改变热处理的时间能够有效地制备出各种不同尺寸的 $CuInS_2$ 量子点。

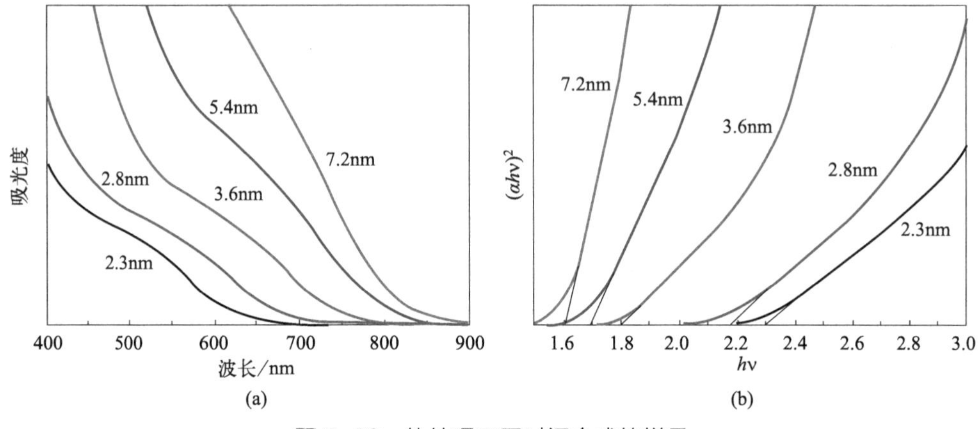

图 2-39　热处理不同时间合成的样品

(a) 紫外 - 可见光吸收谱图；(b) 光学带隙图

在水相合成的反应过程中，巯基丙酸是有机耦合剂，由红外光谱分析可以发现在波数为 $3376cm^{-1}$、$3297cm^{-1}$、$3005cm^{-1}$、$2924cm^{-1}$、$2853cm^{-1}$、$1621cm^{-1}$、$1467cm^{-1}$、$1376cm^{-1}$、$1306cm^{-1}$、$1073cm^{-1}$、$957cm^{-1}$、$796cm^{-1}$ 和 $722cm^{-1}$ 处存在红外吸收峰，正好对应了巯基丙酸的红外光谱图（图 2-40）。这就说明所制备的 $CuInS_2$ 量子点被巯基丙酸所键合，能够直接通过有机耦合法制备量子点敏化太阳能电池，既排除了其他有机物对 $CuInS_2$ 量子点的影响，也避免了有机耦合剂转换对量子点造成的荧光猝灭。

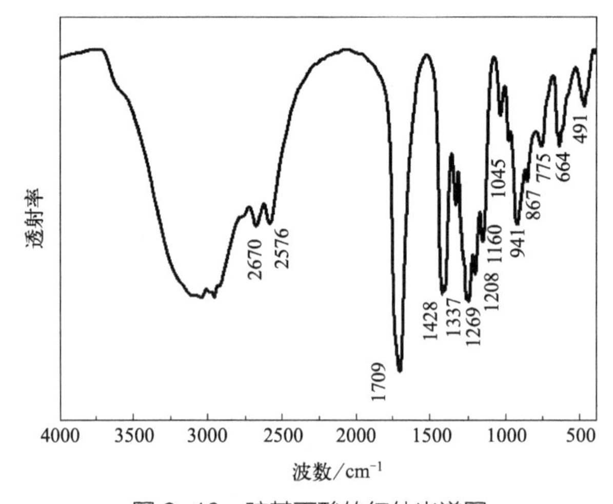

图 2-40　巯基丙酸的红外光谱图

2.4.3 水相合成法制备 $CuInS_2$ 量子点的生长机理

从化学反应的角度来说，水相合成反应也可以分成两步，在第一步的中间产物生成过程中，巯基丙酸作为有机耦合剂和稳定剂，先将 Cu 离子和 In 离子与巯基丙酸耦合形成中间产物 $CuIn(SR)_x$，在调节 pH 值之后，加入 Na_2S 溶液进行第二步成核反应进而生成巯基丙酸键合的 $CuInS_2$ 量子点，反应过程如下：

$$Cu^{2+} + In^{3+} + MPA \longrightarrow CuIn(SR)_x \tag{2-7}$$

$$CuIn(SR)_x + Na_2S \longrightarrow CuInS_2 \tag{2-8}$$

$CuInS_2$ 量子点的生长过程可以由图 2-41 的生长机理来分析。当 Cu、In 离子和巯基丙酸混合后，经过一定的反应时间，相对过量的巯基丙酸逐渐与 Cu 离子和 In 离子键合进而使得 Cu 和 In 的化合物完全溶解于混合溶液中并形成 $CuIn(SR)_x$，溶液从蓝色转变为淡黄色。此时，在混合溶液中加入 Na_2S 溶液，S 离子直接与 $CuIn(SR)_x$ 发生反应生成 $CuInS_2$ 晶核，从淡黄色溶液转变成为棕黄色溶胶，并且伴随奥斯特瓦尔德熟化反应尺寸缓慢增大。随着时间的延长，S 离子逐渐反应完全，混合溶胶逐渐处于稳定状态，量子点尺寸基本不变。经过热处理之后，$CuInS_2$ 量子点的结晶效果提高，同时随着热处理的时间增加，$CuInS_2$ 量子点的晶体长大，进而增加了 $CuInS_2$ 量子点的尺寸。因此，通过水相热处理合成法能制备出多尺寸的巯基丙酸键合的 $CuInS_2$ 量子点，能较好地进行太阳能电池的敏化过程。

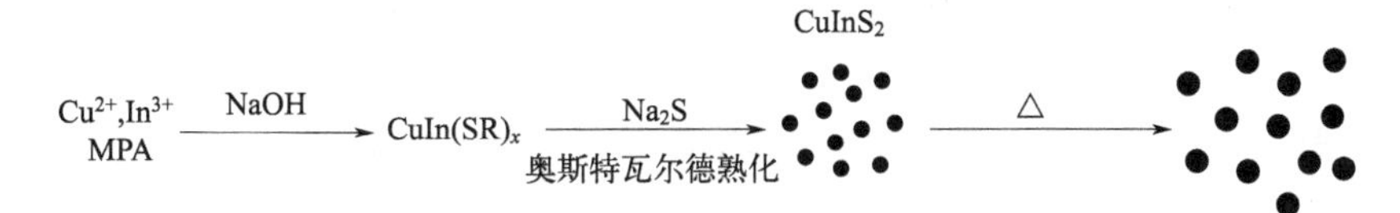

图 2-41　水相热处理法制备 $CuInS_2$ 量子点的合成机理

第3章

$CuInS_2$量子点敏化太阳能电池的有机耦合制备技术

3.1 引言

通常来说，量子点敏化太阳能电池是采用化学浴沉积或者连续离子层吸附法来制备的。但由于三元 $CuInS_2$ 量子点合成的复杂性，有机耦合法就成了 $CuInS_2$ 量子点敏化太阳能电池主流的制备方法之一。前期研究发现，有机耦合法所制备的 $CuInS_2$ 量子点敏化太阳能电池的光电转换效率并不高。因此，进一步改进有机耦合法是提高 $CuInS_2$ 量子点敏化太阳能电池效率的关键因素之一。

3.2 高效 TiO_2 纳米颗粒及纳米带的制备技术

采用钛酸定向水热合成技术制备高效 TiO_2 纳米颗粒及纳米带。通过该方法能够制备出超高纯度的锐钛矿相 TiO_2 纳米颗粒，并且尺寸分布均匀，比表面积高。以 P25 与 NaOH 水溶液为原料，不锈钢反应釜为容器，内含有 100mL 聚四氟乙烯为内衬，进行一次水热。经过酸洗还原之后，再进行第二次水热，完成制备过程。

具体步骤：首先在 100mL 去离子水中配制 10mol/L 的 NaOH 溶液，再称取 3g 的 TiO_2，加入溶液中搅拌 12h，然后将上述溶液移至反应釜中，在电热恒温干燥箱中一定温度下恒温反应 24h；取出后，采用 0.1mol/L 的硝酸溶液调节 pH 值至 1.5；然后将酸洗之后的溶液置于 240℃下水热 12h，自然冷却至室温，将所得白色沉淀离心分离；最后置于 80℃的炉子烘干，得到白色粉末状产物。

（1）一次水热温度对样品的物相与形貌的影响

反应温度对样品的物相及形貌具有非常重要的作用，通过改变反应温度来制备出所需的样品物相及形貌。图 3-1 为分别在 130℃和 180℃下水热之后制备出样品的 XRD 谱图，从图中可以看出，在两种不同反应温度下制备的样品具有相同的物相结构，其中分别在 8.487°、24.105°、27.006°、29.268° 和 48.486° 处对应的衍射峰的晶面参数为（200）、（110）、（310）、（311）和（020），该晶面参数对应为 JCPDS00-044-0130 卡片的 $H_2Ti_5O_{11}·3H_2O$。因此可以确定通过两种不同的温度水热过程都可以制备出纯相 $H_2Ti_5O_{11}·3H_2O$ 的钛酸纳米材料。此外，从图中还可以看出，在 130℃下水热制备出的样品衍射峰较宽，说明在该条件下制备的样品颗粒尺寸较小。通过谢尔公式计算可知 130℃水热制备样品的颗粒尺寸约为 20nm。

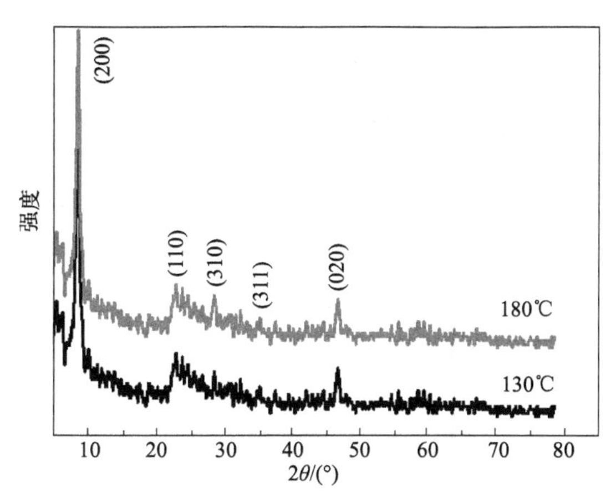

图 3-1 不同水热温度下制备样品的 XRD 谱图

图 3-2 为不同水热反应温度下制备的钛酸纳米材料的场发射扫描（FESEM）图像，从图 3-2（a）中可以看出，反应温度为 130℃时制备出的样品形貌杂乱无章，含有大量的纳米带和纳米片，略微有些团聚。而从图 3-2（b）中可以看出，当反应温度增加到 180℃之后，样品呈现出表面平整的钛酸纳米带，其中纳米带宽度为 50 ～ 200nm，长度为 2 ～ 3μm。综上可知，分别采用 130℃和 180℃水热可以制备出纯相的钛酸纳米颗粒和钛酸纳米带。

（2）二次水热样品的表征及光学性能分析

为了制备出 TiO_2 纳米材料，将所得到的钛酸纳米材料经过酸洗之后在 240℃下进行水热反应和 500℃下热处理。图 3-3 分别为钛酸纳米颗粒和钛酸纳米带二次水热处理之后制备出样品的 XRD 谱图，从图中可以看出，经过二次水热反应之后样品的物相发生改变，相比于钛酸纳米颗粒和纳米带的物相结构发生了明显的变化，其中分别在 25.354°、36.884°、37.785°、38.507°、48.077°、53.922°、55.116°、62.075° 和 68.596° 处对应的衍射峰的晶面参数为（101）、（103）、（004）、（112）、（200）、（105）、（211）、（213）和（116），该晶面参数对应为 JCPDS00-004-0477

卡片的纯锐钛矿相 TiO_2。因此可以确定通过二次水热都可以将钛酸纳米材料转换成纯相的 TiO_2 纳米材料。同时，从图中同样可以看出，二次水热之后钛酸纳米颗粒样品转换的样品衍射峰较宽。通过谢尔公式计算可知该 TiO_2 样品的颗粒尺寸约为20nm，与钛酸纳米颗粒基本一致。

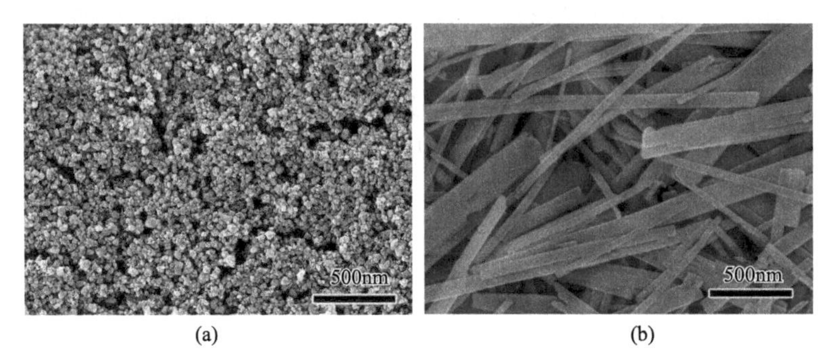

图 3-2　不同水热反应温度下制备样品的 FESEM 图像

(a) 130℃；(b) 180℃

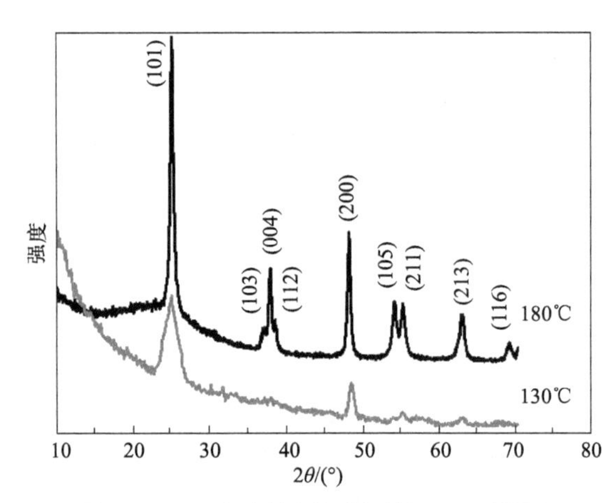

图 3-3　二次水热制备样品的 XRD 谱图

图 3-4 为不同二次处理之后锐钛矿相 TiO_2 纳米材料的场发射扫描图像，从图 3-4（a）中可以看出，经过二次水热之后制备出的样品为均匀的 TiO_2 纳米颗粒，颗粒尺寸约为 20nm，与谢尔公式计算的结果一致。这也说明二次水热有效地将钛酸纳米颗粒转变为锐钛矿相 TiO_2 纳米颗粒，颗粒尺寸略微减小，并且没有明显的团聚现象。而从图 3-4（b）中可以看出，经过热处理之后钛酸纳米带转变成为锐钛矿相 TiO_2 纳米带，相貌结构并没有被破坏，但是 TiO_2 纳米带的长度减小为 1 ～ 2μm。因此，通过二次水热和热处理过程可以有效地制备高纯锐钛矿相 TiO_2 纳米颗粒和 TiO_2 纳米带。

(a)　　(b)

图 3-4　不同二次处理样品的 FESEM 图像

(a) 二次水热；(b) 500℃热处理

3.3　光阳极的制备及太阳能电池的组装

采用有机耦合自组装技术制备 $CuInS_2$ 量子点敏化高效 TiO_2 纳米材料光阳极。通过该方法能够有效地将各种尺寸的 $CuInS_2$ 量子点吸附到高效 TiO_2 纳米材料表面，并且分布均匀，结合较好。以已经合成好的高效 TiO_2 纳米颗粒或纳米带和 $CuInS_2$ 量子点为基础材料，通过循环浸泡完成制备过程。

具体步骤：要提高有机耦合法的效率，就必须提高 $CuInS_2$ 量子点表面的有机耦合剂的质量。在前期的合成过程中，油胺键合的 $CuInS_2$ 量子点无法进行有机耦合，首先在 15mL 的甲醇溶液中加入 20mg 的巯基丙酸，搅拌均匀之后，加入四甲基氢氧化铵的甲醇溶液，将混合溶液的 pH 值调整成大于 10，再次搅拌均匀，然后在氮气保护下将 20mg 的油胺键合的 $CuInS_2$ 量子点加入混合溶液中强力搅拌 2h，混合溶液从无色透明溶液转变成为 $CuInS_2$ 量子点的颜色，最后在混合溶液中加入乙酸乙酯与正己烷（体积比 = 12 ∶ 50）的溶液进行沉降，通过离心分离之后再分散在甲醇溶液中即可得到巯基丙酸键合的 $CuInS_2$ 量子点。再将以高效 TiO_2 纳米颗粒或纳米带制备的光阳极薄膜先浸泡在含有 1mol/L 巯基丙酸的乙腈溶液中 12h，在清洗烘干之后，分别在低含量十二硫醇键合的 $CuInS_2$、有机耦合剂转换的巯基丙酸键合的 $CuInS_2$ 和水相合成的 $CuInS_2$ 量子点溶液中浸泡 12h，重复此浸泡过程数次即可。实验合成工艺流程图如图 3-5 所示。

为了探索 $CuInS_2$ 量子点敏化高效 TiO_2 纳米材料太阳能电池的光电性能，以 $CuInS_2/TiO_2$ 光阳极为基础，通过使用合适的对电极及电解液，采用传统的太阳能电池封装技术组装太阳电池。具体步骤如下：首先在 $CuInS_2/TiO_2$ 光阳极的周围贴上 Surlyn 薄膜，然后再将合适的对电极覆盖整个光阳极及 Surlyn 薄膜，采用热封机在 110℃下将光阳极和对电极封装起来，接着将电解液通过对电极上已钻好的两个 0.5mm 的小孔注入光阳极与对电极的空间，最后再采用另外一块玻璃将对电极表面的空洞封住即可。具体封装过程如图 3-6 所示。

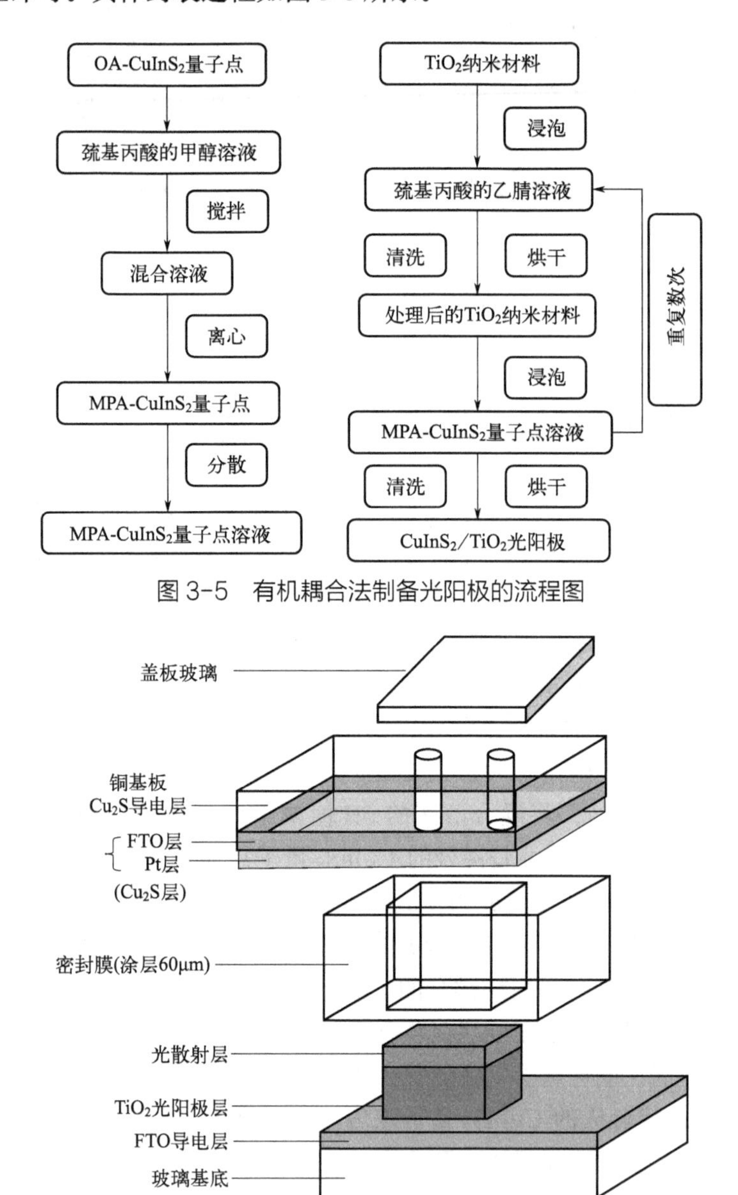

图 3-5 有机耦合法制备光阳极的流程图

图 3-6 太阳能电池的封装工艺

3.4 $CuInS_2/TiO_2$ 光阳极的物相组成及形貌结构

为了获得最佳的敏化工艺，以 TiO_2 纳米颗粒及纳米带为研究重点。通过上述

$CuInS_2$ 量子点敏化高效 TiO_2 纳米材料光阳极的合成过程，对制备的样品进行物相组成及形貌结构的分析。图 3-7 为 $CuInS_2$ 量子点敏化前后的 XRD 谱图，从谱图中可以看出，在 $CuInS_2$ 量子点敏化之前，TiO_2 纳米颗粒与 TiO_2 纳米带样品为纯锐钛矿相 TiO_2；而经过有机耦合过程进行 $CuInS_2$ 量子点敏化之后，在 TiO_2 纳米颗粒和纳米带样品中在 2θ 值分别位于 27.88°、46.31° 和 54.79° 出现了三个新的衍射峰，由于 $CuInS_2$ 量子点在薄膜表面吸附量的影响，这三个衍射峰的强度都比较低，这三个衍射峰正对应着纯黄铜矿相 $CuInS_2$ 的（112）、（204）和（116）三个晶面。这就说明 $CuInS_2$ 量子点通过有机耦合成功地吸附到 TiO_2 纳米颗粒或 TiO_2 纳米带薄膜上。

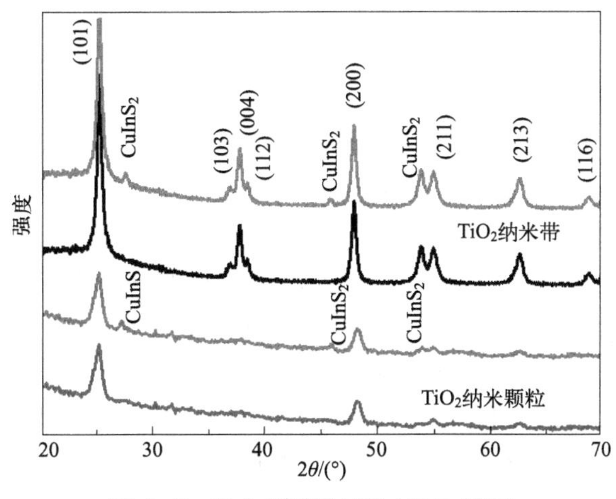

图 3-7　敏化前后样品的 XRD 谱图

为了进一步证明 $CuInS_2/TiO_2$ 光阳极样品中的化学组成，分别对 $CuInS_2/TiO_2$ 纳米颗粒和 $CuInS_2/TiO_2$ 纳米带光阳极进行了 EDS 的测试，如图 3-8 所示。从图 3-8

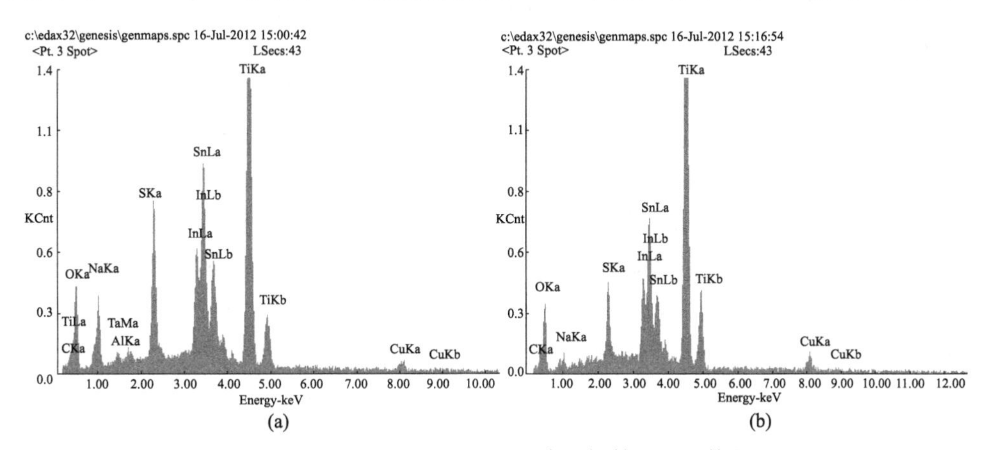

图 3-8　不同 $CuInS_2/TiO_2$ 光阳极的 EDS 谱图

中可以看出，除了测试条件所含有的 C 元素和薄膜基底材料中所含有的 Si、Na、Ca 和 Sn 元素之外，在 $CuInS_2/TiO_2$ 纳米颗粒与 $CuInS_2$ /TiO_2 纳米带薄膜表面存在 Ti、O、Cu、In 和 S 这几种元素。同时，通过分析可以从表 3-1 中看出，在两个不同形貌的薄膜中，Ti 和 O 的比例不是 1∶2，这是由于基底表面存在 SnO_2 薄膜层，导致 O 元素含量增加，Cu、In 和 S 的比例约为 1∶1∶2。这也可以进一步说明光阳极表面 TiO_2 和 $CuInS_2$ 的存在。

表 3-1　不同 $CuInS_2/TiO_2$光阳极的元素比例

样品	Ti	O	Cu	In	S
TiO_2 纳米颗粒	24.83	67.01	1.92	2.09	4.15
TiO_2 纳米带	25.07	66.71	1.95	1.99	4.28

图 3-9 为 TiO_2 纳米颗粒和 TiO_2 纳米带在 $CuInS_2$ 量子点敏化前后的 FESEM 图像。从图中可以看出，在敏化之前，两种薄膜分别为多孔 TiO_2 纳米颗粒薄膜和纳米带交织而成的 TiO_2 薄膜；在 $CuInS_2$ 量子点敏化之后，TiO_2 纳米颗粒薄膜表面变粗糙，薄膜中的孔洞逐渐变小。而 TiO_2 纳米带薄膜表面可以很清楚地看到表面覆盖了一层 $CuInS_2$ 量子点，纳米带也从光滑变得粗糙。通过 HRTEM 图像分析可以发现，TiO_2 纳米颗粒和 TiO_2 纳米带薄膜晶格条纹计算所得都为 d = 0.352nm 晶面参数，都对应锐钛矿相 TiO_2 的（101）晶面。经过 $CuInS_2$ 量子点敏化之后，TiO_2 纳米颗粒和 TiO_2 纳米带薄膜都出现了新的晶格条纹，计算所得分别为 d = 0.196nm 和 d = 0.320nm 晶面参数，都对应着黄铜矿相 $CuInS_2$ 的（204）和（112）晶面。从形貌表征的结果也可以说明 $CuInS_2$ 量子点成功吸附到 TiO_2 纳米薄膜的表面。

敏化工艺对薄膜的均匀性和吸附的量子点的含量起着至关重要的作用。不改变其他条件，一维钛酸纳米带薄膜在 0.1mol/L 的 MPA 的无水乙醇溶液和 $CuInS_2$ 量子点的无水乙醇溶液中循环浸泡 4 次，图 3-10 分别为敏化浸泡时间分别为 1min、3min、5min 和 7min 的薄膜的 SEM 图像。在敏化过程中，$CuInS_2$ 量子点通过有机耦合剂的作用，吸附在薄膜钛酸纳米带的表面。从图中可以看出薄膜中钛酸纳米带表面沉积了 $CuInS_2$ 量子点，图 3-10（b）（c）中显示 $CuInS_2$ 略微有些团聚。对比不同敏化时间的 SEM 图可以明显观察到随着敏化时间的增加，薄膜中钛酸纳米带表面沉积的 $CuInS_2$ 量子点含量逐渐增加，而敏化时间为 7min 的时候，薄膜中钛酸纳米带表面沉积的 $CuInS_2$ 量子点含量减少。从 SEM 图像中可以说明 $CuInS_2$ 量子点的最佳敏化时间为 5min。

(a)　(b)　(c)　(d)　(e)　(f)

图 3-9　敏化前后 TiO_2 纳米薄膜的形貌结构

(a) 敏化前 TiO_2 纳米颗粒薄膜 FESEM 图像；(b) 敏化前 TiO_2 纳米带薄膜 FESEM 图像；
(c) 敏化后 TiO_2 纳米颗粒薄膜 FESEM 图像；(d) 敏化后 TiO_2 纳米带薄膜 FESEM 图像；
(e) 敏化后 TiO_2 纳米颗粒薄膜 HRTEM 图像；(f) 敏化后 TiO_2 纳米带薄膜 HRTEM 图像

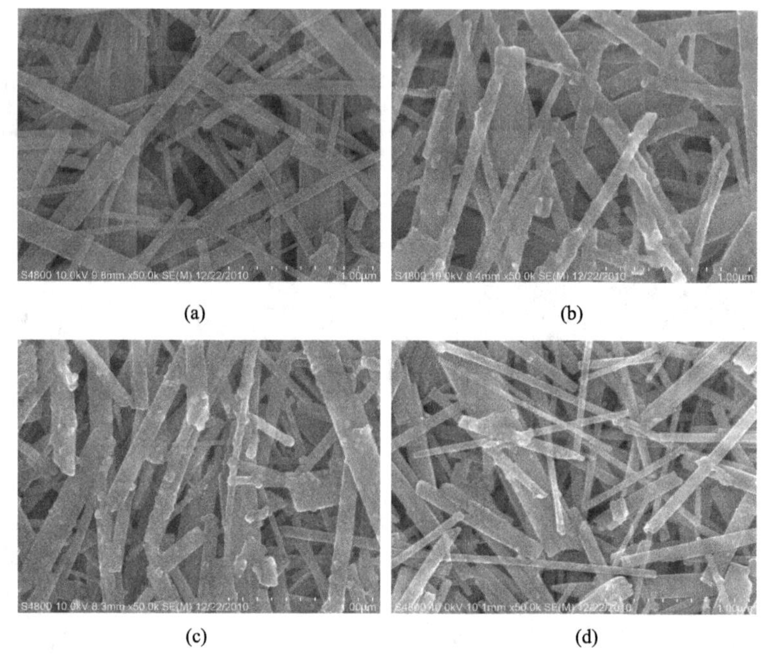

图 3-10　不同敏化浸泡时间的薄膜的 SEM 图像
(a) 1min；(b) 3min；(c) 5min；(d) 7min

3.5　$CuInS_2$ 量子点敏化太阳能电池性能的影响因素

通过对 $CuInS_2$ 量子点敏化高效 TiO_2 纳米颗粒或 TiO_2 纳米带光阳极的物相组成及形貌结构的分析，可以确定有机耦合法能够有效地应用到 $CuInS_2$ 量子点敏化太阳能电池的研究中。为了进一步探索提高 $CuInS_2$ 量子点敏化太阳能电池的光电转换效率，从敏化工艺、$CuInS_2$ 量子点尺寸、光阳极等方面开展深入的研究。

3.5.1　敏化工艺

在有机耦合法的制备过程中，通过重复一定的敏化次数能够有效地提高 $CuInS_2$ 量子点在 TiO_2 薄膜表面的吸附量，但是其吸附量存在一定的极限，当敏化次数过多也会对光阳极的性能造成负面的影响。为了得到最佳的有机耦合法敏化次数，通过光学测试和光电测试分析不同敏化次数对 $CuInS_2$ 量子点敏化太阳能电池的影响。

为了排除量子点尺寸对光阳极的影响，首先选择尺寸为 3.5nm 的 $CuInS_2$ 量子点作为基础敏化剂。图 3-11（a）为不同敏化次数下 $CuInS_2$ 量子点敏化 TiO_2 纳米颗粒薄膜的紫外 - 可见光吸收谱图。从图中可以看出，随着敏化次数的增加，光阳极的吸光度逐渐增加。与此同时，光吸收边界也逐渐向可见光区移动。这就说明经过 $CuInS_2$ 量子点敏化之后 TiO_2 纳米薄膜的光学性能提高。但是，当敏化次数增加到四次的时候，光阳极的光吸收性能比敏化次数三次的光阳极稍强。这就说明当敏化次数为三次的时候，量子点在 TiO_2 纳米薄膜表面的吸附量已经基本上达到极限，继续增加敏化次数对量子点的吸附量没有太大的提升。图 3-11（b）为经过不同敏化次数之后 $CuInS_2$ 量子点溶液的光吸收性能，从图中可以看出，随着敏化次数的增加，$CuInS_2$ 量子点溶液的光吸收强度在逐渐下降，这就证明了 $CuInS_2$ 量子点已经被吸附到 TiO_2 纳米薄膜表面，导致溶液中 $CuInS_2$ 量子点含量的减少，进而降低 $CuInS_2$ 量子点溶液的吸光度。与光阳极的光吸收光谱图有同样的结果，当敏化次数为四次的时候，$CuInS_2$ 量子点溶液的吸光度值基本上没有变化。从光学性能测试中可以表明通过有机耦合法进行 $CuInS_2$ 量子点的敏化过程的最佳敏化次数为三次。

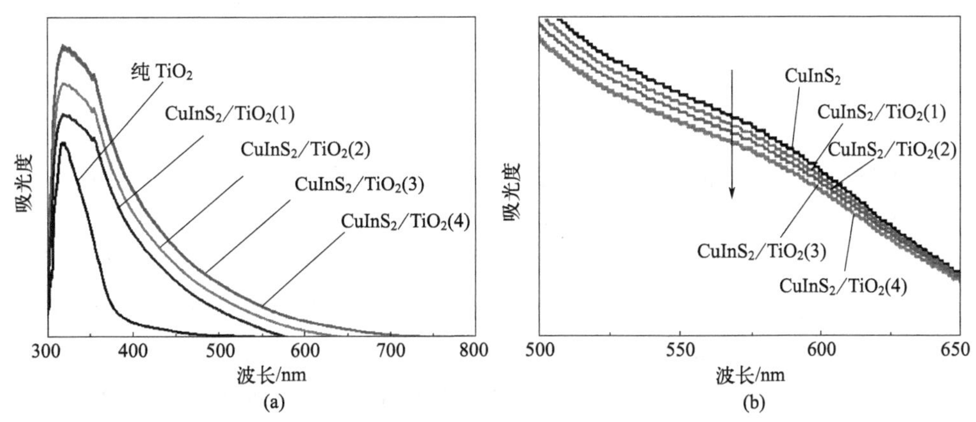

图 3-11 不同敏化次数下 $CuInS_2$ 量子点敏化 TiO_2 纳米颗粒薄膜的紫外 - 可见光吸收谱图（图中括号内为敏化次数）

(a) $CuInS_2/TiO_2$ 光阳极；(b) $CuInS_2$ 量子点溶液

图 3-12 为一维钛酸纳米带薄膜在经过不同敏化时间制备的 $CuInS_2$ 量子点敏化钛酸纳米薄膜的紫外 - 可见光吸收谱图，从图中可以看出，经过 $CuInS_2$ 量子点敏化后的一维钛酸纳米带薄膜的吸收峰从最初源自 Ti 的六配位体非骨架钛的 340nm 和聚合的钛酸纳米带的 480nm 吸收峰扩展到 380nm 和 500nm 处，这说明了经过 $CuInS_2$ 量子点敏化后能够使得钛酸纳米薄膜的吸光度增加，能够达到提高光吸收率的目的。从图中可以看出随着敏化时间的增加，薄膜的吸光度和可见光吸收边界逐渐增强，并且伴随着吸收峰的红移，而当敏化时间为 7min 的时候，薄膜的吸光度降低。结合下文图 4-4 的 SEM 图像可以清晰地说明敏化时间的延长可以使得薄膜表面吸附的 $CuInS_2$ 量子点增加，因此而使得薄膜的吸光度增加和吸收峰的红移。但是当敏化时间为 7min 的时候，薄膜的吸光度降低，这是由于薄膜表面吸附

的 $CuInS_2$ 量子点较少而造成的，因此，运用有机耦合剂 $CuInS_2$ 量子点敏化一维钛酸纳米带薄膜的最佳敏化时间为 5min，结果与 SEM 图像中显示的相一致。

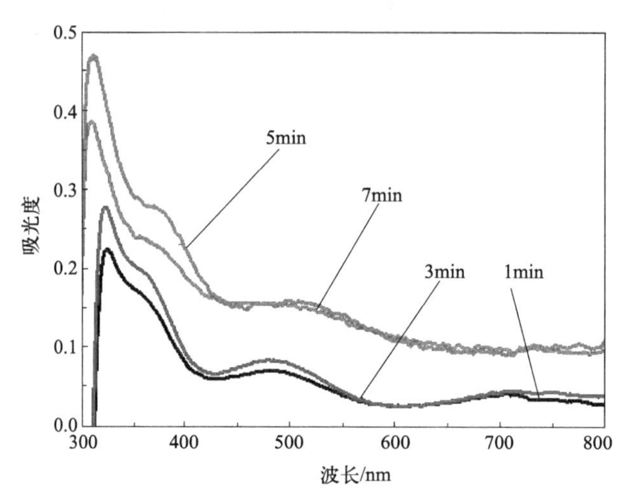

图 3-12　不同敏化时间制备的 $CuInS_2$ 量子点敏化钛酸纳米薄膜的紫外 - 可见光吸收谱图

为了进一步说明 $CuInS_2$ 量子点对 TiO_2 纳米薄膜最佳的敏化次数，对光阳极进行了光电化学测试，并组装成太阳能电池测试其光电转换效率。图 3-13（a）为不同敏化次数下 $CuInS_2$ 量子点敏化 TiO_2 纳米颗粒薄膜光阳极的光电流响应曲线。从图中可以看出，随着敏化次数的增加，光阳极的光电流密度逐渐增加，并且在敏化次数为三次的时候光电流密度达到最大值，约为 1.64mA/cm^2。继续增加敏化次数到第四次，光阳极的光电流密度降低。另外，不同样品的光电流密度数值比较稳定，这也可以说明采用该有机耦合法制备的光阳极中 TiO_2 纳米薄膜与 $CuInS_2$ 量子点之间的界面结合较好。从图 3-13（b）和表 3-2 不同敏化次数下 $CuInS_2$ 量子点敏化 TiO_2 纳米颗粒薄膜太阳能电池的 *J-V*（电流 - 电压）曲线和光电性能参数中可以看出，随着敏化次数的改变，$CuInS_2$ 量子点敏化 TiO_2 纳米颗粒薄膜太阳能电池的开路电压略微提高，填充因子逐渐降低。随着敏化次数的增加，$CuInS_2$ 量子点的吸附量逐渐增加，在光照下产生更多的光生电子，在此过程中有可能会略微降低费米能级导致开路电压的提升。但是随着 $CuInS_2$ 量子点的含量的增加，光阳极表面的稳定性会逐渐降低。虽然 TiO_2 纳米薄膜与 $CuInS_2$ 量子点之间的界面结合较好，填充因子的降低依然无法避免。然而，其短路电流密度随着敏化次数的增加逐渐从 0.85mA/cm^2 提高到 1.59mA/cm^2。但是当敏化次数继续增加至四次，短路电流密度有略微降低，这可能是由于三次敏化已经使 TiO_2 纳米薄膜的表面吸附量达到极限，第四次敏化过程会导致少量的游离态的 $CuInS_2$ 量子点附着在 TiO_2 纳米薄膜的表面，这样就改变了 TiO_2 纳米薄膜表面状态。当光照在光阳极的时候，这些少量的游离态的

$CuInS_2$ 量子点可以吸收光进而使得光阳极的紫外 - 可见光吸光度有略微的增加，但是这些 $CuInS_2$ 量子点所产生的光生电子无法传递到 TiO_2 纳米薄膜。与此同时，与 TiO_2 纳米薄膜结合良好的 $CuInS_2$ 量子点所产生的光生电子也有可能会被表面游离态的 $CuInS_2$ 量子点所捕获，这样就可能会在一定程度上降低短路电流密度。通过计算太阳能电池的光电转换效率可以发现，当敏化次数为三次的时候，$CuInS_2$ 量子点对 TiO_2 纳米薄膜太阳能电池具有最佳的性能，约为 0.58%。综合对该 $CuInS_2$ 量子点对 TiO_2 纳米薄膜太阳能电池光学性能和光电性能结果分析，敏化三次所制备的光阳极为最佳。

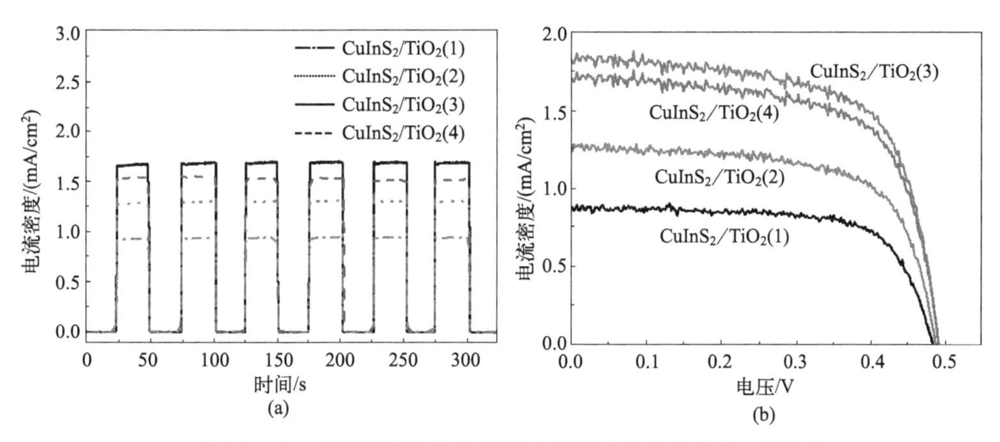

图 3-13　不同敏化次数光阳极（括号内为敏化次数，下同）

(a) 光电流响应；(b) J-V 曲线

表 3-2　不同敏化次数太阳能电池的光电性能参数

样品	V_{oc}/mV	J_{sc}/(mA/cm^2)	FF/%	η/%
$CuInS_2$（1）/TiO_2	483.2	0.88	69.2	0.30
$CuInS_2$（2）/TiO_2	485.9	1.27	68.0	0.42
$CuInS_2$（3）/TiO_2	487.7	1.85	66.4	0.59
$CuInS_2$（4）/TiO_2	489.8	1.74	64.5	0.55

注：V_{oc}—开路电压；J_{sc}—短路电流密度；FF—填充因子；η—光电转换效率，下同。

3.5.2　量子点尺寸

不同尺寸的 $CuInS_2$ 量子点具有不同的光学性能。因此采用不同尺寸的 $CuInS_2$ 量子点敏化太阳能电池可以吸收不同波长范围内的光，进而改进 $CuInS_2$ 量子点敏化太阳能电池的光电转换效率。以油胺耦合的 $CuInS_2$ 量子点为基础，通过巯基丙酸有机耦合剂转换之后，采用最佳的敏化次数，对不同尺寸的 $CuInS_2$ 量子点敏化太阳能电池的性能进行研究。图 3-14（a）为不同尺寸的 $CuInS_2$ 量子点敏化 TiO_2 纳米薄膜光阳极的紫外 - 可见光吸收谱图。从图中可以看出，在 $CuInS_2$ 量子点敏化之前，TiO_2 纳米薄膜的吸收范围大约在 400nm 之前；经过 $CuInS_2$ 量子点敏化之后，TiO_2 纳米薄膜光阳极的可见光吸收范围增大，明显向可见光区移动。当 $CuInS_2$ 量子点的尺寸从 2.6nm 增加到 3.5nm 的时候，光阳极的光吸收性能逐渐增强。但随着 $CuInS_2$ 量子点的尺寸继续增大，光阳极的光吸收性能开始逐渐减弱。当量子点尺寸从 2.6nm 增大到 3.5nm 的时候，随着量子尺寸效应的影响，大尺寸的 $CuInS_2$ 量子点能增强 TiO_2 光阳极在可见光区的吸收强度进而增强光阳极的光吸收性能；然而，当 $CuInS_2$ 量子点尺寸继续增大，就导致 $CuInS_2$ 量子点与 TiO_2 纳米薄膜之间的空间结合因为尺寸增大而受到影响，这样就会减少 TiO_2 纳米薄膜表面 $CuInS_2$ 量子点的相对吸附量。因此，平衡 $CuInS_2$ 量子点尺寸效应和吸附量的问题对提高光阳极光吸收性能有非常重要的作用。

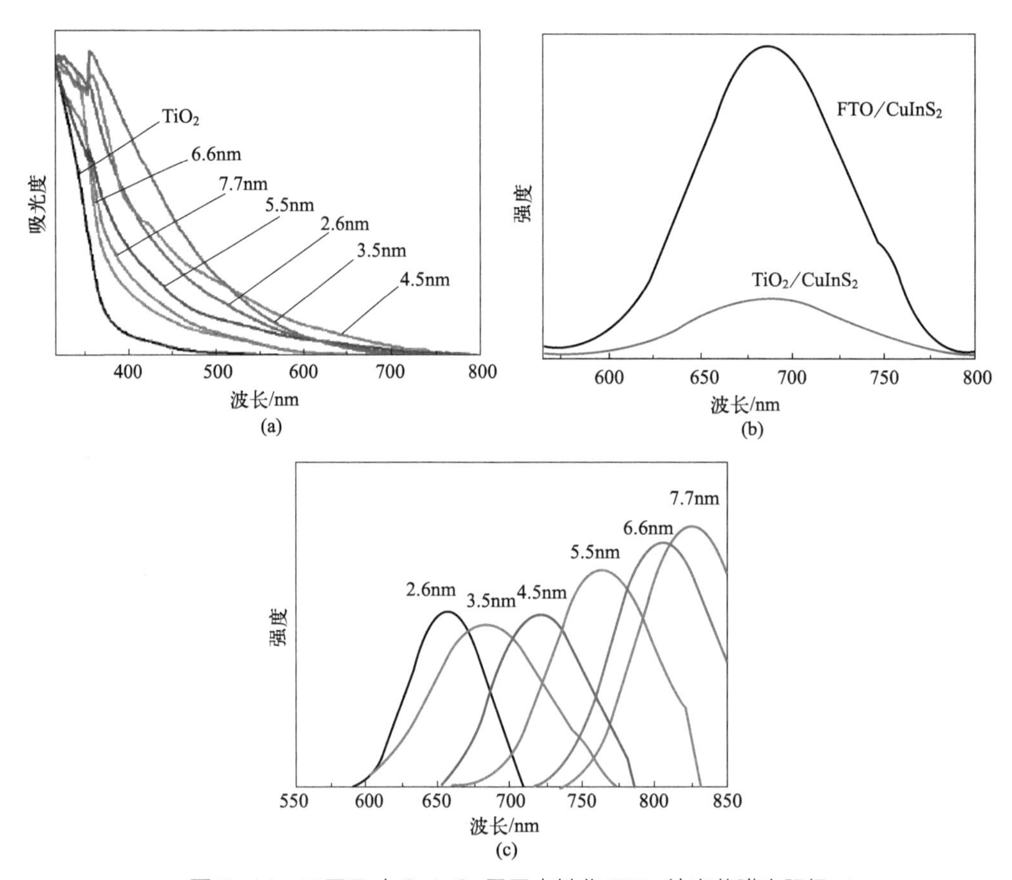

图 3-14　不同尺寸 $CuInS_2$ 量子点敏化 TiO_2 纳米薄膜光阳极

(a) 紫外 - 可见光吸收谱图；(b) 3.5nm 的荧光光谱图；(c) 各种尺寸的荧光光谱图

图 3-14（b）为尺寸 3.5nm 的 $CuInS_2$ 量子点敏化 TiO_2 纳米薄膜光阳极的荧光光谱图。从图中可以看出，在敏化前后 $CuInS_2$ 量子点的荧光激发峰位并不变化，都在 690nm 左右。但是在 $CuInS_2$ 量子点敏化 TiO_2 纳米薄膜之后，$CuInS_2$ 量子点的荧光激发峰强相比之前有非常明显的降低。相比 TiO_2 而言，具有较窄的光学带隙的 $CuInS_2$ 量子点很容易受光照产生光生电子。当 $CuInS_2$ 量子点吸附到 TiO_2 纳米薄膜之后，$CuInS_2$ 量子点所产生的光生电子会传递到 TiO_2 之中而导致光生电子 - 空穴的有效分离，这样就出现荧光激发峰强明显降低的现象。这也能一定程度上说明通过 $CuInS_2$ 量子点敏化 TiO_2 纳米薄膜能够降低光生电子 - 空穴复合的概率。图 3-14（c）为不同尺寸的 $CuInS_2$ 量子点敏化 TiO_2 纳米薄膜光阳极的荧光光谱图。从图中可以看出，不同光阳极的荧光峰位都随着 $CuInS_2$ 量子点的尺寸而改变。与此同时，荧光强度随着 $CuInS_2$ 量子点尺寸的逐渐增大先降低后增加，在 $CuInS_2$ 量子点尺寸为 3.5nm 的时候为最低，这也说明了采用尺寸为 3.5nm 的 $CuInS_2$ 量子点敏化 TiO_2 纳米薄膜所制备的光阳极能够更有效地分离光生电子 - 空穴，更有可能获得高效的量子点敏化太阳能电池。

为进一步确定最佳的 $CuInS_2$ 量子点尺寸，将不同尺寸的 $CuInS_2$ 量子点敏化 TiO_2 纳米颗粒光阳极组装成太阳能电池进行光电性能测试。从图 3-15 的 *J-V* 曲线和表 3-3 光电性能参数中可以看出，随着 $CuInS_2$ 量子点的尺寸增大，太阳能电池的光电转换效率先增强后降低，当 $CuInS_2$ 量子点尺寸为 3.5nm 的时候为最佳，其开路电压为 487.7mV，短路电流密度为 1.85mA/cm²，填充因子为 0.664，光电转换效率为 0.59%，这与紫外 - 可见光吸收光谱和荧光光谱的结果一致。

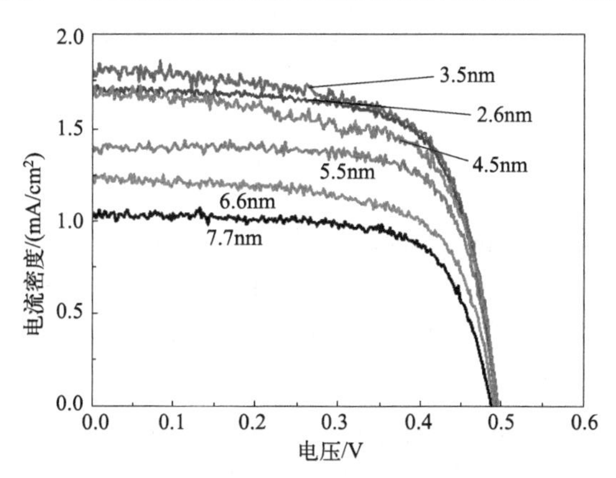

图 3-15 不同尺寸 $CuInS_2$ 量子点敏化 TiO_2 纳米薄膜太阳能电池的 *J-V* 曲线

表 3-3 不同 $CuInS_2$ 量子点尺寸太阳能电池的光电性能参数

样品	V_{oc}/mV	J_{sc}/(mA/cm²)	FF/%	η/%
2.6nm	490.2	1.73	66.9	0.57

续表

样品	V_{oc}/mV	J_{sc}/(mA/cm^2)	FF/%	η/%
3.5nm	487.7	1.85	66.4	0.59
4.5nm	491.0	1.69	68.0	0.56
5.5nm	489.1	1.39	72.1	0.49
6.6nm	488.2	1.23	68.3	0.41
7.7nm	486.4	1.03	67.9	0.34

光学性能和光电性能测试的结果表明，$CuInS_2$ 量子点尺寸为 3.5nm 的时候所制备的量子点敏化太阳能电池的性能最佳。从 TiO_2 纳米薄膜吸附空间的角度来分析，随着 $CuInS_2$ 量子点尺寸的增加，吸附空间的减少将影响量子点的吸附量。而从量子尺寸效应来分析，$CuInS_2$ 量子点尺寸的增大更有利于光阳极在可见光区的吸收性能。图 3-16 和表 3-4 分别表示不同尺寸 $CuInS_2/TiO_2$ 瞬态荧光光谱图和荧光衰减分析的动力学参数。从图 3-16 和表 3-4 中可见，随着量子点尺寸的增加，光阳极的荧光衰减时间逐渐增加，这是由于量子点的尺寸增大，其光学带隙减小，$CuInS_2$ 量子点与 TiO_2 的导带能级差减小，进而降低了电子传输速度。通过式（3-1）计算可以知道电子传输速度随着量子点尺寸的增加而降低。

$$k_{et} = \frac{1}{\tau_{CuInS_2+TiO_2}} - \frac{1}{\tau_{CuInS_2}} \tag{3-1}$$

表3-4　不同尺寸 $CuInS_2/TiO_2$ 荧光衰减分析的动力学参数

尺寸	2.6nm	3.5nm	4.5nm	5.5nm	6.6nm	7.7nm
FTO/CuInS$_2$/ns	19.4	20.7	21.2	18.5	16	14.6
CuInS$_2$/TiO$_2$/ns	2.6	5.3	9.7	11.9	12.5	13.2
k_{et}/ × 10^{9}s^{-1}	0.331	0.141	0.056	0.03	0.018	0.007

图 3-17 为不同 $CuInS_2$ 量子点敏化 TiO_2 纳米薄膜的光学带隙图。从图 3-17 中可见，在太阳光照下，$CuInS_2$ 量子点率先产生光生电子 - 空穴，根据光电效应，光生电子从 $CuInS_2$ 量子点的价带激发至导带，而空穴就留在价带。由于 $CuInS_2$ 量子点的导带能级要高于 TiO_2 的导带能级，激发到 $CuInS_2$ 量子点导带的电子通过具有良好连接的 MPA 传递至 TiO_2 的导带中，这样就有效地分离光生电子 - 空穴，从而避免电子 - 空穴的复合，这也与之前测试的荧光光谱图结果相一致。尺寸越小的量子点具有越快的电子传输速度，但是尺寸的减小又会导致光学带隙的增大，进而降低了量子点在可见光区的吸收性能。虽然尺寸为 2.6nm 的 $CuInS_2$ 量子点的导带能级比 TiO_2 的导带能级更高，进而具有更快的电子传输速度，但是尺寸为 3.5nm 的 $CuInS_2$ 量子点具有更好的紫外 - 可见光吸收强度和吸收范围。因此尺寸为 3.5nm 的

$CuInS_2$ 量子点有可能产生更多的光生电子，在 *J-V* 曲线中反映出的光电性能就要高于 2.6nm 的 $CuInS_2$ 量子点。

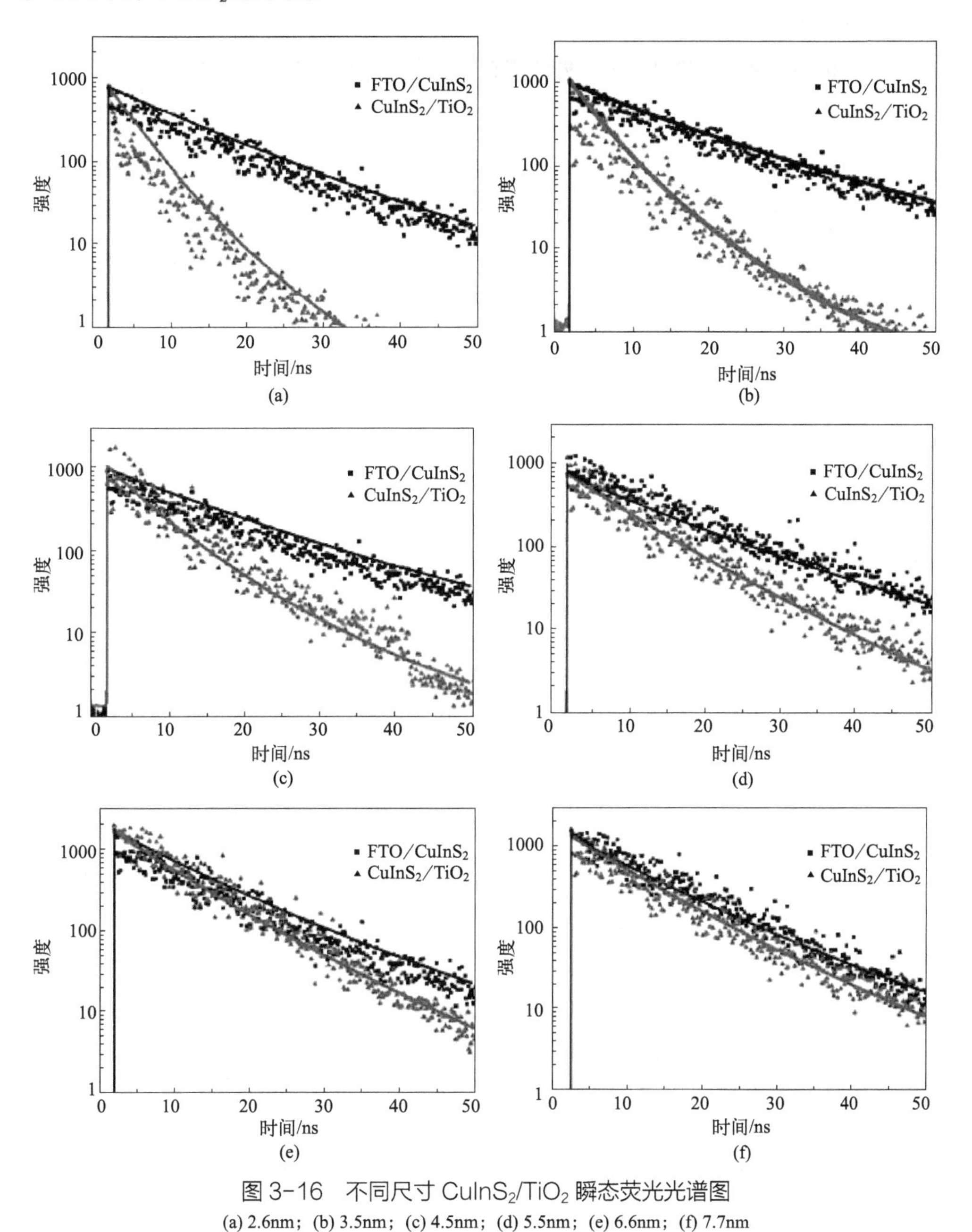

图 3-16　不同尺寸 $CuInS_2/TiO_2$ 瞬态荧光光谱图

(a) 2.6nm；(b) 3.5nm；(c) 4.5nm；(d) 5.5nm；(e) 6.6nm；(f) 7.7nm

另外，虽然随着量子点尺寸的增加，其可见光吸收会逐渐增强，但是尺寸的增

大会导致 $CuInS_2$ 量子点与 TiO_2 的导带能级差减小，这样就会降低光生电子的传输速度和传输概率。此外，量子点尺寸的增大必然会降低 TiO_2 纳米薄膜表面 $CuInS_2$ 量子点的吸附量，这也会影响光阳极的光吸收性能和光电性能。综合以上分析，3.5nm 的 $CuInS_2$ 量子点敏化 TiO_2 纳米薄膜太阳能电池具有最佳的光电性能。

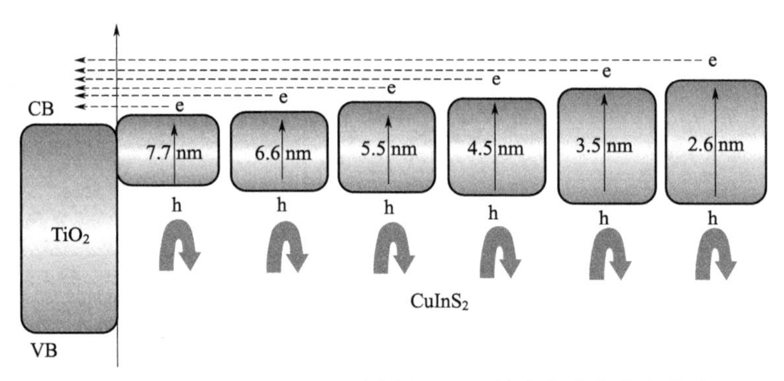

图 3-17　不同 $CuInS_2$ 量子点敏化 TiO_2 纳米薄膜的光学带隙图

3.5.3　量子点的类型

采用几种不同的合成工艺制备了不同有机耦合剂键合的 $CuInS_2$ 量子点，通过有机耦合剂转换过程将 $CuInS_2$ 量子点表面配体转换成巯基丙酸，以用于太阳能电池的量子点敏化过程。而这几种不同类型的量子点对太阳能电池的性能存在一定的影响。因此，为了探索最适合太阳能电池的量子点合成方法，分别研究低含量十二硫醇、油胺和巯基丙酸键合的 $CuInS_2$ 量子点作为敏化剂对太阳能电池光学性能和光电性能的影响。

以尺寸为 3.5nm 的 $CuInS_2$ 量子点为基础，采用最佳的敏化工艺分别制备低含量十二硫醇（DDT）、油胺（OA）和巯基丙酸（MPA）键合的 $CuInS_2$ 量子点三种不同的光阳极。从图 3-18（a）的紫外 - 可见光吸收谱图中可以看出，经过三种不同类型的 $CuInS_2$ 量子点敏化之后的光阳极的光吸收性能都增强，采用油胺键合的 $CuInS_2$ 量子点敏化的光阳极的光吸收性能更好一点。而图 3-18（b）的荧光光谱图中可以发现，采用油胺键合的 $CuInS_2$ 量子点敏化的光阳极的荧光激发强度最低，这也说明了采用该量子点所制备的光阳极能更有效地分离光生电子 - 空穴。

为了进一步证明油胺键合的 $CuInS_2$ 量子点作为敏化剂具有最佳的效果，将三种不同量子点敏化光阳极制备成太阳能电池分析其光电性能，如图 3-19 所示。从图 3-19 和表 3-5 中可以看出，采用三种不同类型的 $CuInS_2$ 量子点敏化 TiO_2 纳米薄膜太阳能电池的开路电压和填充因子基本相同，但是短路电流密度存在一定的差别。其中，低含量十二硫醇键合的 $CuInS_2$ 量子点敏化 TiO_2 纳米薄膜太阳能电池的短路电流最低，约为 $1.54mA/cm^2$，这是由于长链有机耦合剂十二硫醇的存在会降低 $CuInS_2$ 量子点在 TiO_2 纳米薄膜表面的吸附量，从而影响紫外 - 可见光光吸收性能，并且对光生电子的传输有很大的影响，一定程度上增加了光生电子 - 空穴的复合概率。而油胺键合的 $CuInS_2$ 量子点敏化 TiO_2 纳米薄膜太阳能电池的短路电流密度（$1.85mA/cm^2$）比水相合成的巯基丙酸键合的（$1.73mA/cm^2$）要稍大，这可能是由于水相合成法是通过热处理过程来在 TiO_2 纳米薄膜表面生成 $CuInS_2$ 量子点，量子点的合成和结晶效果不如已生成的油胺键合的 $CuInS_2$ 量子点好，进而在一定程度上影响了电子传输效果。综上可知，采用油酸键合的 $CuInS_2$ 量子点，通过有机耦合剂转换过程制备量子点敏化太阳能电池具有更优异的光电转换效率。

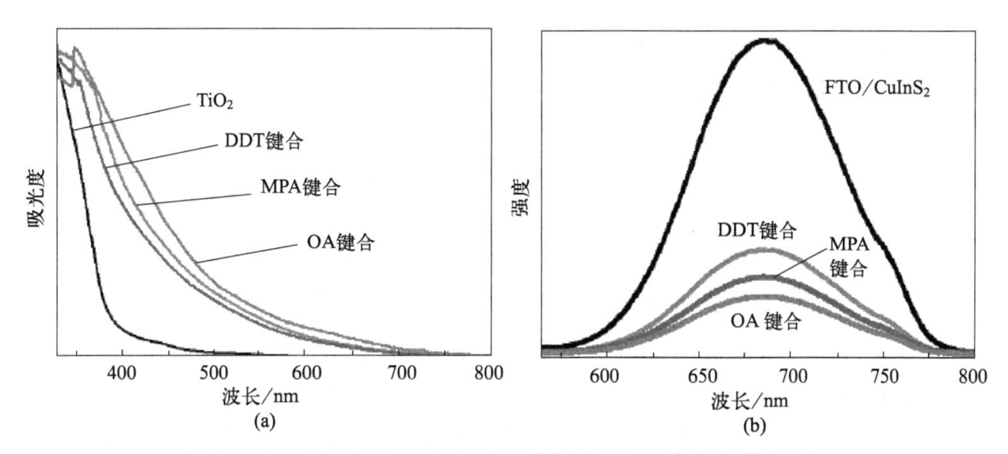

图 3-18　不同类型 $CuInS_2$ 量子点敏化 TiO_2 纳米薄膜光阳极

(a) 紫外 - 可见光吸收谱图；(b) 荧光光谱图

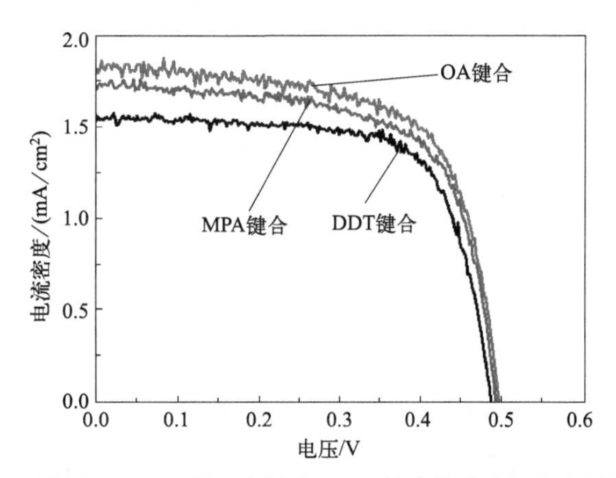

图 3-19　不同类型 $CuInS_2$ 量子点敏化 TiO_2 纳米薄膜太阳能电池的 *J*–*V* 曲线

表 3-5　不同类型 $CuInS_2$量子点敏化太阳能电池的光电性能参数

样品	V_{oc}/mV	J_{sc}/(mA/cm^2)	FF/%	η/%
低含量十二硫醇	481.3	1.54	66.9	0.50
油胺	487.7	1.85	66.4	0.59
巯基丙酸	485.7	1.73	68.0	0.57

3.5.4　薄膜的类型

TiO_2 具有锐钛矿、金红石和板钛矿三种晶型，其中锐钛矿相 TiO_2 已经被无数次证明用于太阳能电池的光阳极具有更良好的性能。随着国内外学者对各种不同形貌结构的高效锐钛矿 TiO_2 纳米材料的深入研究，它们也被用来作为太阳能电池的光阳极薄膜，进一步提高太阳能电池的光电转换效率。

为了探索所制备的 TiO_2 纳米颗粒和纳米带的高效性，分别将 P25、Grätzel 型 TiO_2 纳米颗粒、二次水热制备的 TiO_2 纳米颗粒和 TiO_2 纳米带光阳极组装成太阳能电池进行光电性能测试，结果如图 3-20 和表 3-6 所示。从图 3-20 的 *J-V* 曲线和表 3-6 光电性能参数中可以看出，所有的薄膜太阳能电池的开路电压和填充因子基本上相同，但是它们的短路电流密度却有较大的差别。对比三种不同类型的 TiO_2 纳米颗粒，P25 的太阳能电池由于其含有金红石物相而导致光电性能最差，二次水热法制备的 TiO_2 纳米颗粒太阳能电池的短路电流密度最高，约为 1.85mA/cm^2，光电转换效率为 0.59%。而二次水热法制备的 TiO_2 纳米带太阳能电池的短路电流密度要略低于 Grätzel 型 TiO_2 纳米颗粒太阳能电池，这是受到了纳米带薄膜比表面积的限制，但是其光电性能很接近 Grätzel 型 TiO_2 纳米颗粒太阳能电池的效率，约为 0.52%。这个结果也证明了二次水热所制备的 TiO_2 纳米颗粒和纳米带的高效性。

表3-6　不同类型 TiO_2薄膜太阳能电池的光电性能参数

样品	V_{oc}/mV	J_{sc}/(mA/cm^2)	FF/%	η/%
高效 TiO_2 纳米颗粒	487.7	1.85	66.4	0.59
高效 TiO_2 纳米带	485.6	1.58	68.1	0.52
Grätzel 型 TiO_2 纳米颗粒	491.0	1.66	68.0	0.55
P25	483.5	1.40	68.3	0.46

通过二次水热制备的锐钛矿相 TiO_2 纳米颗粒的光电性能要比传统的 P25 和 Grätzel 型 TiO_2 纳米颗粒更高效，而 TiO_2 纳米带由于比表面积的不足导致光电性能

的不足，但仍然不会掩盖其高效性，主要的原因还是因为二次水热制备的 TiO_2 纳米颗粒和 TiO_2 纳米带具有更高纯的锐钛矿相，更有利于电子的传输。通过二次水热制备的 TiO_2 纳米颗粒和 TiO_2 纳米带，以钛酸为反应中间产物，经过共边效应转变为 TiO_2 相。P25 中含有锐钛矿和金红石两种相，而传统的 Grätzel 型 TiO_2 纳米颗粒的生长过程中，TiO_2 纳米颗粒是通过溶胶凝胶法直接从微小的晶核通过奥斯特瓦尔德熟化反应生而成，反应无任何中间产物。虽然制备出锐钛矿相 TiO_2 纳米颗粒，但是依然不能排除存在微量金红石相和板钛矿相的可能性。相比之下，二次水热的反应过程中，微小的纳米晶核都首先生长成了钛酸。在第二次水热反应过程中，钛酸骨架结构中的空间开始缩小，层状结构之间的距离逐渐缩短，所有的钛酸物相全部转变成为锐钛矿相 TiO_2。与此同时，微小的锐钛矿相 TiO_2 纳米颗粒也会在水热反应过程中随着奥斯特瓦尔德熟化反而生长。因此，高效 TiO_2 纳米颗粒和 TiO_2 纳米带具有超高纯度的锐钛矿相，以此 TiO_2 纳米材料作为光阳极能够最大程度地增强电子传输进而获得最大的光电流密度。

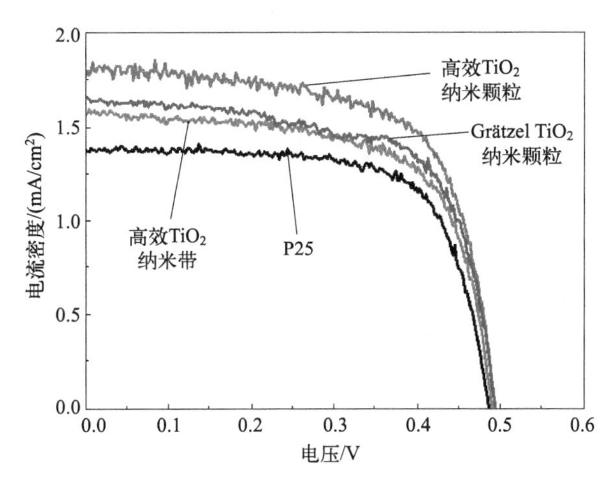

图 3-20　不同类型 TiO_2 纳米薄膜太阳能电池的 J-V 曲线

3.6　两步有机耦合法制备量子点敏化太阳能电池

量子点敏化太阳能电池的电荷产生和电荷传输性能是光电性能的重要影响因素。为了提升量子点敏化太阳能电池的电荷产生效率，量子点的沉积量极为关键。有机耦合法、连续离子层吸附法、电化学沉积法等各种不同的量子点沉积方式都被开发出来提升太阳能电池的量子点沉积量。然而，量子点的沉积量依旧需要提升。量子点共敏化方式是提升太阳能电池光吸收性能的有效方式，已经成功提升了电荷产生效率。量子点共敏化通常需要两个步骤，其中第二步量子点沉积采用化学浴沉积、连续离子层吸附、电化学沉积等方式。这些方式容易造成电荷复合缺陷，进而影响太阳能电池的电荷传输性能。目前，有机耦合法是提升量子点敏化太阳能电池电荷传输效率最有效的方式，因此利用两步有机耦合法进行量子点沉积，能够同时保证量子点敏化太阳能电池电荷产生和电荷传输效率的提升。本节重点介绍利用两步有机耦合法制备 $CuInS_2/CdS$ 量子点共敏化太阳能电池的结构和性能。

（1）两步有机耦合法的制备工艺

采用两步有机耦合法制备 $CuInS_2/CdS$ 量子点共敏化太阳能电池。通过该方法能够有效地将 $CuInS_2$ 和 CdS 两种量子点吸附到高效 TiO_2 纳米材料表面，并且分布均匀，结合较好。

具体步骤: $CuInS_2$ 和 CdS 两种量子点分别通过热分解法制备而成，并通过配体交换制备得到 MPA 表面配体的量子点分散液。为了实现两步有机耦合法，将 TiO_2 纳米颗粒薄膜浸泡在 MPA-$CuInS_2$ 量子点的甲醇分散液 1h，获得最高的量子点吸附浓度。为了实现 CdS 量子点的二步有机耦合过程，首先将 $CuInS_2$ 量子点敏化 TiO_2 光阳极浸泡在 $MgCl_2$ 水溶液中，在 50℃的炉中静置 15min，形成 $TiO_2/CuInS_2/Mg$ 结构的光电极；然后将 $TiO_2/CuInS_2$ /Mg 结构的光电极浸泡在 MPA-CdS 量子点的甲醇分散液 1h，形成 $CuInS_2/CdS$ 量子点共敏化光阳极薄膜。为了对比两步有机耦合法的有效性，利用有机耦合 - 连续离子层吸附两步法制备了 $CuInS_2/CdS$ 量子点共敏化光阳极薄膜。实验合成工艺流程图如图 3-21 所示。

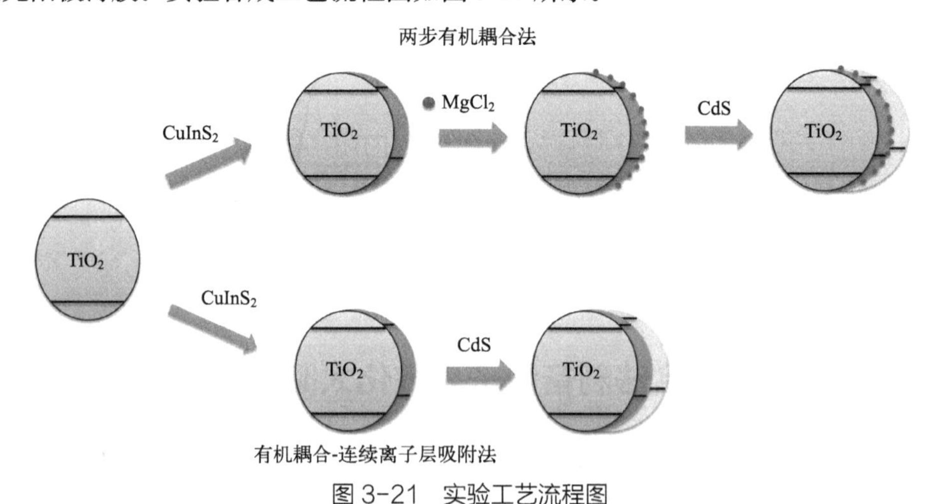

图 3-21 实验工艺流程图

（2）两步有机耦合法制备量子点敏化光吸收薄膜的物相结构

图 3-22（a）是 TiO_2 和 $TiO_2/CuInS_2/CdS$ 量子点共敏化光吸收薄膜的 XRD 谱图。从图中可以看出，纯 TiO_2 薄膜具有四个明显的衍射峰，分别对应（101）、（200）、（211）和（204）四个晶面，与锐钛矿相 TiO_2 的标准卡片（JCPDS NO: 00-032-

0339）相符合。经过了量子点的两步有机耦合法之后，$TiO_2/CuInS_2/CdS$ 量子点共敏化光吸收薄膜的 XRD 谱图中出现了五个新的衍射峰。其中，三个衍射峰分别对应（112）、（204）和（116）晶面，与四方 $CuInS_2$ 相的标准卡片（JCPDS NO: 00-032-0339）相符合；另外两个衍射峰分别对应（110）和（200）晶面，与四方 CdS 相的标准卡片（JCPDS NO. 77-2306）相符合。XRD 谱图中没有其他额外的衍射峰，说明经过两步有机耦合法制备的 $TiO_2/CuInS_2/CdS$ 量子点共敏化光吸收薄膜为纯相。图 3-22（b）为 $TiO_2/CuInS_2/CdS$ 量子点共敏化光吸收薄膜的 HRTEM 图像，可以看到 0.352nm、0.196nm 和 0.359nm 三个明显的晶格条纹，分别对应了锐钛矿相 TiO_2 的（101）晶面、四方 $CuInS_2$ 相的（204）晶面和四方 CdS 相的（110）晶面。在两步有机耦合的过程中，$MgCl_2$ 作为两种量子点之间的连接，由于其浓度较低在 XRD 谱图中没有显示。因此，通过两步有机耦合法能够较好地将 $CuInS_2$ 和 CdS 量子点沉积到光阳极薄膜中。

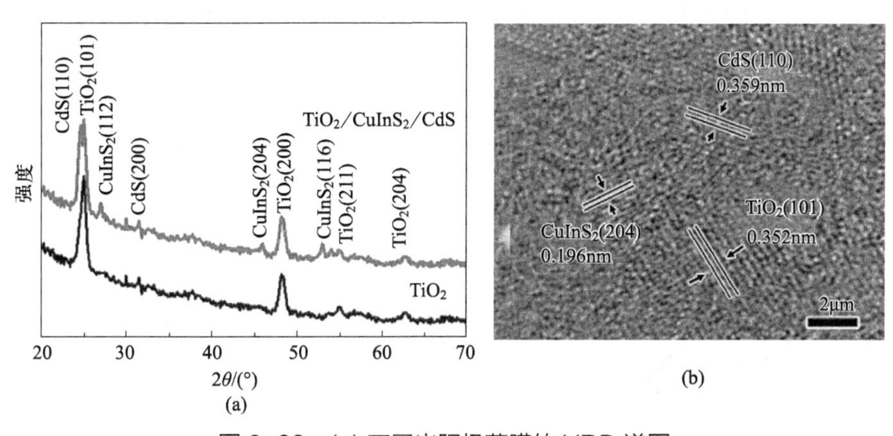

图 3-22 (a) 不同光阳极薄膜的 XRD 谱图，
(b) $TiO_2/CuInS_2/CdS$ 量子点共敏化光吸收薄膜的 HRTEM 图像

（3）两步有机耦合法制备量子点敏化光吸收薄膜的光学性能

量子点的沉积量能够直接决定光阳极的光吸收性能，进而影响太阳能电池的电荷产生效率。图 3-23（a）为 TiO_2 光阳极、有机耦合 - 连续离子层吸附法制备的 $TiO_2/CuInS_2/CdS$ 光阳极（$TiO_2/CuInS_2/CdS$-SILAR）和两步有机耦合法制备的 $TiO_2/CuInS_2/CdS$ 光阳极（$TiO_2/CuInS_2/CdS$-SILAR）的紫外 - 可见光吸收谱图。不同于只有短波吸收边界的 TiO_2 光阳极，$TiO_2/CuInS_2/CdS$-SILAR 和 $TiO_2/CuInS_2/CdS$-SILAR 光阳极的吸收边界从 400nm 扩展到 850nm，说明两步量子点沉积法都能够获得优异的光吸收响应。在 400 ～ 850nm 的光谱波长范围内，$TiO_2/CuInS_2/CdS$-SILAR 光阳极的光吸收强度明显高于 $TiO_2/CuInS_2/CdS$-SILAR 光阳极，这说明两步有机耦合法能够为 $TiO_2/CuInS_2/CdS$ 光阳极提供更优异的光吸收性能。在有机耦合 -

连续离子层吸附的量子点沉积过程中，CdS 量子点的连续离子层吸附沉积过程会造成量子点的团聚，进而影响光阳极的光吸收性能。相比之下，通过第二步有机耦合法进行量子点沉积，不仅能够增加光阳极中量子点的沉积量，还能避免量子点的团聚。因此，两步有机耦合法能够实现量子点高质量和高含量的沉积，进而提升太阳能电池的电荷产生量。

过量的量子点连续离子层吸附过程会影响光阳极的电荷分离效率，因此需要进一步考虑两步有机耦合过程对电荷分离性能的影响。图 3-23（b）为 FTO/$CuInS_2$/CdS、TiO_2/$CuInS_2$/CdS-SILAR 和 TiO_2/$CuInS_2$/CdS-AL 光阳极的荧光光谱图。从图中可以看出，TiO_2/$CuInS_2$/CdS-SILAR 和 TiO_2/$CuInS_2$/CdS-AL 光阳极的荧光激发光强度明显低于 FTO/$CuInS_2$/CdS 光阳极，说明 TiO_2/$CuInS_2$/CdS 光阳极具有优异的电荷分离性能。相比之下，TiO_2/$CuInS_2$/CdS-AL 光阳极的荧光激发光强度明显低于 TiO_2/$CuInS_2$/CdS-SILAR 光阳极，说明两步有机耦合法能够为 TiO_2/$CuInS_2$/CdS 光阳极提供更优异的电荷分离性能。在有机耦合 - 连续离子层吸附的量子点沉积过程中，团聚的量子点会在光阳极中产生电荷复合缺陷。两步有机耦合法能够在光阳极上均匀地沉积量子点，进一步降低电荷复合的概率。因此，利用两步有机耦合法能够有效地提升 TiO_2/$CuInS_2$/CdS 光阳极的电荷产生和分离性能。

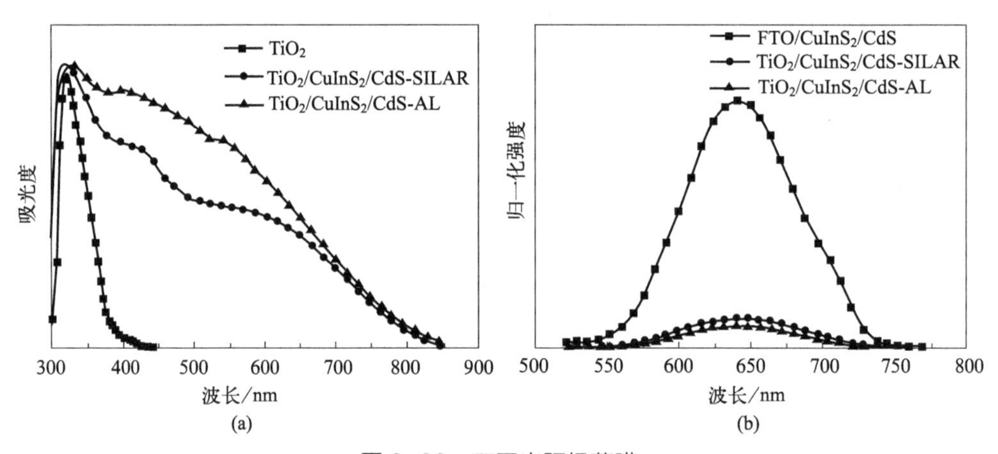

图 3-23　不同光阳极薄膜

(a) 紫外 - 可见光吸收谱图；(b) 荧光光谱图

（4）两步有机耦合法制备量子点敏化太阳能电池的光电性能

为了进一步证明两步有机耦合法对量子点敏化太阳能电池光电性能的提升，图 3-24（a）和表 3-7 展现了 TiO_2/$CuInS_2$/CdS-SILAR 和 TiO_2/$CuInS_2$/CdS-AL 量子点敏化太阳能电池的 *J-V* 曲线和光电性能参数。为了确保第二步有机耦合法对太阳能电池光电性能的提升，利用热分解法制备了与连续离子层吸附法相似尺寸的量子点。由于尺寸并没有改变量子点的能级结构，TiO_2/$CuInS_2$/CdS-SILAR 和 TiO_2/

$CuInS_2$/CdS-AL 量子点敏化太阳能电池具有相似的开路电压。然而，TiO_2/$CuInS_2$/CdS-AL 量子点敏化太阳能电池的填充因子（60.3%）明显高于 TiO_2/$CuInS_2$/CdS-SILAR 量子点敏化太阳能电池（47.4%）。连续离子层吸附法是通过原位生长将量子点沉积在光阳极中，不会在量子点之间或量子点 -TiO_2 之间形成化学连接。然而，在两步有机耦合过程中，$MgCl_2$ 被用来作为量子点之间的连接桥梁，能够有效地提升量子点敏化太阳能电池的稳定性，进而获得更高的填充因子。同时，TiO_2/$CuInS_2$/CdS-AL 量子点敏化太阳能电池的短路电流密度（16.18mA/cm^2）明显高于 TiO_2/$CuInS_2$/CdS-SILAR 量子点敏化太阳能电池（15.51mA/cm^2），这说明两步有机耦合法能够为电池提供更多的电荷。两步有机耦合法已经被证明可以提升 TiO_2/$CuInS_2$/CdS-AL 量子点敏化太阳能电池的电荷产生和电荷分离性能，同时 $MgCl_2$ 也可以为太阳能电池提供更多的电荷传输路径。因此 TiO_2/$CuInS_2$/CdS-AL 量子点敏化太阳能电池的电荷产生 - 分离 - 传输 - 收集系统得到了有效的提升，进而展示出较高的短路电流密度。

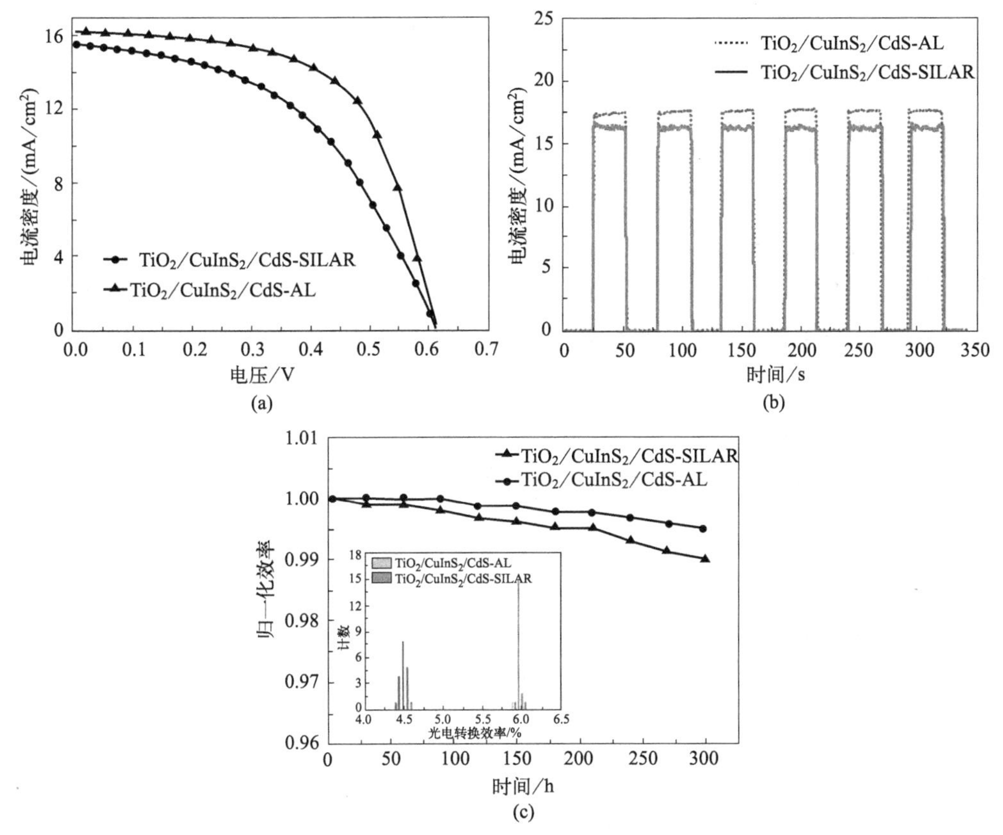

图 3-24　不同 TiO_2/$CuInS_2$/CdS 量子点敏化太阳能电池

(a) *J-V* 曲线；(b) 光电流响应；(c) 性能稳定性

表3-7 不同$TiO_2/CuInS_2/CdS$量子点敏化太阳能电池的光电性能参数

结构	J_{sc}/(mA/cm^2)	V_{oc}/mV	FF/%	η/%
$TiO_2/CuInS_2$/CdS-SILAR	15.51	612.3	47.4	4.50
$TiO_2/CuInS_2$/CdS-AL	16.18	612.4	60.3	5.97

图 3-24（b）展现了 $TiO_2/CuInS_2$/CdS-SILAR 和 $TiO_2/CuInS_2$/CdS-AL 量子点敏化太阳能电池的光电流响应。与 *J-V* 曲线类似，$TiO_2/CuInS_2$/CdS-AL 量子点敏化太阳能电池的短路电流密度明显高于 $TiO_2/CuInS_2$/CdS-SILAR 量子点敏化太阳能电池。更重要的是，$TiO_2/CuInS_2$/CdS-AL 量子点敏化太阳能电池光电流响应的稳定性明显优于 $TiO_2/CuInS_2$/CdS-SILAR 量子点敏化太阳能电池，这说明两步有机耦合法能够为太阳能电池提供稳定的短路电流密度。图 3-24（c）展现了 $TiO_2/CuInS_2$/CdS-SILAR 和 $TiO_2/CuInS_2$/CdS-AL 量子点敏化太阳能电池的光电性能稳定性，可以看出在 300h 以后两种量子点敏化太阳能电池的光电转换效率没有明显的衰减。然而，在任何时间段 $TiO_2/CuInS_2$/CdS-AL 量子点敏化太阳能电池光电转换效率的稳定性明显优于 $TiO_2/CuInS_2$/CdS-SILAR 量子点敏化太阳能电池，进一步证明了两步有机耦合法对电池性能的提升。此外，对比两种不同太阳能电池的重复性，$TiO_2/CuInS_2$/CdS-AL 量子点敏化太阳能电池光电转换效率更加集中，证明两步有机耦合法更具备重复性。

为了进一步分析量子点敏化太阳能电池的光电流密度的提升，图 3-25（a）展示了 $TiO_2/CuInS_2$/CdS-SILAR 和 $TiO_2/CuInS_2$/CdS-AL 量子点敏化太阳能电池的光电转换效率（IPCE）谱图。从图中可以看出，$TiO_2/CuInS_2$/CdS-SILAR 和 $TiO_2/CuInS_2$/CdS-AL 量子点敏化太阳能电池在光波长 850nm 范围内都存在 IPCE 响应，与紫外 -

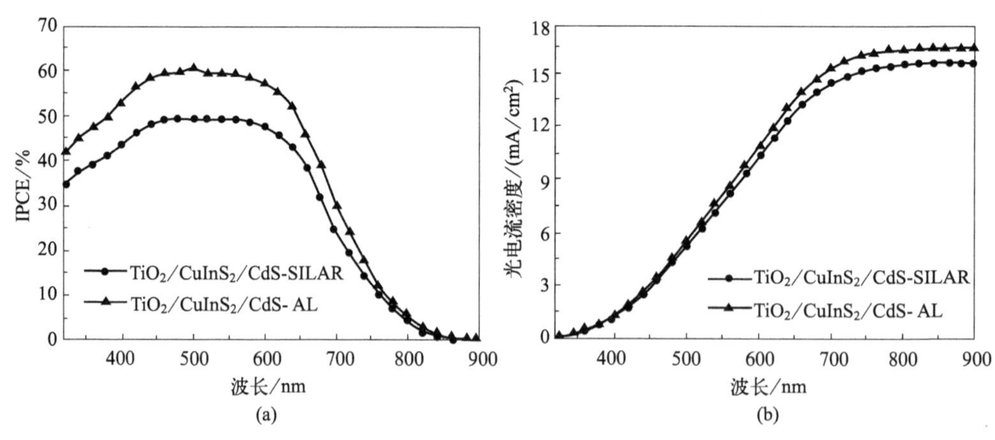

图 3-25 不同 $TiO_2/CuInS_2$/CdS 量子点敏化太阳能电池

(a) IPCE 谱图；(b) 光电流密度

可见光吸收谱图相似。然而，在全光谱响应范围内，$TiO_2/CuInS_2/CdS$-AL 量子点敏化太阳能电池的 IPCE 响应峰值（59%）明显高于 $TiO_2/CuInS_2/CdS$-SILAR 量子点敏化太阳能电池（49%）。从图 3-25（b）中可以发现，$TiO_2/CuInS_2/CdS$-SILAR 和 $TiO_2/CuInS_2/CdS$-AL 量子点敏化太阳能电池展现出与 *J-V* 曲线类似的短路电流密度。同时，$TiO_2/CuInS_2/CdS$-AL 量子点敏化太阳能电池的短路电流密度同样高于 $TiO_2/CuInS_2/CdS$-SILAR 量子点敏化太阳能电池，进一步证明了两步有机耦合法能够为电池提供更高的电流密度，将光电转换效率从 4.5% 提升至 5.97%。

图 3-26（a）和表 3-8 展示了 $TiO_2/CuInS_2/CdS$-SILAR 和 $TiO_2/CuInS_2/CdS$-AL 量子点敏化太阳能电池的电化学阻抗谱（EIS）及性能参数，可以发现两个明显的半圆曲线，分别代表了光阳极和导电基底之间的电荷传输电阻（R_{ct1}）、电解液和对电极之间的电荷传输电阻（R_{ct2}）。$TiO_2/CuInS_2/CdS$-SILAR 量子点敏化太阳能电池的串联电阻（7.6Ω）明显高于 $TiO_2/CuInS_2/CdS$-AL 量子点敏化太阳能电池的串联电阻（3.9Ω），说明 $TiO_2/CuInS_2/CdS$-AL 量子点敏化太阳能电池的界面结合稳定性明显优于 $TiO_2/CuInS_2/CdS$-SILAR 量子点敏化太阳能电池，进而获得更高的电池填充因子。同时，$TiO_2/CuInS_2/CdS$-SILAR 量子点敏化太阳能电池的 R_{ct1} 和 R_{ct2} 明显高于 $TiO_2/CuInS_2/CdS$-AL 量子点敏化太阳能电池，说明 $TiO_2/CuInS_2/CdS$-AL 量子点敏化太阳能电池的两种量子点层之间具有优异的界面结合，进而提供更优异的电荷传输效率。为了进一步确定电池的电荷传输速率，图 3-26（b）和表 3-8 展示了 $TiO_2/CuInS_2/CdS$-SILAR 和 $TiO_2/CuInS_2/CdS$-AL 量子点敏化太阳能电池的瞬态荧光光谱（TRPL）及性能参数。从图中可以发现，$TiO_2/CuInS_2/CdS$-AL 量子点敏化太阳能电池的荧光寿命明显低于 $TiO_2/CuInS_2/CdS$-SILAR 量子点敏化太阳能电池。通过计算可以看出，$TiO_2/CuInS_2/CdS$-AL 量子点敏化太阳能电池的电荷传输速率（$4.5\times10^8 s^{-1}$）明显高

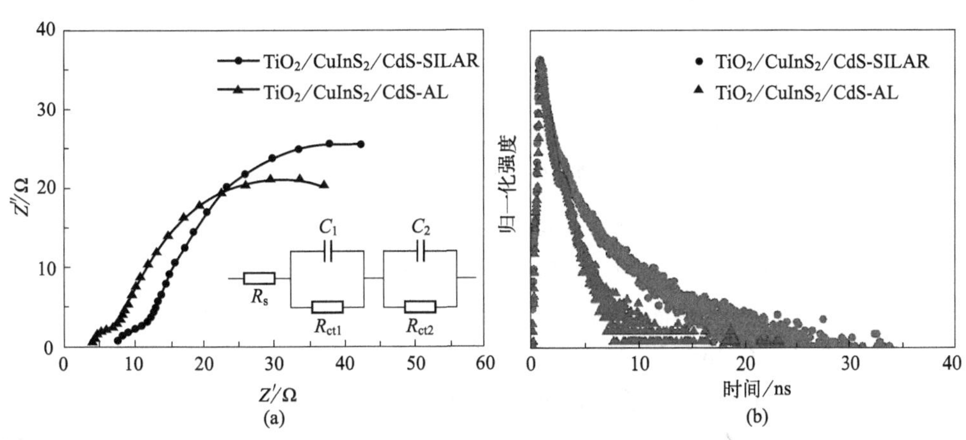

图 3-26　不同 $TiO_2/CuInS_2/CdS$ 量子点敏化太阳能电池

(a) EIS 谱图；(b) TRPL 谱图

于 $TiO_2/CuInS_2/CdS$-SILAR 量子点敏化太阳能电池（$2.7\times10^8 s^{-1}$），说明两步有机耦合法能够有效地降低量子点敏化太阳能电池的电荷复合缺陷，进而提升太阳能电池的光电性能。

表3-8　不同$TiO_2/CuInS_2/CdS$量子点敏化太阳能电池的性能参数

结构	R_s/Ω	R_{ct1}/Ω	R_{ct2}/Ω	τ/ns	k_{et}/s^{-1}
$TiO_2/CuInS_2/CdS$-SILAR	7.6	11.4	57.5	3.7	2.7×10^8
$TiO_2/CuInS_2/CdS$-AL	3.9	7.1	43.8	2.2	4.5×10^8

3.7　量子点敏化太阳能电池的电荷传输机理

采用不同有机耦合剂键合的 $CuInS_2$ 量子点所组装的量子点敏化太阳能电池具有不同的光电性能。为了能够制备出更为高效的 $CuInS_2$ 基量子点敏化太阳能电池，首先通过图 3-27 来分析不同的 $CuInS_2$ 量子点敏化方式制备的太阳能电池的电荷传输机理。

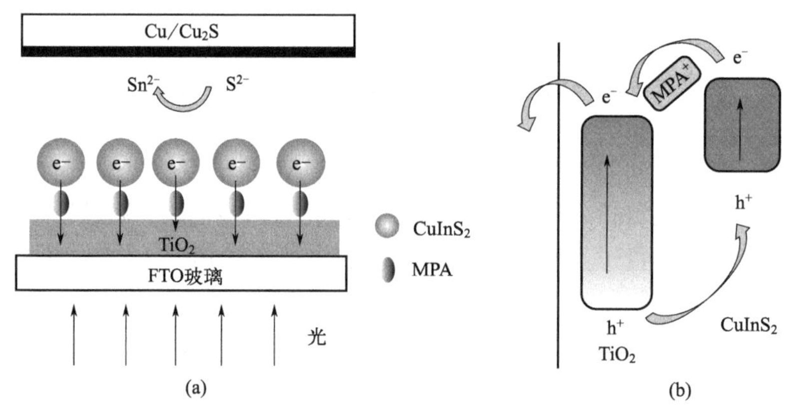

图 3-27　$CuInS_2$ 量子点敏化太阳能电池的电荷传输机理图

(a) 有机耦合法；(b) 太阳能电池的能带图

通过有机耦合法制备的 $CuInS_2$ 量子点敏化 TiO_2 纳米薄膜太阳能电池的电荷传输机理如图 3-27（a）所示，$CuInS_2$ 量子点通过 MPA 有机耦合剂有序地连接在 TiO_2 纳米薄膜表面，MPA 有机耦合剂的存在能够稳定地将 $CuInS_2$ 量子点与 TiO_2 连接在一起，这样增强了 $CuInS_2$ 与 TiO_2 之间的界面结合性能，也提高了太阳能电池的填充因子。但是由于 $CuInS_2$ 量子点表面存在 MPA 耦合剂，因此 $CuInS_2$ 量子点之间不会直接接触，这样会在一定程度上影响 TiO_2 纳米薄膜表面 $CuInS_2$ 量子点的吸附量。在标准模拟光源的照射下，具有全光谱光吸收能力的 $CuInS_2$ 量子点率先吸收光子

产生电子 - 空穴对，随着能量的提高，电子从 $CuInS_2$ 量子点的价带跃迁至导带，而空穴依然留在 $CuInS_2$ 量子点的价带中。由于吸附在 TiO_2 纳米薄膜上 $CuInS_2$ 量子点的导带能级要高于 TiO_2 的导带能级，激发到 $CuInS_2$ 量子点导带的电子就从 $CuInS_2$ 的导带传输到 TiO_2 的导带，然后电子从 TiO_2 内部传输到 FTO 导电基底上进而产生光电流，如图 3-27（b）所示。

然而，在该 $CuInS_2$ 量子点敏化 TiO_2 纳米薄膜太阳能电池中，电子从 $CuInS_2$ 传输到 TiO_2 中需要经过有机耦合剂。在这个过程中，若 $CuInS_2$ 量子点表面的有机耦合剂不能够为电荷传输提供路径，电荷传输必然受到阻碍。因此采用不同有机耦合剂的 $CuInS_2$ 量子点进行光阳极的敏化对光电流密度有不同的影响。对有机耦合法制备光阳极来说，必须使得 $CuInS_2$ 量子点表面的有机耦合剂为 MPA，因此，通过水相合成的 MPA 键合的 $CuInS_2$ 量子点可以直接用于有机耦合的敏化过程，而低含量 DDT 和 OA 键合的 $CuInS_2$ 量子点需要进行有机耦合剂的转变。图 3-28（a）为低含量 DDT 键合的量子点有机耦合剂转变机制，$CuInS_2$ 量子点表面含有少量的 DDT，在 MPA 溶液中搅拌之后使得 $CuInS_2$ 量子点表面出现了大量的 MPA 有机耦合剂。从以前的国内外研究中发现，有机耦合剂的转变过程遵循—COOH＜—NH_3＜—SH 的规律，而 DDT 和 MPA 中同时都含有—SH 键[219]。因此 MPA 不能够取代 DDT 在 $CuInS_2$ 量子点表面的位置，从而导致最后生成的量子点表面含有两种有机耦合剂，由于 DDT 的含量极其微小，因此量子点能够在水相溶剂中分散并稳定存在一定的时间。图 3-28（b）为 OA 键合的量子点有机耦合剂转变机制，遵循—NH_3＜—SH 的规律 $CuInS_2$ 量子点表面的 OA 全部被 MPA 取代，最后生成纯 MPA 键合的 $CuInS_2$ 量子点并能够稳定存在于水相溶剂中。

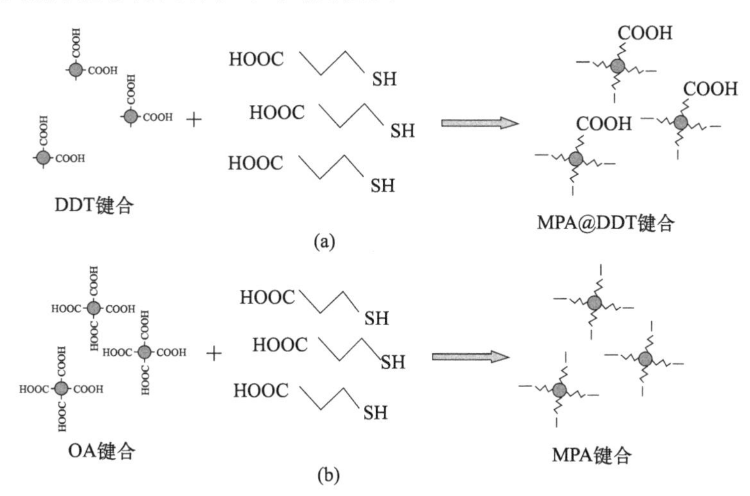

图 3-28　量子点的有机耦合剂转变机制

(a) DDT 键合；(b) OA 键合

图 3-29 为 $CuInS_2$ 量子点的有机耦合敏化机制示意图，经过有机耦合过程之后，TiO_2 光阳极与 $CuInS_2$ 量子点分别通过 MPA 两端的—COOH 和—SH 基连接最终完成量子点的敏化过程。然而，含有表面少量 DDT 的 $CuInS_2$ 量子点在与 TiO_2 的键合过程中会受到 DDT 的阻碍，从而影响 TiO_2 表面 $CuInS_2$ 量子点的吸附量。

另一方面，量子点表面 DDT 的存在很容易捕获光生电子，增加的电子 - 空穴的复合概率，在一定程度上降低光电流密度。相比之下，水相合成的和 OA 有机耦合剂转变而成的 $CuInS_2$ 量子点为纯 MPA 键合，受到电子捕获的影响要低，因此最终得到的光电性能要更好一些。而对比两种纯 MPA 键合的 $CuInS_2$ 量子点，水相合成的 $CuInS_2$ 量子点在溶剂中的分散效果和稳定性不太好，会在一定程度上影响 $CuInS_2$ 量子点在光阳极中的敏化量，因此最终通过油胺有机耦合剂转变的 $CuInS_2$ 量子点获得了最佳的光电性能。

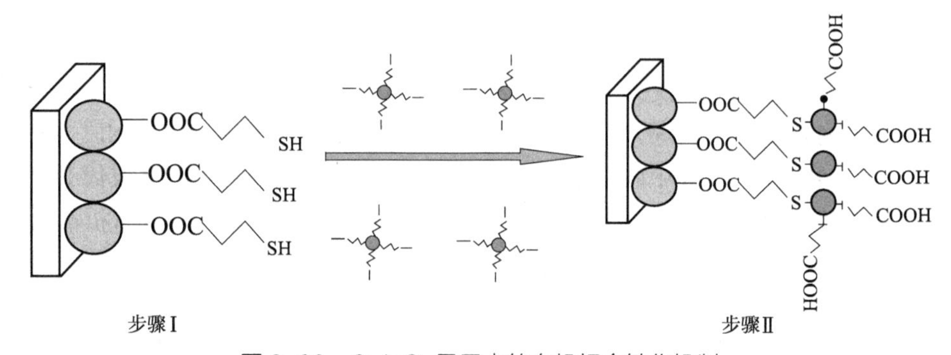

图 3-29　$CuInS_2$ 量子点的有机耦合敏化机制

第4章

$CuInS_2$量子点敏化太阳能电池的连续离子层吸附制备技术

4.1 引言

在国内外研究中，量子点最有效的敏化方法是连续离子层吸附（SILAR）法，该方法能够直接将量子点沉积到光阳极表面，并且能够很好地控制量子点的含量。从根本上分析，虽然有机耦合法能够有效地提高 $CuInS_2$ 与 TiO_2 之间的界面结合，但是有机耦合剂的存在在一定程度上对电子传输也有阻碍作用。与此同时，$CuInS_2$ 量子点通过有机耦合法吸附在 TiO_2 表面的总量存在一定的极限，这也影响了太阳能电池的光电流密度。然而，该方法并不容易用来制备 $CuInS_2$ 量子点。因此，如果能够开发新型的连续离子层吸附法制备 $CuInS_2/TiO_2$ 基量子点敏化太阳能电池，将有效地提高太阳能电池的光电转换效率。

国内外研究显示，通过多次连续离子层吸附法将二元 CdX（X = S、Se 等）系量子点进行共敏化制备光阳极能够得到更为高效的太阳能电池。对 $CuInS_2$ 量子点来说，有机耦合法对量子点的吸附量有限，难以单独用来进行量子点共敏化。而新型的连续离子层吸附法能够有效地提高 $CuInS_2$ 量子点在光阳极中的吸附量，通过共同采用有机耦合法和连续离子层吸附法进行 $CuInS_2$ 量子点的共敏化有望提高太阳能电池的光电性能；另外，以 $CuInS_2$ 基量子点敏化光阳极为基础，引入具有优异光学性能的 CdS 进行共敏化也能进一步提高性能。因此，以 $CuInS_2/TiO_2$ 量子点敏化光阳极为基础，研究 $CuInS_2$ 基量子点共敏化技术对制备高效量子点敏化太阳能电池具有非常重要的意义。

4.2 连续离子层吸附法制备工艺

有机耦合法虽然能够有效地提高 $CuInS_2$ 量子点和 TiO_2 之间的界面接触稳定性，然而量子点敏化量是无法弥补的。虽然能够获得相对较好的光电转换效率，但效果依然不佳。因此，开发新型连续离子层吸附法进行 $CuInS_2$ 量子点的敏化是非常有必要的。

连续离子层吸附技术主要是用于制备 $CuInS_2$ 量子点敏化高效 TiO_2 纳米材料光阳极。虽然通过该方法制备的薄膜界面结合效果不如有机耦合法，但是能够有效地控制 $CuInS_2$ 量子点在高效 TiO_2 纳米材料表面的吸附量，并且分布均匀。以已经合成好的高效 TiO_2 纳米颗粒或纳米带和 $CuInS_2$ 量子点为基础材料，通过循环浸泡化学反应吸附过程完成制备过程。

具体步骤：要提高连续离子层吸附法的效率，就必须提高制备 $CuInS_2$ 量子点前驱体溶液浓度的精度。在开始连续离子层吸附过程之前，Cu、In 和 S 三种离子溶液的配制非常重要，以甲醇溶液或甲醇 / 水混合溶液为溶剂，分别配制浓度为 1.25×10^{-3}mol/L 的硝酸铜甲醇溶液、0.1mol/L 的硝酸铟甲醇溶液和 0.135mol/L 的硫化钠甲醇 / 水溶液（甲醇：去离子水 = 1：1）。此三种溶液的浓度对光阳极中 $CuInS_2$ 量子点的生成有很大的影响，在后面研究过程中我们具体研究了不同浓度的溶液对结果的影响。搅拌溶解之后，将已制备好的 TiO_2 纳米薄膜在硝酸铟溶液中浸泡 60s，取出之后用去离子水清洗 30s；再将 TiO_2 纳米薄膜在硝酸铜溶液中浸泡 30s，取出之后用去离子水清洗 30s；最后 TiO_2 纳米薄膜在硫化钠溶液中浸泡 240s，取出之后用去离子水清洗 30s，这就是一个 $CuInS_2$ 量子点的敏化过程。在这个敏化过程中，敏化时间对产物的影响也很大。接下来通过不断的循环此制备过程来增加 $CuInS_2$ 量子点在 TiO_2 薄膜表面的吸附量进而得到最佳敏化工艺。合成工艺流程图如 4-1 所示。

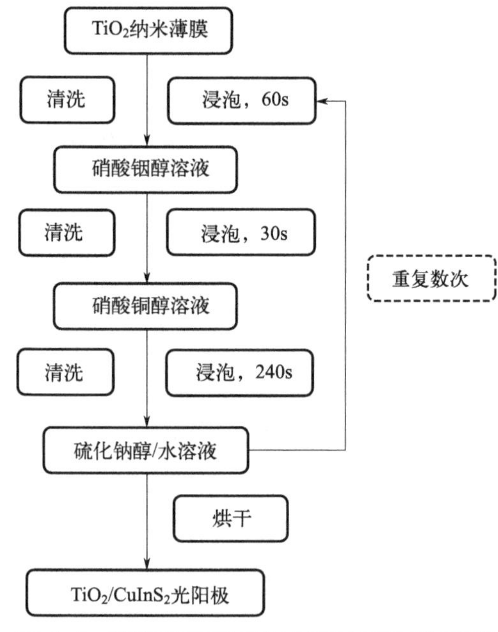

图 4-1 连续离子层吸附法制备光阳极的流程图

为了探索 $CuInS_2$ 量子点敏化高效 TiO_2 纳米材料太阳能电池的光电性能，以连续离子层吸附法制备的 $CuInS_2/TiO_2$ 光阳极为基础，通过使用上述研究中具有最佳光电转效率的 Cu_2S 对电极及电解液，采用相同的太阳能电池封装技术组装太阳电池。

4.3　光阳极的物相组成及形貌结构

为了确定最佳敏化工艺，依旧以 TiO_2 纳米颗粒和纳米带作为研究对象。通过上述 $CuInS_2$ 量子点敏化高效 TiO_2 纳米材料光阳极的合成过程，对制备的样品进行了物相组成及形貌结构的分析。图 4-2 为 $CuInS_2$ 量子点敏化前后的 XRD 谱图，与有机耦合法一样，在 $CuInS_2$ 量子点敏化之前，TiO_2 纳米颗粒与 TiO_2 纳米带样品为纯锐钛矿相 TiO_2；而经过连续离子层吸附过程进行 $CuInS_2$ 量子点敏化之后，在 TiO_2 纳米颗粒和纳米带样品的 XRD 谱图中，2θ 值分别位于 27.88°、46.31° 和 54.79° 出现了三个新的衍射峰，这三个衍射峰正对应着纯黄铜矿相的 $CuInS_2$ 的（112）、（204）和（116）三个晶面。与有机耦合法制备的薄膜不同，连续离子层吸附法制备的薄膜中 $CuInS_2$ 量子点的三个新的衍射峰强比较明显，证明了通过连续离子层吸附法不但能够在 TiO_2 纳米颗粒或 TiO_2 纳米带光阳极薄膜表面成功制备 $CuInS_2$ 量子点，而且能够有效地提高光阳极薄膜表面 $CuInS_2$ 量子点的含量。

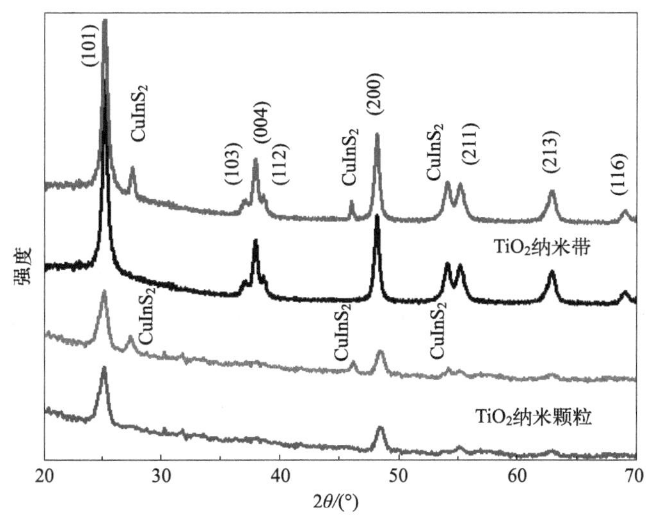

图 4-2　$CuInS_2$ 量子点敏化前后的 XRD 谱图

由于在光阳极薄膜表面直接化学合成 $CuInS_2$ 量子点，因此在 $CuInS_2/TiO_2$ 光阳极样品中的化学组成就非常重要。为了进一步证明 $CuInS_2/TiO_2$ 光阳极样品中的化学组成，分别对 $CuInS_2/TiO_2$ 纳米颗粒和 $CuInS_2/TiO_2$ 纳米带光阳极进行 EDS 的测试，如图 4-3 所示。从图 4-3 中可以看出，除了测试条件所含有的 C 元素和薄膜基底材料中所含有的 Si、Na、Ca 和 Sn 元素之外，在 $CuInS_2/TiO_2$ 纳米颗粒与 $CuInS_2/TiO_2$ 纳米带薄膜表面存在 Ti、O、Cu、In 和 S 这几种元素。同样，Ti 和 O 的比例不是 1∶2，这是由于基底表面存在 SnO_2 薄膜层，导致 O 元素含量增加，Cu、In 和 S 的比例约为 1∶1∶2。但是通过分析可以从表 4-1 中看出，相比于有机耦合法，连续离子层吸附法制备的薄膜中 $CuInS_2$ 的含量要高很多。这也可以进一步说明通过连续离子层吸附法敏化光阳极能提高光阳极表面 $CuInS_2$ 的含量。

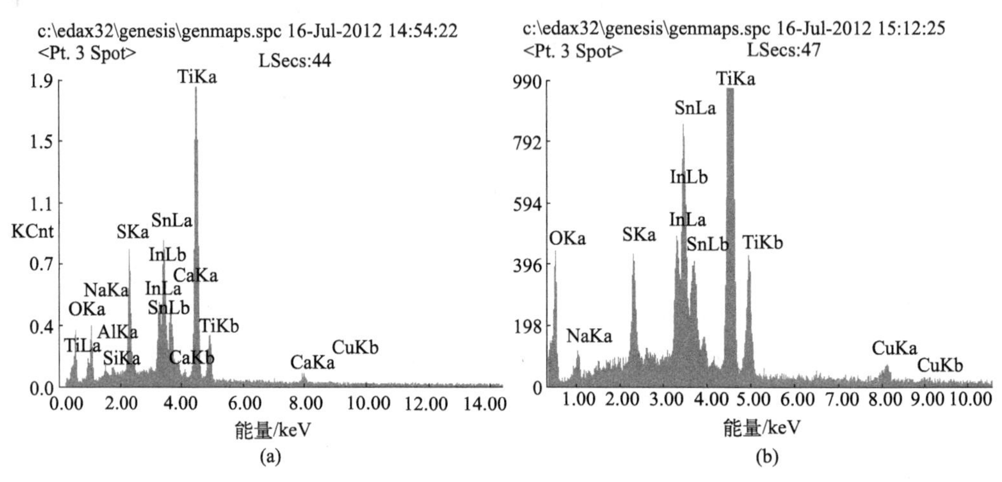

图 4-3　不同 $CuInS_2/TiO_2$ 光阳极的 EDS 谱图

表4-1　不同 $CuInS_2/TiO_2$ 光阳极的元素比例

样品	Ti	O	Cu	In	S
TiO_2 纳米颗粒	23.01	59.11	4.55	4.45	8.88
TiO_2 纳米带	23.75	58.09	4.52	4.49	9.05

图 4-4 为 TiO_2 纳米颗粒和 TiO_2 纳米带在 $CuInS_2$ 量子点敏化前后的 FESEM 图像。从图中可以明显看出，采用连续离子层吸附法制备的薄膜表面状态与有机耦合法制备的薄膜完全不同。相比于敏化之前的多孔 TiO_2 纳米颗粒薄膜和纳米带交织而成的 TiO_2 薄膜，在 $CuInS_2$ 量子点敏化之后，TiO_2 纳米颗粒薄膜表面变粗糙，薄膜中的大孔洞几乎消失。

然而，TiO_2 纳米带的表面和 TiO_2 纳米带交织的空隙处都逐渐被 $CuInS_2$ 量子点填满，这也进一步证明了连续离子层吸附法对薄膜表面 $CuInS_2$ 量子点含量的大幅增加。通过 HRTEM 图像分析可以发现，TiO_2 纳米颗粒和 TiO_2 纳米带薄膜晶格条纹计算所得都为 d = 0.353nm 晶面参数，都对应锐钛矿相 TiO_2 的（101）晶面。相比于有机耦合法制备的光阳极，经过 $CuInS_2$ 量子点敏化之后，TiO_2 纳米颗粒和 TiO_2 纳米带薄膜都出现了更多新的晶格条纹，计算所得分别为 d = 0.196nm、d = 0.320nm 和 d = 0.167nm 晶面参数，都对应着黄铜矿相 $CuInS_2$ 的（204）、（112）和（116）晶面。从形貌表征的结果也可以说明 $CuInS_2$ 量子点成功沉积到 TiO_2 纳米薄膜的表面，并且相比有机耦合法可以可控沉积更高含量的 $CuInS_2$ 量子点。

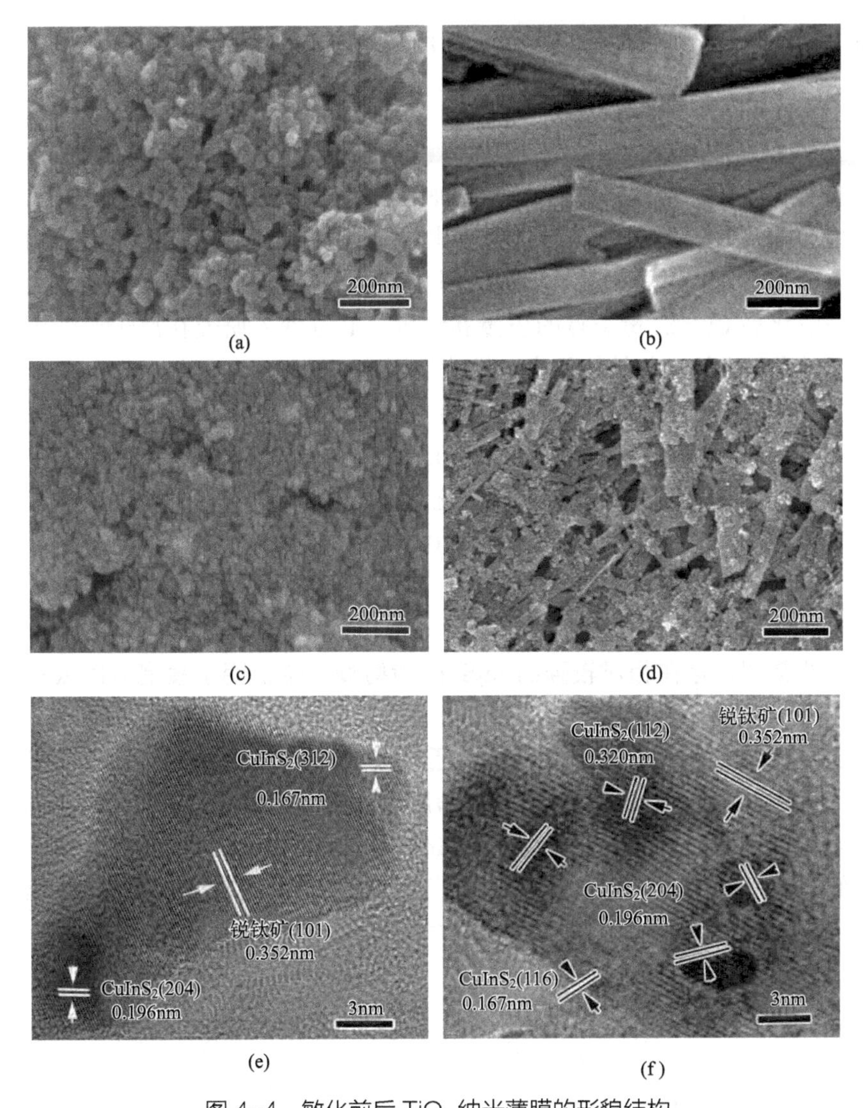

图 4-4　敏化前后 TiO_2 纳米薄膜的形貌结构

(a) 敏化前 TiO_2 纳米颗粒薄膜 FESEM 图像；(b) 敏化前 TiO_2 纳米带薄膜 FESEM 图像；
(c) 敏化后 TiO_2 纳米颗粒薄膜 FESEM 图像；(d) 敏化后 TiO_2 纳米带薄膜 FESEM 图像；
(e) 敏化后 TiO_2 纳米颗粒薄膜 HRTEM 图像；(f) 敏化后 TiO_2 纳米带薄膜 HRTEM 图像

4.4　$CuInS_2$ 量子点敏化太阳能电池性能的影响因素

通过对 $CuInS_2$ 量子点敏化高效 TiO_2 纳米颗粒或 TiO_2 纳米带光阳极的物相组成及形貌结构的分析，可以确定这种连续离子层吸附法能够有效地在 TiO_2 薄膜表面制备高质量高含量的 $CuInS_2$ 量子点。与有机耦合法的敏化过程不同，该连续离子

层吸附工艺对 TiO_2 薄膜表面的 $CuInS_2$ 量子点的含量具有非常重要的影响。

4.4.1 敏化时间

在该连续离子层吸附法过程中，各种离子溶液中的不同敏化时间是 $CuInS_2$ 量子点的生成的关键因素之一，不同的敏化时间所生成的 $CuInS_2$ 量子点产物的物相结构可能会存在差异，同时也会产生一定量的杂质。为了降低 TiO_2 薄膜表面的杂质，提高敏化后 $CuInS_2$ 量子点的质量和纯度，必须深入研究在离子溶液中不同的敏化时间对光阳极的物相结构及光电性能的影响。

在这三种离子溶液中，铜离子是能否更好地生成 $CuInS_2$ 量子点的关键性溶液，因此我们固定铟离子溶液的浸泡时间（60s）和硫离子溶液的浸泡时间（300s），通过改变铜离子溶液的浸泡时间来分析敏化时间对光阳极结构和性能的影响。图 4-5 为在铜离子溶液中分别浸泡时间 15s、30s 和 60s 的光阳极的 XRD 谱图，从图中可以看出，除了锐钛矿相 TiO_2 的衍射峰，只有浸泡时间为 30s 的样品中含有纯相的 $CuInS_2$ 的衍射峰，没有其他的杂质衍射峰。当浸泡时间为 15s 时，样品中 $CuInS_2$ 的衍射峰非常弱，存在相对较强的 In_2S_3 的衍射峰，这说明了浸泡时间太短，生成的 $CuInS_2$ 量子点的含量比较低，反而生成了大量的 In_2S_3；而当浸泡时间为 60s 的时候，样品中有纯的 $CuInS_2$ 的衍射峰，但还存在 Cu_xS 杂质的衍射峰，说明了浸泡时间太长，虽然生成了 $CuInS_2$，但是 TiO_2 薄膜表面吸附的相对过量的铜离子和硫离子反应生成了 Cu_xS 杂质。无论是少量的 $CuInS_2$ 的生成还是 Cu_xS 杂质的生成，对以后光阳极的光电性能都会产生一定的影响，因此在铜离子溶液中浸泡时间应当适中。

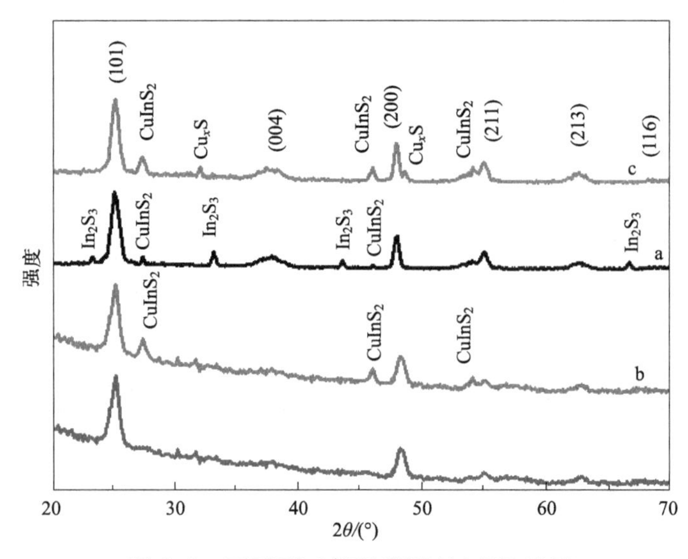

图 4-5　不同浸泡时间光阳极的 XRD 谱图

a—15s；b—30s；c—60s

为了进一步判断在铜离子溶液中的浸泡时间，将三种光阳极通过 6 次连续离子层吸附法过程之后组装成太阳能电池测试其光电性能，如图 4-6 和表 4-2 所示。从图 4-6 的 *J-V* 曲线和表 4-2 的光电参数中可以看出，浸泡 15s 的样品的 *J-V* 曲线近乎是一条直线，开路电压为 451.5mV，而短路电流密度只有 1.34mA/cm^2，填充因子只有 0.23，光电转换效率只有 0.14%，这就是由于浸泡时间过短生成了大量的 In_2S_3 而导致电子无法正常产生和传输，并且严重影响了太阳能电池的电荷传输，大大降低了填充因子。而光电流的产生可能是由于光阳极中还存在一定量的 $CuInS_2$ 量子点，这些 $CuInS_2$ 量子点能够产生光生电子从而获得光电流密度；而浸泡 30s 的样品开路电压为 542.3mV，短路电流密度为 3.26mA/cm^2，填充因子为 0.40，光电转换效率为 0.71%，很明显该样品在 TiO_2 纳米薄膜表面生成了大量的 $CuInS_2$ 量子点而非 In_2S_3，进而光电转换效率要明显比浸泡 15s 的样品高很多。但是浸泡 60s 的样品光电性能还是不如浸泡 30s 的样品，其开路电压为 510.2mV，短路电流密度为 2.56mA/cm^2，填充因子为 0.36，光电转换效率为 0.47%。这个结果也表明因为浸泡时间过长而生成的 Cu_xS 杂质导致太阳能电池电子传输电阻的增加，引起太阳能电池填充因子的降低，同时 Cu_xS 杂质会捕获电子引起电子 - 空穴的复合，进而降低光电流密度，此外，Cu_xS 以杂质的形式存在在光阳极中会影响 TiO_2 的费米能级，进而导致开路电压的降低，影响太阳能电池的光电性能，只有在铜离子溶液中浸泡 30s 所制备的纯相 $CuInS_2/TiO_2$ 光阳极才具备最佳的光电转换效率。

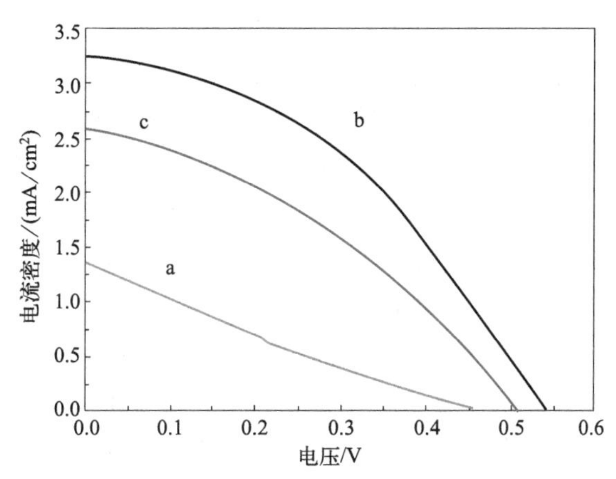

图 4-6　不同浸泡时间太阳能电池的 *J-V* 曲线

a—15s；b—30s；c—60s

表4-2　不同浸泡时间太阳能电池的光电性能参数

浸泡时间	J_{sc}/(mA/cm^2)	V_{oc}/mV	FF/%	η/%
15s	1.34	451.5	23.1	0.14
30s	3.26	542.3	40.2	0.71
60s	2.56	510.2	36.0	0.47

4.4.2 敏化次数

对有机耦合法的制备过程来说，通过增加敏化次数能够在一定范围内提高 $CuInS_2$ 量子点在 TiO_2 薄膜表面的吸附量。与有机耦合法不同，通过连续离子层吸附法将 $CuInS_2$ 量子点沉积在 TiO_2 薄膜光阳极上，在 TiO_2 薄膜表面 $CuInS_2$ 量子点可以随着敏化次数的增加不断地增加吸附量。因此，对连续离子层吸附法来说敏化次数对太阳能电池的结构及性能的影响极其重要。

图 4-7（a）为敏化次数为 1 ～ 7 次的光阳极的紫外 - 可见光吸收谱图，从图中可以看出，随着敏化次数的增加，$CuInS_2/TiO_2$ 光阳极的光吸收强度在逐渐增加。与此同时，光阳极的光吸收边界逐渐向可见光区移动。这就说明了随着连续离子层吸附次数的增加，越来越多的 $CuInS_2$ 量子点沉积到了 TiO_2 纳米薄膜表面，并且伴随着 $CuInS_2$ 量子点的尺寸略微增长。虽然随着敏化次数的增加，TiO_2 纳米薄膜表面 $CuInS_2$ 量子点含量的增加能持续增强光阳极的光吸收性能，但是过量的沉积对薄膜表面状态及稳定有很大的影响。当敏化次数为 7 次的时候，光阳极的光吸收性能增强得并不明显，这样说明继续增加敏化次数已经不能有效地提高光吸收性能。另外，光阳极的光散射也随着敏化次数的增加而逐渐减小，但当敏化次数过多就会导致光阳极薄膜表面出现量子点的团聚，这样从一定程度上促进了光散射的损失，影响光阳极的光吸收性能。因此，适当的敏化次数是非常有必要的。从图 4-7（b）的荧光光谱图中就可以看出，随着敏化次数的增加，$CuInS_2$ 量子点的荧光激发峰位在缓慢向可见光区移动，这说明 $CuInS_2$ 量子点尺寸的略微增大。同时，$CuInS_2$ 量子点的荧光激发峰强也随着敏化次数的增加在缓慢降低，这也说明了该 $CuInS_2/TiO_2$ 光阳极中光生电子 - 空穴的有效分离。但是，当敏化次数增加到 7 次，样品的 $CuInS_2$ 量子点的荧光激发峰强度比 6 次敏化的样品要有一定的增加，这有可能是 7 次敏化的薄膜表面发生颗粒团聚，并且稳定性在降低的原因。因此，敏化次数为 6 次所制备的光阳极光学性能更佳。

为了进一步了解 $CuInS_2$ 量子点的敏化次数对太阳能电池光电性能的影响，我们将不同敏化次数的光阳极组装成太阳能电池并测试 J-V 曲线，如图 4-8 所示。从表 4-3 的光电参数中可以看出，随着 $CuInS_2$ 量子点的敏化次数的增加太阳能电池的光电转换效率逐渐提高。当敏化次数为 6 次的时候，太阳能电池的效率达到最高，其开路电压为 542.3mV，短路电流密度为 3.26mA/cm^2，填充因子为 0.40，光电转换效率为 0.71%。另外，随着敏化次数的增加，$CuInS_2$ 量子点的吸附量逐渐增加，光阳极的稳定性会逐渐降低，进而导致填充因子的逐渐降低。然而当敏化次数继续增加到 7 次，太阳能电池的光电转换效率出现降低，这与荧光光谱分析中的结果一致。这是由于过多的 $CuInS_2$ 量子点的沉积导致了 TiO_2 纳米薄膜表面量子点的部分团聚，从而会造成光散射。与此同时，填充因子的降低说明光阳极稳定性的下降，在一定程度上会影响电子传输速度而降低短路电流密度。这进一步证明了通过敏化次数的增加来提高 $CuInS_2$ 量子点在 TiO_2 纳米薄膜的含量是有限度的，最佳的敏化次数为 6 次。

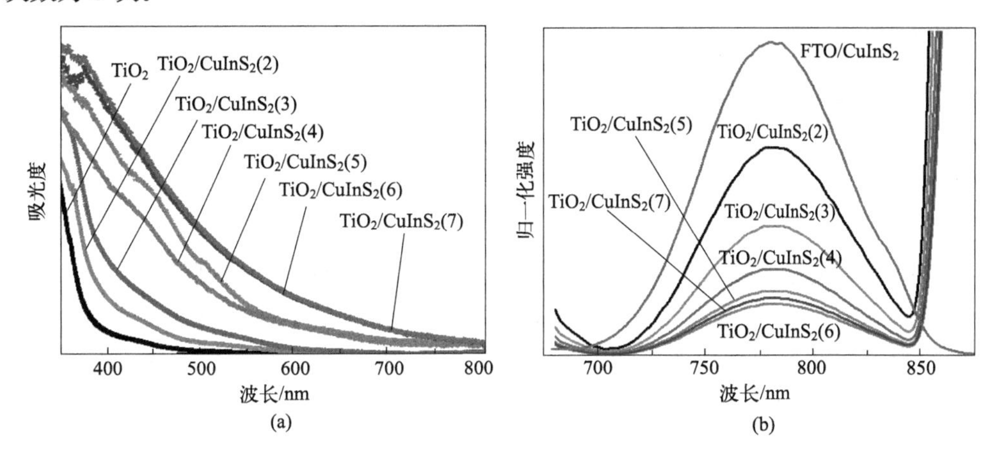

图 4-7　不同敏化次数光阳极的光学性能

(a) 紫外 - 可见光吸收谱图；(b) 荧光光谱图

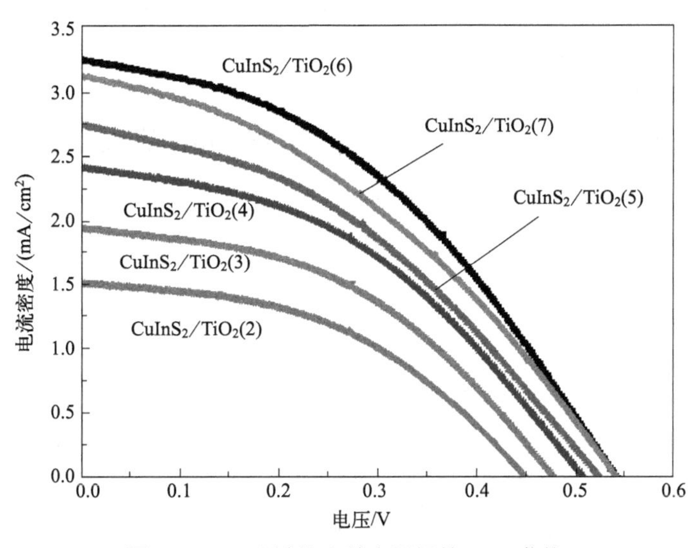

图 4-8　不同敏化次数光阳极的 J-V 曲线

表4-3　不同敏化次数太阳能电池的光电性能参数

样品	J_{sc}/(mA/cm^2)	V_{oc}/mV	FF/%	η/%
SILAR（2）	1.52	451.6	45.2	0.31
SILAR（3）	1.95	478.7	45.0	0.42

续表

样品	J_{sc}/(mA/cm²)	V_{oc}/mV	FF/%	η/%
SILAR（4）	2.42	507.4	42.3	0.52
SILAR（5）	2.75	525.2	40.5	0.59
SILAR（6）	3.26	542.3	40.2	0.71
SILAR（7）	3.13	541.1	37.2	0.63

4.4.3 Cu_xS 缓冲层

在此连续离子层吸附法的制备过程中，通过简单的化学反应直接在 TiO_2 纳米薄膜表面沉积 $CuInS_2$ 量子点，TiO_2 纳米薄膜和 $CuInS_2$ 量子点之间的结合对太阳能电池的光电性能有很重要的影响。为了提高 TiO_2 纳米薄膜和 $CuInS_2$ 量子点之间的结合，通过加入 Cu_xS 缓冲层改善 TiO_2 纳米薄膜表面状态进而提高太阳能电池的光学性能和光电性能。

图 4-9（a）为 $CuInS_2/TiO_2$ 和 $CuInS_2/Cu_xS/TiO_2$ 光阳极的紫外 - 可见光吸收谱图。从图中可以看出，加入 Cu_xS 缓冲层之后，光阳极的光吸收性能并没有明显的变化。但是从图 4-9（b）的荧光光谱图中可以看到，加入 Cu_xS 缓冲层之后的 $CuInS_2/Cu_xS/TiO_2$ 光阳极的荧光激发峰强度比 $CuInS_2/TiO_2$ 要更低，这也说明 Cu_xS 缓冲层的加入能够更有效地分离光生电子 - 空穴，进而提高太阳能电池的光生电流密度。

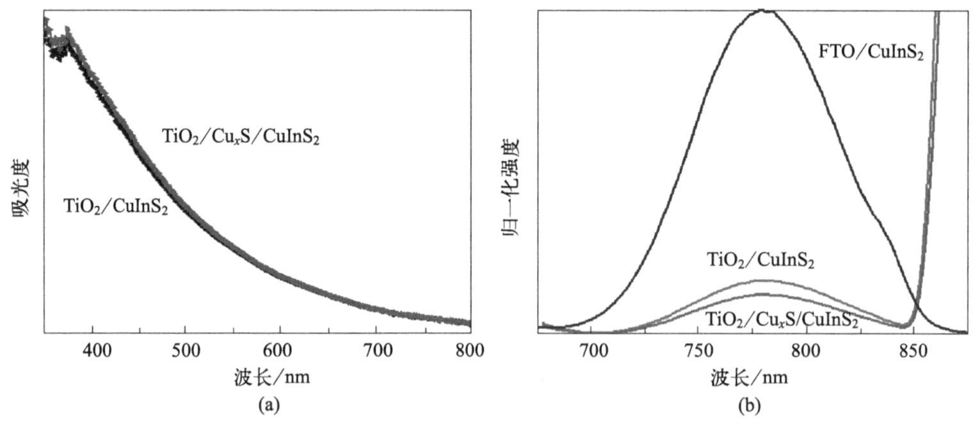

图 4-9　加入缓冲层前后光阳极的光学性能

(a) 紫外 - 可见光吸收谱图；(b) 荧光光谱图

为了探索 Cu_xS 缓冲层对太阳能电池光电性能的影响，在沉积 $CuInS_2$ 量子点之前，先采用相同浓度的铜离子和硫离子溶液，通过同样的连续离子层吸附法进

行一次循环在 TiO_2 纳米薄膜表面先沉积一层 Cu_xS，然后采用 6 次敏化沉积 $CuInS_2$ 量子点，将 $CuInS_2/TiO_2$ 和 $CuInS_2/Cu_xS/TiO_2$ 两种光阳极作为对比分别组装成太阳能电池。从图 4-10 的 *J-V* 曲线和表 4-4 的光电参数中可以看出，在加入 Cu_xS 作为缓冲层之后，太阳能电池的填充因子由于新的 Cu_xS 层的加入出现微小的下降，而 $CuInS_2/Cu_xS/TiO_2$ 太阳能电池的开路电压从 542.3mV 提升到 576.2mV，这是由于 Cu_xS 缓冲层能够有效地改善 TiO_2 纳米薄膜表面的缺陷，进而提高了 TiO_2 的费米能级，使得 $CuInS_2/Cu_xS/TiO_2$ 太阳能电池的开路电压明显提高。此外，$CuInS_2/Cu_xS/TiO_2$ 太阳能电池的短路电流密度比 $CuInS_2/TiO_2$ 显著提升，从原来的 3.26mA/cm² 提升到 3.97mA/cm²。由于 TiO_2 与量子点之间的界面问题会导致电子泄漏现象，而缓冲层的加入能够调整界面结合的问题。从结果分析，Cu_xS 缓冲层的存在能够增加光阳极中光生电子的传输速度，提高光阳极收集电子的能力，进而使得 $CuInS_2/Cu_xS/TiO_2$ 太阳能电池的光电转换效率从 0.71% 提高到 0.89%。因此 Cu_xS 缓冲层对连续离子层吸附法制备高效 $CuInS_2$ 量子点敏化太阳能电池是非常重要的。

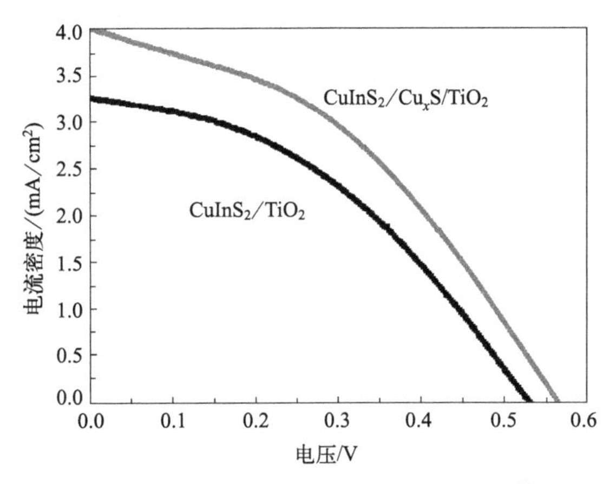

图 4-10　加入缓冲层前后光阳极的 *J-V* 曲线

表4-4　加入缓冲层前后太阳能电池的光电性能参数

样品	J_{sc}/(mA/cm²)	V_{oc}/mV	FF/%	η/%
$CuInS_2/TiO_2$	3.26	542.3	40.2	0.71
$CuInS_2/Cu_xS/TiO_2$	3.97	576.2	38.9	0.89

4.4.4　薄膜的类型

与有机耦合法的化学键吸附过程不同，连续离子层吸附法具有不同的敏化机制，是一种原位生长模式。对不同种类的 TiO_2 薄膜来说，连续离子层吸附法制备

的 $CuInS_2$ 量子点敏化 TiO_2 薄膜光阳极的结构及性能影响也不同。为了探索连续离子层吸附法对 $CuInS_2$ 量子点敏化 TiO_2 薄膜光阳极的结构及性能影响，并进一步证明所制备的 TiO_2 纳米颗粒和纳米带的高效性，针对不同种类的 TiO_2 薄膜对太阳能电池光学性能及光电性能进行了研究。

与有机耦合法相类似，分别将 P25、Grätzel 型 TiO_2 纳米颗粒、二次水热制备的 TiO_2 纳米颗粒和 TiO_2 纳米带光阳极组装成太阳能电池进行光电性能测试，如图 4-11 和表 4-5 所示。从图 4-11 的 *J-V* 曲线和表 4-5 光电性能参数中可以看出，与有机耦合法制备的光阳极测试结果相比，连续离子层吸附法制备的太阳能电池的光电性能明显增强。所有的薄膜太阳能电池的开路电压和填充因子基本上没有太大的变化，并且 P25 的太阳能电池的光电性能最差。不同的是在二次水热制备的高效 TiO_2 样品中，TiO_2 纳米带太阳能电池的短路电流密度最高，约为 4.33mA/cm^2，光电转换效率为 0.94%。并且高效 TiO_2 纳米带和纳米颗粒太阳能电池的短路电流密度都要高于 Grätzel 型 TiO_2 纳米颗粒太阳能电池。这个结果也证明了二次水热所制备的 TiO_2 纳米颗粒和纳米带的高效性，而 TiO_2 纳米带更能够在 $CuInS_2$ 量子点的连续离子层吸附法过程中获得优异的光电性能。

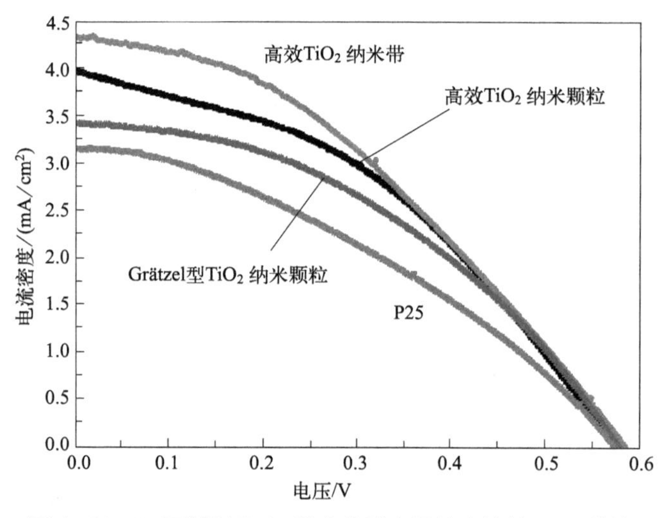

图 4-11　不同类型 TiO_2 纳米薄膜太阳能电池的 *J-V* 曲线

表4-5　不同类型TiO_2薄膜太阳能电池的光电性能参数

样品	J_{sc}/(mA/cm^2)	V_{oc}/mV	FF/%	η/%
高效 TiO_2 纳米颗粒	3.97	576.2	38.9	0.89
高效 TiO_2 纳米带	4.33	585.4	37.1	0.94
Grätzel 型 TiO_2 纳米颗粒	3.43	579.1	39.1	0.80
P25	3.17	574.3	36.3	0.66

二次水热法制备的 TiO_2 纳米颗粒与 TiO_2 纳米带相比传统的 P25 和 Grätzel 型 TiO_2 纳米颗粒更高效，从通过连续离子层吸附法制备的光阳极来看，该 TiO_2 纳米颗粒与 TiO_2 纳米带的高效被进一步扩大，它们所组装的量子点敏化太阳能电池的光电性能都要优于 Grätzel 型 TiO_2 纳米颗粒量子点敏化太阳能电池。通过有机耦合法制备的光阳极的分析可知，TiO_2 纳米带由于比表面积的不足导致光电性能的不足，但是有机耦合法对 $CuInS_2$ 量子点的吸附量的限制影响了 TiO_2 纳米带的优势。在连续离子层吸附法制备的光阳极中，TiO_2 纳米带通过相互交织而形成薄膜，内部存在大量的间隙对连续离子层吸附过程非常有利，$CuInS_2$ 量子点能够以最大的沉积量在整个 TiO_2 纳米带薄膜内沉积，这样就能够吸收更多的光而产生更多的光生电子。此外，相比于纳米颗粒，TiO_2 纳米带是一维纳米材料，颗粒与颗粒之间的电子传输阻碍较小，光生电子在 TiO_2 纳米带薄膜中的传输速度比 TiO_2 纳米颗粒要快，进而能够获得更高的光电流密度。因此，采用连续离子层吸附法制备 $CuInS_2$ 量子点敏化 TiO_2 纳米颗粒和 TiO_2 纳米带光阳极能获得更高效的光电性能，尤其是 TiO_2 纳米带。

4.5 量子点敏化太阳能电池的电荷传输机理

从上述结果来看，采用这种新型的连续离子层吸附法制备的 $CuInS_2$ 量子点敏化太阳能电池的光电转换效率要比有机耦合法制备的太阳能电池高。为了能够制备出更为高效的 $CuInS_2$ 基量子点敏化太阳能电池，首先通过图 4-12 来分析不同的 $CuInS_2$ 量子点敏化方式制备的太阳能电池的电荷传输机理。

通过有机耦合法制备 $CuInS_2$ 量子点敏化太阳能电池的光生电子要通过 MPA 有机耦合剂的桥链传输到基底，虽然有机耦合剂提高了太阳能电池的填充因子，但是有机耦合剂桥链的存在对光生电子的传输还是存在一定的阻碍，在一定程度上增加了光生电子被捕获的概率。对新型的连续离子层吸附法来说，如图 4-12(a)，所有的 $CuInS_2$ 量子点表面不含有任何的有机耦合剂，该方法能够将纯净的 $CuInS_2$ 量子点沉积到 TiO_2 光阳极的表面，$CuInS_2$ 量子点与 TiO_2 纳米材料直接接触。另一方面，相比于有机耦合法对 $CuInS_2$ 量子点的单层吸附，该方法能够最大程度的将 $CuInS_2$ 量子点沉积到光阳极中，大大增加了 $CuInS_2$ 量子点敏化剂在光阳极中的含量，进而导致连续离子层吸附法制备的光阳极的光吸收性能要比有机耦合法制备的光阳极更好。同样，在标准模拟光源的照射下，光生电子也从 $CuInS_2$ 量子点中传递到 TiO_2 中，进而 $CuInS_2$ 量子点也能够产生更多的光生电子。因此，通过连续离子层吸附法制备的太阳能电池的光电流密度就达到 $4.33mA/cm^2$，远远要高于有机耦合法制备的太阳能电池的光电流密度（1.85mA/cm^2）。但是，该方法制备的太阳能电池中 TiO_2 和 $CuInS_2$ 之间没有坚固的桥链相连，其稳定性就要比有机耦合法制备的太阳能电池略差，降低了太阳能电池的填充因子。而连续离子层吸附法制备的太阳能电池最终的光电转换效率达到 0.94%，如果能够改进光阳极中 TiO_2 和 $CuInS_2$ 的界面接触，将进一步提高 $CuInS_2$ 量子点敏化太阳能电池的光电性能。

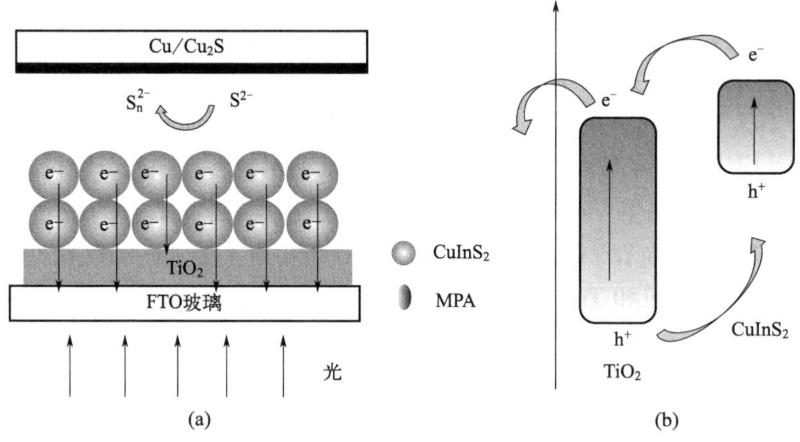

图 4-12　$CuInS_2$ 基量子点敏化太阳能电池的机理图

(a) SILAR 法；(b) 太阳能电池的能带图

第5章

$CuInS_2/TiO_2$基量子点共敏化太阳能电池

5.1 引言

量子点的沉积量和光吸收区域是量子点敏化太阳能电池光电性能的关键影响因素。从根本上分析，单纯的有机耦合法能够获得均匀沉积的量子点膜层，但无法进一步增加量子点的沉积量；单纯的连续离子层吸附法能够尽可能多地沉积量子点，但无法获得均匀的薄膜，这都无法进一步提升量子点敏化太阳能电池的光电性能。在国内外的研究中，量子点共敏化技术被证明是实现量子点沉积量和光吸收性能提升的有效方式。然而，如何保证量子点的均匀沉积和光吸收区域的有效拓展，是量子点共敏化技术关注的核心问题。通过对 $CuInS_2$ 量子点敏化工艺的深入研究，实现 $CuInS_2$ 量子点共敏化，有望进一步提高太阳能电池的光电转换效率。

5.2 量子点共敏化太阳能电池的制备技术

共敏化技术是一种提高量子点敏化太阳电池性能的极佳方法。为了充分利用有机耦合法所制备的光阳极优异的界面结合优势和连续离子层吸附法所制备的光阳极优异的量子点吸附含量优势，同时采用有机耦合法和连续离子层吸附法制备 $CuInS_2/CuInS_2$ 量子点、$CuInS_2$/CdS 量子点及 $CuInS_2$/Mn-CdS 量子点共敏化 TiO_2 纳米薄膜太阳能电池，探索不同的共敏化方式对量子点敏化太阳电池光学性能和光电性能的影响。

采用有机耦合法和连续离子层吸附法制备量子点共敏化高效 TiO_2 纳米材料光

阳极。通过该方法既能保证薄膜的界面结合效果，又能够有效地提高量子点在高效 TiO_2 纳米材料表面的吸附量。以已经合成好的高效 TiO_2 纳米薄膜为基础材料，通过循环浸泡和化学反应吸附完成制备过程。具体步骤：首先采用前文所述有机耦合法制备 $CuInS_2$ 敏化 TiO_2 纳米薄膜光阳极，然后以该 $CuInS_2/TiO_2$ 光阳极为基础，采用前文所述连续离子层吸附法制备 $CuInS_2/CuInS_2$ 共敏化 TiO_2 纳米薄膜光阳极。为了研究不同的共敏化工艺对光阳极性能的影响，新增加另外两种制备过程。第一，在 $CuInS_2/TiO_2$ 光阳极上采用连续离子层吸附法制备 $CuInS_2$/CdS 量子点或 $CuInS_2$/Mn-CdS 量子点共敏化 TiO_2 纳米薄膜光阳极。以甲醇溶液或甲醇 / 水混合溶液为溶剂，分别配置浓度为 0.1mol/L 的硝酸镉（0.075mol/L 的硝酸锰）甲醇溶液，0.1mol/L 的硫化钠甲醇 / 水溶液（甲醇：去离子水 = 1：1）。搅拌溶解之后，分别将 $CuInS_2/TiO_2$ 光阳极在硝酸镉中浸泡 60s，取出之后用去离子水清洗 30s；再将 TiO_2 纳米薄膜在硫化钠溶液中浸泡 60s，取出之后用去离子水清洗 30s。重复此过程 11 次即可。第二，首先采用前文所述连续离子层吸附法制备 $CuInS_2$ 敏化 TiO_2 纳米薄膜光阳极，再采用前文所述连续离子层吸附法制备 $CuInS_2$/CdS 量子点或 $CuInS_2$/Mn-CdS 量子点共敏化 TiO_2 纳米薄膜光阳极。合成工艺流程图如 5-1 所示。

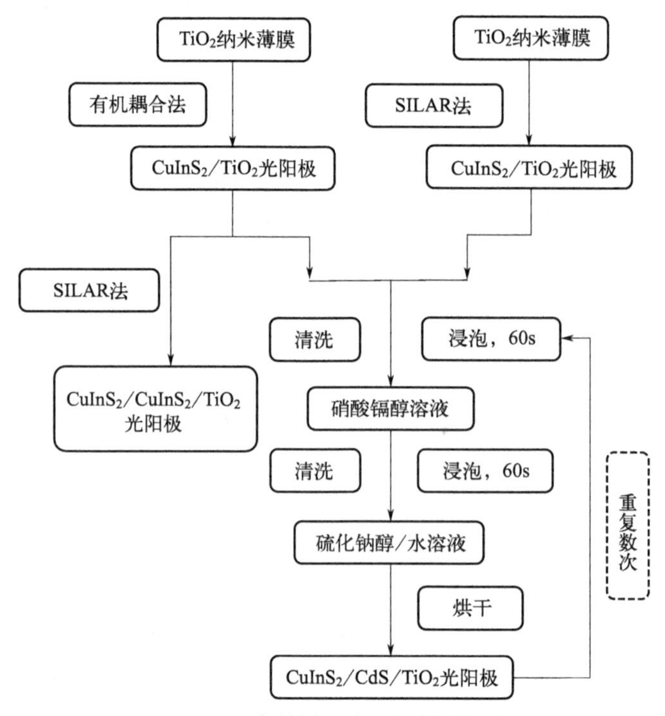

图 5-1　量子点共敏化光阳极的制备流程图

为了探索 $CuInS_2$ 量子点敏化高效 TiO_2 纳米材料太阳能电池的光电性能，以有机耦合法及连续离子层吸附法制备的量子点共敏化光阳极为基础，以及 Cu_2S 对电极及电解液，采用相同的太阳能电池封装技术组装太阳电池。分别针对 $CuInS_2/CuInS_2$、$CuInS_2$/Mn-CdS、PbS/$CuInS_2$ 量子点共敏化 TiO_2 太阳能电池的性能进行深入研究。

5.3 $CuInS_2/CuInS_2$ 量子点共敏化 TiO_2 太阳能电池

有机耦合法制备的光阳极具有高的填充因子，而连续离子层吸附法制备的光阳极具有较大的光电流密度，因此以不同的 $CuInS_2$ 量子点为基础，同时运用这两种方法制备 $CuInS_2/CuInS_2$ 基量子点共敏化 TiO_2 纳米薄膜太阳能电池能够进一步提高光电性能。

为了对比 $CuInS_2$ 量子点敏化和共敏化光阳极之间的光学性能，从图 5-2（a）的紫外 - 可见光吸收谱图中可以看出，采用连续离子层吸附法制备的光阳极［SILAR（6）］的光吸收强度要比有机耦合法制备的光阳极（L）高，表明更多的 $CuInS_2$ 量子点被沉积到了 TiO_2 纳米薄膜的表面。然而，经过有机耦合法和连续离子层吸附法共同的敏化过程制备的光阳极［L-SILAR（5）］展现出了更优异的光吸收性能。这是由于先通过有机耦合法能够制备界面结合效果好的 $CuInS_2$ 量子点层，然后通过连续离子层吸附法增加 TiO_2 纳米薄膜表面 $CuInS_2$ 量子点的含量，并且 $CuInS_2$ 量子点会随着有机耦合法制备的 $CuInS_2$ 量子点更加有序地覆盖在 TiO_2 纳米薄膜的表面。这样能够提高 TiO_2 纳米薄膜表面的 $CuInS_2$ 量子点的含量。此外，这样有序覆盖能够更大程度地降低光阳极薄膜的光散射，从而获得更好的光吸收性能。为了探索光生电子 - 空穴的生成和分离状态，分别研究不同光阳极的荧光光谱，如图 5-2（b）所示。从图中可以看出，经过三种不同的制备过程所得到的纯 $CuInS_2$ 量子点在波长分别为 670nm、700nm 和 730nm 左右出现荧光激发峰，并且 L-SILAR（5）的荧光强度明显比 L 和 SILAR（6）要高，这也说明了 L-SILAR（5）能够产生更多的光生电子 - 空穴对。当 $CuInS_2$ 量子点敏化到 TiO_2 纳米薄膜表面之后，所有光阳极的荧光强度都明显下降。虽然 L-SILAR（5）和 SILAR（6）光阳极的荧光强度比 L 光阳极要高，但是 L-SILAR（5）和 SILAR（6）光阳极相对纯的 $CuInS_2$ 量子点的荧光强度下降幅度要比 L 光阳极大，尤其是 L-SILAR（5）光阳极。这也进一步说明有机耦合剂的存在能够提高连续离子层吸附法对 $CuInS_2$ 量子点在 TiO_2 纳米薄膜表面的有序覆盖和含量，从而更好地降低光生电子 - 空穴的复合。

图 5-3 和表 5-1 为采用不同方法制备的太阳能电池的 *J-V* 曲线和光电参数。从图中可以看出，L-SILAR（n）太阳能电池的开路电压和填充因子没有明显的变换，而短路电流密度随着 SILAR 次数的增加逐渐增加，当反应次数为 5 次的时候达到

最大值，约为 4.18mA/cm^2，所得到的光电转换效率为 1.32%，比 L 光阳极的短路电流密度（1.85mA/cm^2）和光电转换效率（0.59%）明显要高很多。这就说明了在 L 光阳极的基础上通过持续的连续离子层吸附过程能够获得高含量和有序的 $CuInS_2$ 量子点覆盖量，进一步增加电池中光生电子的产生量。然而，SILAR（*n*）太阳能电池的填充因子（0.40）要远低于 L 太阳能电池（0.66）。而在 L 光阳极表面沉积 $CuInS_2$ 量子点所制备的 L-SILAR（*n*）太阳能电池的填充因子从 0.40 增加到了 0.51。这是由于 MPA 有机耦合剂的存在有利于 TiO_2 与 $CuInS_2$ 量子点之间的界面结合，并且能够促使 $CuInS_2$ 量子点更加均匀的覆盖在 TiO_2 纳米薄膜表面，可以有效地避免 TiO_2 与电解液之间的接触，进而增加太阳能电池的填充因子，有利于降低电子 - 空穴的复合概率，增加电荷传输速率。

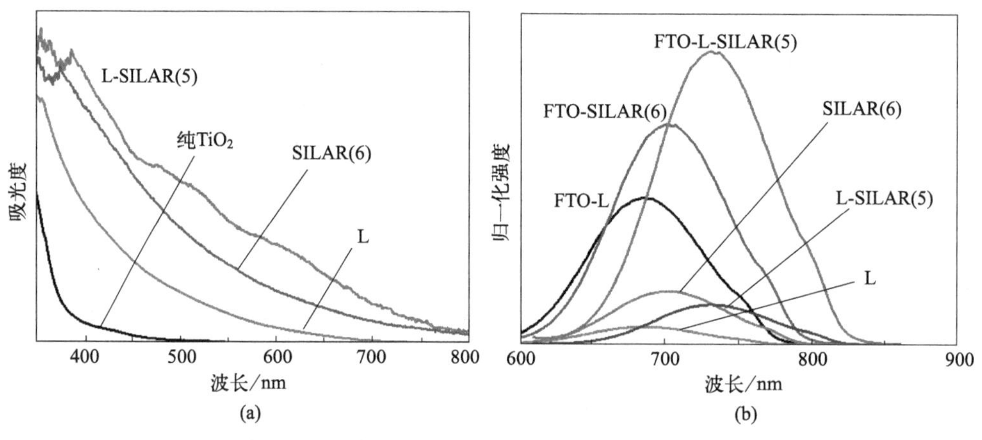

图 5-2　$CuInS_2/CuInS_2$ 型光阳极的光学性能

(a) 紫外 - 可见光吸收谱图；(b) 荧光光谱图

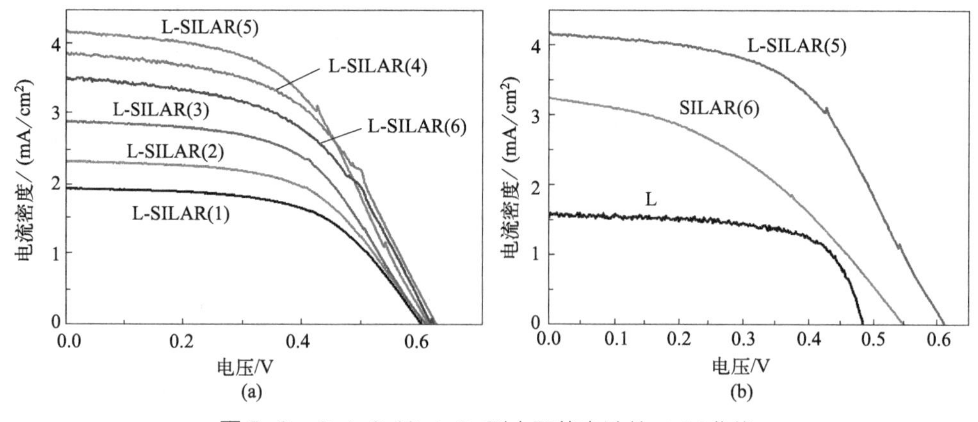

图 5-3　$CuInS_2/CuInS_2$ 型太阳能电池的 *J*–*V* 曲线

表5-1　$CuInS_2/CuInS_2$型太阳能电池的光电参数

样品	J_{sc}/(mA/cm²)	V_{oc}/mV	FF/%	η/%
L	1.85	487.7	66.4	0.59
SILAR（6）	3.26	542.3	40.2	0.71
L- SILAR（1）	1.96	605.1	58.2	0.69
L- SILAR（2）	2.34	612.8	56.5	0.81
L- SILAR（3）	2.90	612.2	55.2	0.98
L- SILAR（4）	3.86	628.5	51.9	1.26
L- SILAR（5）	4.18	618.0	51.1	1.32
L- SILAR（6）	3.52	623.7	51.0	1.13

从图 5-4（a）中各种不同方法制备的光阳极的 IPCE 谱图中可以看出，采用有机耦合法和连续离子层吸附法共同制备的光阳极的 IPCE 响应区域同样跨越了整个紫外 - 可见光谱区域，并且 IPCE 的响应强度明显更高。相比之下，L-SILAR（5）太阳能电池的 IPCE 强度明显比 L 和 SILAR（6）太阳能电池的高，从 12% 显著增加到了 25%，并且在波长 300 ～ 700nm 之间具有非常强的 IPCE 响应。这也进一步证明了通过有机耦合法和连续离子层吸附法共同制备的 $CuInS_2/CuInS_2$ 量子点敏化太阳能电池能够获得更为高效的光电性能。从图 5-4（b）的 EIS 曲线中可以看出，L、SILAR（6）和 L-SILAR（5）光阳极的接触电阻 R_s 都不相同，分别为 15Ω、35Ω 和 25Ω 左右，这说明了 MPA 有机耦合剂的存在能够有效地降低光阳极的接触电阻，提高 TiO_2 纳米薄膜和 $CuInS_2$ 量子点之间的界面结合效果。然而，L、SILAR（6）和 L-SILAR（5）光阳极的电荷传输电阻 R_{CT} 分别为 460Ω、330Ω 和 360Ω 左右，SILAR（6）光阳极具有最小的 R_{CT}，这是由于 MPA 有机耦合剂的

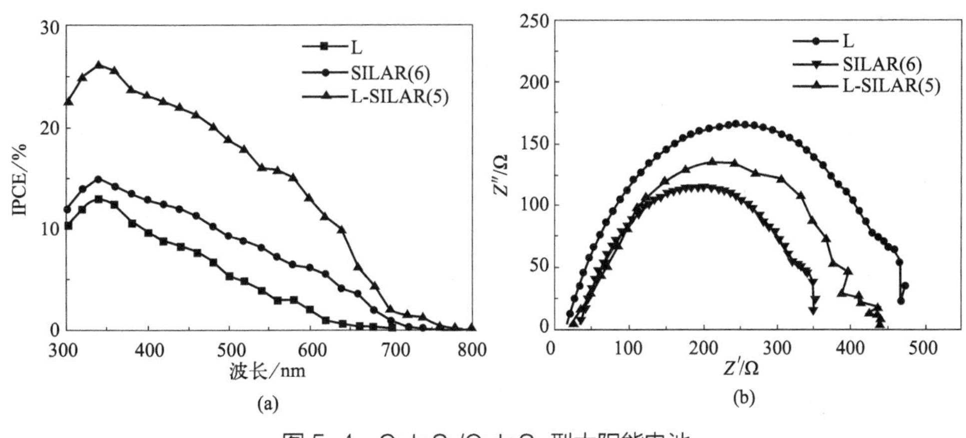

图 5-4　$CuInS_2/CuInS_2$ 型太阳能电池

(a) IPCE 谱图；(b) EIS 曲线

存在对电荷传输有一定程度的影响，进而导致 SILAR（6）的 R_{CT} 要小于 L 光阳极和 L-SILAR（5）光阳极。在有机耦合法和连续离子层吸附法共同作用下的 L-SILAR（5）光阳极中，$CuInS_2$ 量子点在 TiO_2 纳米薄膜表面有序覆盖，并且覆盖量也增加。在大幅度增加光生电子产生量的同时也在一定程度上增加了电荷传输速度，进而使得 L-SILAR（5）光阳极的 R_{CT} 要小于 L 光阳极。然而，总体来说，L-SILAR（5）太阳能电池能够产生更高的光生电流密度，进而获得更高的光电转换效率。

5.4 $CuInS_2$/Mn-CdS 量子点共敏化 TiO_2 太阳能电池

从 $CuInS_2$/$CuInS_2$ 基量子点敏化太阳能电池的研究中可以看到量子点共敏化将光电转换效率提高到了 1.32%。然而有机耦合法和连续离子层吸附法共同敏化的光阳极并不是采用两种不同的量子点材料，不能良好地运用不同的量子点材料的光学性能。因此以不同的 $CuInS_2$ 量子点为基础，选取另外一种光学性能优异的量子点材料进行共敏化能够获得更高的光电转换效率。

由于 $CuInS_2$ 和 CdS 量子点的光吸收性能不同，因此经图 5-5（a）的紫外 - 可见光吸收谱图中可以看出，经过量子点敏化之后光阳极的紫外 - 可见光光吸收性能都得到了提高。经过 CdS 量子点敏化之后，TiO_2 光阳极的光吸收边界从 400nm 扩展到了 600nm，并且在 200 ～ 600nm 的光谱范围内的吸光度非常高，这也说明 CdS 能够在固定的光谱波长范围内有效地提高光吸收性能；相比之下，经过 $CuInS_2$ 量子点敏化之后，TiO_2 光阳极的吸光度虽然比不上 TiO_2/CdS 光阳极，但是其光吸收边界从 400nm 扩展到了近 800nm。因此，共同利用 $CuInS_2$ 和 CdS 量子点共敏化 TiO_2 光阳极能够同时提高吸光度和扩展光吸收范围。从图中就可以看出，$CuInS_2$/CdS/TiO_2 光阳极的吸光度得到了较大的提高，并且光吸收边界进一步扩展超过了 800nm。与此同时，通过 Mn 离子掺杂制备得到的 $CuInS_2$/Mn-CdS/TiO_2 光阳极的光吸收性能进一步加强。通过紫外 - 可见光吸收谱图计算可以得到不同光阳极的光学带隙，如图 5-5（b）所示。从图中可以看出，纯的 TiO_2 的光学带隙约为 3.2eV，经过 $CuInS_2$ 和 CdS 量子点敏化之后的光阳极的光学带隙分别降低到了 2.0eV 和 2.4eV。而经过量子点共敏化之后得到的 $CuInS_2$/Mn-CdS/TiO_2 光阳极的光学带隙降到了 1.8eV。这就说明了经过 $CuInS_2$ 和 Mn-CdS 量子点共敏化之后能够大幅度提高光阳极的光吸收性能。

分别将所制备的 $CuInS_2$/TiO_2、CdS/TiO_2、Mn-CdS/TiO_2、$CuInS_2$/CdS/TiO_2 和 $CuInS_2$/Mn-CdS/TiO_2 光阳极以最佳的工艺组装成太阳能电池，探索不同太阳能电池的光电性能。通过图 5-6（a）的 *J-V* 曲线和表 5-2 的光电参数中可以看出，CdS/TiO_2 量子点敏化太阳能电池的短路电流密度为 6.03mA/cm^2、光电转换效率为 1.21%，要

远高于 $CuInS_2/TiO_2$ 量子点敏化太阳能电池的短路电流密度 1.85mA/cm²、光电转换效率 0.59%。这主要是由于 $CuInS_2/TiO_2$ 量子点敏化太阳能电池是通过有机耦合法制备的，光阳极表面 $CuInS_2$ 量子点的含量不足而限制了光电流密度的提高。但是 $CuInS_2/TiO_2$ 量子点敏化太阳能电池的填充因子为 0.66，要远高于 CdS/TiO_2 量子点敏化太阳能电池的填充因子 0.42。经过量子点共敏化之后，$CuInS_2/CdS/TiO_2$ 量子点敏化太阳能电池的光电性能相比于 $CuInS_2/TiO_2$ 和 CdS/TiO_2 量子点敏化太阳电池得到了大幅度的提升，其短路电流密度 11.33mA/cm²，开路电压为 553.4mV，填充因子为 0.469，光电转换效率为 2.94%。为了进一步提升太阳能电池的光电转换效率，通过引入 Mn 离子掺杂制备得到的 $CuInS_2/Mn\text{-}CdS/TiO_2$ 量子点敏化太阳电池的短路电流密度为 13.08mA/cm²，开路电压为 559.8mV，填充因子为 0.479，光电转换效率为 3.51%。而从图 5-6（b）的光电流响应曲线中可以看出，$CuInS_2/Mn\text{-}CdS/TiO_2$ 量子点敏化太阳电池的光电流密度最高，约为 13.3mA/cm²。这些结果相比于纯粹的 $CuInS_2/CuInS_2$ 量子点敏化太阳能电池的光电转换效率要高很多，也证明通过 $CuInS_2$ 和 Mn-CdS 量子点共敏化之后能够更有效地提升太阳能电池的光电性能。

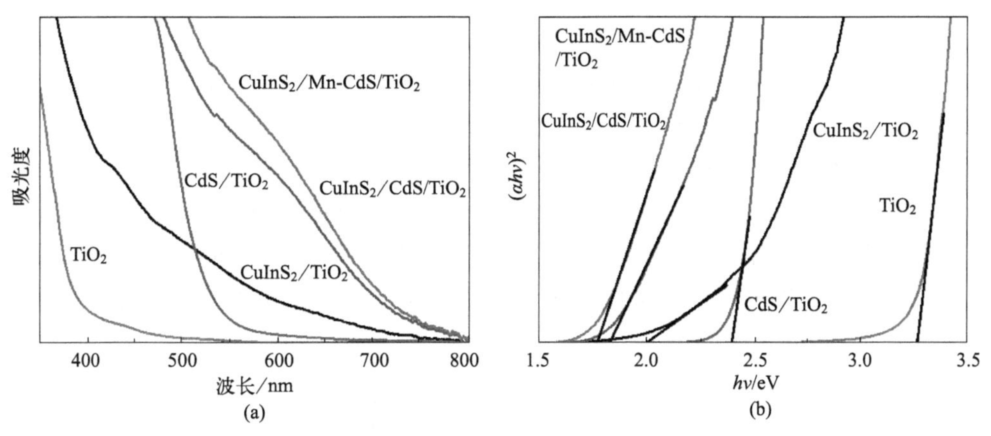

图 5-5　量子点共敏化前后光阳极的光学性能

(a) 紫外 - 可见光吸收谱图；(b) 光学带隙图

表5-2　不同量子点敏化太阳能电池的光电参数

样品	J_{sc}/(mA/cm²)	V_{oc}/mV	FF/%	η/%
$CuInS_2/TiO_2$	1.85	487.7	66.4	0.59
CdS/TiO_2	6.03	477.6	42.1	1.21
$Mn\text{-}CdS/TiO_2$	7.45	494.7	41.5	1.53
$CuInS_2/CdS/TiO_2$	11.33	553.4	46.9	2.94
$CuInS_2/Mn\text{-}CdS/TiO_2$	13.08	559.8	47.9	3.51

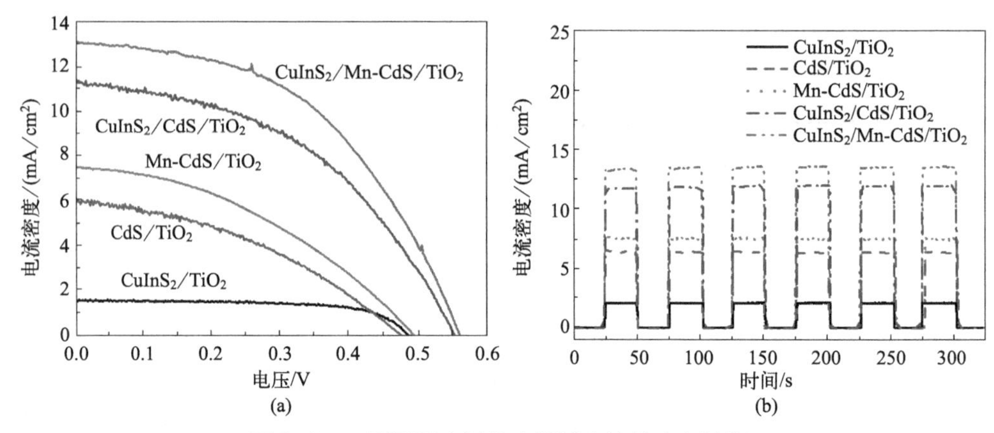

图 5-6 不同量子点敏化太阳能电池的光电性能

(a) *J-V* 曲线；(b) 光电流响应

为了进一步证明光吸收的增强和量子效率的提升，从图 5-7 中 $CuInS_2/TiO_2$、CdS/TiO_2、Mn-CdS/TiO_2、$CuInS_2/CdS/TiO_2$ 和 $CuInS_2$/Mn-CdS/TiO_2 量子点敏化太阳能电池的 IPCE 谱图中可以看出，CdS/TiO_2 和 Mn-CdS/TiO_2 量子点敏化太阳能电池分别在 600nm 和 650nm 之前的波长区域响应较强，IPCE 峰值分别达到了 42% 和 45%。而 $CuInS_2/TiO_2$ 量子点敏化太阳能电池的 IPCE 峰值较低，只有 12%，但是其 IPCE 响应区域延伸到了 700nm，这也与紫外 - 可见光吸收谱图的结果一致。经过量子点共敏化之后的 $CuInS_2/CdS/TiO_2$ 太阳能电池其最高的 IPCE 峰值达到了 50%。经过 Mn 离子掺杂之后，$CuInS_2$/Mn-CdS/TiO_2 量子点敏化太阳能电池依旧在整个紫外 - 可见光谱范围内都具有较强的 IPCE 响应，并且其 IPCE 响应峰值从 50% 提升到 61%。这个结果也进一步证明通过 $CuInS_2$ 和 Mn-CdS 量子点共敏化能够获得更高效的量子点敏化太阳能电池。

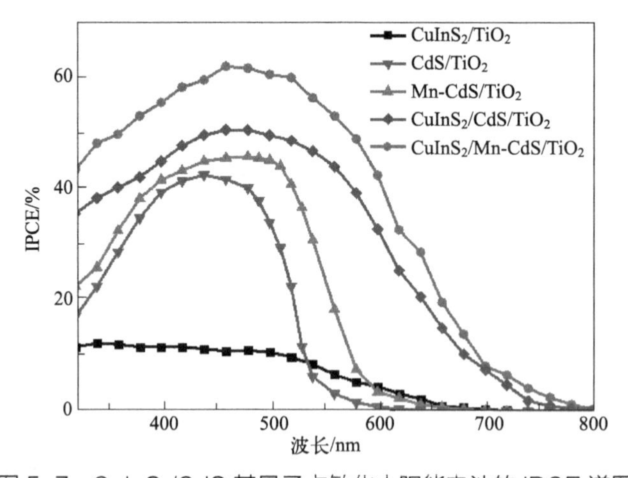

图 5-7 $CuInS_2$/CdS 基量子点敏化太阳能电池的 IPCE 谱图

为了对比不同的制备方法对 $CuInS_2$ 和 CdS 量子点共敏化太阳能电池界面结合、电荷传输和光电性能的影响，通过连续离子层吸附法制备 $CuInS_2$/Mn-CdS/TiO_2 量子点共敏化太阳能电池，分别研究不同的 $CuInS_2$ 量子点沉积次数对太阳能电池的光学性能和光电性能的影响。

从图 5-8（a）的紫外 - 可见光吸收谱图中可以看出，只采用连续离子层吸附法制备的 $CuInS_2$/Mn-CdS/TiO_2 光阳极的紫外 - 可见光光吸收性能也都得到了提高。随着 $CuInS_2$ 量子点敏化次数的增加，$CuInS_2$/Mn-CdS/TiO_2 光阳极的吸光度增强，光吸收边界逐渐向可见光区移动。但是当敏化次数超过 2 次之后，$CuInS_2$/Mn-CdS/TiO_2 光阳极的吸光度和光吸收边界没有明显的变化。这是由于随着连续离子层吸附过程持续，在 CdS 量子点沉积之前 TiO_2 薄膜表面的 $CuInS_2$ 量子点的含量在逐渐增加，当敏化次数超过 2 次，相对过量的 $CuInS_2$ 量子点就会迅速填充 TiO_2 薄膜表面的孔洞，对后续的 CdS 量子点的沉积效果有非常大的影响，进而限制了光阳极的光吸收性能的进一步增强。以上结果说明 $CuInS_2$（2）/Mn-CdS/TiO_2 光阳极的光吸收性能最佳。而通过图 5-8（b）的 *J-V* 曲线和表 5-3 的光电参数中可以看出，采用连续离子层吸附法敏化次数分别为 1-4 次制备的 $CuInS_2$/Mn-CdS/TiO_2 量子点敏化太阳能电池的开路电压分别为 618.3mV、624.3mV、626.1mV 和 628.8mV，没有太明显的变化；填充因子随着敏化次数的增加略微有所下降。但是短路电流密度随着敏化次数的增加先增加后降低，$CuInS_2$（2）/Mn-CdS/TiO_2 量子点敏化太阳能电池的短路电流密度最高，约为 14.01mA/cm^2。虽然采用连续离子层吸附法制备的 $CuInS_2$/Mn-CdS/TiO_2 量子点敏化太阳能电池的短路电流要更高，但是由于填充因子过低导致光电转换效率只有 3.36%。以上结果表明，采用有机耦合法和连续离子层吸附法共同制备的 $CuInS_2$/Mn-CdS/TiO_2 量子点敏化太阳能电池具有最佳的光电性能。

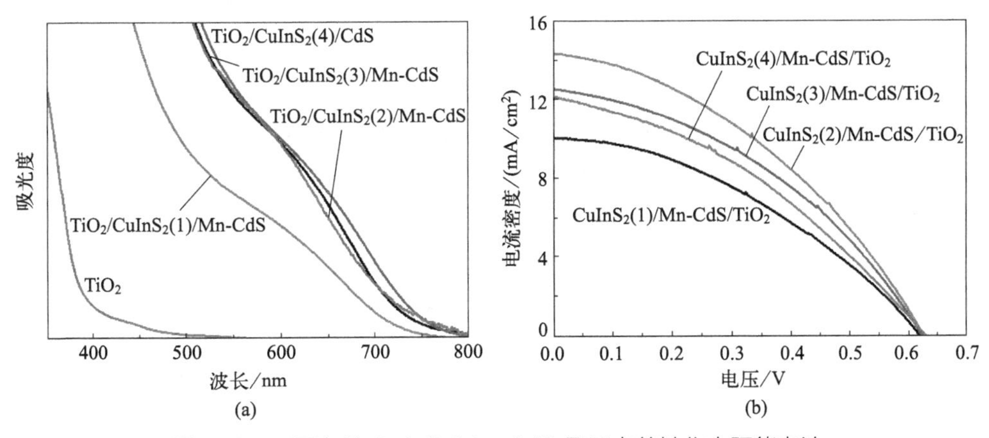

图 5-8　不同条件 $CuInS_2$/Mn-CdS 量子点共敏化太阳能电池

(a) 紫外 - 可见光吸收谱图；(b) *J-V* 曲线

表5-3　不同量子点敏化太阳能电池的光电参数

样品	J_{sc}/(mA/cm²)	V_{oc}/mV	FF/%	η/%
$CuInS_2$（1）/Mn-CdS/TiO_2	9.97	618.3	39.3	2.42
$CuInS_2$（2）/Mn-CdS/TiO_2	14.01	624.3	38.4	3.36
$CuInS_2$（3）/Mn-CdS/TiO_2	12.57	626.1	38.2	3.00
$CuInS_2$（4）/Mn-CdS/TiO_2	12.08	628.8	36.4	2.77

5.5　PbS/$CuInS_2$ 量子点共敏化 TiO_2 太阳能电池

CdS 量子点在 200 ～ 700nm 波长范围内具有优异的光吸收性能，然而在长波范围内的光吸收性能不足。虽然通过量子尺寸效应和量子点的共敏化能够在一定程度内扩展光吸收边界，依旧无法解决近红外光区的光吸收性能。PbS 具有窄带能级，具有极其优异的长波光吸收性能。因此，将 PbS 和 $CuInS_2$ 量子点进行共敏化有望进一步提升量子点敏化太阳能电池的光电性能。

（1）PbS/$CuInS_2$ 量子点共敏化 TiO_2 太阳能电池的物相结构

PbS 和 $CuInS_2$ 量子点都通过连续离子层吸附法制备，量子点的沉积量决定了量子点敏化太阳能电池的光电性能。图 5-9（a）和图 5-9（b）分别为 TiO_2 薄膜及 PbS/$CuInS_2$ 量子点共敏化 TiO_2 光吸收薄膜的 FESEM 图像。从图中可以看出，TiO_2 薄膜中存在一定量的多孔结构。当经过 PbS 和 $CuInS_2$ 量子点连续离子层吸附之后，光阳极薄膜表面变粗糙，薄膜内部的多孔结构逐渐减少，说明 PbS 和 $CuInS_2$ 量子点能够均匀地沉积在 TiO_2 薄膜内。

为了确定 PbS/$CuInS_2$ 量子点共敏化 TiO_2 光吸收薄膜内部的物相组成，针对 TiO_2、TiO_2/$CuInS_2$、TiO_2/PbS 和 TiO_2/PbS/$CuInS_2$ 光吸收薄膜的 XRD 谱图进行了分析。从图 5-9（c）中可以发现，在纯 TiO_2 薄膜中存在五条衍射峰，分别来自（101）、（004）、（200）、（211）和（204）晶面，与锐钛矿相 TiO_2 非常吻合。在 PbS 和 $CuInS_2$ 量子点沉积之后，出现了（112）、（204）、（116）三个晶面的衍射峰和（200）、（220）、（311）三个晶面的衍射峰，分别与 $CuInS_2$（JCPDS NO: 00-032-0339）和 PbS（JCPDS NO: 05-0592）的卡片吻合。此外，在 TiO_2/PbS/$CuInS_2$ 光吸收薄膜的 XRD 谱图中没有其他额外的衍射峰。图 5-9（d）为 TiO_2/PbS/$CuInS_2$ 光吸收薄膜的 HRTEM 图像，从图中可以发现 0.352nm、0.320nm 和 0.297nm 的晶格条纹，分别对应了锐钛矿 TiO_2 的（101）晶面、$CuInS_2$ 量子点的（112）晶面和 PbS 量子点的（200）晶面。XRD 谱图和 HRTEM 图像结果证明 PbS 和 $CuInS_2$ 量子点能够有效地沉积到 TiO_2 薄膜中。

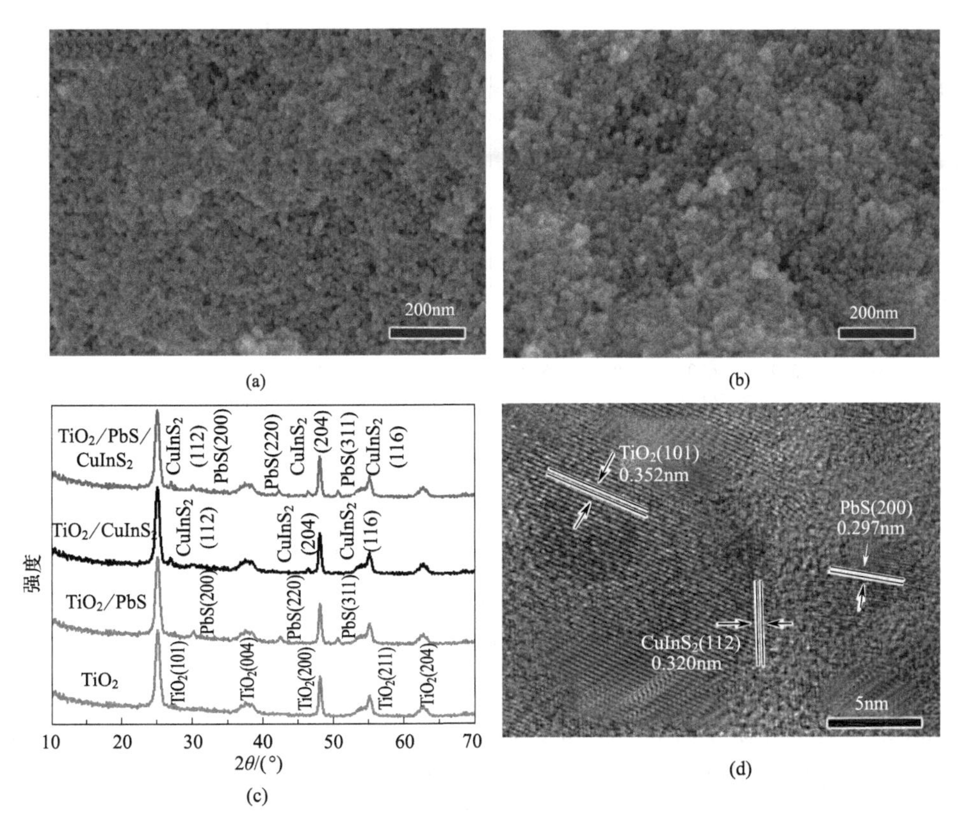

图 5-9　(a) 纯 TiO_2 光阳极薄膜的 FESEM 图像，(b) $PbS/CuInS_2$ 量子点共敏化 TiO_2 光吸收薄膜的 FESEM 图像，(c) TiO_2、$TiO_2/CuInS_2$、TiO_2/PbS 和 $TiO_2/PbS/CuInS_2$ 光吸收薄膜的 XRD 谱图，(d) $TiO_2/PbS/CuInS_2$ 光吸收薄膜的 HRTEM 图像

在量子点敏化太阳能电池中，不同能级结构的半导体具有不同的电子跃迁和电子传输性能。由于连续离子层吸附法无法有效地调控量子点的尺寸，因此 $CuInS_2/PbS$ 或 $PbS/CuInS_2$ 结构对电池的光电性能有较大的影响。图 5-10（a）为 TiO_2、$TiO_2/6CuInS_2$、$TiO_2/6PbS$、$TiO_2/3PbS/3CuInS_2$ 和 $TiO_2/3CuInS_2/3PbS$ 光阳极的紫外 - 可见光吸收谱图。从图中可以看出，在 $CuInS_2$ 或 PbS 量子点沉积之后的光阳极在 400 ～ 800nm 波长范围内都具有优异的光吸收性能。相比之下，$TiO_2/6PbS$ 光阳极的光吸收边界扩展到近红外光区域，明显优于 $TiO_2/6CuInS_2$ 光阳极的光吸收边界。然而，$TiO_2/6CuInS_2$ 光阳极的光吸收强度明显高于 $TiO_2/6PbS$ 光阳极。PbS 和 $CuInS_2$ 量子点共敏化光阳极的光吸收强度显著增加，同时光吸收边界明显扩展到 800nm，这说明 PbS 和 $CuInS_2$ 量子点共敏化能够有效地提升光阳极的光吸收性能。此外，$TiO_2/3PbS/3CuInS_2$ 光阳极的光吸收强度略微高于 $TiO_2/3CuInS_2/3PbS$ 光阳极。因此，可以预计 $TiO_2/PbS/CuInS_2$ 结构有望提供更优异的光电性能。

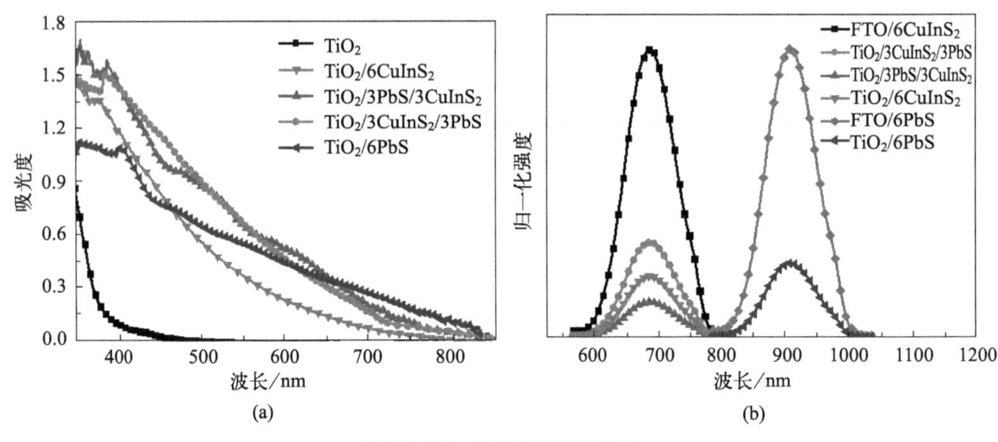

图 5-10　不同光阳极结构

(a) 紫外 - 可见光吸收谱图；(b) 荧光光谱图

荧光光谱图能够直接反映光阳极的电荷分离和复合情况，图 5-10（b）为 $FTO/6CuInS_2$、$TiO_2/6CuInS_2$、$TiO_2/3PbS/3CuInS_2$、$TiO_2/3CuInS_2/3PbS$、FTO/6PbS 和 $TiO_2/6PbS$ 光阳极的荧光光谱图。从图中可以看出，TiO_2/PbS 光阳极在波长 910nm 处具有荧光激发峰，$TiO_2/6CuInS_2$、$TiO_2/3PbS/3CuInS_2$ 和 $TiO_2/3CuInS_2/3PbS$ 在波长 680nm 处具有荧光激发峰。$TiO_2/6CuInS_2$，$TiO_2/3PbS/3CuInS_2$ 和 $TiO_2/3CuInS_2/3PbS$ 光阳极的荧光发光强度明显低于纯 $FTO/CuInS_2$ 光阳极，TiO_2/PbS 光阳极的荧光发光强度明显低于纯 FTO/PbS 光阳极，这说明量子点沉积在 TiO_2 光阳极能够促进电荷分离。对比 $TiO_2/6CuInS_2$ 和 TiO_2/PbS 光阳极可以发现，$TiO_2/6CuInS_2$ 光阳极的荧光激发光强度明显低于 TiO_2/PbS 光阳极，说明 $TiO_2/6CuInS_2$ 光阳极具有更优异的电荷分离效率，这可能是因为 $TiO_2/6CuInS_2$ 光阳极的能级高于 TiO_2/PbS 光阳极，有利于电荷的跃迁和传输。然而，$TiO_2/3CuInS_2/3PbS$ 光阳极的荧光激发光强度明显高于 $TiO_2/6CuInS_2$ 光阳极，说明 $TiO_2/3CuInS_2/3PbS$ 光阳极中存在更多的电荷复合，这可能是因为 $CuInS_2$ 的能级高于 PbS，电荷无法从低能级的 PbS 跃迁到高能级的 $CuInS_2$，进而影响了电荷传输效率。不同的是，$TiO_2/3PbS/3CuInS_2$ 光阳极的荧光激发强度明显低于 $TiO_2/6CuInS_2$ 光阳极，说明 $PbS/CuInS_2$ 光阳极结构能够有效地提升电荷分离效率。因此，利用 $TiO_2/PbS/CuInS_2$ 光阳极组装量子点敏化太阳能电池有望获得优异的光电性能。

图 5-11 和表 5-4 为 $TiO_2/6CuInS_2$、$TiO_2/6PbS$、$TiO_2/3PbS/3CuInS_2$ 和 $TiO_2/3CuInS_2/3PbS$ 量子点敏化太阳能电池的 *J-V* 曲线、EIS 谱图和光电性能参数。从图中可以看出，不同结构的量子点敏化太阳能电池薄膜都是采用同样次数的连续离子层吸附法制备，不同的量子点敏化太阳能电池都具有类似的填充因子。相比之下，$TiO_2/6CuInS_2$ 量子点敏化太阳能电池的开路电压明显高于 $TiO_2/6PbS$ 量子点敏化太

阳能电池。由于 $CuInS_2$ 量子点的能级高于 PbS 量子点，就可以增大光阳极中的能极差，进而获得更高的电池开路电压。同时，高能级的 $CuInS_2$ 量子点能够提供更优异的电荷跃迁性能，因此 TiO_2/6$CuInS_2$ 量子点敏化太阳能电池的短路电流密度明显高于 TiO_2/6PbS 量子点敏化太阳能电池。因此，TiO_2/6$CuInS_2$ 量子点敏化太阳能电池能够获得更优异的光电转换效率。对 PbS 和 $CuInS_2$ 量子点共敏化太阳能电池来说，TiO_2/3PbS/3$CuInS_2$ 和 TiO_2/3$CuInS_2$/3PbS 量子点共敏化太阳能电池的开路电压出现了明显的提升。可以发现，TiO_2/3$CuInS_2$/3PbS 量子点共敏化太阳能电池的开路电压（501.1mV）略微高于 TiO_2/6PbS 量子点敏化太阳能电池（493.2mV），明显低于 TiO_2/3$CuInS_2$/3PbS 量子点共敏化太阳能电池的开路电压（530.8mV）。同时，TiO_2/3PbS/3$CuInS_2$ 量子点共敏化太阳能电池具有最高的短路电流密度。由于 $CuInS_2$ 量子点的能级高于 PbS 量子点，经过 PbS 和 $CuInS_2$ 量子点共敏化之后，TiO_2/3PbS/3$CuInS_2$ 能够获得更高的能极差，进而提升电池的开路电压和短路电流密度。虽然 TiO_2/3PbS/3$CuInS_2$ 和 TiO_2/3$CuInS_2$/3PbS 量子点共敏化太阳能电池都可以获得优异的光吸收性能，但是只有合适的能级结构才能够为电池提供更高的光电性能。

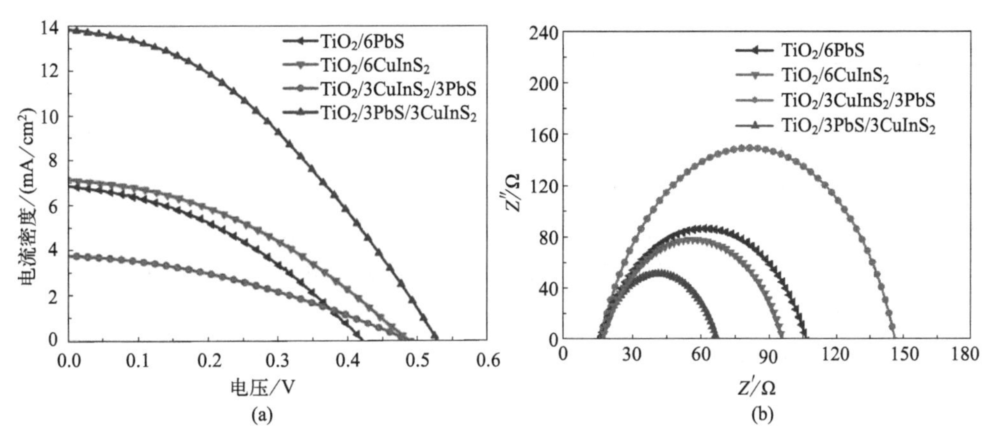

图 5-11　不同结构的量子点敏化太阳能电池

(a) *J-V* 曲线；(b) EIS 谱图

表5-4　不同结构量子点敏化太阳能电池的光电性能参数

不同结构	V_{oc}/mV	J_{sc}/(mA/cm^2)	FF/%	η/%	R_s/Ω	R_{CT}/Ω
TiO_2/6$CuInS_2$	493.2	7.17	38.2	1.35	16.2	78.9
TiO_2/6PbS	424.9	6.87	38.4	1.12	16.4	99.8
TiO_2/3$CuInS_2$/3PbS	501.1	3.88	38.1	0.74	16.2	129.7
TiO_2/3PbS/3$CuInS_2$	530.8	13.83	38.0	2.78	16.1	50.2

为进一步确定电池的电荷传输效率，图 5-11（b）测试了 TiO_2/6$CuInS_2$、TiO_2/

6PbS、TiO_2/3PbS/3$CuInS_2$ 和 TiO_2/3$CuInS_2$/3PbS 量子点敏化太阳能电池的电化学阻抗谱，可以明显看到两个半圆形的曲线，分别代表了光阳极界面之间的电荷传输电阻和光阳极 - 电解液界面之间的电荷传输电阻。由于所有的电池采用的相同的电解液，因此光阳极 - 电解液界面之间的电荷传输电阻基本相同。同时，所有的量子点敏化太阳能电池采用类似的制备方法制备，所有的电池都具有相同的串联电阻。从图中可以看出，不同结构的电池光阳极界面之间的电荷传输电阻具有显著的差异。相比之下，TiO_2/6$CuInS_2$ 量子点敏化太阳能电池的电荷传输电阻（78.9Ω）明显低于 TiO_2/6PbS 量子点敏化太阳能电池（99.8Ω），这说明 TiO_2/6$CuInS_2$ 量子点敏化太阳能电池结构具有更优异的电荷传输性能。经过 PbS 和 $CuInS_2$ 量子点共敏化之后，TiO_2/3PbS/3$CuInS_2$ 量子点共敏化太阳能电池的电荷传输电阻显著降低，说明 TiO_2/3PbS/3$CuInS_2$ 结构具有更高的电荷传输速率。此外，TiO_2/3$CuInS_2$/3PbS 量子点共敏化太阳能电池的电荷传输电阻比其他所有电池都要大，进一步证明 TiO_2/3$CuInS_2$/3PbS 结构中存在电荷传输的阻碍。因此，利用 TiO_2/PbS/$CuInS_2$ 结构的光阳极组装量子点敏化太阳能电池能够获得更优异的光电转换效率。

为进一步优化 TiO_2/PbS/$CuInS_2$ 光阳极结构，以获得更高性能的量子点敏化太阳能电池，设计不同的 TiO_2/nPbS/$CuInS_2$ 光阳极结构（n = 1 ～ 5）。从图 5-12（a）紫外 - 可见光吸收谱图中可以看出，所有的 TiO_2/nPbS/$CuInS_2$ 光阳极薄膜在紫外 - 可见全光谱范围内都具有光吸收，甚至扩展到了近红外区域。随着 PbS 量子点连续离子层吸附次数的增加，TiO_2/nPbS/$CuInS_2$ 光阳极薄膜的光吸收强度逐渐增加，光吸收边界逐渐扩展，PbS 的沉积有利于量子点敏化太阳能电池光吸收性能的增强。

图 5-12（b）和表 5-5 展示了不同结构 TiO_2/nPbS/$CuInS_2$ 量子点敏化太阳能电池的光电性能。从图中可以看出，随着 PbS 量子点沉积次数的增加，TiO_2/nPbS/$CuInS_2$ 量子点敏化太阳能电池的填充因子和开路电压逐渐下降，说明 PbS 量子点的沉积会影响电池界面稳定性。同时，PbS 量子点的沉积会对 PbS 量子点的尺寸略有影响，进而影响 TiO_2/nPbS/$CuInS_2$ 量子点敏化太阳能电池的能级结构，造成了电池开路电压的下降。相比之下，随着 PbS 量子点沉积次数的增加，TiO_2/nPbS/$CuInS_2$ 量子点敏化太阳能电池的短路电流密度先升高后降低，TiO_2/3PbS/$CuInS_2$ 量子点敏化太阳能电池具有最高的短路电流密度。随着 PbS 量子点沉积次数的增加，电池中将产生更多的光生载流子，能够为电池提供更高的短路电流密度。因此，平衡 PbS 量子点沉积量对电池能级结构和电荷产生效率的影响，TiO_2/3PbS/$CuInS_2$ 量子点敏化太阳能电池能够获得更高的光电转换效率。

$CuInS_2$ 量子点的沉积次数同样会影响电池性能。基于最佳的 PbS 量子点的沉积次数，对 $CuInS_2$ 量子点的沉积次数展开研究。如图 5-12（c）和表 5-6 所示，随着 $CuInS_2$ 量子点沉积次数的增加，TiO_2/3PbS/$n$$CuInS_2$ 量子点敏化太阳能电池的填充

因子逐渐下降，说明 $CuInS_2$ 量子点的沉积同样会影响电池界面稳定性。TiO_2/3PbS/$n$$CuInS_2$ 量子点敏化太阳能电池的开路电压没有明显的变化。随着 $CuInS_2$ 量子点沉积次数的增加，更多的光生载流子将产生和传输，TiO_2/3PbS/4$CuInS_2$ 量子点敏化太阳能电池达到了最高的短路电流密度。然而，$CuInS_2$ 量子点沉积次数超过 4 次，TiO_2/3PbS/n$CuInS_2$ 量子点敏化太阳能电池的短路电流密度开始下降，这可能是由于过量的 $CuInS_2$ 量子点沉积和团聚会造成电荷复合。因此，TiO_2/3PbS/4$CuInS_2$ 量子点敏化太阳能电池具有最高的光电转换效率（2.93%）。

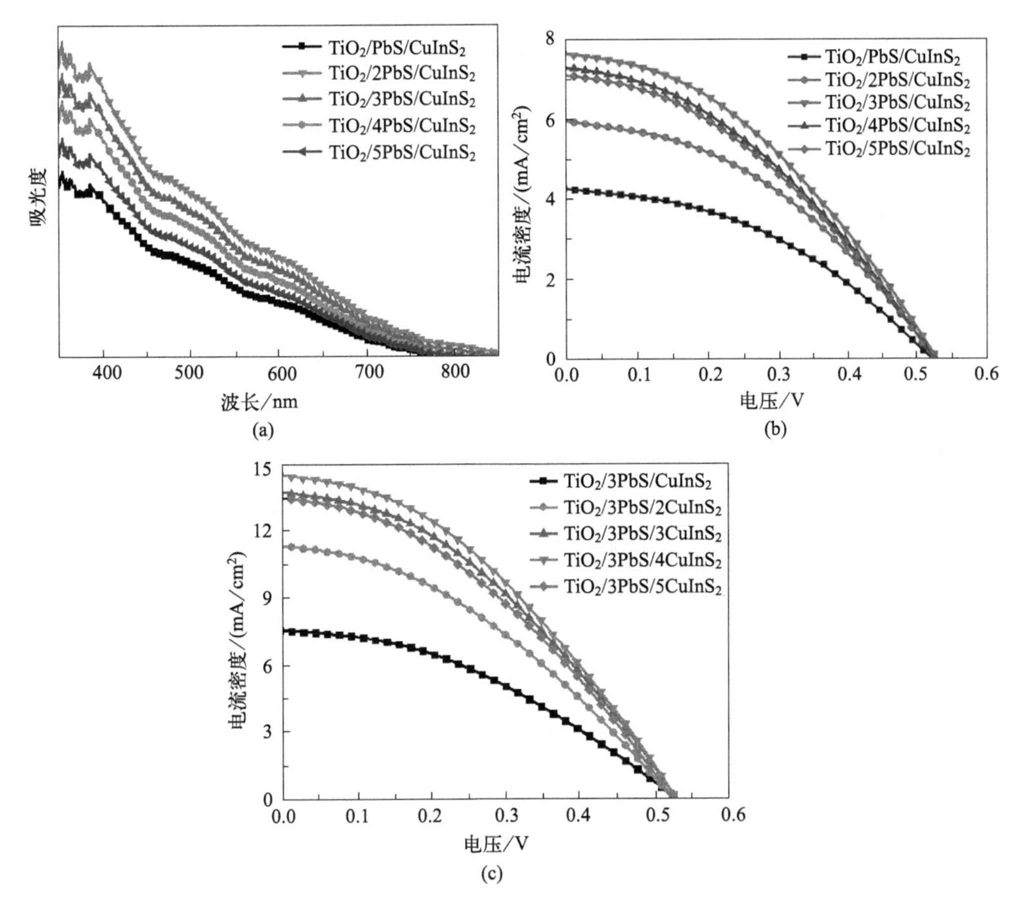

图 5-12　(a) TiO_2/nPbS/$CuInS_2$ 量子点敏化太阳能电池的紫外 - 可见光吸收谱图，(b) TiO_2/nPbS/$CuInS_2$ 量子点敏化太阳能电池的 J-V 曲线，(c) TiO_2/3PbS/$n$$CuInS_2$ 量子点敏化太阳能电池的 J-V 曲线

表5-5　TiO_2/nPbS/$CuInS_2$量子点敏化太阳能电池的光电性能参数

样品	V_{oc}/mV	J_{sc}/(mA/cm^2)	FF/%	η/%
TiO_2/PbS/$CuInS_2$	531.6	4.21	42.0	0.94

续表

样品	V_{oc}/mV	J_{sc}/(mA/cm^2)	FF/%	η/%
TiO_2/2PbS/$CuInS_2$	531.3	5.98	40.6	1.29
TiO_2/3PbS/$CuInS_2$	530.8	7.66	39.1	1.59
TiO_2/4PbS/$CuInS_2$	530.7	7.32	38.6	1.50
TiO_2/5PbS/$CuInS_2$	530.4	7.14	38.0	1.44

表5-6　TiO_2/3PbS/$nCuInS_2$量子点敏化太阳能电池的光电性能参数

样品	V_{oc}/mV	J_{sc}/(mA/cm^2)	FF/%	η/%
TiO_2/3PbS/$CuInS_2$	530.8	7.66	39.1	1.59
TiO_2/3PbS/2$CuInS_2$	530.7	11.13	38.6	2.28
TiO_2/3PbS/3$CuInS_2$	530.8	13.83	38.0	2.78
TiO_2/3PbS/4$CuInS_2$	530.9	14.56	37.9	2.93
TiO_2/3PbS/5$CuInS_2$	530.9	13.54	37.7	2.71

为了进一步证明 TiO_2/3PbS/4$CuInS_2$ 量子点敏化太阳能电池长波光吸收性能和光电性能的提升，分别对 TiO_2/6$CuInS_2$、TiO_2/6PbS 和 TiO_2/3PbS/4$CuInS_2$ 量子点敏化太阳能电池的 IPCE 谱图进行了分析。从图 5-13 中可以看出，与紫外 - 可见光吸收谱图类似，TiO_2/6PbS 量子点敏化太阳能电池的光电流响应扩展到了近红外光区域，明显优于 TiO_2/6$CuInS_2$ 量子点敏化太阳能电池。然而，TiO_2/6$CuInS_2$ 量子点敏化太阳能电池的 IPCE 值在 300 ～ 600nm 光学波长范围内更高。TiO_2/6$CuInS_2$ 量子点敏

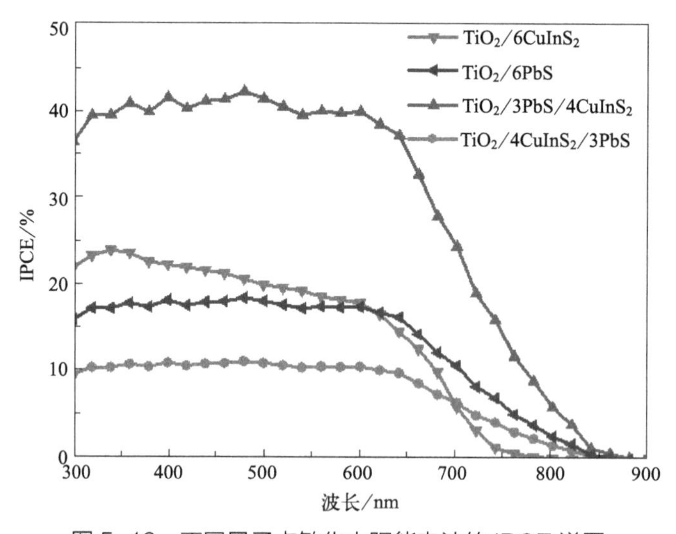

图 5-13　不同量子点敏化太阳能电池的 IPCE 谱图

化太阳能电池优异的光电流响应提供了更高的短路电流密度。经过 PbS 和 $CuInS_2$ 量子点共敏化之后，TiO_2/3PbS/4$CuInS_2$ 量子点敏化太阳能电池在 300 ～ 1000nm 光学波长范围内展现出更高的光电流响应，明显优于 TiO_2/6PbS 和 TiO_2/6$CuInS_2$ 量子点敏化太阳能电池。因此，PbS 和 $CuInS_2$ 量子点共敏化能够为太阳能电池提供优异的长波光吸收和光电性能。

5.6　$CuInS_2$ 基量子点共敏化太阳能电池的电荷传输机理

经过两种不同的量子点共敏化方法之后，所制备 $CuInS_2$ 基太阳能电池的光电性能都得到了很大的提高。为了能够制备出更为高效的 $CuInS_2$ 基量子点敏化太阳能电池，通过图 5-14 ～图 5-16 来分析不同的 $CuInS_2$ 量子点敏化方式制备的太阳能电池的电荷传输机理。

首先对 $CuInS_2/CuInS_2$ 基量子点共敏化 TiO_2 太阳能电池进行分析。通过研究最佳的有机耦合敏化工艺，制备得到了具有高填充因子的 $CuInS_2$ 量子点敏化太阳能电池，而有机耦合剂的存在和量子点的吸附量的限制影响了其光电流密度；通过新型的连续离子层吸附法制备得到了具有高光电流密度的 $CuInS_2$ 量子点敏化太阳能电池，而光阳极中的界面结合效果不好影响了其填充因子。共同使用这两种方法进行 $CuInS_2$ 量子点的共敏化过程正是为了解决这两个本质的问题。

图 5-14 为 $CuInS_2/CuInS_2$ 基量子点敏化太阳能电池的机理图。从图 5-14（a）中可以看出，$CuInS_2$ 量子点首先通过有机耦合法吸附在 TiO_2 纳米薄膜表面，然后再经过 SILAR 法将 $CuInS_2$ 量子点沉积在 $CuInS_2/TiO_2$ 薄膜的表面。原来吸附在 TiO_2 表面的 $CuInS_2$ 量子点随着 SILAR 沉积次数的增加尺寸在逐渐增大。与此同时，部分 $CuInS_2$ 量子点也会包覆在 TiO_2 纳米薄膜表面的量子点表面，这样就在独立方法制备的光阳极基础上进一步增加了光吸收性能。在标准模拟光源的照射下，$CuInS_2$ 量子点同时通过 MPA 有机耦合剂传输和直接传输的方式不断的产生光电子并传输到 TiO_2 中，如图 5-14（b）所示。在此 $CuInS_2/CuInS_2$ 量子点共敏化 TiO_2 纳米薄膜太阳能电池的体系中，MPA 的存在对 $CuInS_2$ 量子点与 TiO_2 纳米薄膜的稳定连接能够提高太阳能电池的填充因子，并且 SILAR 的连续沉积也能够在 TiO_2 纳米薄膜表面最大程度的沉积 $CuInS_2$ 量子点，进而获得较高的短路电流密度。此外，这种两步 $CuInS_2$ 量子点敏化方式中，$CuInS_2$ 量子点首先有序地吸附在 TiO_2 纳米薄膜表面，然后 SILAR 的再次沉积能够在此基础上形成更为有序的 $CuInS_2$ 量子点敏化薄膜，相比于单纯 SILAR 法制备的薄膜中 $CuInS_2$ 量子点沉积量更大，团聚的概率减小，这也是短路电流密度提高的原因之一。因此该法就很好地解决了界面结合和量子点

沉积量的问题，从而获得了更高的光电转换效率，达到了 1.32%。

虽然通过共同使用有机耦合法和连续离子层吸附法进行 $CuInS_2$ 量子点敏化能够有效地解决界面结合问题并且提高光电流密度，但是从本质上来说这种共敏化过程还是建立在 $CuInS_2$ 量子点这一种半导体敏化剂上，并不能完全利用量子点共敏化的优势。因此基于 $CuInS_2$ 量子点敏化引入具有优异光学性能的 CdS 量子点进行共敏化能够进一步提高太阳能电池的光电性能。

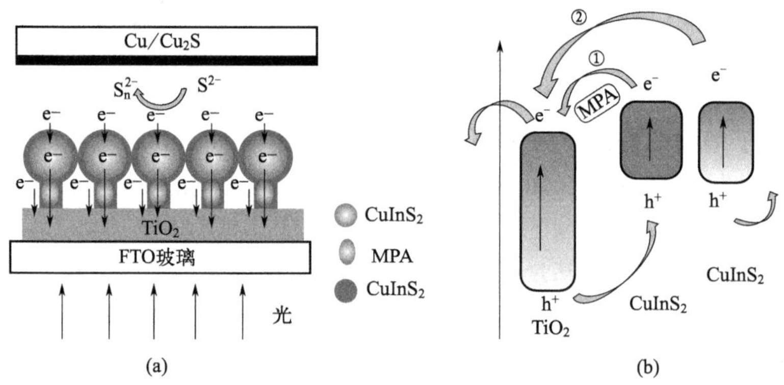

图 5-14　$CuInS_2/CuInS_2$ 基量子点敏化太阳能电池的机理图

(a) 有机耦合 -SILAR 法；(b) 太阳能电池的能带图

在进行 CdS 量子点敏化之前，$CuInS_2$ 量子点存在有机耦合和连续离子层吸附法两种敏化方法。研究表明，$CuInS_2$ 量子点和 CdS 量子点都采用连续离子层吸附法制备得到的太阳能电池虽然光电流密度较高，但是较低的填充因子大大影响了太阳能电池的光电转换效率，这也是由于光阳极中 TiO_2 与量子点之间的界面接触效果不佳而引起。图 5-15 为量子点共敏化太阳能电池的电荷传输机理图。从图 5-15（a）中可以看到，$CuInS_2$/CdS 量子点共敏化 TiO_2 纳米薄膜的制备过程与两步法制备 $CuInS_2$ 量子点敏化 TiO_2 纳米薄膜类似，所制备的薄膜光阳极既可以保持一定的填充因子，又可以获得最大的量子点沉积量。从图 5-15（b）中分析，在标准模拟光源的照射下，$CuInS_2$ 量子点与 CdS 量子点吸收光子产生电子 - 空穴对，随着能量的提高，电子分别从 $CuInS_2$ 量子点和 CdS 量子点的价带跃迁至导带，而空穴依然留在 $CuInS_2$ 量子点和 CdS 量子点的价带中。接下来电荷通过三种方式传输到 TiO_2 纳米薄膜中：第一，由于 CdS 的导带能级高于 $CuInS_2$ 的导带能级，电子从 CdS 的导带传输到 $CuInS_2$ 的导带，然后电子再从 $CuInS_2$ 的导带传输到 TiO_2 的导带中；第二，电子从 $CuInS_2$ 量子点的导带传输到 TiO_2 的导带中；第三，电子从 CdS 的导带直接传输到 TiO_2 的导带中。通过这三种方式能够获得大量的光生电子，从而提高短路电流密度。此外，通过加入 Mn^{2+}，使得 $CuInS_2$ 与 CdS 之间多出现一个中间能级，这个中间能级能够更有效地分离 CdS 内的电子 - 空穴，使得太阳能电池能够获得更高的短路电流密度。因此，通过两步法制备 $CuInS_2$/Mn-CdS 量子点敏化太阳能电池能够获得高效的光电转换效率，达到了 3.51%。

图 5-16 为 PbS/$CuInS_2$ 基量子点敏化太阳能电池的机理图。图 5-16（a）分别为 TiO_2/PbS 和 TiO_2/$CuInS_2$ 量子点敏化太阳能电池的电荷传输机制，在标准模拟光源的照射下，光生电子产生，分别从量子点的导带传输到 TiO_2 的导带中，进而获得光生电子。相对比可以发现，$CuInS_2$ 量子点的导带能级明显高于 PbS 量子点的导带能级，光生电子就更容易从 $CuInS_2$ 量子点的导带传输到 TiO_2 的导带中，进而获得更高的短路电流密度。从图 5-16（b）中可以发现，PbS 量子点的能级低于 $CuInS_2$ 量子点的能级，光生载流子难以从 PbS 量子点的导带传输到 $CuInS_2$ 量子点的导带，$CuInS_2$ 量子点的光生载流子容易与 PbS 量子点的载流子形成电荷复合，因此 TiO_2/$CuInS_2$/PbS 光阳极结构难以获得优异的载流子传输效率。从图 5-16（c）中分析，在标准模拟光源的照射下，$CuInS_2$ 量子点与 PbS 量子点吸收光子产生电子 - 空穴对，随着能量的提高，电子分别从 $CuInS_2$ 量子点和 PbS 量子点的价带跃迁至导带，而空穴依然留在 $CuInS_2$ 量子点和 PbS 量子点的价带中。接下来电子通过三种方式传输到 TiO_2 纳米薄膜中：第一，由于 $CuInS_2$ 的导带能级高于 PbS 的导带能级，电子从 $CuInS_2$ 的导带传输到 PbS 的导带，然后电子再从 PbS 的导带传输到 TiO_2 的导带中；第二，电子从 $CuInS_2$ 量子点的导带传输到 TiO_2 的导带中；第三，电子从 PbS 的导带直接传输到 TiO_2 的导带中。通过这三种方式同样能够获得大量的光生电子，从而提高短路电流密度。与 $CuInS_2$ 和 CdS 量子点共敏化相比，$CuInS_2$ 量子点和 PbS 量子点共敏化能够提供更优异的光吸收性能，进而获得更高的电池性能。

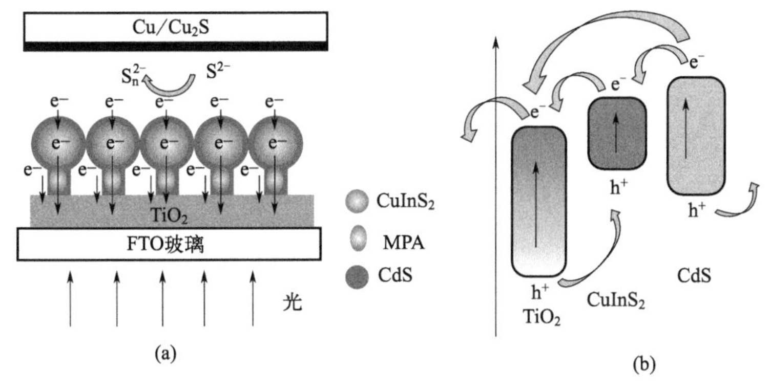

图 5-15　量子点共敏化太阳能电池的机理图

(a) 太阳能电池的微观结构图；(b) 太阳能电池的能带图

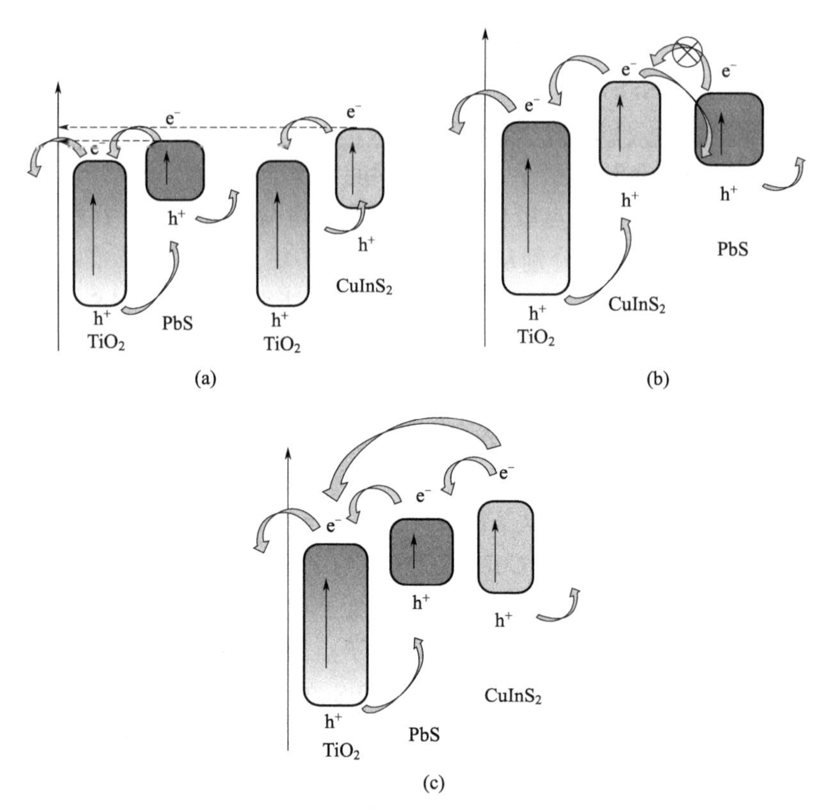

图 5-16　PbS/CuInS$_2$ 基量子点敏化太阳能电池的机理图

第6章 $CuInS_2/TiO_2$ 基量子点敏化太阳能电池的钝化和后处理技术

6.1 引言

在量子点敏化太阳能电池的体系中，光阳极的后处理对太阳能电池的光电性能具有一定的影响。在众多后处理工艺之中，钝化层的使用能够有效地提高太阳能电池的光生电流密度，其中 ZnS 已经被国内外研究学者广泛作为量子点敏化太阳能电池光阳极的钝化层。由于 ZnS 的禁带宽度为 3.6eV，为宽带隙半导体材料，ZnS 的存在能够提高光阳极的稳定性，并且其较宽的带隙能够阻碍电子跃迁与传输，防止电子与电解液中氧化还原对再结合，进而增加光生电流密度。然而，ZnS 钝化层大多都用于二元半导体量子点之中，国内外研究学者直接把 ZnS 钝化层套用到三元 $CuInS_2$ 量子点之中并不能够获得最佳的效果。因此，研究改进钝化层对 $CuInS_2$ 基量子点敏化太阳能电池有非常重要的意义。

除了钝化层的选择，其他的后处理工艺的研究对太阳能电池光电性能的提升也起到很重要的作用，特别是针对光阳极中 TiO_2 和 $CuInS_2$ 量子点之间的结合。在前面几章中，分别对有机耦合法和连续离子层吸附法进行了深入研究，有机耦合剂的存在和界面接触效果会影响太阳能电池的稳定性和光电性能。因此，若能通过一定的后处理工艺对光阳极进行改进，有望进一步提高太阳能电池的光电转换效率。

6.2 $CuInS_2/TiO_2$ 基量子点敏化太阳能电池的钝化及性能

为了获得更为高效的 $CuInS_2/TiO_2$ 基量子点敏化太阳能电池，其光阳极中钝化层的研究必不可少。然而，ZnS 存在一定的问题，并不能够作为 $CuInS_2$ 基量子点敏化太阳能电池的完美钝化层，因此，必须开发改进新型宽带隙半导体材料作为钝化层。

6.2.1 钝化层的制备技术

采用连续离子层吸附法工艺在光阳极表面分别制备 ZnS 和 ZnSe 钝化层。具体步骤：以乙醇或乙醇 / 水混合溶液为溶剂，分别配制浓度为 0.1mol/L 的硝酸锌乙醇溶液和 0.1mol/L 的硫化钠乙醇 / 水溶液（乙醇：去离子水 = 1：1）。搅拌溶解之后，将已经制备好的光阳极薄膜在硝酸锌溶液中浸泡 60s，取出之后用去离子水清洗 30s；再将光阳极薄膜在硫化钠溶液中浸泡 60s，取出之后用去离子水清洗 30s，这就是一个 ZnS 钝化层的制备过程。接下来通过循环此制备过程来获得最佳的光阳极。对 ZnSe 钝化层来说，将硫化钠溶液换成硒氢化钠乙醇溶液即可（在氩气保护下，将 0.1mol/L 的二氧化硒加入 0.2mol/L 的硼氢化钠溶液中，搅拌溶解），其他的过程与 ZnS 的制备方法类似。实验合成工艺流程图如 6-1 所示。

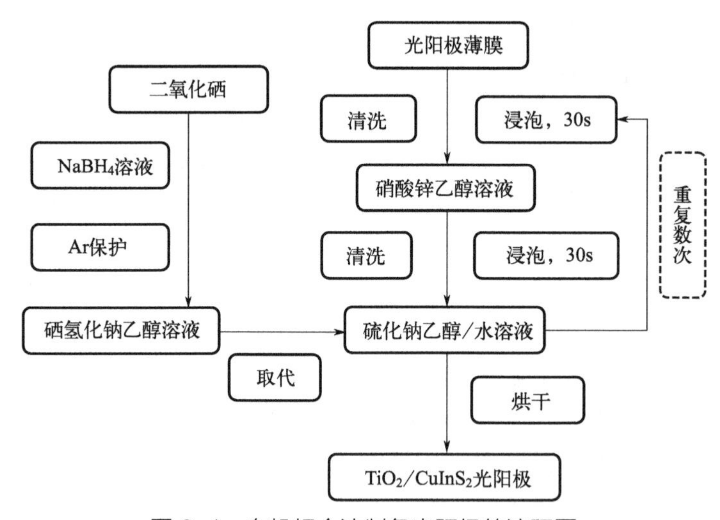

图 6-1　有机耦合法制备光阳极的流程图

为了证明 $CuInS_2/TiO_2$ 光阳极样品中钝化层的化学组成，分别对 $CuInS_2/TiO_2/ZnS$ 和 $CuInS_2/TiO_2/ZnSe$ 光阳极进行了 EDS 的测试，如图 6-2 所示。从图 6-2 中可以看出，除了测试条件所含有的 C 元素和薄膜基底材料中所含有的 Si、Na、Ca 和 Sn 元素之外，在两种 $TiO_2/CuInS_2$ 纳米薄膜表面存在 Ti、O、Cu、In、S 和 Zn 这几种元素，而经过 ZnSe 钝化层沉积之后的薄膜中出现了 Se 元素。同时，通过分析可以从表 6-1 中看出，两种光阳极中 Ti 和 O 的元素比例与之前分析结果相同。然而，经过 ZnS 钝化层沉积之后的薄膜中 S 元素的含量增加，通过分析可以推测 Cu：In：S = 1：1：2、Zn：S = 1：1。经过 ZnSe 钝化层沉积之后的薄膜中 Zn：Se = 1：1。这也可以在一定程度上证明了 ZnS 和 ZnSe 分别作为钝化层沉积到了光阳极表面。

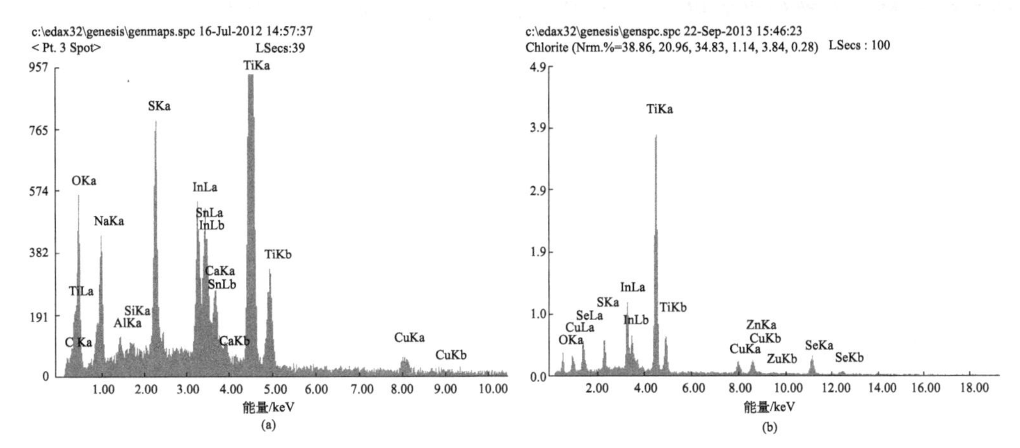

图 6-2　不同 $CuInS_2/TiO_2$ 光阳极的 EDS 谱图

(a) ZnS；(b) ZnSe

表6-1　不同$CuInS_2/TiO_2$光阳极的元素比例

样品	Ti	O	Cu	In	S	Zn	Se
ZnS	24.55	59.88	1.90	2.05	7.85	3.77	—
ZnSe	25.11	61.26	1.95	2.02	2.28	3.64	3.74

6.2.2　钝化层对 $CuInS_2$ 量子点敏化太阳能电池性能的影响

为了寻求最适合 $CuInS_2$ 量子点敏化太阳能电池的钝化层，采用连续离子层吸附法分别制备含有 ZnS 和 ZnSe 钝化层的 TiO_2 纳米颗粒薄膜光阳极。从图 6-3（a）的紫外 - 可见光吸收谱图中可以看出，相比于纯 TiO_2 纳米薄膜，经过 $CuInS_2$ 量子点敏化之后光阳极的光吸收边界从 400nm 扩展到 700nm。而 $CuInS_2/TiO_2/ZnS$ 和 $CuInS_2/TiO_2/ZnSe$ 光阳极的光吸收边界都向可见光区又移动了 10 ～ 20nm，这是由于量子限域效应而造成。为了探索光生电子 - 空穴的生成和分离状态，分别研究了不同光阳极的荧光光谱，如图 6-3（b）所示。纯 $CuInS_2$ 量子点在波长 680nm 左右出现荧光激发峰，当 $CuInS_2$ 量子点吸附到 TiO_2 纳米薄膜之后，荧光激发峰位不变，但是荧光激发峰强显著降低，这就说明了经过量子点敏化之后，光阳极的光生电子 - 空穴的复合概率显著降低，这就更有利于光电流密度的增强。而在沉积了钝化层之后，荧光激发峰位都向可见光区移动了 10 ～ 20nm，这与紫外 - 可见光光吸收光谱图相同[251]。与此同时，沉积钝化层之后的光阳极的荧光激发峰强也略微增强，这是由于钝化层的存在改善了量子点表面的活性，在一定程度上提高了量子点的激发峰强。但是 $CuInS_2/TiO_2/ZnSe$ 光阳极荧光激发峰强增加的很小，这也说明在 $CuInS_2$ 系量子点敏化光阳极中 ZnSe 比 ZnS 更能有效地分离光生电子 - 空穴。

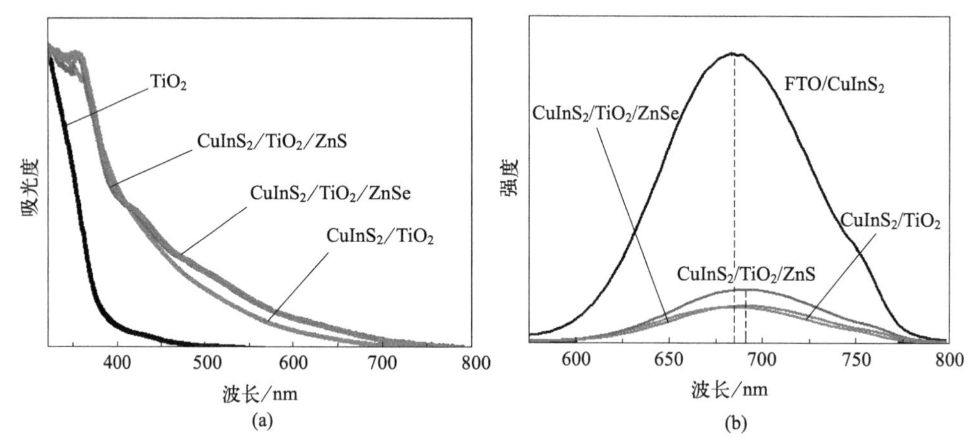

图 6-3　不同钝化层光阳极的光学性能

(a) 紫外 - 可见光吸收谱图；(b) 荧光光谱图

为了进一步证明 ZnSe 钝化层的优异性，研究了不同光阳极的光电性能。从图 6-4（a）的 *J-V* 曲线和表 6-2 的光电性能参数中可以看出，纯 $CuInS_2/TiO_2$ 太阳能电池的开路电压为 487.7mV，短路电流密度为 $1.85mA/cm^2$，填充因子为 0.66，光电转换效率为 0.59%，而 $CuInS_2/TiO_2/ZnS$ 和 $CuInS_2/TiO_2/ZnSe$ 太阳能电池的光电性能明显提高，开路电压分别为 517.9mV 和 528.1mV，短路电流密度分别为 $2.15mA/cm^2$ 和 $2.35mA/cm^2$，填充因子分别为 0.673 和 0.67，光电转换效率分别为 0.75% 和 0.83%。图 6-4（b）的光电流响应中也可以发现，$CuInS_2/TiO_2/ZnS$ 和 $CuInS_2/TiO_2/ZnSe$ 光阳极的光电流密度比纯 $CuInS_2/TiO_2$ 光阳极要高。这是由于钝化层能够钝化量子点表面状态，阻碍电子与氧化还原对的再结合，有效地增强光生电子 - 空穴的分离，提高电子的传递。此外，钝化层的存在还能够阻止光生电子从 $CuInS_2$ 量子点中泄漏到多硫化物电解液中。

表6-2　不同钝化层薄膜太阳能电池的光电性能参数

样品	$J_{sc}/(mA/cm^2)$	V_{oc}/mV	FF/%	η/%
$CuInS_2/TiO_2$	1.85	487.7	66.4	0.59
$CuInS_2/TiO_2/ZnS$	2.15	517.9	67.3	0.75
$CuInS_2/TiO_2/ZnSe$	2.35	528.1	67.0	0.83

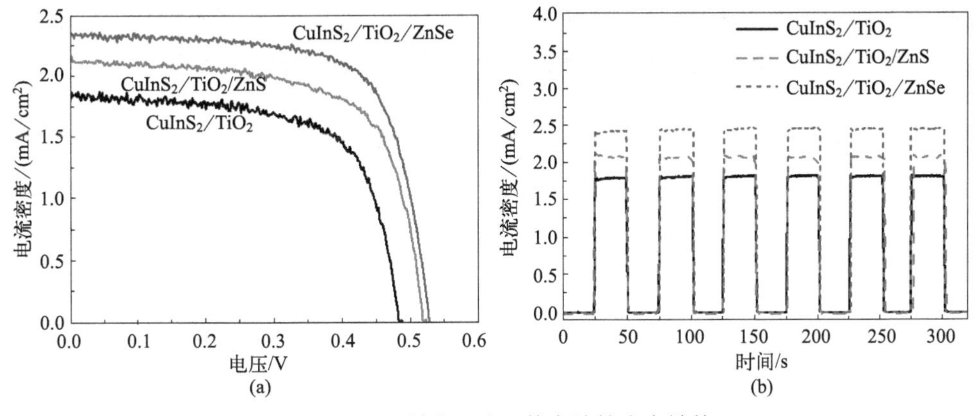

图 6-4　不同钝化层太阳能电池的光电性能

(a) *J-V* 曲线；(b) 光电流响应

此外，ZnS 的禁带宽度为 3.6eV，ZnS 与 $CuInS_2$ 的价带之间存在较大的能级差，会对空穴的捕获造成阻碍，ZnSe 钝化层的效果更佳。相比起来，ZnSe 与 $CuInS_2$ 的价带之间的能级差要相对小一些，因此采用 ZnSe 作为 $CuInS_2$ 系量子点敏化光阳极的钝化层能更有利于电解液对空穴的捕获，而 ZnSe 的禁带宽度达到 2.7eV，也可以有效地防止光生电子与氧化还原对的再结合 [252]。同时，与 ZnS 相比，ZnSe 与 $CuInS_2$ 之间的晶格失配更小（大约为 2%），能减小 ZnSe 钝化层与 $CuInS_2$ 量子点之间界面应力及晶体晶格的界面缺陷，从而最大限度地提高太阳能电池的光电性能 [253-255]。

图 6-5 为 $CuInS_2/TiO_2$、$CuInS_2/TiO_2/ZnS$ 和 $CuInS_2/TiO_2/ZnSe$ 光阳极的 IPCE 谱图，从图中可以看出，光阳极的 IPCE 响应区域几乎跨越了整个紫外 - 可见光谱区域。另外，$CuInS_2/TiO_2/ZnSe$ 的 IPCE 强度相比 $CuInS_2/TiO_2$ 从 13% 增加到了 20%，并且比 $CuInS_2/TiO_2/ZnS$ 的 16% 都要高。这也进一步说明了 ZnSe 钝化层在 $CuInS_2$ 系量子点敏化太阳能电池中的有效性。

为了探索不同钝化层对太阳能电池中电荷传输的影响，研究了光阳极的电阻变化及荧光寿命，如图 6-6 所示。从图 6-6（a）中可以看见，$CuInS_2/TiO_2$、$CuInS_2/TiO_2/ZnS$ 和 $CuInS_2/TiO_2/ZnSe$ 光阳极的串联电阻 R_s 基本上相同，都为 25Ω 左右，这说明沉积钝化层之后对光阳极与基底直接界面结合没有什么影响。但是，$CuInS_2/TiO_2$、$CuInS_2/TiO_2/ZnS$ 和 $CuInS_2/TiO_2/ZnSe$ 光阳极的电荷传输电阻 R_{CT} 分别约为 445Ω、328Ω 和 212Ω，$CuInS_2/TiO_2/ZnSe$ 光阳极的 R_{CT} 远低于 $CuInS_2/TiO_2$ 和 $CuInS_2/TiO_2/ZnS$ 的 R_{CT}，这就说明了 ZnSe 作为钝化层能够更有效地降低电荷传输电阻从而加速电荷传输速率。而从图 6-6（b）中也可以看出，采用 ZnSe 作为钝化层的光阳极的荧光衰减速度最快，通过计算其具有最低的荧光衰减时间 5.3ns，电

荷传输速率约为 $1.89\times10^8s^{-1}$。这也进一步证明了以 ZnSe 为量子点敏化太阳能电池的钝化层能够更有效地提升电荷传输效率，以获得更高效的光电转换效率。

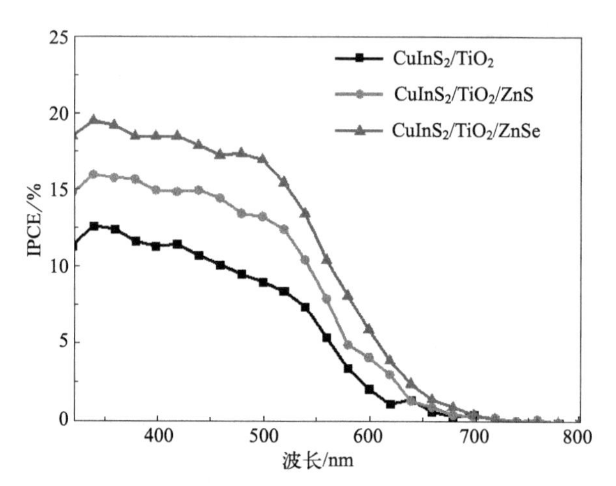

图 6-5　不同钝化层太阳能电池的 IPCE 谱图

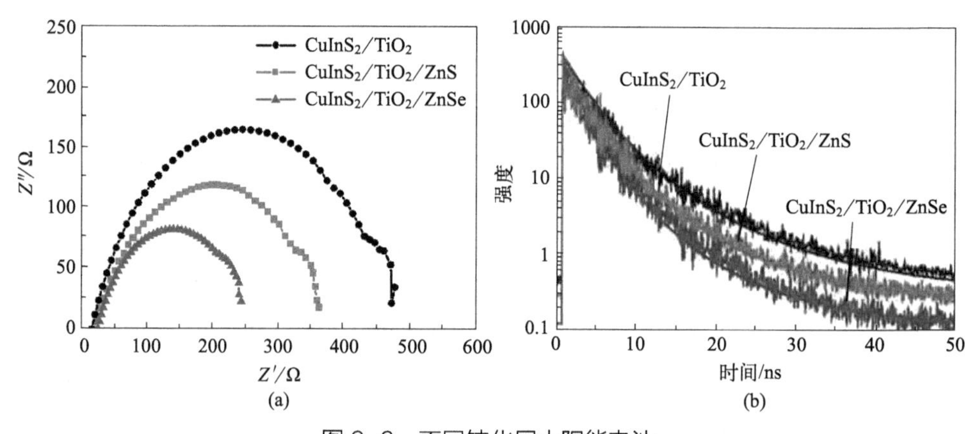

图 6-6　不同钝化层太阳能电池

(a) EIS 曲线；(b) 瞬态荧光光谱图

图 6-7 为不同钝化层太阳能电池的 *J-V* 曲线和光电流响应曲线，表 6-3 为不同钝化层太阳能电池的光电性能参数。图 6-7（a）的 *J-V* 曲线和表 6-3 的光电参数中可以看出，在连续离子层吸附法制备的光阳极中，采用 ZnSe 作为钝化层的太阳能电池相比于 ZnS 钝化层和无钝化层的太阳能电池具有更优异的光电性能，其开路电压为 607.7mV，短路电流密度为 $6.77mA/cm^2$，填充因子为 0.37，光电转换效率为 1.54%，效率远高于 ZnS 钝化层的 1.2% 和无钝化层的 0.94%。相比于有机耦合法制备的光阳极，同时都采用连续离子层吸附法沉积 $CuInS_2$ 量子点和 ZnSe 钝化层的太阳能电池的光电转化效率提升较大。而从图 6-7（b）的光电流响应曲线中可以看出，ZnSe

钝化层的太阳能电池的光电流密度约为 6.82mA/cm²，比 ZnS 钝化层的 5.32mA/cm² 和无钝化层的 4.28mA/cm² 都要高，这也进一步证明了 ZnSe 更适用于 $CuInS_2$ 基量子点敏化太阳能电池。

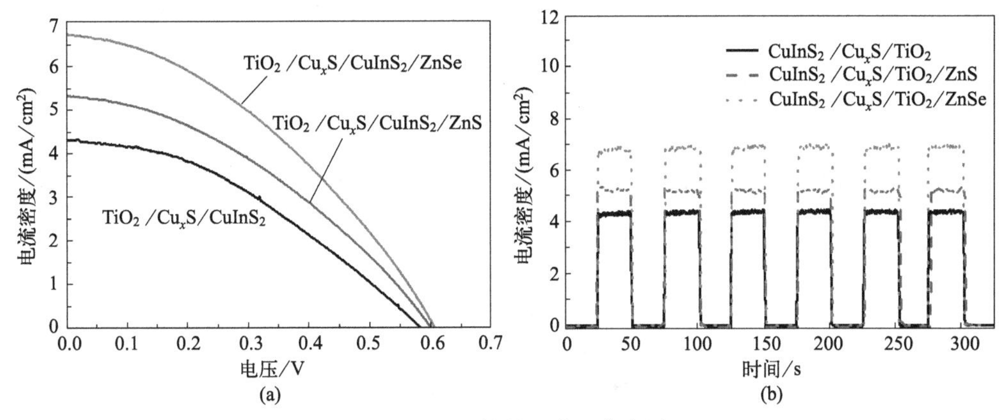

图 6-7　不同钝化层太阳能电池

(a) *J-V* 曲线；(b) 光电流响应曲线

表6-3　不同钝化层太阳能电池的光电性能参数

样品	J_{sc}/(mA/cm²)	V_{oc}/mV	FF/%	η/%
$CuInS_2/Cu_xS/TiO_2$	4.33	585.4	37.1	0.94
$CuInS_2/Cu_xS/TiO_2/ZnS$	5.36	600.8	37.3	1.20
$CuInS_2/Cu_xS/TiO_2/ZnSe$	6.77	607.7	37.4	1.54

图 6-8 为 $CuInS_2/Cu_xS/TiO_2$、$CuInS_2/Cu_xS/TiO_2/ZnS$ 和 $CuInS_2/Cu_xS/TiO_2/ZnSe$ 光阳极的 IPCE 谱图和 EIS 曲线。从图 6-8（a）的 IPCE 谱图中可以看出，与有机耦合法制备的光阳极类似，连续离子层吸附法制备的光阳极的 IPCE 响应区域同样跨越了整个紫外 - 可见光谱区域，并且 IPCE 的响应强度相对更高，这也证明了连续离子层吸附法对太阳能电池光电性能的提升。此外，$CuInS_2/Cu_xS/TiO_2/ZnSe$ 的 IPCE 强度相比 $CuInS_2/Cu_xS/TiO_2$ 从 20% 显著增加到了 30%，并且比 $CuInS_2/Cu_xS/TiO_2/ZnS$ 光阳极的 24% 都要高。这也进一步说明 ZnSe 钝化层在 $CuInS_2$ 系量子点敏化太阳能电池中的有效性。从图 6-8（b）的 EIS 曲线中可以看出，$CuInS_2/Cu_xS/TiO_2$、$CuInS_2/Cu_xS/TiO_2/ZnS$ 和 $CuInS_2/Cu_xS/TiO_2/ZnSe$ 光阳极的串联电阻 R_s 基本上相同，都为 17Ω 左右，说明表面少量的钝化层沉积对光阳极与基底的界面结合影响也不大，与有机耦合法制备的光阳极相类似，$CuInS_2/Cu_xS/TiO_2/ZnSe$ 光阳极具有最低的电荷传输电阻 R_{CT} 约为 100Ω。因此，在连续离子层吸附法制备的光阳极中，以 ZnSe 作为钝化层有利于光电性能提升。

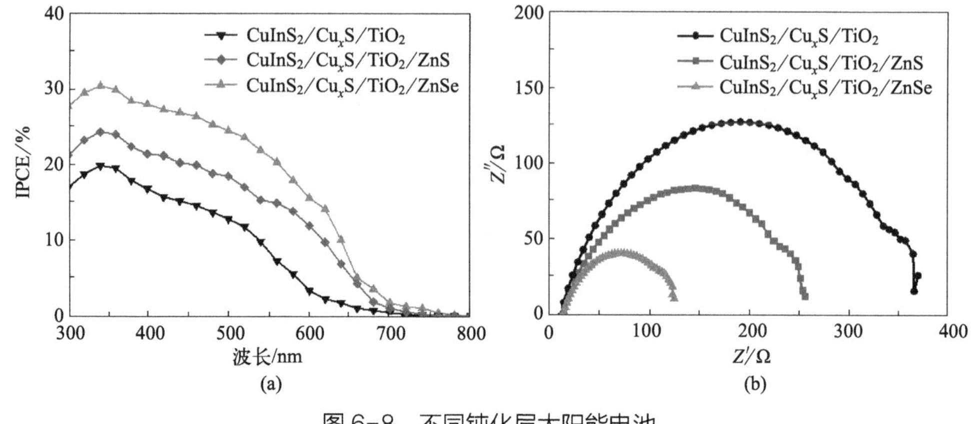

图 6-8 不同钝化层太阳能电池

(a) IPCE 谱图；(b) EIS 曲线

6.2.3 钝化层对 $CuInS_2$ 量子点共敏化太阳能电池性能的影响

（1）钝化层对 $CuInS_2/CuInS_2$ 基太阳电池性能的影响

ZnSe 作为钝化层能够更大程度的提高 $CuInS_2$ 基量子点敏化太阳能电池的光电性能。然而，高光电性能的 $CuInS_2$ 量子点共敏化太阳能电池的钝化层的研究至关重要。主要针对纳米颗粒基太阳能电池来研究，图 6-9（a）和表 6-4 为不同钝化层的太阳能电池的 *J-V* 曲线和光电性能参数。从图中可以看出，在沉积钝化层之后，太阳能电池的开路电压没有明显的变化，但是光电流密度相比无钝化层的太阳能电池要高很多，尤其是 ZnSe 钝化层的太阳能电池的光电流密度达到了 $6.64mA/cm^2$，采用 ZnSe 作为钝化层能够将太阳能电池的光电转换效率从 1.32% 提高到 1.86%。

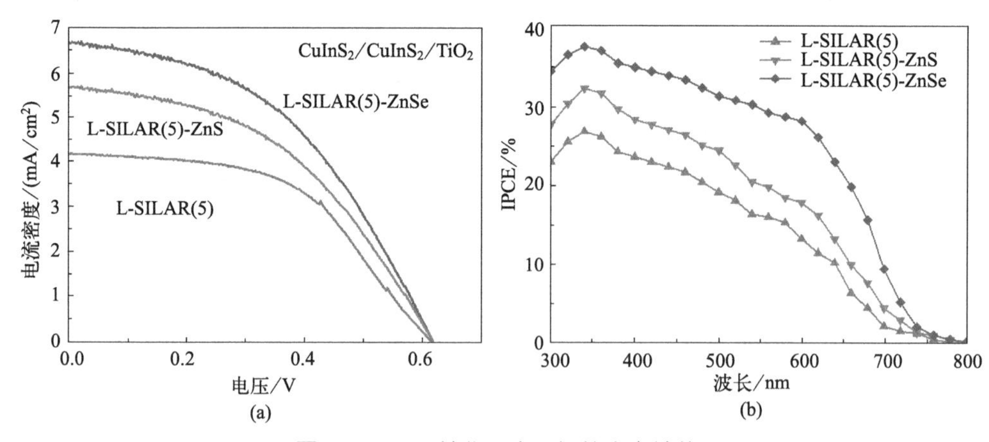

图 6-9 不同钝化层光阳极的光电性能

(a) *J-V* 曲线；(b) IPCE 谱图

而从各种不同钝化层太阳能电池的 IPCE 谱图中也可以看出，沉积了钝化层太阳能电池的 IPCE 强度明显比没有钝化层太阳能电池的高。相比之下，ZnSe 钝化层太阳能电池的 IPCE 强度从 27% 显著增加到了 38%。因此，可以确定 $CuInS_2/CuInS_2$ 基量子点敏化太阳能电池的最佳钝化层也是 ZnSe。

表6-4　不同钝化层薄膜太阳能电池的光电性能参数

样品	J_{sc}/(mA/cm²)	V_{oc}/mV	FF/%	η/%
L- SILAR(5)	4.18	618.0	51.1	1.32
L- SILAR(5)-ZnS	5.67	619.5	45.0	1.58
L- SILAR(5)-ZnSe	6.64	620.2	45.0	1.86

（2）钝化层对 $CuInS_2$/Mn-CdS 基太阳能电池性能的影响

在之前的研究中，ZnSe 作为光阳极的钝化层都能够获得最佳的光电性能，然而前面的研究都是针对 $CuInS_2$ 量子点。对 $CuInS_2$/Mn-CdS 基量子点敏化太阳能电池来说，钝化层的选择也需要深入探索。

图 6-10（a）和表 6-5 为不同钝化层的 $CuInS_2$/Mn-CdS/TiO_2 基太阳能电池的 *J-V* 曲线和光电性能参数。从图中可以看出，在沉积钝化层之后，虽然填充因子略微降低，但是太阳能电池的开路电压和短路电流密度都有明显的提升。与 $CuInS_2/CuInS_2$ 基量子点敏化太阳能电池不同，以 ZnS 为钝化层的 $CuInS_2$/Mn-CdS/TiO_2 基太阳能电池的光电性能要更佳，其开路电压和短路电流密度分别提升到了 592.6mV 和 13.97mA/cm²，光电转换效率从 3.51% 提高到 4 %。而从图 6-10（b）中各种不同钝化层太阳能电池的 IPCE 谱图中也可以看出，沉积了钝化层太阳能电池的 IPCE 强度明显比没有钝化层太阳能电池的高。相比之下，ZnS 钝化层太阳能电池的 IPCE 强度从 61% 显著增加到了 69%。

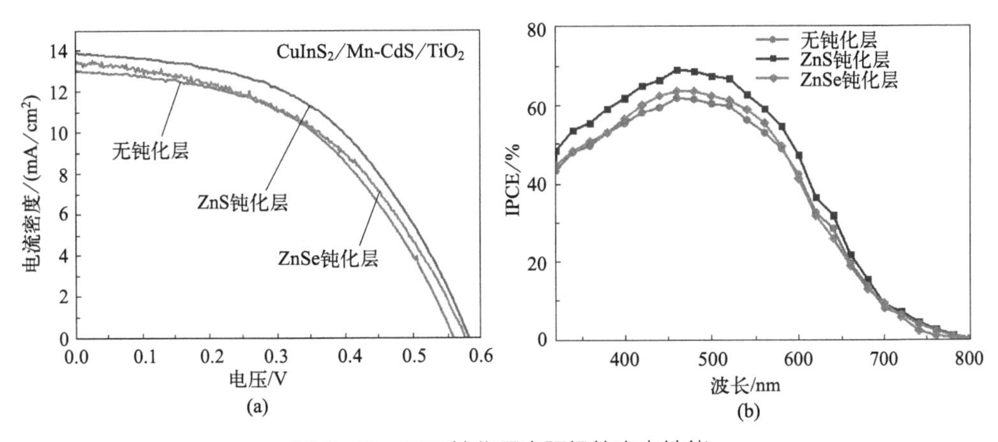

图 6-10　不同钝化层光阳极的光电性能

(a) *J-V* 曲线；(b) IPCE 谱图

表6-5　不同钝化层薄膜太阳能电池的光电性能参数

样品	J_{sc}/(mA/cm²)	V_{oc}/mV	FF/%	η/%
无钝化层	13.08	559.8	47.9	3.51
ZnS 钝化层	13.97	592.6	48.3	4.00
ZnSe 钝化层	13.35	584.6	46.9	3.66

与 $CuInS_2/CuInS_2$ 基量子点敏化太阳能电池不同，$CuInS_2$/Mn-CdS/TiO_2 基量子点敏化太阳能电池中光阳极最外层包覆着 CdS 量子点。半导体 CdS 的禁带宽度为 2.5eV，而 CdS 量子点由于其量子尺寸效应会导致其光学带隙更大，采用禁带宽度相对较小的 ZnSe 作为钝化层就有可能起不到钝化层的作用。虽然能够对 $CuInS_2$ 量子点起到最佳的钝化层效果，但是 CdS 量子点的影响最终不能获得超过 ZnS 钝化层太阳能电池的光电性能。因此，可以确定 $CuInS_2$/Mn-CdS/TiO_2 基量子点敏化太阳能电池的最佳钝化层是 ZnS。

6.3　后处理对 $CuInS_2/TiO_2$ 基量子点敏化太阳能电池性能的影响

为了提高光阳极中 $CuInS_2$ 量子点与 TiO_2 纳米材料之间的界面接触效果，对光阳极进行后处理是非常有必要的。其中，对光阳极进行一定时间的热处理是一种有效的办法。

在经过钝化层的沉积之后，将光阳极置于马弗炉内进行热处理，而热处理时间和热处理温度对太阳能电池的光电性能有较大的影响，因此，为了确定最佳的热处理时间和热处理温度，分别研究 250℃、300℃和 350℃三种热处理温度和 3min、5min 和 7min 热处理时间对性能的影响。

将热处理时间固定在 5min，从图 6-11（a）和表 6-6 中可看出，经过热处理之后太阳能电池的光电转换效率都有所提高，热处理温度为 300℃的太阳能电池的光电转换效率最高，为 0.95%。对有机耦合法制备的光阳极来说，第一，光阳极中的有机耦合剂经过一个短时间的热处理之后，能够加固光阳极的稳定性，并且能够在一定程度上减小 $CuInS_2$ 与 TiO_2 之间化学键对电子传输的影响；第二，光阳极表面可能会存在一些游离态的 MPA 有机耦合剂，经过热处理之后这些游离的 MPA 有机耦合剂能够被挥发或者分解；第三，经过短时间的热处理过程，光阳极材料的结晶性能能够得到一定程度的提高，从而提高太阳能电池的光电转换效率。当热处理温度为 250℃时，由于温度相对较低，不能够很好地消除游离态 MPA 有机耦合剂和 $CuInS_2$ 与 TiO_2 之间化学键对电子传输的影响，所制备的太阳能电池和没有热处理没有太大的差别。而热处理温度为350℃时，其相对过高的反应温度会引起光阳极材料的颗粒尺寸增大，从而影响太阳能电池的光电性能。因此，可以确定最佳的热处理温度为300℃。

将热处理温度固定在300℃，从图6-11（b）和表6-6中可看出，经过热处理之后太阳能电池的光电转换效率都有所提高，热处理时间为5min最佳。当热处理时间为3min时，由于热处理时间过短，同样不能完全消除游离态MPA有机耦合剂和 $CuInS_2$ 与 TiO_2 之间化学键对电子传输的影响；而当热处理时间为7min时，相对过长的热处理时间又会造成光阳极材料的颗粒尺寸增大，最终热处理5min的太阳能电池可以获得最佳的光电转换效率。

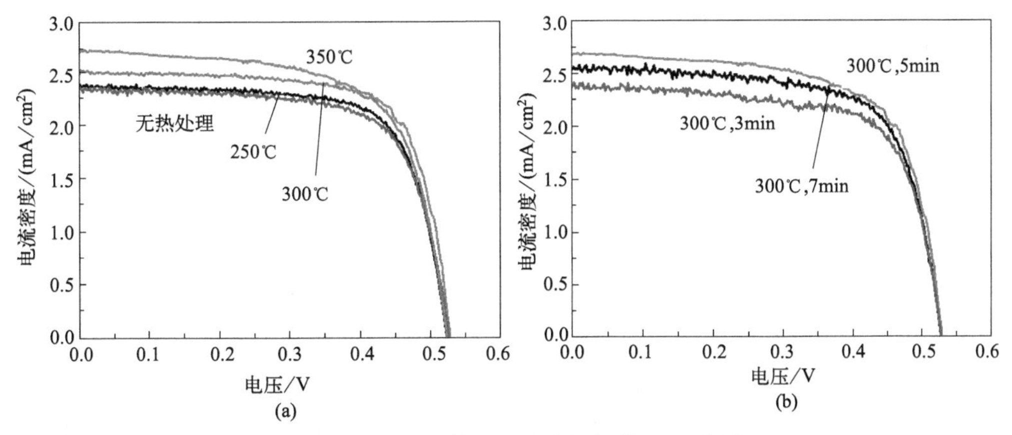

图6-11 不同热处理之后光阳极的 J-V 曲线

(a) 不同温度；(b) 不同时间

表6-6 $CuInS_2/CuInS_2$型太阳能电池的光电参数

样品	J_{sc}/(mA/cm²)	V_{oc}/mV	FF/%	η/%
无热处理	2.35	528.1	67.0	0.83
250℃	2.37	528.2	67.1	0.84
300℃	2.69	522.8	67.2	0.95
350℃	2.51	527.9	66.8	0.89
300℃，3min	2.47	529.1	67.3	0.88
300℃，5min	2.69	522.8	67.2	0.95
300℃，7min	2.55	528.4	68.3	0.92

从图6-12（a）中 $CuInS_2/TiO_2/ZnSe$ 和 $CuInS_2/TiO_2/ZnSe$/热处理光阳极的IPCE谱图中可以看出，$CuInS_2/TiO_2/ZnSe$/热处理光阳极的IPCE响应强度相比 $CuInS_2/TiO_2$ 从20%增加到23%。而从图6-12（b）的EIS曲线中也可以看出，$CuInS_2/TiO_2/$

ZnSe 和 $CuInS_2/TiO_2/ZnSe$/ 热处理光阳极的串联电阻 R_s 基本上相同，这说明热处理对光阳极的界面结合效果没有什么影响。但是 $CuInS_2/TiO_2/ZnSe$/ 热处理光阳极的电荷传输电阻 R_{CT} 为 175Ω，低于 $CuInS_2/TiO_2$/ ZnSe 光阳极的 212Ω。这就进一步说明热处理过程能够更有效地降低电荷传输电阻，进一步提升电荷传输速率。

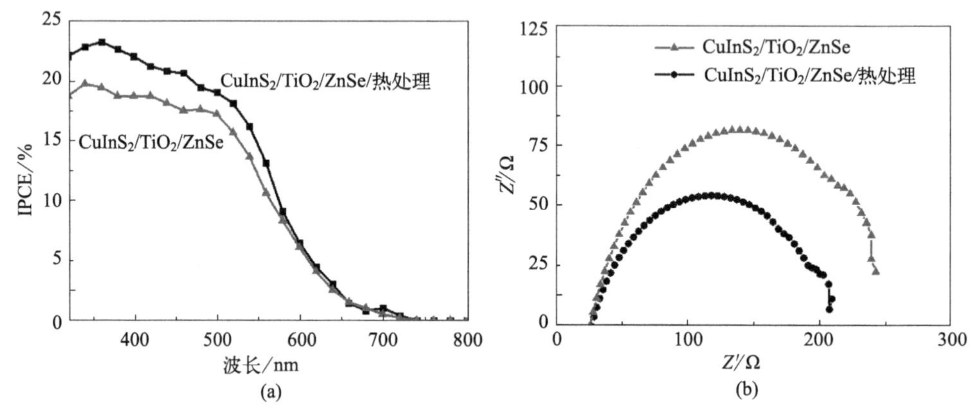

图 6-12　热处理前后太阳能电池

(a) IPCE 谱图；(b) EIS 曲线

与有机耦合法类似，对连续离子层吸附法制备的光阳极进行热处理，探索其对太阳能电池光电性能的影响。通过图 6-13（a）的 *J-V* 曲线和表 6-7 的光电参数中可以看出，经过热处理之后，太阳能电池的光电转换效率提升幅度不大。这是由于在连续离子层吸附法中并未使用任何有机耦合剂，热处理过程只能略微提升光阳极中颗粒的结晶性能，因此太阳能电池的光电性能提升不大，光电转换效率从 1.54% 提高到 1.62%。而从图 6-13（b）的光电流响应曲线中可以看出，经过热处理之后光电流密度也没有太明显的提升。但是采用连续离子层吸附法制备的光阳极的光电流密度稳定性要比有机耦合法制备的光阳极要差，这还是由于在 TiO_2 和 $CuInS_2$ 量子点之间因为缺少有机耦合剂，界面结合效果不佳而造成。

表6-7　不同条件下太阳能电池的光电性能参数

TiO_2 纳米带	J_{sc}/(mA/cm^2)	V_{oc}/mV	FF/%	η/%
$CuInS_2/Cu_xS/TiO_2/ZnSe$	6.77	607.7	37.4	1.54
$CuInS_2/Cu_xS/TiO_2/ZnSe$/ 热处理	6.94	609.1	38.3	1.62

从图 6-14（a）中热处理前后光阳极的 IPCE 谱图中可以看出，光阳极的 IPCE 响应区域同样跨越了整个紫外 - 可见光谱区域，并且 IPCE 的响应强度相对更高。此外，$CuInS_2/Cu_xS/TiO_2/ZnSe$/ 热处理光阳极的 IPCE 强度同样没有太明显的提升，从 30% 到 32%。从图 6-14（b）的 EIS 曲线中可以看出，热处理前后光阳极的串

联电阻 R_s 基本上相同，都为 17Ω 左右，这说明表面少量的钝化层沉积和热处理过程对光阳极与基底的界面结合影响也不大。与有机耦合法制备的光阳极相类似，$CuInS_2/Cu_xS/TiO_2/ZnSe$ 光阳极具有最低的电荷传输电阻 R_{CT} 约为 100Ω，经过热处理之后，$CuInS_2/Cu_xS/TiO_2/ZnSe$/ 热处理光阳极的 R_{CT} 有略微的降低。从以上结果可知，热处理过程对连续离子层吸附法制备的太阳能电池的光电性能只有微小的提升。

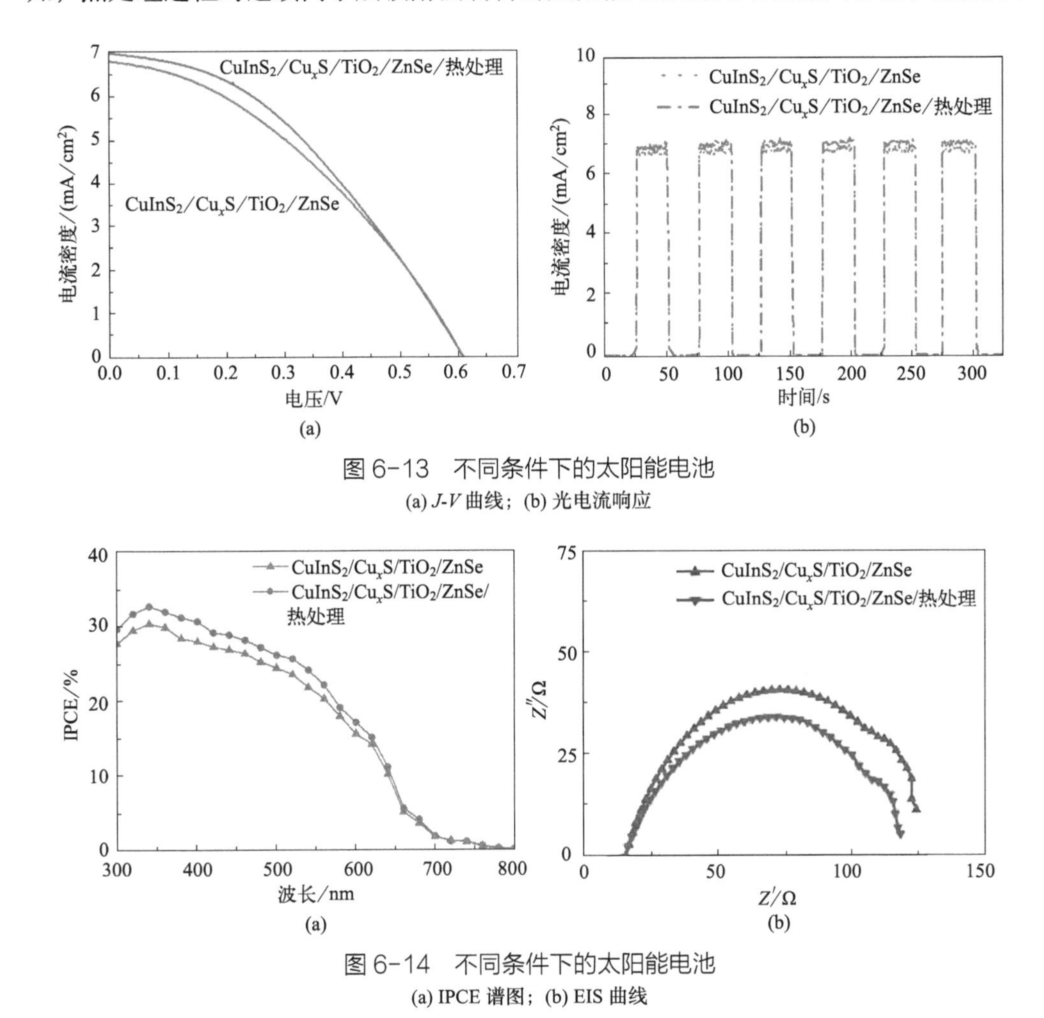

图 6-13　不同条件下的太阳能电池

(a) *J-V* 曲线；(b) 光电流响应

图 6-14　不同条件下的太阳能电池

(a) IPCE 谱图；(b) EIS 曲线

为了获得更高的光电转换效率，对 $CuInS_2$ 基量子点共敏化太阳能电池光阳极也进行了热处理。从图 6-15 和表 6-8 中可以看出，经过热处理之后，$CuInS_2/CuInS_2$ 和 $CuInS_2$/Mn-CdS 基量子点共敏化太阳能电池的光电性能都有所提高，分别达到了 2.11% 和 4.22%。结果说明热处理工艺对量子点共敏化光阳极中界面接触和光阳极的稳定性都有较大程度的改善。

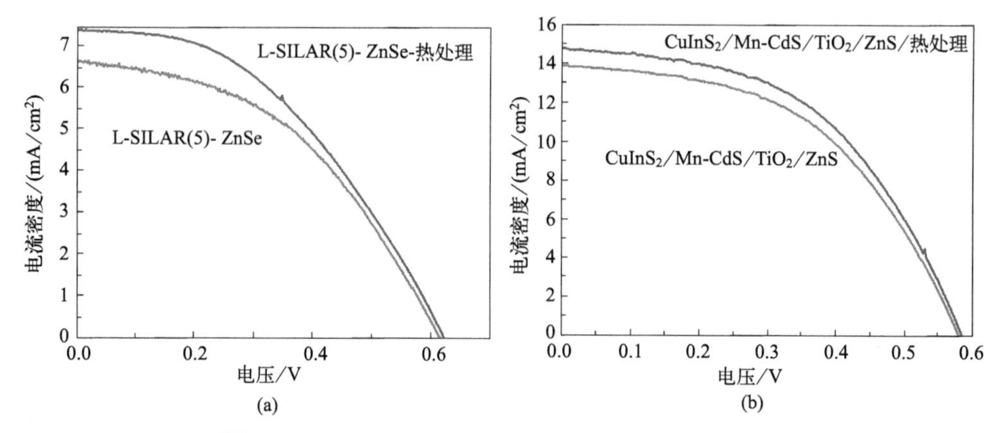

图 6-15　$CuInS_2/CuInS_2$ 型太阳能电池的 *J-V* 曲线

表6-8　$CuInS_2/CuInS_2$型太阳能电池的光电参数

样品	J_{sc}/(mA/cm²)	V_{oc}/mV	FF/%	η/%
L- SILAR(5)-ZnSe	6.64	620.2	45.0	1.86
L- SILAR(5)-ZnSe- 热处理	7.42	621.7	45.7	2.11
$CuInS_2$/Mn-CdS/ZnS	13.97	592.6	48.3	4.00
$CuInS_2$/Mn-CdS/ZnS/ 热处理	14.77	597.5	47.9	4.22

第7章 $CuInS_2$量子点敏化TiO_2纳米阵列太阳能电池

7.1 引言

随着太阳能电池的研究日益深入，第三代纳米晶薄膜太阳能电池成了当前的研究热点，各种各样的半导体纳米材料被国内外研究学者所开发作为太阳能电池的光阳极材料，如 ZnO、SnO_2、$BiFeO_3$ 等。从太阳能电池的性能上来说，这些半导体纳米材料和 TiO_2 纳米材料还存在一定的差距。近年来，国内外学者对各种零维、一维和三维 TiO_2 纳米材料的制备都进行了深入的研究，并在太阳能电池的应用中取得一系列的成果。

虽然零维 TiO_2 纳米颗粒（TiO_2 NPs）作为太阳能电池的光阳极能够获得较好的光电性能，然而，在 TiO_2 纳米颗粒光阳极中，纳米颗粒之间存在晶格失配，并且它们之间存在界面对电子传输有一定的阻碍，增加电子在传输过程中与空穴的复合概率，进而限制了量子点敏化太阳能电池光电转换效率的提高。在近几年 TiO_2 光阳极纳米材料的研究中，单晶有序纳米阵列材料成为研究热点，如 TiO_2 纳米棒（TiO_2 NRs）、TiO_2 纳米线（TiO_2 NWs）、TiO_2 纳米管等（TiO_2 NTs）。对于光敏化阳极材料来说，有序纳米阵列电极材料比多孔纳米晶电极材料更有优势，原因在于：①纳米阵列电极材料增加光子的散射，增加光子在电极材料中的传输路径，有利于增强光的吸收；②有序结构的纳米阵列电极材料垂直于电极表面，将最大限度地减少电荷在电极材料中的传输路径，降低界面光生电子 - 空穴复合的概率。在国内外的研究中，以这些单晶有序一维 TiO_2 纳米阵列材料作为太阳能电池的光阳极已经可以获得较高的光生电流密度，这也进一步反映出这种单晶有序纳米阵列材料对电子传输的优势。与此同时，为了增大纳米阵列薄膜的比表面积，三维 TiO_2 纳米阵列结构也被深入研究。因此，更好地合成和利用一维和三维 TiO_2 纳米阵列薄膜对提高太阳能电池的光电转换效率具有重要的意义。

本章将围绕 TiO_2 纳米棒 / 纳米枝晶（NDs）、TiO_2 纳米线、TiO_2 纳米管、锥形竹节 TiO_2 纳米管阵列结构及纳米阵列中间层结构对 $CuInS_2$ 量子点敏化太阳能电池的影响进行重点介绍。

7.2 一维 / 三维金红石相 TiO_2 纳米棒 / 纳米枝晶阵列太阳能电池

7.2.1 一维 / 三维金红石相 TiO_2 纳米棒 / 纳米枝晶阵列制备技术

以 TiO_2 纳米颗粒薄膜为光阳极，其颗粒与颗粒之间存在一定的电子传输阻碍，因此，为了减少这些电子传输阻碍，一维 / 三维单晶的 TiO_2 纳米阵列材料成为光阳极的研究重点。

7.2.1.1 光阳极的制备及结构

该技术主要采用多步水热合成技术制备一维 / 三维金红石相 TiO_2 纳米棒 / 纳米枝晶。主要以钛酸正四丁酯、盐酸、水和饱和氯化钠溶液为原料，不锈钢反应釜为容器，将 FTO 导电玻璃置于 100mL 聚四氟乙烯内衬进行多步水热完成制备过程。

具体步骤：首先在烧杯中加入 30mL 盐酸和 30mL 去离子水，强力搅拌 10min，然后将 1mL 钛酸正四丁酯逐滴加入混合溶液中，强力搅拌 10min 之后得到反应溶液；将 FTO 导电玻璃分别在乙醇、丙酮、去离子水中超声 15min，烘干之后导电面朝下斜置于反应溶液中；最后在 150℃下水热 20h 制备得到一维 TiO_2 纳米棒阵列。为了增加 TiO_2 纳米棒薄膜的厚度，在上述反应溶液中加入 5mL 的饱和氯化钠溶液，强力搅拌 10min；将之前水热反应制备的产物采用同样的方式在该溶液中 150℃下再水热 20h，重复此过程制备所需厚度的 TiO_2 纳米棒阵列薄膜。将制备好的 TiO_2 纳米棒置于 $TiCl_4$ 水溶液中浸泡 30min，然后再置于反应溶液中 150℃下水热 4h 制备三维 TiO_2 纳米枝晶，所有的样品经过洗涤烘干后在 500℃下热处理 1h。合成工艺流程图如 7-1 所示。

水热反应次数对一维单晶 TiO_2 纳米棒阵列薄膜的厚度具有很重要的影响，图 7-2 为分别在 150℃水热 10h、20h，150℃下水热 20h 两次，150℃下水热 20h 三次和在饱和氯化钠添加剂溶液中 150℃下水热 4h 之后制备出的样品的 XRD 谱图。从

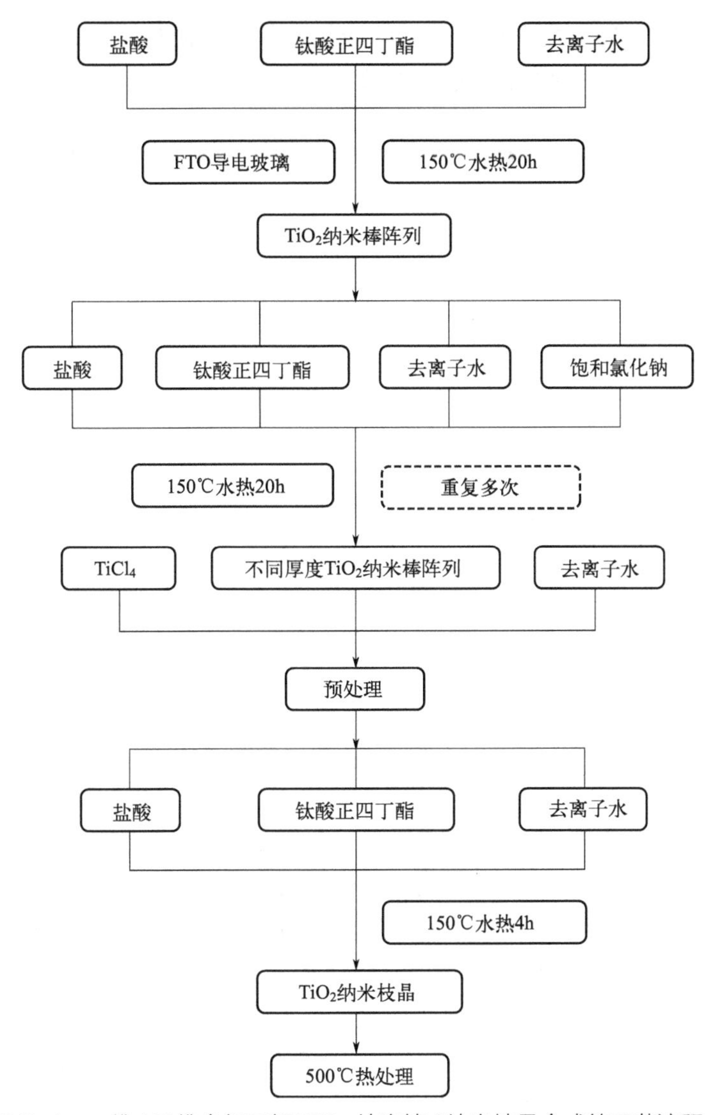

图 7-1　一维 / 三维金红石相 TiO_2 纳米棒 / 纳米枝晶合成的工艺流程图

图中可以看出，经过多次水热之后制备的样品具有相同的物相结构，说明水热反应不会影响样品的物相。除了 FTO 玻璃对应的 SnO_2 的衍射峰，其他的衍射峰分别在 27.434°、36.080°、39.188°、41.239°、44.040°、54.319°、56.622°、62.761°、64.043° 和 69.000° 处对应的衍射峰的晶面参数为（110）、（101）、（200）、（111）、（210）、（211）、（220）、（002）、（310）和（301），该晶面参数对应为 JCPDS01-086-0147 卡片的纯金红石相 TiO_2。此外，从图中可以看出，随着水热时间的延长和水热次数的增加，金红石相 TiO_2 的衍射峰强逐渐增强，这也说明了金红石相 TiO_2 薄膜的持续生长，并且在（110）晶面存在一定的择优生长。然而在饱和氯化钠添加剂溶液中 150℃下水热 4h 之后的样品衍射峰强度最为明显。

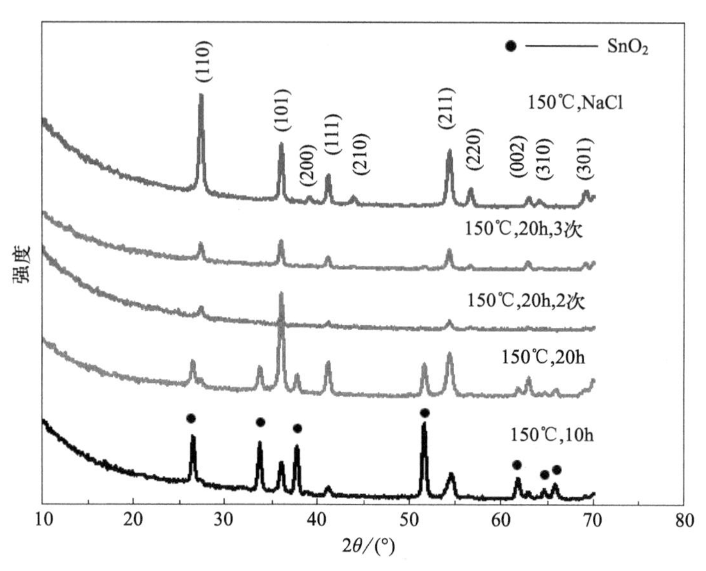

图 7-2　不同水热条件下样品的 XRD 谱图

为了进一步分析水热过程对金红石相 TiO_2 样品的影响，采用 FESEM 分析了样品的形貌结构，如图 7-3 所示。从图中可以看出，采用水热法能够在 FTO 导电玻璃基底上成功制备出 TiO_2 纳米棒阵列，并且排列比较均匀；随着水热反应时间从 10h 增加至 20h，TiO_2 纳米棒的长度从 2μm 增加到 4μm，纳米棒的直径约为 100 ～ 150nm；当水热反应的次数增加到两次和三次的时候，TiO_2 纳米棒的长度继续增加到 6μm 和 8μm，同时纳米棒的直径增加至 200nm 和 250nm 左右，但是 TiO_2 纳米棒的表面和底部出现了纳米碎片，尤其是水热反应三次制备的 TiO_2 纳米棒中，不仅因为纳米棒的直径增加而减小 TiO_2 纳米棒阵列薄膜的内比表面积，而且大量的纳米棒碎片对 TiO_2 纳米棒薄膜整体造成较大的破坏，这说明虽然通过增加水热次数可以延长 TiO_2 纳米棒的长度，但是过多的水热会严重影响 TiO_2 纳米棒阵列薄膜的均匀性和完整性。图 7-3（e）和（f）为 150℃下水热 20h 两次和在饱和氯化钠添加剂溶液中 150℃下水热 4h 制备样品的表面形貌，可以看出经过 150℃下水热 20h 两次制备的样品为直径约为 100 ～ 200nm 的 TiO_2 纳米棒，而经过饱和氯化钠添加剂溶液中 150℃下水热 4h 之后 TiO_2 纳米棒转变成 TiO_2 纳米枝晶，其中纳米枝的长度约为 70nm，直径约为 30nm，分布比较均匀。因此，通过改变水热条件可以有效地制备一维 TiO_2 纳米棒和三维 TiO_2 纳米枝晶。

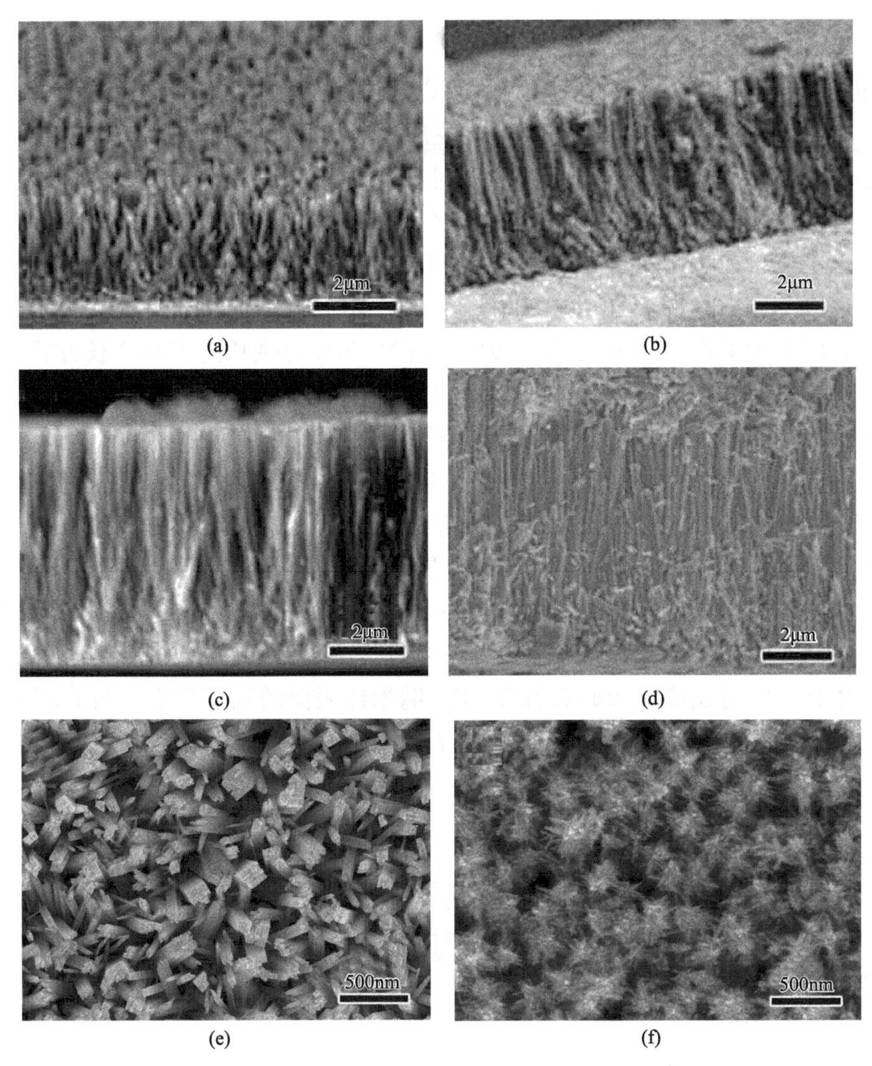

图 7-3　不同水热条件下样品的 FESEM 图像

(a) 150℃水热 10h 断面图；(b) 150℃水热 20h 断面图；
(c) 150℃下水热 20h 两次断面图；(d) 150℃下水热 20h 三次断面图；
(e) 150℃下水热 20 h 两次表面图；(f) 饱和氯化钠添加剂溶液中 150℃下水热 4h 表面图

7.2.1.2　生长机理分析

根据 XRD 谱图和 FESEM 图像可以推断一维 / 三维 TiO_2 纳米棒 / 纳米枝晶具体的生长机理。从化学反应的过程来看，钛酸正四丁酯、浓盐酸和去离子水的混合溶液在 150℃的高压水热环境中，钛酸正四丁酯开始水解，并且逐渐转化成为 TiO_2，反应过程如下：

$$Ti^{4+} + H_2O \longrightarrow H^+ + Ti(IV)complex \qquad (7\text{-}1)$$

$$\text{Ti(IV)complex} + O^{2-} \longrightarrow TiO_2 \qquad (7\text{-}2)$$

TiO_2 纳米棒 / 纳米枝晶的生长过程可以通过图 7-4 的生长模型来分析：当水热反应开始进行之后，TiO_2 纳米材料通过生成的 Ti-O 八面体结构单元 [TiO_6] 交织而成，此时在 FTO 导电玻璃基底开始出现排列均匀的 TiO_2 纳米颗粒，伴随着反应时间的继续增加，以 TiO_2 纳米颗粒为晶核开始沿着垂直于 FTO 导电玻璃基底的方向逐渐向上生长。在 Ti-O 八面体结构单元 [TiO_6] 交织生成 TiO_2 的过程中，不同晶面的生长速度不同，按照 [110] ＜ [100] ＜ [101] ＜ [001] 方向生长，而且在水热溶液中钛酸正四丁酯的配位基和溶液的酸性程度对 TiO_2 的生长速度和生长方式具有重要的影响；然而，在水热溶液中高浓度的 H^+ 严重限制了 TiO_2 纳米棒的生长速度。在这两个因素的影响下，FTO 导电玻璃基底上就逐渐形成了沿着 [001] 方向择优生长的稳定的（110）晶面的 TiO_2 纳米棒，这也符合 XRD 谱图的结果。为了进一步增加 TiO_2 纳米棒的长度，在水热反应溶液中加入了饱和氯化钠作为添加剂。氯化钠能够有效地增加 TiO_2 纳米棒生长溶液的离子浓度，通过提高溶液的离子浓度有利于更小的纳米晶的生长；另外氯化钠的加入能够使得已生成的 TiO_2 纳米棒表面覆盖一层离子，这一层离子能够形成一个扩散势垒区，这样能够推动 TiO_2 纳米棒的继续生长，同时还能够阻碍钛源在 TiO_2 纳米棒表面的过度扩散；与此同时，Cl^- 的存在能够限制 TiO_2 纳米棒向 [110] 面方向的生长，并且更好地促进 TiO_2 纳米棒

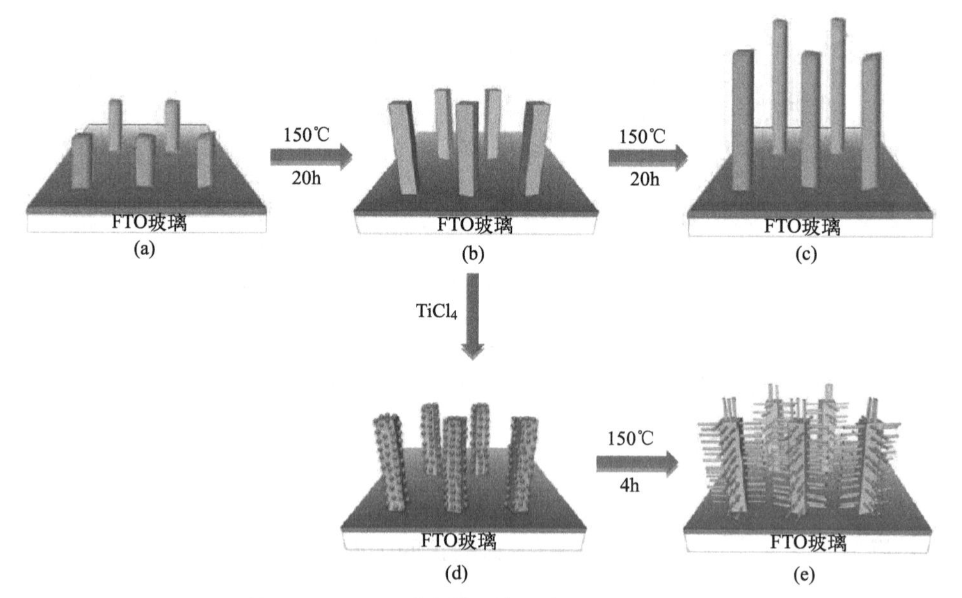

图 7-4 TiO_2 纳米棒 / 纳米枝晶的合成机理

(a) 一次水热；(b) 二次水热；(c) 三次水热；(d) $TiCl_4$ 预处理；(e) 再次水热合成 TiO_2 纳米枝晶

沿着 [001] 方向持续生长。同时根据晶体对称性和表面能的补偿性，在（110）晶面就会形成方形截面的形状，这也和 FESEM 图像中的结果相符合。通过以上过程，TiO_2 纳米棒的长度能够有效地增加 [图 7-4（b）、（c）]。为了进一步将 TiO_2 纳米棒生长成为 TiO_2 纳米枝晶，将 TiO_2 纳米棒在 $TiCl_4$ 的水溶液中预处理，$TiCl_4$ 在水溶液中经过水解反应在 TiO_2 纳米棒的表面沉积了一层排列均匀的 TiO_2 纳米颗粒 [图 7-4（d）]，反应过程与式（7-1）和式（7-2）类似。如图 7-4（e）所示，在进一步的水热反应中，通过 Ti-O 八面体结构单元 $[TiO_6]$ 交织生成 TiO_2，以沉积的 TiO_2 纳米颗粒为晶核，沿着垂直于长方体 TiO_2 纳米棒各个面的方向缓慢生长，最终形成了 TiO_2 纳米枝晶。

7.2.2　TiO_2 纳米棒长度对太阳能电池性能的影响

通过多次水热法分别制备出长度为 2μm、4μm、6μm 和 8μm 的金红石相 TiO_2 纳米棒阵列薄膜，采用 3 次有机耦合法过程将 $CuInS_2$ 量子点吸附到 TiO_2 纳米棒阵列薄膜之后制备得到光阳极。图 7-5 分别为 2μm-TiO_2 光阳极、2μm-$CuInS_2/TiO_2$ 光阳极、4μm-$CuInS_2/TiO_2$ 光阳极、6μm-$CuInS_2/TiO_2$ 光阳极和 8μm-$CuInS_2/TiO_2$ 光阳极的紫外 - 可见光吸收谱图。从图中可以看出，在 $CuInS_2$ 量子点敏化之前，2μm-TiO_2 纳米棒阵列光阳极在波长范围 400nm 之前具有较强的光吸收性能；而经过 $CuInS_2$ 量子点敏化之后，2μm-TiO_2 纳米棒阵列光阳极的可见光吸收范围增大，明显向可见光区移动。与此同时，随着 TiO_2 纳米棒长度从 2μm 增加 6μm，$CuInS_2/TiO_2$ 光阳极的紫外 - 可见光光吸收强度逐渐增强，吸收边界逐渐向可见光区移动。但是随着 TiO_2 纳米棒长度继续增大到 8μm，$CuInS_2/TiO_2$ 光阳极的紫外 - 可见光光吸收性能并没有明显的提高。从上一节中所制备的不同长度 TiO_2 纳米棒的形貌结构来看，随着 TiO_2 纳米棒长度从 2μm 增加 6μm，更多的 $CuInS_2$ 量子点能够吸附到 TiO_2 纳米棒阵列薄膜表面，这样就能有效地提高 $CuInS_2/TiO_2$ 光阳极的光吸收性能。然而，TiO_2 纳米棒的直径也随着 TiO_2 纳米棒长度的增加而增加，这样就导致 TiO_2 纳米棒阵列薄膜的比表面积在逐渐降低。当 TiO_2 纳米棒的长度增加到 8μm 之后，TiO_2 纳米棒的长径比的持续改变对 $CuInS_2$ 量子点的吸附量具有较大的影响。虽然 TiO_2 纳米棒的长度增加，$CuInS_2$ 量子点的相对吸附量并没有明显的增加，这样就导致了 8μm-$CuInS_2/TiO_2$ 光阳极的光吸收性能相对于 6μm-$CuInS_2/TiO_2$ 光阳极没有明显的提高。从结果表明，纳米棒长度为 6μm 的 $CuInS_2/TiO_2$ 光阳极具有最佳的光吸收性能。

图 7-6 和表 7-1 分别为 2μm-TiO_2 太阳能电池、2μm-$CuInS_2/TiO_2$ 太阳能电池、4μm-$CuInS_2/TiO_2$ 太阳能电池、6μm-$CuInS_2/TiO_2$ 太阳能电池和 8μm-$CuInS_2/TiO_2$ 太

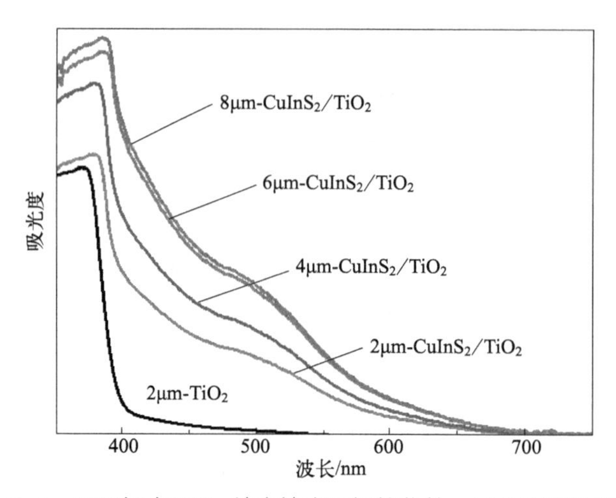

图 7-5　不同长度 TiO_2 纳米棒光阳极的紫外 - 可见光吸收谱图

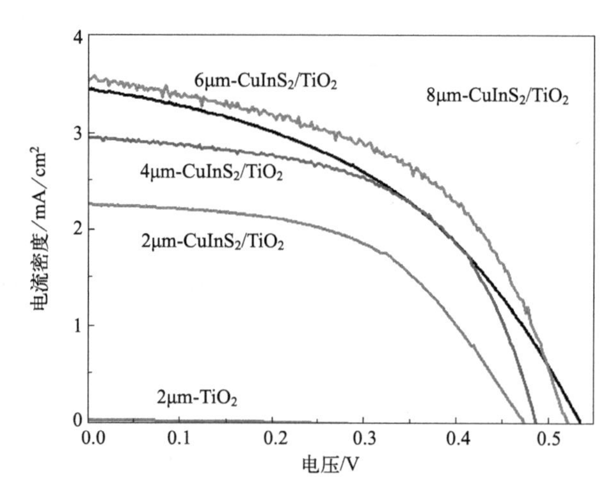

图 7-6　不同长度 TiO_2 纳米棒太阳能电池的 *J-V* 曲线

表7-1　不同长度TiO_2纳米棒太阳能电池的光电性能参数

样品	J_{sc}/(mA/cm^2)	V_{oc}/mV	FF/%	η/%
2μm-TiO_2	0.03	285.3	46.7	0.004
2μm-$CuInS_2/TiO_2$	2.36	464.8	57.5	0.63
4μm-$CuInS_2/TiO_2$	2.96	490.8	54.2	0.79
6μm-$CuInS_2/TiO_2$	3.59	521.2	50.2	0.94
8μm-$CuInS_2/TiO_2$	3.51	533.1	42.8	0.80

阳能电池的 *J-V* 曲线和光电性能参数。从结果中可以看出，纯金红石相 TiO_2 纳米棒阵列薄膜没有明显的光电性能。而随着 TiO_2 纳米棒长度的增加，$CuInS_2$ 量子点

敏化太阳能电池的开路电压逐渐从 464.8mV 提高到 533.1mV，这是由于 TiO_2 纳米棒的长度的增加逐渐增加光阳极表面 $CuInS_2$ 量子点的含量，进而增大 $CuInS_2/TiO_2$ 光阳极与电解液之间的电势差，从而提高了开路电压。此外，随着电子从 $CuInS_2$ 量子点向 TiO_2 纳米棒的有效传递，有可能会在一定程度上降低费米能级从而提高光阳极的开路电压。与此同时，随着 TiO_2 纳米棒长度的增加，$CuInS_2$ 量子点敏化太阳能电池的填充因子逐渐从 0.575 降低到 0.428，特别是 TiO_2 纳米棒长度为 8μm 的时候，太阳能电池的填充因子出现大幅度的下降。这是由于随着多次水热反应的进行，TiO_2 纳米棒阵列薄膜与 FTO 导电玻璃基底的界面结合逐渐降低，从而增加电子在光阳极与 FTO 导电玻璃基底之间的传输阻碍，而 8μm-$CuInS_2/TiO_2$ 的光阳极与 FTO 导电玻璃基底之间的界面接触出现严重的破坏进而导致填充因子的急剧下降。另外 TiO_2 纳米棒碎片的逐渐增多也在一定程度上影响电子在光阳极中的传输。从光电流密度来看，随着 TiO_2 纳米棒的长度增加，量子点敏化太阳能电池的短路电流密度逐渐从 2.36mA/cm^2 增加 3.59mA/cm^2，这个结果也可以表明 TiO_2 纳米棒长度的增加能够有效地提高 $CuInS_2$ 量子点在光阳极薄膜表面的吸附量，从而产生更多的光电子来提高短路电流密度。综合所有的光电性能参数，虽然 8μm-$CuInS_2/TiO_2$ 太阳能电池具有更高的开路电压和短路电流密度，但是其较低的填充因子严重影响了光电转换效率。因此，通过计算太阳能电池的光电转换效率可以发现，当 TiO_2 纳米棒长度为 6μm，$CuInS_2$ 量子点敏化 TiO_2 纳米棒阵列薄膜太阳能电池具有最佳的性能，约为 0.94%。

为了进一步证明 6μm-$CuInS_2/TiO_2$ 光阳极的高效性，分别对 2μm- $CuInS_2/TiO_2$ 太阳能电池、4μm-$CuInS_2/TiO_2$ 太阳能电池、6μm-$CuInS_2/TiO_2$ 太阳能电池和 8μm-$CuInS_2/TiO_2$ 太阳能电池进行了 IPCE 和 EIS 测试，如图 7-7 所示。从图 7-7（a）中可以看出，所有光阳极的 IPCE 响应区域同样跨越了整个紫外 - 可见光谱区域，其 IPCE 响应强度随着 TiO_2 纳米棒长度的增加先增强后减弱，6μm-$CuInS_2/TiO_2$ 太阳能电池的 IPCE 响应强度最高，约为 30%，同时反映出 6μm- $CuInS_2/TiO_2$ 太阳能电池具有更高的光电流密度。这也进一步证明了 6μm-$CuInS_2/TiO_2$ 量子点敏化太阳能电池能够获得更为高效的光电性能。而从图 7-7（b）的 EIS 曲线中可以看出，2μm-$CuInS_2/TiO_2$ 太阳能电池和 4μm-$CuInS_2/TiO_2$ 太阳能电池的串联电阻 R_s 基本相同，约为 20Ω，而随着 TiO_2 纳米棒长度的增加，太阳能电池的串联电阻 R_s 逐渐增加，特别是当 TiO_2 纳米棒长度为 8μm 的时候，R_s 达到了 50Ω，这就进一步证明了 TiO_2 纳米棒长度的增加同时带来了光阳极与 FTO 导电玻璃基底之间界面接触效果的降低，从而增加了串联电阻，提高了电子 - 空穴复合的概率，影响电子在光阳极和 FTO 导电玻璃之间的有效传输。另一方面，太阳能电池的电子传输电阻 R_{CT} 随着 TiO_2 纳米棒的长度的增加逐渐增加，特别是 8μm-$CuInS_2/TiO_2$ 太阳能电池的电子传输电阻达到了60Ω，约为6μm-$CuInS_2/TiO_2$太阳能电池的电子传输电阻的2倍，这也进一步证明了8μm-TiO_2纳米棒阵列薄膜光阳极中存在的大量纳米棒碎片严重影响了电子在光阳极内部的有效传输。相比之下，虽然6μm-$CuInS_2/TiO_2$太阳能电池的R_{CT}比2μm-$CuInS_2/TiO_2$太阳能电池和4μm-$CuInS_2/TiO_2$太阳能电池的要大，但是相差并不多，而6μm-$CuInS_2/TiO_2$太阳能电池中$CuInS_2$量子点的吸附量却相对更大。因此，总体来说，6μm-$CuInS_2/TiO_2$阳能电池具有最佳的光电性能。

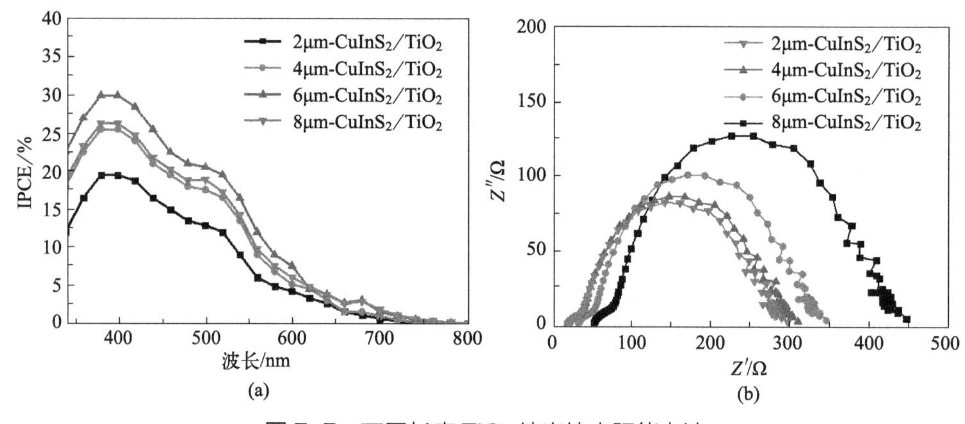

图7-7 不同长度TiO_2纳米棒太阳能电池

(a) IPCE谱图；(b) EIS曲线

7.2.3 不同的物相及形貌结构对太阳能电池性能的影响

相比于TiO_2纳米颗粒，TiO_2纳米棒的直径较大，因此可以确定TiO_2纳米棒阵列薄膜的比表面积相对来说要更小，这在一定程度上会影响$CuInS_2$量子点的吸附量。因此，为了缩小与TiO_2纳米颗粒薄膜比表面积之间的差距，在TiO_2纳米棒阵列基础上制备出的TiO_2纳米枝晶阵列薄膜作为光阳极的基础材料。高效TiO_2纳米颗粒薄膜是高纯的锐钛矿相，锐钛矿相TiO_2作为太阳能电池的光阳极要优于金红石相。但是单晶TiO_2纳米棒/纳米枝晶阵列薄膜不存在电子传输阻碍，能够更有利于提高光生电流密度。因此，为了证明TiO_2纳米棒/纳米枝晶阵列薄膜的优越性，对各种不同的纳米薄膜光阳极之间光电性能进行了对比。

首先确定TiO_2纳米枝晶阵列薄膜光阳极的物相结构，图7-8（a）为$CuInS_2$量子点敏化TiO_2纳米枝晶光阳极前后的XRD谱图，从图中可以看出，在经过$CuInS_2$量子点敏化之后的光阳极相比于纯金红石相的TiO_2纳米枝晶多出现了三个衍射峰，它们分别对应着纯黄铜矿相$CuInS_2$的（112）、（204）和（116）三个晶面。图7-8（b）和（c）为$CuInS_2$量子点敏化TiO_2纳米枝晶光阳极前后的SEM图像，从图中可以看出，在敏化之前 TiO_2 纳米枝晶的表面比较光滑，为纯单晶结构；经过 $CuInS_2$ 量子点敏化之后，TiO_2 纳米枝晶的表面变粗糙，出现较多的堆积小颗粒。从图 7-8（d）的 HRTEM 图像中可以看到两种不同的晶格条纹，除了金红石相 TiO_2 纳米枝晶薄膜（110）晶面对应的晶面参数 $d = 0.325$nm 之外，计算所得另一条晶格条纹为 $d = 0.276$nm 晶面参数，对应着黄铜矿相 $CuInS_2$ 的（204）晶面。这些结果都可以证明 $CuInS_2$ 量子点也能够通过有机耦合法均匀吸附在 TiO_2 纳米枝晶表面。

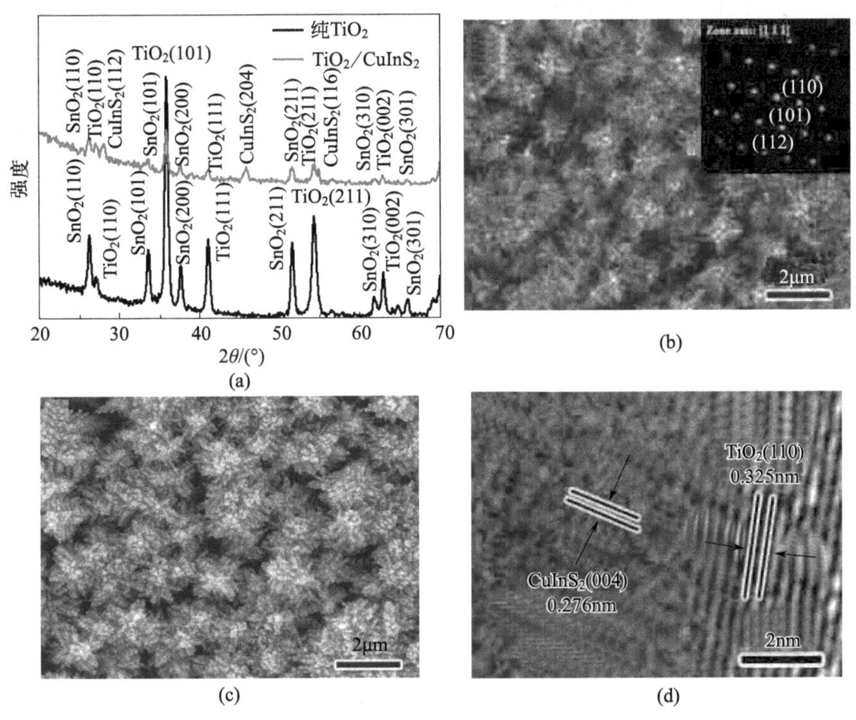

图 7-8　TiO_2 纳米枝晶光阳极的 XRD 和 SEM 图像

(a) XRD 谱图；(b) 敏化前；(c) 敏化后；(d) HRTEM 图像

为了对比不同物相及形貌结构的光阳极对 $CuInS_2$ 量子点敏化 TiO_2 纳米薄膜太阳能电池的影响，分别研究了 $CuInS_2$ 量子点敏化高效锐钛矿相 TiO_2 纳米颗粒太阳能电池（A-TiO_2 NPs）、$CuInS_2$ 量子点敏化金红石相 TiO_2 纳米颗粒太阳能电池（R-TiO_2 NPs）、$CuInS_2$ 量子点敏化金红石相 TiO_2 纳米棒阵列太阳能电池（TiO_2 NRs）和 $CuInS_2$ 量子点敏化金红石相 TiO_2 纳米枝晶阵列太阳能电池（TiO_2 NDs）的光吸收性能及光电性能。

图 7-9（a）为四种不同 $CuInS_2$ 量子点敏化光阳极的紫外 - 可见光吸收谱图。从图中可以看出，四种光阳极都具有较好的可见光吸收性能。金红石相 TiO_2 纳米薄膜的紫外 - 可见光光吸收峰位都在 360nm 左右，比锐钛矿相 TiO_2 纳米薄膜要更接

近可见光区。锐钛矿相 TiO_2 纳米颗粒薄膜的可见光吸收强度比金红石相要略高，但是 TiO_2 纳米棒和纳米枝晶阵列薄膜的可见光吸收强度要远高于锐钛矿相 TiO_2 纳米颗粒薄膜，并且光吸收边界也更接近于 800nm，尤其是 TiO_2 纳米枝晶。这种结果也说明了 TiO_2 纳米枝晶能够更有效地吸附 $CuInS_2$ 量子点，进而增强光阳极的紫外 - 可见光光吸收性能。而从图 7-9（b）的四种不同 $CuInS_2$ 量子点敏化光阳极的荧光光谱图中可以看出，在 $CuInS_2$ 量子点敏化 TiO_2 纳米薄膜之后，$CuInS_2$ 量子点的荧光激发峰强相比于纯的 $CuInS_2$ 量子点有非常明显的降低，这也证明了光生电子 - 空穴在 $CuInS_2$ 量子点敏化 TiO_2 纳米薄膜体系中的有效分离。与此同时，对比这四种不同的光阳极可以看到 $CuInS_2$ 量子点敏化 TiO_2 纳米枝晶阵列光阳极的荧光峰强最低，这也就进一步证明了以 TiO_2 纳米枝晶作为 $CuInS_2$ 量子点敏化太阳能电池的基础材料能够获得更好的光生电子 - 空穴分离的效果，以提高光生电流密度。

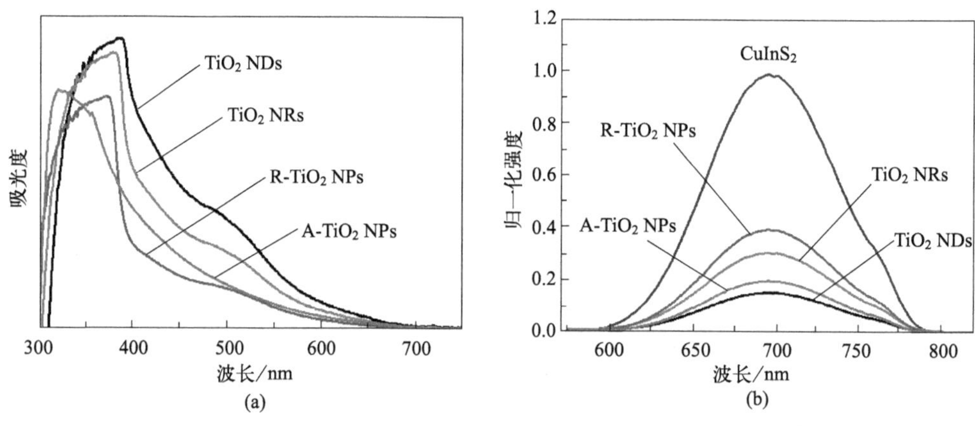

图 7-9　不同种类 $CuInS_2$ 量子点敏化 TiO_2 纳米薄膜光阳极

(a) 紫外 - 可见光吸收谱图；(b) 荧光光谱图

为了进一步证明 TiO_2 纳米枝晶阵列薄膜作为 $CuInS_2$ 量子点敏化太阳能电池基础材料的优越性，对四种 $CuInS_2$ 量子点敏化 TiO_2 纳米薄膜太阳能电池的光电性能进行了测试，如图 7-10 和表 7-2 所示。从图 7-10（a）的 J-V 曲线和表 7-2 的光电参数中可以看出，四种不同的 $CuInS_2$ 量子点敏化 TiO_2 纳米薄膜太阳能电池的开路电压没有明显的区别，而 TiO_2 纳米颗粒薄膜的填充因子明显要高于 TiO_2 纳米棒阵列和 TiO_2 纳米枝晶阵列，这可能是由于 TiO_2 纳米棒阵列和 TiO_2 纳米枝晶是通过多次水热反应过程制备而成，这就导致光阳极薄膜与 FTO 导电玻璃基底之间的界面接触效果降低。锐钛矿相 TiO_2 纳米颗粒薄膜的短路电流密度明显要高于金红石相 TiO_2 纳米颗粒薄膜，这也证明了锐钛矿相 TiO_2 在太阳能电池应用中的优越性。从光电转换效率来看，锐钛矿相 TiO_2 纳米颗粒薄膜太阳电池为 0.95%，与 TiO_2 纳米棒阵列薄膜太阳能电池的 0.94% 比较接近。但是 TiO_2 纳米棒阵列薄膜太阳能电池的短路电流密度达到 3.59mA/cm²，明显高于锐钛矿相 TiO_2 纳米颗粒薄膜太阳电池的 2.69mA/cm²，这就进一步证明了 TiO_2 纳米棒阵列结构能够更有利于电子传输，降低电子 - 空穴的复合概率，进而提高了短路电流密度。TiO_2 纳米枝晶具有更高的电流密度，其短路电流密度从 3.59mA/cm² 显著提高到了 4.70mA/cm²，这是由于单晶 TiO_2 纳米枝晶阵列除了其本身近一维阵列结构，不存在电子传输阻碍之外，其比表面积要大于 TiO_2 纳米棒阵列，所吸附的 $CuInS_2$ 量子点的含量就要明显增多，这样就能够产生更多的光生电子进而提高短路电流密度。因此，$CuInS_2$ 量子点敏化 TiO_2 纳米枝晶阵列太阳能电池的光电转换效率提升到了 1.26%。从图 7-10（b）的 IPCE 谱图中也可以看出，金红石相 TiO_2 纳米薄膜太阳能电池的 IPCE 响应范围比锐钛矿相 TiO_2 纳米薄膜更趋近可见光区，而锐钛矿相 TiO_2 纳米颗粒薄膜太阳能电池与 TiO_2 纳米棒阵列薄膜太阳能电池的 IPCE 响应差别并不大，这也和它们光电转换效率接近相一致。相比之下，TiO_2 纳米枝晶阵列太阳能电池的 IPCE 响应波长范围比其他三个 TiO_2 纳米薄膜太阳能电池要大，并且 IPCE 响应强度明显也要更高，达到了 42%，这也反映出在响应波长范围内的光生电流密度的增加。从以上结果表明，以 TiO_2 纳米枝晶阵列薄膜取代 TiO_2 纳米棒阵列薄膜作为 $CuInS_2$ 量子点敏化太阳能电池的基础光阳极能够获得更高的光电转换效率。

表7-2 不同物相及形貌结构的太阳能电池的光电性能参数

样品	J_{sc}/(mA/cm²)	V_{oc}/mV	FF/%	η/%
TiO_2 NRs	3.59	521.2	50.2	0.94
TiO_2 NDs	4.70	528.7	50.7	1.26
A-TiO_2 NPs	2.69	522.8	67.2	0.95
R-TiO_2 NPs	2.13	518.4	58.1	0.73

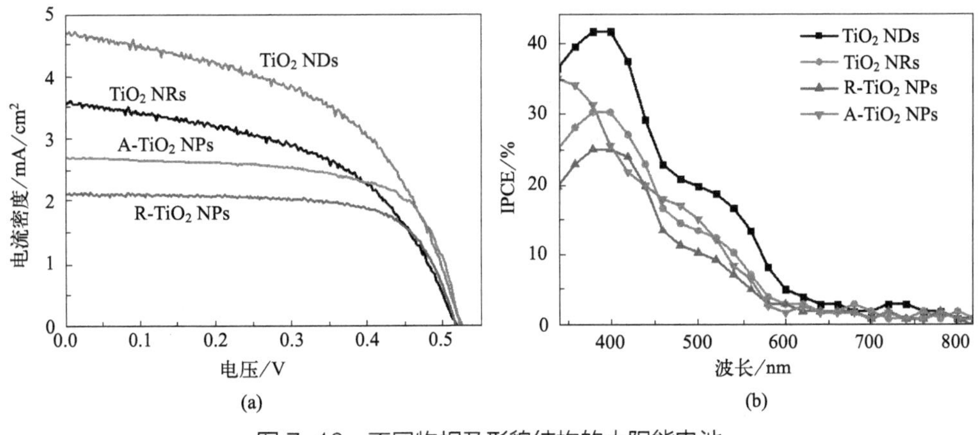

图 7-10 不同物相及形貌结构的太阳能电池

(a) J-V 曲线；(b) IPCE 谱图

从图 7-11（a）的 EIS 曲线中可以看出，锐钛矿相和金红石相 TiO_2 纳米颗粒薄膜量子点敏化太阳能电池的串联电阻 R_s 基本相同，约为 20Ω。而 TiO_2 纳米枝晶阵列薄膜量子点敏化太阳能电池的 R_s 达到了 50Ω，进一步证明了 TiO_2 纳米枝晶阵列薄膜与 FTO 导电玻璃之间界面接触效果要比 TiO_2 纳米颗粒薄膜略差，影响了太阳能电池的填充因子。然而，对比太阳能电池的电荷传输电阻 R_{CT} 可以发现，锐钛矿相 TiO_2 纳米颗粒薄膜的 R_{CT} 为 370Ω 左右，低于金红石相 TiO_2 纳米颗粒薄膜的 500Ω，这与 *J-V* 曲线中的锐钛矿相 TiO_2 纳米颗粒薄膜量子点敏化太阳电池具有较高光电性能的结果相一致。然而，TiO_2 纳米枝晶阵列薄膜的 R_{CT} 仅为 20Ω 左右，远远低于锐钛矿相 TiO_2 纳米颗粒薄膜，这就证明了 TiO_2 纳米枝晶阵列薄膜作为 $CuInS_2$ 量子点敏化太阳能电池的基础材料能够大大提高电荷传输速率，获得较高的光生电流密度。而从图 7-11（b）瞬态荧光光谱图和表 7-3 动力学参数中也可以看出，TiO_2 纳米枝晶阵列薄膜量子点敏化太阳能电池的荧光衰减速度最快，通过计算其具有最低的荧光衰减时间 7.4ns，电荷传输速率约为 $8.36\times10^7s^{-1}$。这也进一步证明了以 TiO_2 纳米枝晶阵列薄膜作为量子点敏化太阳能电池的基础材料能够更有效地加快电荷传输速率，以获得更高的光电转换效率。

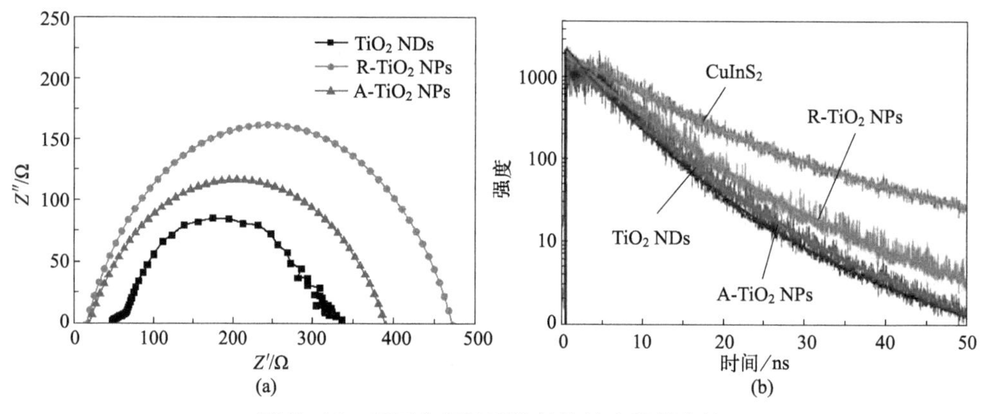

图 7-11 不同物相及形貌结构的太阳能电池

(a) EIS 曲线；(b) 瞬态荧光光谱图

表7-3 瞬态荧光光谱分析的动力学参数

样品	A_1	τ_1/ns	A_2	τ_2/ns	A_3	τ_3/ns	τ_{av}/ns	k_{ET}/s^{-1}
$CuInS_2$	0.72	12.06	0.51	29.30	0.05	43.40	19.7	—
R-TiO_2 NPs	0.77	6.25	0.49	17.72	0.12	20.94	11.7	3.39×10^7
A-TiO_2 NPs	0.68	4.43	0.37	10.75	0.11	11.17	7.9	7.5×10^7
TiO_2 NDs	0.58	2.57	0.41	9.39	0.09	14.35	7.4	8.36×10^7

7.2.4 连续离子层吸附法对太阳能电池结构及性能的影响

以 TiO_2 纳米枝晶阵列为光阳极，利用最佳的连续离子层吸附敏化工艺制备 $CuInS_2$ 量子点敏化太阳能电池。图 7-12（a）为连续离子层吸附法制备 $CuInS_2$ 量子点敏化 TiO_2 纳米枝晶阵列光阳极的 XRD 谱图，经过 $CuInS_2$ 量子点敏化之后 TiO_2 纳米棒依然为纯的金红石相，并且还出现了三个代表黄铜矿相 $CuInS_2$ 量子点的衍射峰。从图 7-12（b）和图 7-12（c）敏化前后 TiO_2 纳米枝晶光阳极的 SEM 图像中可以看出，经过连续离子层吸附过程之后，$CuInS_2$ 量子点比较均匀的沉积在 TiO_2 纳米枝晶阵列的表面，在整个光阳极薄膜中没有明显的团聚现象出现，并且薄膜也保持了一定的空隙，有望能够提高太阳能电池的光电性能。

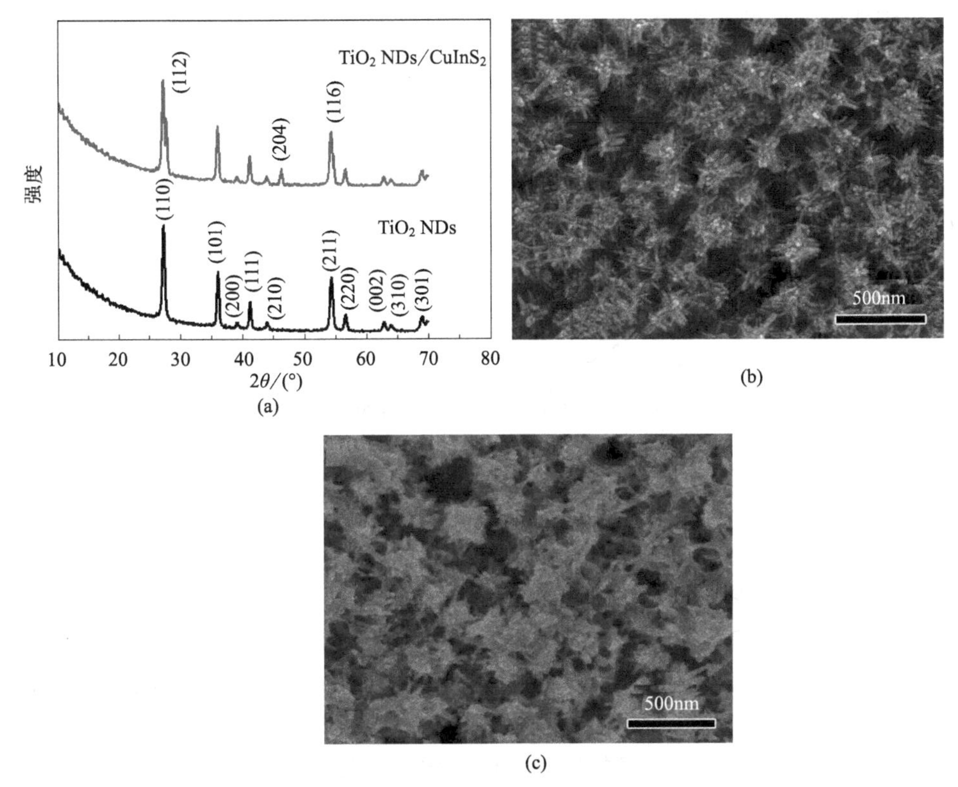

图 7-12 连续离子层吸附法制备 $CuInS_2$ 量子点敏化 TiO_2 纳米枝晶阵列太阳能电池的物相及形貌结构

(a) XRD 谱图；(b) 敏化前 SEM 图像；(c) 敏化后 SEM 图像

图 7-13 分别为 $CuInS_2$ 量子点敏化锐钛矿相 TiO_2 纳米颗粒光阳极、$CuInS_2$ 量子点敏化 TiO_2 纳米棒阵列光阳极和 $CuInS_2$ 量子点敏化 TiO_2 纳米枝晶阵列光阳极的紫外 - 可见光吸收谱图。从图 7-13（a）中可以看出，三种光阳极对整个紫外 - 可见

光区都具有较好的光吸收性能。与有机耦合法制备的光阳极类似，金红石相 TiO_2 纳米棒阵列薄膜和纳米枝晶阵列薄膜的可见光光吸收强度要高于锐钛矿相 TiO_2 纳米薄膜，并且 TiO_2 纳米枝晶阵列薄膜具有最佳的光吸收性能。这个结果也说明了 TiO_2 纳米枝晶阵列同样能够通过 SILAR 过程有效地吸附 $CuInS_2$ 量子点，进而增强光阳极的紫外 - 可见光光吸收性能。从图 7-13（b）的三种不同 $CuInS_2$ 量子点敏化光阳极的荧光光谱图中可以看出，与有机耦合法的结果类似，$CuInS_2$ 量子点的荧光激发峰强相比于纯的 $CuInS_2$ 量子点有非常明显的降低。但是，从荧光激发峰强度可以明显看出，采用连续离子层吸附法制备的光阳极要更低，这也说明 SILAR 法制备的光阳极能够更有效地分离光生电子 - 空穴。另外，$CuInS_2$ 量子点敏化 TiO_2 纳米枝晶阵列光阳极的荧光激发峰强度也是最低，进一步证明了 TiO_2 纳米枝晶阵列在太阳能电池中的高效性。

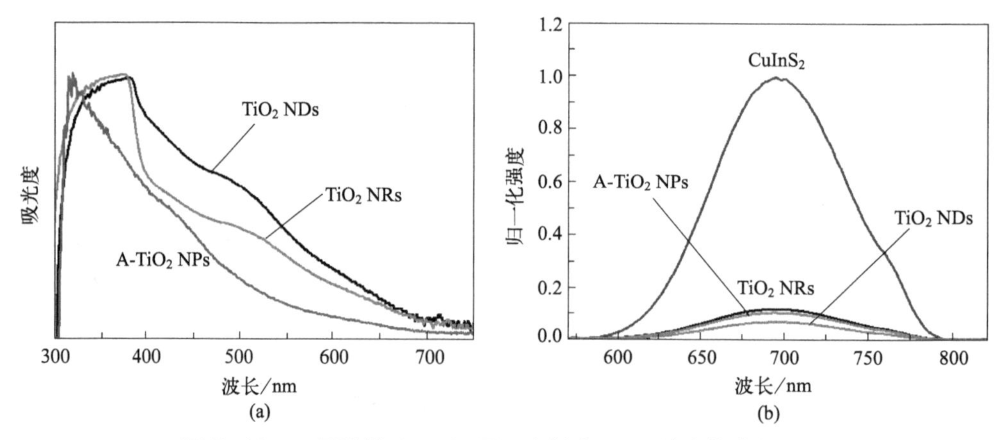

图 7-13　不同种类 $CuInS_2$ 量子点敏化 TiO_2 纳米薄膜光阳极

(a) 紫外 - 可见光吸收谱图；(b) 荧光光谱图

图 7-14（a）和表 7-4 为连续离子层吸附法制备 $CuInS_2$ 量子点敏化不同 TiO_2 纳米薄膜太阳能电池的 *J-V* 曲线和光电性能参数，与有机耦合法的结果类似，三种不同的 $CuInS_2$ 量子点敏化 TiO_2 纳米薄膜太阳能电池的开路电压也没有明显的区别，大约为 600mV。但是太阳能电池的填充因子要比有机耦合法制备的光阳极要小，这个的结果与 TiO_2 纳米颗粒薄膜太阳能电池类似。对比 TiO_2 纳米棒阵列薄膜和锐钛矿相 TiO_2 纳米颗粒薄膜太阳能电池，TiO_2 纳米棒阵列薄膜太阳能电池的短路电流密度要高于锐钛矿相 TiO_2 纳米颗粒薄膜太阳能电池，这也体现出单晶 TiO_2 纳米阵列结构在电子传输方面的优势。然而，虽然填充因子较低，但是 TiO_2 纳米枝晶阵列薄膜太阳能电池的短路电流密度达到了 8.11mA/cm^2，高于锐钛矿相 TiO_2 纳米颗粒薄膜太阳能电池的 6.94mA/cm^2，进而使得光电转换效率有略微提高，达到了 1.65%。这也同样证明了这种单晶 TiO_2 纳米枝晶阵列薄膜对电子传输和光电流

的产生具有较大的优势。从 *J-V* 曲线的结果也可以看到，采用连续离子层吸附法制备的 TiO_2 纳米棒 / 纳米枝晶阵列薄膜太阳能电池的光电性能也远高于有机耦合法。而从图 7-14（b）的 IPCE 谱图中也可以看出，三种 TiO_2 纳米薄膜太阳能电池几乎在整个紫外 - 可见光区域内都有 IPCE 响应。相比之下，虽然在波长为 500nm 之后的 IPCE 响应强度要低于 TiO_2 纳米颗粒薄膜太阳能电池，但是 TiO_2 纳米棒阵列和 TiO_2 纳米枝晶薄膜太阳能电池在波长为 500nm 之前有较高的响应，IPCE 峰值分别达到了 45% 和 48%，这也说明 TiO_2 纳米阵列结构在该波长区域内能够产生较大的光生电流密度。从以上结果也能表明，以 TiO_2 纳米枝晶阵列薄膜作为 $CuInS_2$ 量子点敏化太阳能电池的基础光阳极能够获得更为优异的光电性能。

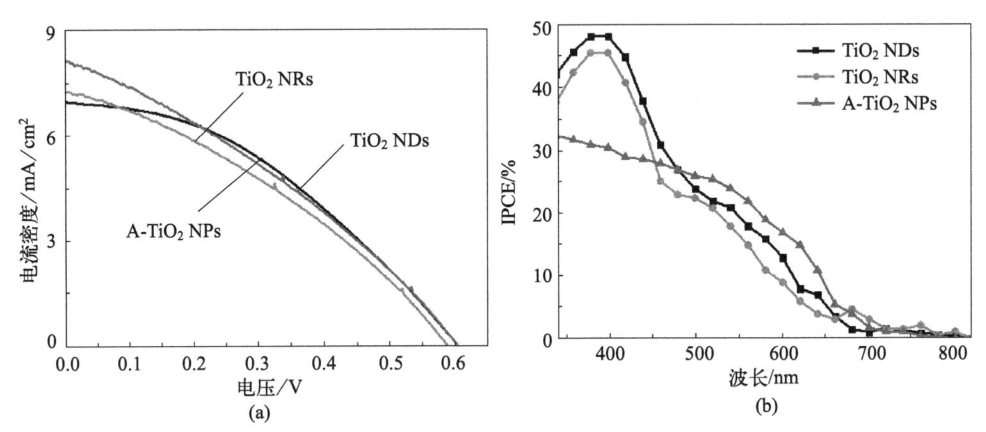

图 7-14　连续离子层吸附法制备 $CuInS_2$ 量子点敏化不同 TiO_2 纳米薄膜太阳能电池

(a) *J-V* 曲线；(b) IPCE 谱图

表7-4　不同TiO_2纳米薄膜太阳能电池的光电性能参数

样品	J_{sc}/(mA/cm^2)	V_{oc}/mV	FF/%	η/%
A-TiO_2 NPs	6.94	609.1	38.3	1.62
TiO_2 NRs	7.26	593.3	34.0	1.47
TiO_2 NDs	8.11	608.0	33.5	1.65

7.2.5　电池的电荷传输机理

TiO_2 纳米棒 / 纳米枝晶阵列薄膜作为 $CuInS_2$ 量子点敏化太阳能电池的光阳极比 TiO_2 纳米颗粒薄膜要更为高效，通过图 7-15 来分析 TiO_2 纳米棒 / 纳米枝晶阵列薄膜太阳能电池的电荷传输机理。

以有机耦合法制备的光阳极为例，首先从图 7-15（a）中 $CuInS_2$ 量子点敏化 TiO_2 纳米材料的光学带隙可以看到，电子的产生和跃迁的过程与材料形貌结构无关。与 TiO_2 纳米颗粒薄膜光阳极的电子产生机理相同，对 TiO_2 纳米阵列薄膜来说，在标准太阳光的照射下，$CuInS_2$ 量子点同样通过吸收光子产生电子，并从价带跃迁至导带，接下来电子从 $CuInS_2$ 的导带跃迁至 TiO_2 的导带，最终电子通过 TiO_2 纳米薄膜光阳极传递至基底进而产生光电流。

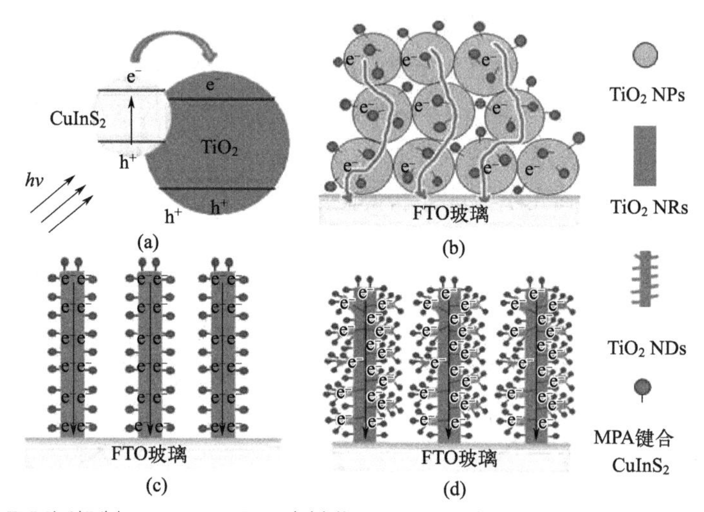

图 7-15　电子跃迁机制及 $CuInS_2$ 量子点敏化不同 TiO_2 纳米薄膜太阳能电池的电子传输模型

(a) 电子跃迁机制；(b) TiO_2 纳米颗粒；(c) TiO_2 纳米棒；(d) TiO_2 纳米枝晶

对 TiO_2 纳米颗粒薄膜与 TiO_2 纳米棒 / 纳米枝晶阵列薄膜光阳极来说，它们的电荷传输过程对最终光电流的强度有非常重要的影响。首先从图 7-15（b）的 TiO_2 纳米颗粒薄膜光阳极的电荷传输机理中可以看到，光阳极薄膜中 TiO_2 纳米颗粒虽然是相互接触组合在一起，但是各个 TiO_2 纳米颗粒都是相互独立的。在光照下，每个 TiO_2 纳米颗粒通过 $CuInS_2$ 量子点的跃迁所产生的电子将会通过 TiO_2 纳米颗粒的接触点逐渐传递到 FTO 导电玻璃基底。但是在这个电子传输过程中，TiO_2 纳米颗粒与颗粒之间的接触点存在一定的界面接触，当电子经过该界面点的时候，就有可能会在这个界面点被捕获，在一定程度上增加了电子 - 空穴复合的概率，这样对电子的传输就造成了一定的阻碍作用。另外，虽然薄膜光阳极内的 TiO_2 纳米颗粒都是同种物相及形貌，但是颗粒与颗粒之间还是存在一定的晶格失配，这也会对电子传输有影响。因此，电子在这样的传输机制下达到 FTO 导电玻璃就会存在较大量的电子损失，进而影响最终的光电流密度。

而从图 7-15（c）的 TiO_2 纳米棒薄膜光阳极的电荷传输机理中可以看到，TiO_2 纳米棒阵列薄膜直接在 FTO 导电玻璃表面生长。与 TiO_2 纳米颗粒薄膜不同，TiO_2 纳米棒阵列是一维的结构，每一根纳米棒是一个独立的整体，纳米棒之中不存在任何界面接触问题，并且在每根纳米棒的表面吸附大量的 $CuInS_2$ 量子点。在光照下，TiO_2 纳米棒表面吸附的 $CuInS_2$ 量子点能产生大量的电子，而所有的电子通过一维

的 TiO_2 纳米棒直接传输到 FTO 导电玻璃基底。在这个电子传输过程中，不会遇到任何界面接触点，电子以最快的传输速度达到基底电子接收处。此外，TiO_2 纳米棒阵列薄膜通过水热法直接制备而成，它是属于单晶的整体结构，不存在任何的晶格失配，薄膜中的每根 TiO_2 纳米棒对电子传输几乎不会有任何负面影响，因此 TiO_2 纳米棒阵列薄膜太阳能电池的短路电流密度的比 TiO_2 纳米颗粒薄膜太阳能电池要高。然而，TiO_2 纳米棒阵列薄膜的比表面积相对较低，进而限制了 TiO_2 纳米棒阵列薄膜太阳能电池的光电转换效率。

从图 7-15（d）的 TiO_2 纳米枝晶阵列薄膜光阳极的电荷传输机理中可以看到，TiO_2 纳米枝晶阵列薄膜比 TiO_2 纳米棒阵列更为优异的就是每根 TiO_2 纳米棒上所新生长的枝晶，进一步增加薄膜的比表面积，能够吸附相对更多的 $CuInS_2$ 量子点用来产生电荷。与 TiO_2 纳米棒阵列相同，这种近三维结构的 TiO_2 纳米枝晶阵列薄膜也能够将 $CuInS_2$ 量子点所产生的电子直接快速的传输到 FTO 导电玻璃基底。并且 TiO_2 纳米枝晶阵列薄膜光阳极与 TiO_2 纳米棒阵列薄膜具有相同单晶的整体结构，同样不存在界面接触影响电子传输效率。因此，在最终的研究结果中可以看到，具有独特的三维单晶结构的 TiO_2 纳米枝晶阵列薄膜太阳能电池的短路电流密度最高、电子传输速度最快、电子传输电阻最小，最终获得最佳的光电转换效率。

7.3　一维 TiO_2 纳米线 / 纳米管阵列太阳能电池

与 TiO_2 纳米棒 / 纳米枝晶阵列不同，TiO_2 纳米线阵列和 TiO_2 纳米管阵列薄膜的比表面积较大，按照 TiO_2 纳米棒 / 纳米枝晶阵列薄膜的 SILAR 敏化工艺并不能获得优良的光阳极薄膜。因此，重新探索更适用于 TiO_2 纳米线阵列和 TiO_2 纳米管阵列薄膜太阳能电池的 SILAR 量子点敏化工艺具有非常重要的意义。

7.3.1　一维锐钛矿相 TiO_2 纳米线阵列制备技术

一维纳米阵列材料有利于电子传输，TiO_2 纳米线阵列相比于 TiO_2 纳米棒阵列材料具有更高的比表面积，因此以 TiO_2 纳米线阵列为光阳极也具有较好的研究前景。

7.3.1.1　光阳极的制备及结构

该技术主要采用高温水热法及热处理过程制备了一维锐钛矿相 TiO_2 纳米线阵列薄膜。与高效 TiO_2 纳米颗粒的制备方法类似，实验主要以钛片和氢氧化钠水溶液为原料，不锈钢反应釜为容器，在 100mL 聚四氟乙烯内衬内进行高温水热。然后经过酸洗还原之后，再进行热处理完成制备过程。

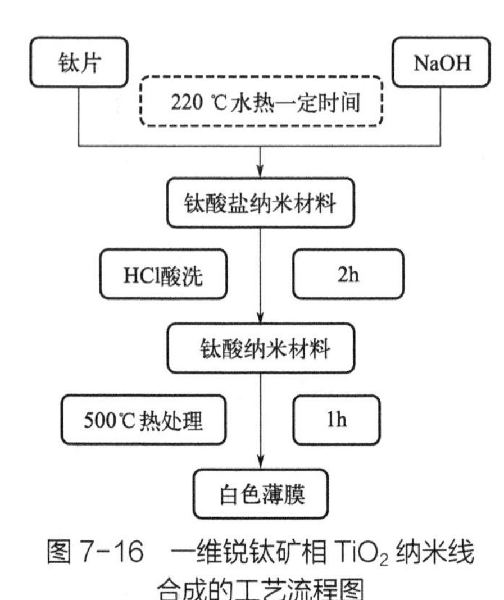

图 7-16 一维锐钛矿相 TiO_2 纳米线合成的工艺流程图

具体步骤：首先在 100mL 去离子水中配制 1mol/L 的氢氧化钠溶液，然后将上述溶液移至反应釜中，将用丙酮、去离子水和无水乙醇超声清洗的钛片置于氢氧化钠溶液中，在电热恒温干燥箱中 220℃下恒温反应一定时间制备得到产物；取出清洗烘干后，采用 0.6mol/L 的盐酸溶液酸洗 2h；然后将酸洗之后的样品清洗烘干置于马弗炉中 500℃下热处理 1h，自然冷却至室温，在钛片表面得到白色薄膜，合成工艺流程图如 7-16 所示。

水热反应、酸洗和热处理过程对一维锐钛矿相 TiO_2 纳米线阵列薄膜的形貌结构和物相组成都具有重要的影响。图 7-17 分别为在 220℃水热 48h、酸洗之后和热处理之后制备出的样品的 XRD 谱图，从图中可以看出，经过高温水热和 0.6mol/L 的盐酸酸洗 2h 之后制备的样品，除了钛基底对应的衍射峰，其他的衍射峰分别在 9.776°、48.023° 和 62.823° 处对应的衍射峰的晶面参数为（200）、（020）和（202），该晶面参数对应为 JCPDS00-047-0124 卡片的纯 $H_2Ti_2O_5 \cdot H_2O$ 相。而在 500℃下热处理之后，样品的衍射峰发生了较大的转变，其衍射峰分别在 25.308°、37.791°、38.572°、48.047°、53.885°、55.073°、62.692° 和 68.756° 处对应的衍射峰的晶面参数为（101）、（004）、（112）、（200）、（105）、（211）、（204）和（116），该晶面参数对应为 JCPDS01-071-1166 卡片的纯锐钛矿相 TiO_2，并且在（101）晶面有择优生长。因此通过高温热碱水热法和热处理能制备纯锐钛矿相 TiO_2 纳米材料。

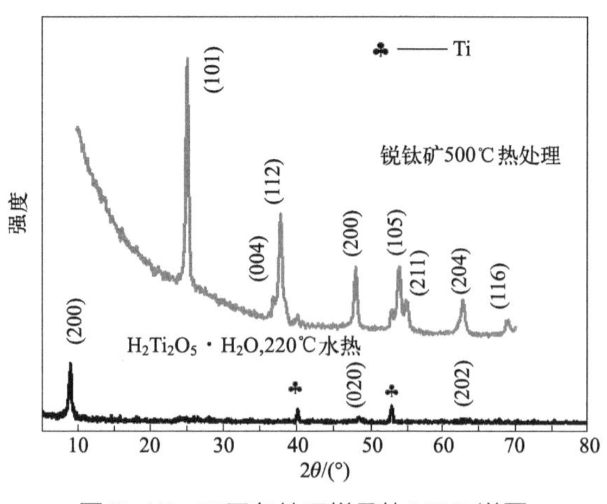

图 7-17 不同条件下样品的 XRD 谱图

为了进一步分析高温水热过程对样品的影响，采用 FESEM 分析了不同水热时间制备的锐钛矿相 TiO_2 样品的形貌结构，如图 7-18 所示。从图 7-18（a）中可以看出，该高温热碱水热法能够成功制备出 TiO_2 纳米线，并且分布比较均匀，TiO_2 纳米线之间也有序地存在间隙。从图 7-18（b）～（f）中可以看出，TiO_2 纳米线薄膜在钛基底上呈现出有序阵列的结构，纳米线的直径为 80 ～ 100nm 左右，并且随着水热反应时间从 12h 增加至 24h、36h、48h 和 60h，TiO_2 纳米线的长度从 5μm 增加到 10μm、15μm、20μm 和 25μm，而 TiO_2 纳米线的直径几乎没有什么变化，这也说明通过延长高温热碱水热的反应时间能够有效地延长 TiO_2 纳米线阵列的长度。

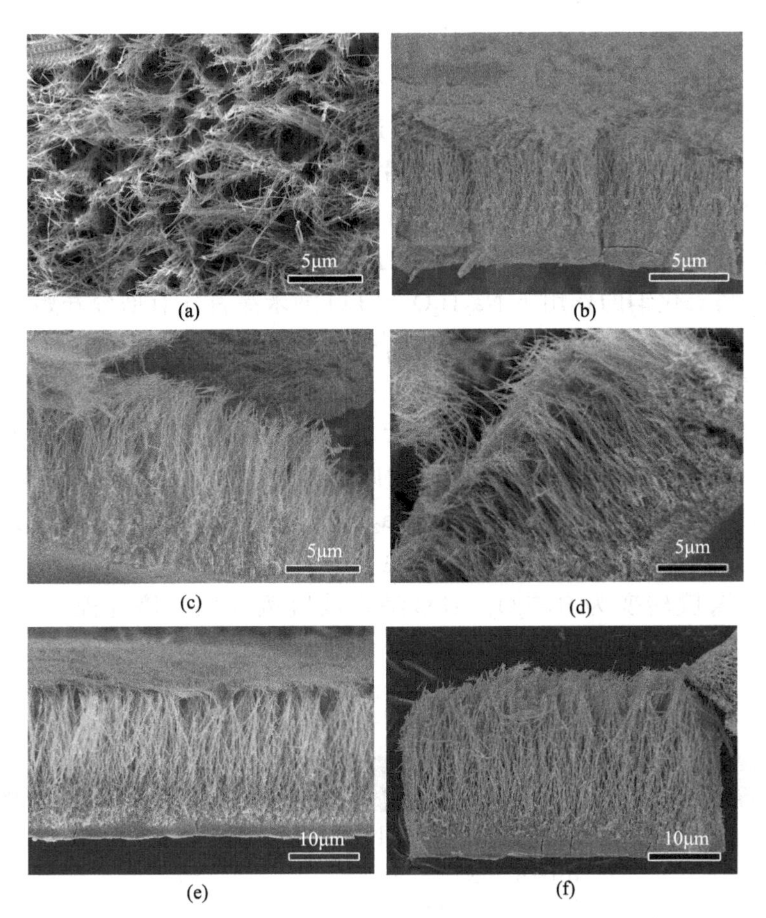

图 7-18　220℃不同水热时间下样品的 FESEM 图像

(a) 48h 表面图；(b) 12h 断面图；(c) 24h 断面图；(d) 36h 断面图；(e) 48h 断面图；(f) 60h 断面图

7.3.1.2　一维锐钛矿相 TiO_2 纳米线阵列薄膜的生长机理分析

从化学反应的角度来说，在第一步的高温热碱水热的反应过程中，钛片与氢氧化钠在水溶液中开始发生反应逐渐生成了 $Na_2Ti_2O_5 \cdot H_2O$，并且随着反应时间的延长，反应过程如下：

$$2Ti+2NaOH+4H_2O \longrightarrow Na_2Ti_2O_5 \cdot H_2O + 4H_2 \tag{7-3}$$

在第二步酸洗过程中，$Na_2Ti_2O_5 \cdot H_2O$ 中的 Na^+ 被 H^+ 给置换出来，从而转换成 $H_2Ti_2O_5 \cdot H_2O$ 纳米材料，该反应过程如下：

$$Na_2Ti_2O_5 \cdot H_2O+2H^+ \longrightarrow H_2Ti_2O_5 \cdot H_2O+2Na^+ \tag{7-4}$$

最后，经过 500℃热处理之后，$Na_2Ti_2O_5 \cdot H_2O$ 脱水并且逐渐转换成为锐钛矿相 TiO_2 纳米材料，反应过程如下：

$$H_2Ti_2O_5 \cdot H_2O \longrightarrow 2TiO_2+2H_2O \tag{7-5}$$

而一维锐钛矿相 TiO_2 纳米线阵列的生长过程，可以由图 7-19 的生长模型来分析：当水热反应开始进行之后，钛片通过与氢氧化钠的反应开始从表面缓慢溶解，在反应的初级阶段首先就在钛片的表面生成了一层 $Na_2Ti_2O_5 \cdot H_2O$ 纳米晶，与之前钛酸纳米材料的生长过程相似，$Na_2Ti_2O_5 \cdot H_2O$ 也是由 $[TiO_6]$ 八面体相互交织而成。随着水热反应的继续进行，钛片通过内部的溶解扩散作用继续提供钛源，在氢氧化钠的作用下 $Na_2Ti_2O_5 \cdot H_2O$ 纳米晶首先有部分开始溶解，同时与所提供的钛源继续反应生成 $Na_2Ti_2O_5 \cdot H_2O$，而此时 $Na_2Ti_2O_5 \cdot H_2O$ 以最初阶段中未溶解的 $Na_2Ti_2O_5 \cdot H_2O$ 纳米晶为晶核，沿着垂直于钛片的方向继续生长而形成了 $Na_2Ti_2O_5 \cdot H_2O$ 纳米线，并且随着水热反应时间的延长而持续增长，由于钛片表面存在大量的 $Na_2Ti_2O_5 \cdot H_2O$，因此通过持续反应生成了排列较为有序的 $Na_2Ti_2O_5 \cdot H_2O$ 纳米线阵列薄膜。整个 $Na_2Ti_2O_5 \cdot H_2O$ 纳米线阵列薄膜反应过程可以被定义为“成核—溶解—再结晶”的生长机制。通过酸洗过程将 $Na_2Ti_2O_5 \cdot H_2O$ 纳米线阵列薄膜转变为 $H_2Ti_2O_5 \cdot H_2O$ 纳米线阵列薄膜，该过程与高效 TiO_2 纳

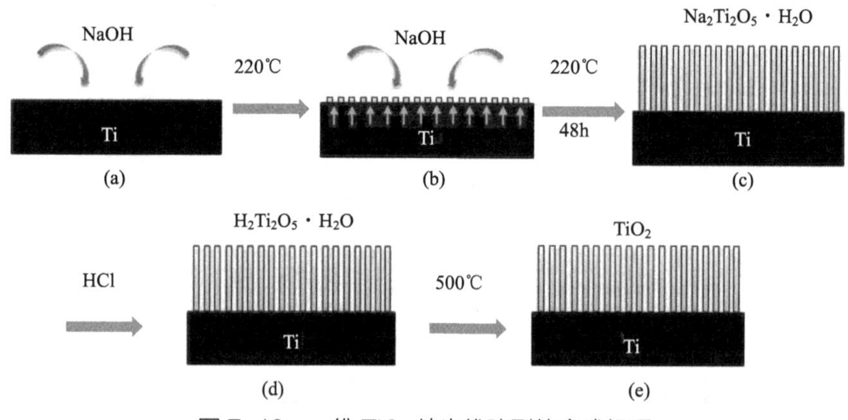

图 7-19　一维 TiO_2 纳米线阵列的合成机理

(a) 预水热反应；(b) 水热反应初级阶段；(c) 水热 48h；(d) HCl 酸洗；(e) 500℃热处理合成 TiO_2 纳米线阵列薄膜

米颗粒制备的酸洗过程类似，$Na_2Ti_2O_5 \cdot H_2O$ 层状结构中的 Na^+ 被 H^+ 所取代，$Na_2Ti_2O_5 \cdot H_2O$ 物相逐渐转变成为 $H_2Ti_2O_5 \cdot H_2O$ 物相。经过 500℃热处理之后，$H_2Ti_2O_5 \cdot H_2O$ 逐渐发生了脱水反应进而呈现出二维层状结构，随着反应的进行，处于二维层状结构的 $[TiO_6]$ 八面体通过共边效应逐渐形成了曲折构型，物相逐渐由 $H_2Ti_2O_5 \cdot H_2O$ 转变为锐钛矿相 TiO_2，并且在高温下进一步形成结晶性优良的锐钛矿相 TiO_2 纳米线阵列薄膜。

7.3.2　一维高度有序 TiO_2 纳米管阵列薄膜制备技术

一维纳米阵列材料中，TiO_2 纳米管阵列由于其特殊的管结构、高度的有序阵列及高的比表面积等特性，已经被国内外研究学者进行了大量的探索，为了提高量子点敏化太阳能电池的性能，采用了传统的阳极氧化法制备了高度有序的 TiO_2 纳米管阵列薄膜。

该技术主要采用传统的阳极氧化法制备高度有序的 TiO_2 纳米管阵列薄膜。实验主要采用乙二醇体系的有机溶液为电解液，在经过预处理的钛片上阳极氧化制备样品，经过热处理之后得到高度有序的 TiO_2 纳米管阵列薄膜。

具体步骤：首先将钛片在浓硝酸、双氧水、尿素和氟化铵的混合溶液中腐蚀 10min，取出在丙酮、去离子水和无水乙醇中超声清洗烘干备用；在塑料烧杯中加入 100mL 乙二醇、体积分数 2% 的去离子水和质量分数 0.25% 的氟化铵，强力搅拌数小时，经过陈化之后，以预处理之后的钛片为阳极基底，铂片为阴极对电极，电压为 60V，经过数小时阳极氧化之后制备得到不同厚度的 TiO_2 纳米管阵列；将制备成的 TiO_2 纳米管阵列在马弗炉中 450℃热处理 1h 得到产物。合成工艺流程如图 7-20 所示。

在国内外研究中，阳极氧化法是制备 TiO_2 纳米管阵列最有效的方法，可以通过控制阳极氧化的时间，制备得到所需厚度的 TiO_2 纳米管阵列薄膜。图 7-21 为在 60V 电压下阳极氧化 4h 制备的 TiO_2 纳米管热处理前后的 XRD 谱图，从图中可以看出，在热处理之前制备的样品为无定型态，只存在钛基底的衍射峰。而在 450℃下热处理之后制备的样品，除了钛基底对应的衍射峰，其衍射峰分别在 25.308°、37.791°、38.572°、48.047°、53.885°、55.073°、62.692° 和 68.756° 处对应的晶面参数为（101）、（004）、（112）、（200）、（105）、（211）、（204）和（116），该晶面参数对应为 JCPD S01-071-1166 卡片的纯锐钛矿相 TiO_2，并且在（101）晶面择优生长。

为了进一步分析阳极氧化反应时间对 TiO_2 样品的影响，采用 FESEM 分析了不同阳极氧化时间制备的锐钛矿相 TiO_2 样品的形貌结构，如图 7-22 所示。从图 7-22（a）

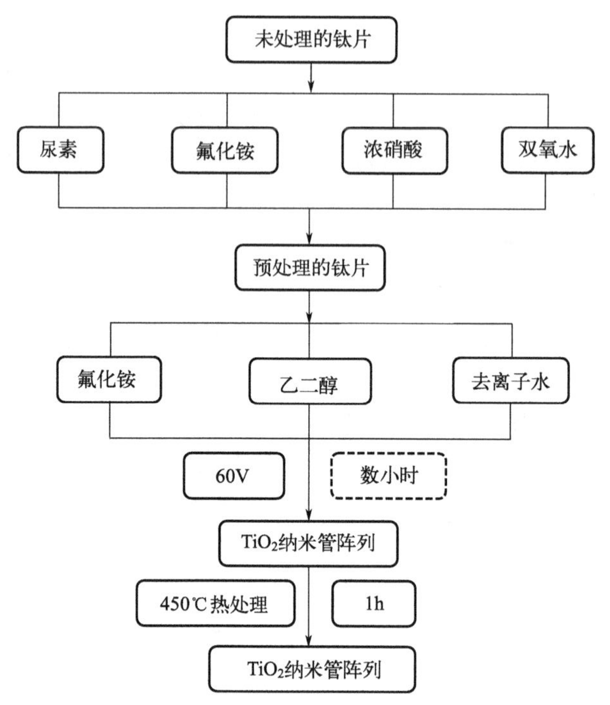

图 7-20　高度有序 TiO_2 纳米管阵列薄膜合成的工艺流程图

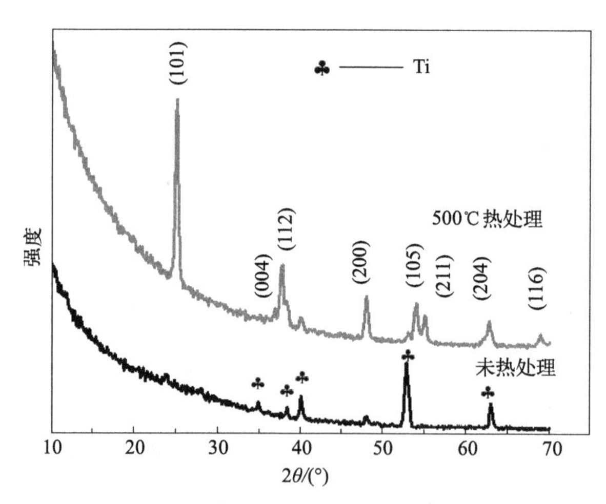

图 7-21　热处理前后样品的 XRD 谱图

中可以看出，在 60V 下阳极氧化制备的样品为锐钛矿相的 TiO_2 纳米管，并且分布比较均匀，其中管径约为 100nm，管径大小分布均匀，纳米管之间存在大约 10nm 的间隙。TiO_2 纳米管表面存在一些杂质，这是阳极氧化过程中的一些副产物，可以通过超声振荡去除干净。从图 7-22（b）～（e）中可以看出，TiO_2 纳米管薄膜在钛基底上呈现出高度有序阵列的结构，纳米管的直径为 100nm 左右，并且随着阳极氧化反应时间从 2h 增加至 3h、4h 和 5h，TiO_2 纳米管阵列的长度从 12μm 增加到 16μm、20μm 和 24μm，这也说明通过延长阳极氧化的反应时间，能够有效地延长 TiO_2 纳米管阵列的长度。

(a) (b) (c) (d) (e)

图 7-22 不同阳极氧化时间下样品的 FESEM 图像

(a) 表面图；(b) 2h 断面图；(c) 3h 两次断面图；(d) 4h 三次断面图；(e) 5h 两次断面图

7.3.3 TiO_2 纳米线 / 纳米管长度对太阳能电池性能的影响

从图 7-23 的 *J-V* 曲线和表 7-5 的光电性能参数中可以发现，TiO_2 纳米线阵列和 TiO_2 纳米管阵列薄膜太阳能电池的开路电压和填充因子并没有明显的变化，而短路电流密度随着长度的增加都是先增加后降低，在长度为 20μm 的 TiO_2 纳米阵列薄膜太阳能电池具有最佳的光电转换效率。而对比 TiO_2 纳米线阵列和 TiO_2 纳米管阵列薄膜太阳能电池的光电性能参数可以发现，TiO_2 纳米管阵列薄膜太阳能电池具有更高的开路电压，可能是由于 TiO_2 纳米管因为独特的管结构，能够提高薄膜内比表面积，有利于 $CuInS_2$ 量子点的吸附进而改变光阳极的费米能级来提高了开路电压；但是 TiO_2 纳米管阵列薄膜的填充因子相对来说要略低，这是由于 TiO_2 纳米管阵列薄膜随着阳极氧化时间增加可能会降低薄膜与钛基板之间的接触；从短路电流密度来看，TiO_2 纳米管阵列薄膜太阳能电池明显要比 TiO_2 纳米线阵列薄膜太阳能电池高，进而获得相对更高的光电转换效率，达到了 0.88%。从上述结果来分析，20μm 为 TiO_2 纳米阵列薄膜作为太阳能电池光阳极的最佳长度，并且 TiO_2 纳米管阵列薄膜可能会有更高效的光电性能。

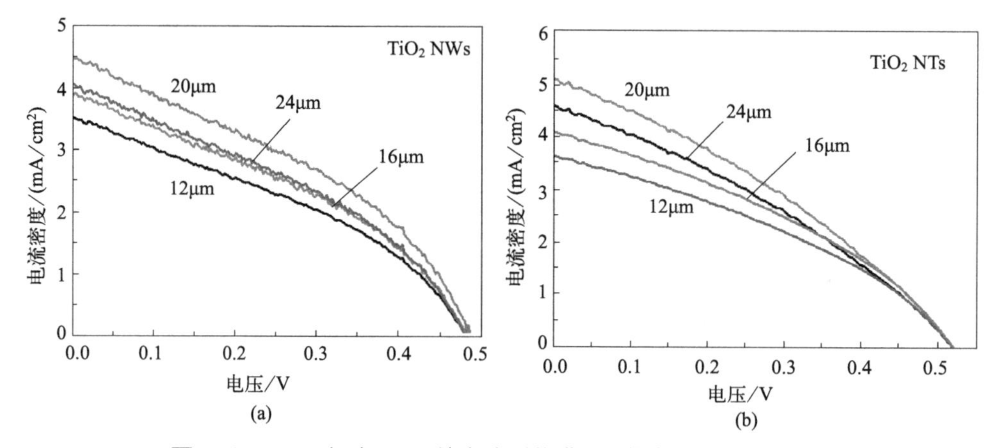

图 7-23 不同长度 TiO_2 纳米阵列薄膜太阳能电池的 J-V 曲线

(a) TiO_2 纳米线阵列；(b) TiO_2 纳米管阵列

表7-5 不同长度TiO_2纳米阵列薄膜太阳能电池的光电性能参数

样品	J_{sc}/(mA/cm^2)	V_{oc}/mV	FF/%	η/%
TiO_2 NWs – 12μm	3.50	482.3	36.1	0.61
TiO_2 NWs – 16μm	3.92	482.8	36.5	0.69
TiO_2 NWs – 20μm	4.47	483.1	37.0	0.80
TiO_2 NWs – 24μm	4.03	482.6	36.8	0.71
TiO_2 NTs – 12μm	3.65	523.5	35.1	0.67
TiO_2 NTs – 16μm	4.11	523.4	34.8	0.75
TiO_2 NTs – 20μm	5.13	521.3	32.9	0.88
TiO_2 NTs – 24μm	4.61	521.2	32.0	0.77

7.3.4 不同基底对太阳能电池性能的影响

在 TiO_2 纳米线和纳米管的制备过程中，锐钛矿相 TiO_2 纳米线阵列和 TiO_2 纳米管阵列是通过水热法和阳极氧化法在钛片基底上合成。然而，钛片并不是透明基底，将 TiO_2 纳米线阵列和 TiO_2 纳米管阵列薄膜组装成为太阳能电池之后，太阳光只能通过透明对电极来组装太阳能电池。首先，透明对电极的制备工艺相对普通对电极要复杂，其导电性能也不如普通的对电极；其次，透明对电极相对来说对太阳光还是存在较大程度的吸收，对太阳能电池的光吸收强度有一定的影响；最后就是钛片金属作为基底，其电子传输能力并不如传统的太阳能电池基底。因此，想要获得更为高效的太阳能电池，就必须将 TiO_2 纳米线阵列薄膜和 TiO_2 纳米管阵列薄膜转移到透明导电基底上。

为了将 TiO_2 纳米线阵列薄膜和 TiO_2 纳米管阵列薄膜从钛片基底转移到 FTO 导电玻璃基底，首先将 TiO_2 纳米线阵列薄膜和 TiO_2 纳米管阵列薄膜经过阳极氧化 30min 之后，取出清洗干净，然后再将薄膜置于双氧水溶液中浸泡数分钟，TiO_2 纳米线阵列薄膜和 TiO_2 纳米管阵列薄膜即从钛片表面脱落下来。然后配制 TiO_2 溶胶作为黏结剂，配制方法如下：先将钛酸四丁酯在无水乙醇溶液中搅拌 30min，然后加入体积比为 1∶1 的乙酸和去离子水混合溶液，然后再搅拌 1h 即可。最后，采用配制好的 TiO_2 溶胶分别将 TiO_2 纳米线阵列薄膜和 TiO_2 纳米管阵列薄膜粘贴在 FTO 导电玻璃表面，在 500℃下热处理 1h 即可。为了确定 FTO 玻璃基底优越性，在 FTO 玻璃基底上分别制备长度为 20μmTiO_2 纳米线阵列薄膜和 TiO_2 纳米管阵列薄膜，并通过有机耦合法进行 $CuInS_2$ 量子点敏化。

从图 7-24 的 *J-V* 曲线和表 7-6 的光电性能参数中可以发现，在不同基底上制备的薄膜太阳能电池的开路电压并没有明显的变化，但是在 FTO 导电玻璃基底上制备的薄膜太阳能电池的填充因子相比于钛片基底有大幅度的增加，这是由于钛片对电子传输有一定的阻碍作用，当 TiO_2 纳米阵列薄膜转移到 FTO 导电玻璃之后，电子传输的阻力就大大降低，进而明显增加了太阳能电池的填充因子。此外，在 FTO 导电玻璃基底上制备的薄膜太阳能电池的短路电流密度也有一定程度的提升。综合所有的光电性能参数可以看到，以 FTO 导电玻璃为基底的 TiO_2 纳米线阵列和 TiO_2 纳米管阵列薄膜太阳能电池的光电转换效率也有大幅度的提升，分别达到了 1.33% 和 1.49%。相比于之前 TiO_2 纳米颗粒薄膜太阳能电池和 TiO_2 纳米枝晶阵列薄膜太阳能电池的光电转换效率又有一定程度的提升。而对比 TiO_2 纳米线阵列和纳米管薄膜太阳能电池，TiO_2 纳米管阵列薄膜太阳能电池也同样能够获得更高的光电转换效率。

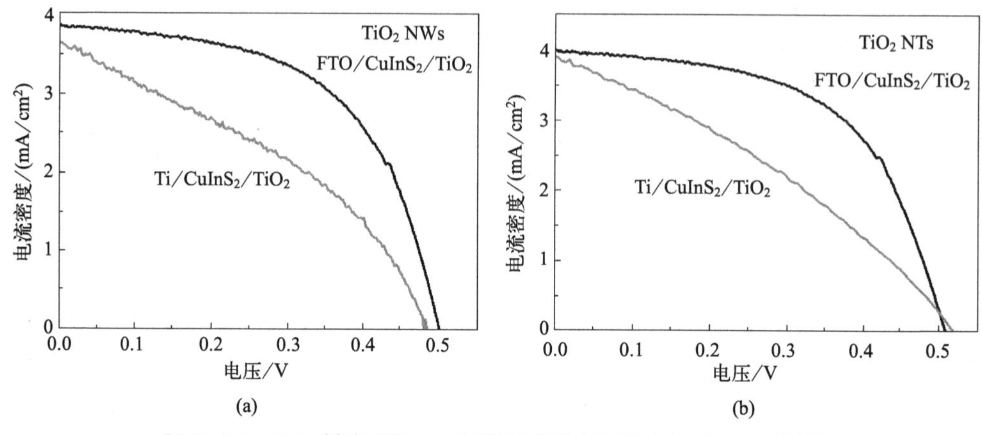

图 7-24　不同基底 TiO_2 纳米阵列薄膜太阳能电池的 *J–V* 曲线

(a) TiO_2 纳米线阵列；(b) TiO_2 纳米管阵列

表7-6　不同基底TiO_2纳米阵列薄膜太阳能电池的光电性能参数

样品	J_{sc}/(mA/cm^2)	V_{oc}/mV	FF/%	η/%
Ti/TiO_2 NWs	4.47	483.1	37.0	0.80
FTO/TiO_2 NWs	4.72	504.6	55.8	1.33
Ti/TiO_2 NTs	5.13	521.3	32.9	0.88
FTO/TiO_2 NTs	5.23	510.3	55.9	1.49

7.3.5　连续离子层吸附法对太阳能电池结构及性能的影响

TiO_2 纳米线阵列和纳米管阵列薄膜的比表面积相对 TiO_2 纳米棒要大，采用沉积速度快且沉积量大的连续离子层吸附法在 TiO_2 纳米线阵列和 TiO_2 纳米管阵列薄膜上进行 $CuInS_2$ 量子点敏化，就有可能会出现量子点在表面堆积的现象，这样就必须降低沉积速度及每次连续离子层吸附法的沉积量来消除量子点表面堆积现象。为了证明这一点，以 TiO_2 纳米线阵列为研究对象，对在两种不同浓度的连续离子层吸附反应溶液中制备的 $CuInS_2$ 量子点敏化 TiO_2 纳米线阵列薄膜的形貌结构进行表征，如图 7-25 所示。从图 7-25（a）中可以看出，采用之前连续离子层吸附法的标准溶液进行 $CuInS_2$ 量子点敏化之后的 TiO_2 纳米线阵列薄膜内部没有明显变化，$CuInS_2$ 量子点都沉积在 TiO_2 纳米线阵列薄膜的表面，无法覆盖在 TiO_2 纳米线上。这正是由于 $CuInS_2$ 量子点沉积速度过快，每次沉积量过大，导致 $CuInS_2$ 量子点全部堆积在 TiO_2 纳米线阵列的表面。随着 $CuInS_2$ 量子点在表面的堆积，后续的 SILAR 过程就更加难以将 $CuInS_2$ 量子点沉积到纳米线的表面，这样的光阳极很难以获得较好的光电性能。而从图 7-25（b）中可以看出，将连续离子层吸附的反应溶液浓度稀释 5 倍之后，$CuInS_2$ 量子点就能够有效地沉积在所有 TiO_2 纳米线的表面。因此，通过溶液稀释之后，TiO_2 纳米线阵列薄膜才能够更好地进行 $CuInS_2$ 量子点的沉积。

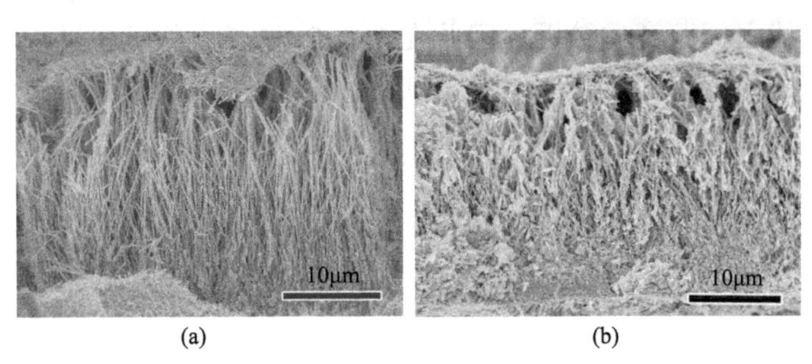

图 7-25　不同浓度 SILAR 反应溶液制备的薄膜

(a) 标准浓度；(b) 稀释 5 倍浓度

通过上述分析，可以采用浓度稀释 5 倍的连续离子层吸附反应溶液制备 $CuInS_2$ 量子点敏化 TiO_2 纳米线阵列和 TiO_2 纳米管阵列薄膜光阳极，但是连续离子层吸附敏化工艺需要进一步研究。首先从图 7-26 不同 TiO_2 纳米阵列薄膜光阳极的 XRD 谱图中可以看到，相比于纯 TiO_2 纳米线和 TiO_2 纳米管来说，三个新的代表黄铜矿相 $CuInS_2$ 的（112）、（204）和（116）晶面的衍射峰能够说明 $CuInS_2$ 量子点在 TiO_2 纳米阵列薄膜上的成功沉积。

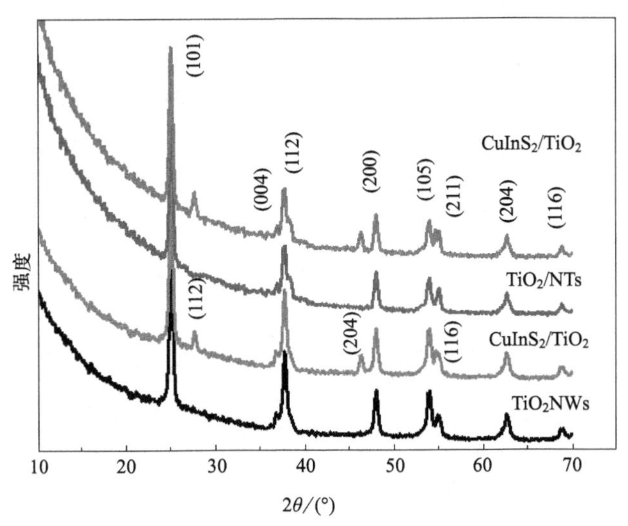

图 7-26　不同 TiO_2 纳米阵列薄膜光阳极的 XRD 谱图

连续离子层吸附法敏化过程中最为关键的就是沉积次数，由于连续离子层吸附反应溶液浓度较低，因此对 TiO_2 纳米阵列薄膜的连续离子层吸附沉积次数要更多。图 7-27 分别为 $CuInS_2$ 量子点的 SILAR 沉积次数为 0 次、3 次、6 次、9 次、12

次、15 次、18 次和 21 次的光阳极薄膜的 SEM 图像。从图中可以看出，$CuInS_2$ 量子点在 TiO_2 纳米线的表面沉积还比较均匀。随着沉积次数的逐渐增加，TiO_2 纳米线的直径逐渐增加，纳米线表面的 $CuInS_2$ 量子点的沉积量也逐渐增大。由于 TiO_2 纳米线与纳米线之间距离比较近，因此在 $CuInS_2$ 量子点的沉积过程中会在纳米线之间逐渐形成一些较小的 $CuInS_2$ 量子点薄片，这样可以增加光阳极中薄膜的连续性，有利于电子在薄膜内的传输。然而，随着连续离子层吸附的沉积次数的增加，

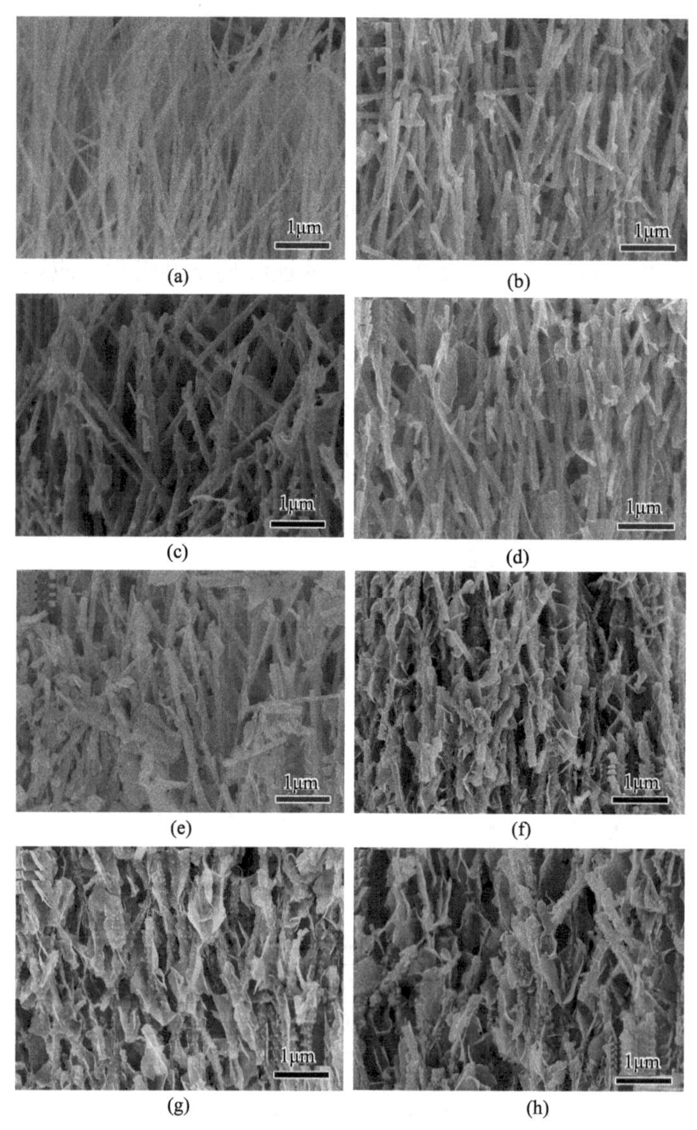

图 7-27　不同连续离子层吸附敏化次数的 $CuInS_2$ 量子点敏化 TiO_2 纳米线阵列太阳能电池的 SEM 图像

(a) 纯 TiO_2 纳米线阵列；(b) 3 次；(c) 6 次；(d) 9 次；(e) 12 次；(f) 15 次；(g) 18 次；(h) 21 次

$CuInS_2$ 量子点在 TiO_2 纳米线之间形成越来越多的薄片，过多的薄片会降低光阳极薄膜的稳定性，并且阻碍电解液在薄膜中的流动。因此，从形貌结构中可以分析 TiO_2 纳米线阵列薄膜光阳极最佳的 SILAR 次数可能是 15 次或者 18 次，具体结果需要通过光电性能测试来确定。

图 7-28 分别为 $CuInS_2$ 量子点的连续离子层吸附沉积次数为 0 次、3 次、6 次、9 次、12 次、15 次、18 次和 21 次制备的 TiO_2 纳米管阵列光阳极薄膜的 SEM 图像，可以发现，$CuInS_2$ 量子点非常均匀地沉积在 TiO_2 纳米管阵列薄膜的表面。并且随着 SILAR 沉积次数的增加，TiO_2 纳米管径逐渐减小，$CuInS_2$ 量子点在 TiO_2 内部不断沉积。当沉积次数达到 21 次的时候，TiO_2 纳米管已经完全被 $CuInS_2$ 量子点所填充，这样并不利于电解液在光阳极中的流动。因此，从 TiO_2 纳米管阵列薄膜光阳极的形貌结构也可以说明 SILAR 沉积次数在 15 次或者 18 次的时候为最佳，同样需要通过光电性能测试来确定。为了排除 $CuInS_2$ 量子点在 TiO_2 纳米管表面沉积，从图 7-28（i）和（j）中可以看出 $CuInS_2$ 量子点也同样非常均匀地覆盖在 TiO_2 纳米管的侧面，纳米管的直径也相对增大。因此可以确定 $CuInS_2$ 量子点较好地沉积在了 TiO_2 纳米管阵列薄膜内。

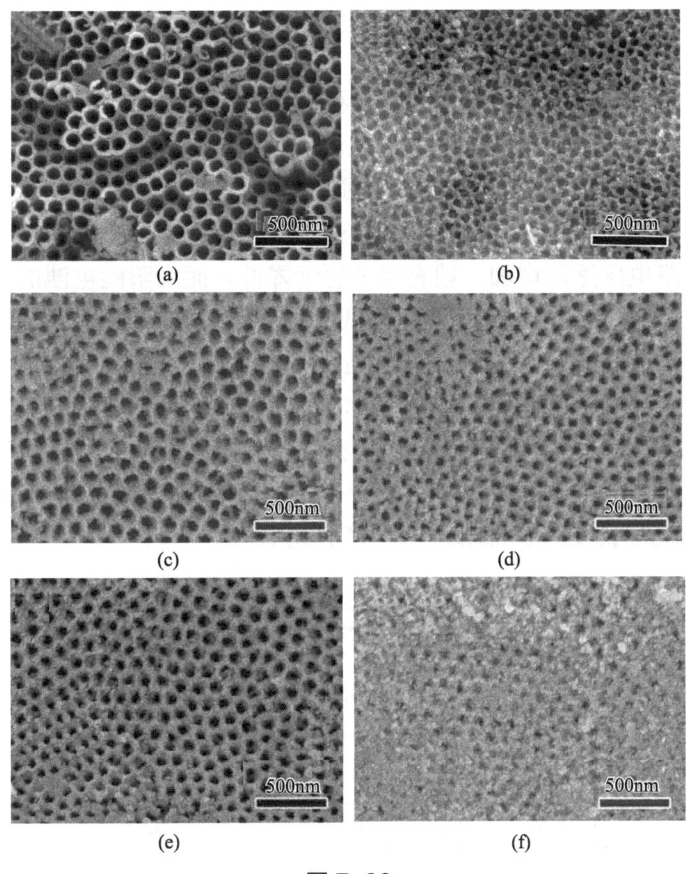

图 7-28

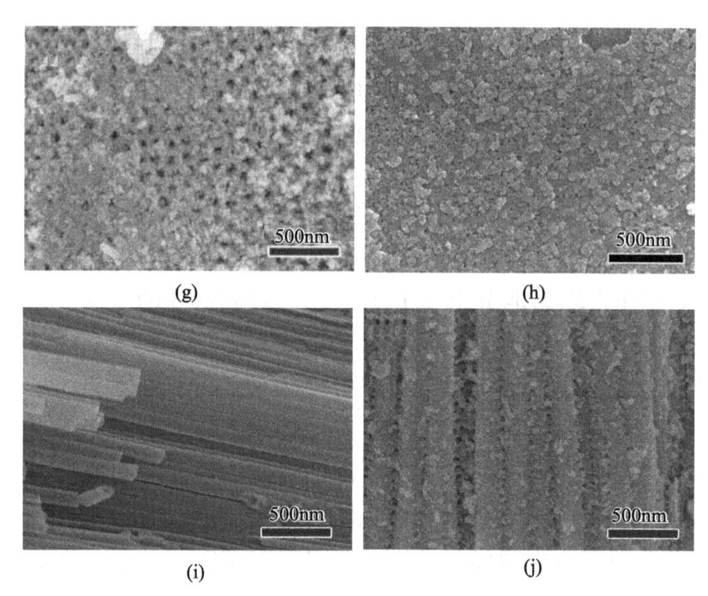

图 7-28　不同连续离子层吸附敏化次数的 $CuInS_2$ 量子点敏化 TiO_2 纳米管阵列的 SEM 图像

(a) 纯 TiO_2 纳米管阵列；(b) 3 次；(c) 6 次；(d) 9 次；(e) 12 次；(f) 15 次；
(g) 18 次；(h) 21 次；(i) 纯 TiO_2 纳米管阵列断面；(j) 18 次敏化断面

为了进一步确定对 TiO_2 纳米阵列薄膜光阳极最佳的连续离子层吸附敏化次数，将所有的光阳极组装成太阳能电池进行对比。从图 7-29 的 *J-V* 曲线和表 7-7 的光电性能参数中可以发现，与连续离子层吸附法制备的 TiO_2 纳米颗粒薄膜光阳极的结果类似，随着 SILAR 敏化次数的增加，TiO_2 纳米线阵列和 TiO_2 纳米管阵列薄膜太阳能电池的开路电压逐渐增加，填充因子逐渐降低。而太阳能电池的短路电流密度随着 SILAR 敏化次数的增加先提高后降低，当敏化次数为 18 次的时候，TiO_2 纳米线阵列和 TiO_2 纳米管阵列薄膜太阳能电池具有最佳的光电转换效率，分别为 1.84% 和 1.94%。而对比 TiO_2 纳米线阵列薄膜和 TiO_2 纳米管阵列薄膜太阳能电池，TiO_2 纳米管阵列薄膜太阳能电池的短路电流密度约为 $8.44mA/cm^2$，明显要更高于 TiO_2 纳米线阵列薄膜太阳能电池的 $7.84mA/cm^2$，这也可以说明 TiO_2 纳米管阵列薄膜内沉积的 $CuInS_2$ 量子点更多，能够产生更多的光电子。

表7-7　$CuInS_2$量子点敏化TiO_2纳米线/管阵列太阳能电池的光电性能参数

$TiO_2/CuInS_2$	$J_{sc}/(mA/cm^2)$	V_{oc}/mV	FF/%	$\eta/\%$
TiO_2 NWs(3)	2.59	490.1	44.1	0.56
TiO_2 NWs(6)	3.57	501.6	43.0	0.77
TiO_2 NWs(9)	4.45	513.8	42.8	0.98
TiO_2 NWs(12)	5.49	522.7	42.7	1.23

续表

$TiO_2/CuInS_2$	$J_{sc}/(mA/cm^2)$	V_{oc}/mV	FF/%	η/%
TiO_2 NWs(15)	6.79	538.6	42.3	1.55
TiO_2 NWs(18)	7.84	558.5	42.0	1.84
TiO_2 NWs(21)	7.17	560.1	40.9	1.64
TiO_2 NTs(3)	2.76	486.0	44.0	0.59
TiO_2 NTs(6)	3.85	498.7	42.2	0.81
TiO_2 NTs(9)	4.92	512.2	41.7	1.05
TiO_2 NTs(12)	5.90	528.4	41.6	1.30
TiO_2 NTs(15)	7.20	543.1	41.1	1.61
TiO_2 NTs(18)	8.44	559.5	41.0	1.94
TiO_2 NTs(21)	7.79	568.7	40.8	1.81

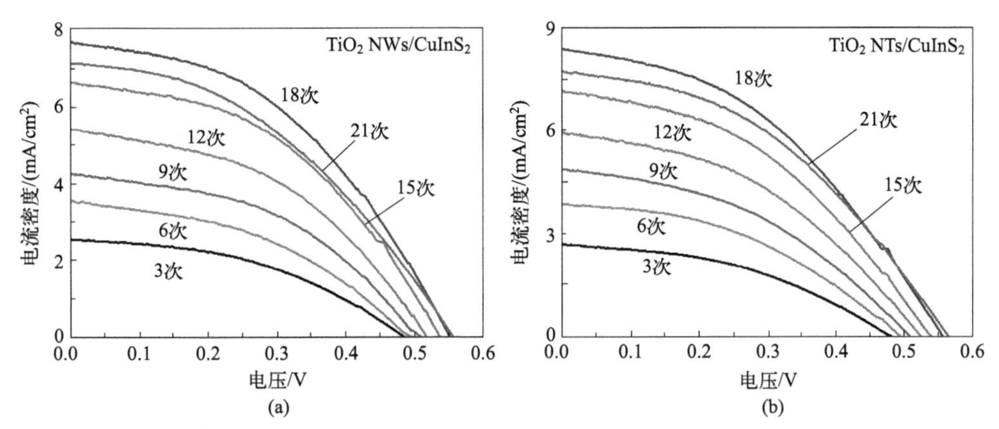

图 7-29　不同连续离子层吸附敏化次数的 $CuInS_2$ 量子点敏化 TiO_2 纳米线 / 管阵列太阳能电池的 J-V 曲线

(a) TiO_2 纳米线阵列；(b) TiO_2 纳米管阵列

7.3.6　太阳能电池的电荷传输机理

对 TiO_2 纳米阵列薄膜太阳能电池来说，电子都是通过这种一维阵列的结构直接传输到 FTO 导电玻璃基底，不会存在任何电子传输阻碍，因此这几种不同的 TiO_2 纳米阵列薄膜太阳能电池光电性能的决定性因素就转变成为物相、比表面积等本征物性。从图 7-30 中金红石相 TiO_2 纳米棒阵列薄膜、锐钛矿相 TiO_2 纳米线阵列薄膜和锐钛矿相 TiO_2 纳米管阵列薄膜太阳能电池的结构与电子传输过程可以看出，由于 TiO_2 纳米棒的直径比 TiO_2 纳米线要大，因此 TiO_2 纳米线阵列薄膜的比表面积

要比 TiO_2 纳米棒阵列薄膜大很多。虽然 TiO_2 纳米棒可以通过多次水热制备成 TiO_2 纳米枝晶阵列薄膜，但是本征的直径不能改变，比表面积依旧不如 TiO_2 纳米线阵列。因此 TiO_2 纳米线阵列薄膜表面能够沉积更多的量子点，这样就能够在光照下获得更多的光生电子。另外，锐钛矿物相的 TiO_2 对电子的产生和传输比起金红石来说要更好，这也对 TiO_2 纳米枝晶阵列的短路电流密度存在一定的影响。因此，$CuInS_2$/Mn-CdS 量子点共敏化 TiO_2 纳米线阵列薄膜太阳能电池的短路电流密度达到 17.27mA/cm^2，大于 TiO_2 纳米枝晶阵列薄膜太阳能电池的 16.14mA/cm^2。

而对比 TiO_2 纳米线阵列薄膜和 TiO_2 纳米管阵列薄膜太阳能电池，TiO_2 纳米线阵列薄膜与纳米管阵列薄膜的比表面积相差不大，并且同为锐钛矿相，因此本征的纳米结构对 $CuInS_2$ 量子点的沉积就成为的太阳能电池光电性能的关键影响因素。与 TiO_2 纳米线阵列薄膜不同，TiO_2 纳米管阵列具有其独特的管状结构，从图 7-30（b）和（c）中可以看到，TiO_2 纳米管内部能够沉积更为大量的量子点，这也就为 TiO_2 纳米管阵列薄膜太阳能电池带来了优异的光吸收性能和更高的短路电流密度。从结果中可以看到，TiO_2 纳米管阵列薄膜太阳能电池的短路电流密度达到了 18.58mA/cm^2。因此，对比三种不同 TiO_2 纳米阵列薄膜太阳能电池的结构及电荷产生和传输机理，TiO_2 纳米管阵列薄膜能够获得最高的光电转换效率，达到了 4.48%。

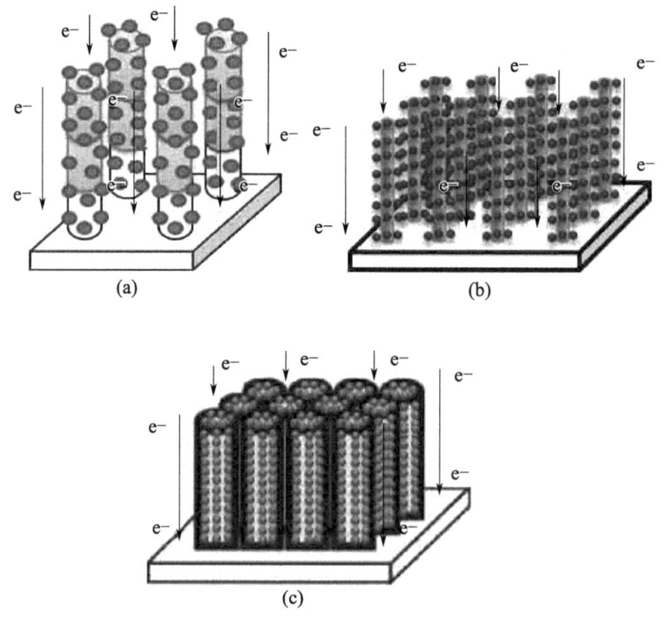

图 7-30　$CuInS_2$ 量子点敏化不同 TiO_2 纳米薄膜太阳能电池的机理

(a) TiO_2 纳米棒；(b) TiO_2 纳米线；(c) TiO_2 纳米管

7.4　圆锥形竹节 TiO_2 纳米管阵列太阳能电池

虽然纳米阵列结构能够有效地提升电荷传输速率，但是相比传统纳米颗粒薄膜，纳米阵列薄膜的比表面积不足，量子点的沉积量对太阳能电池的光电性能具有重大的影响，造成基于纳米阵列光阳极的量子点敏化太阳能电池光电转换效率略低于纳米颗粒基太阳能电池。因此，如何增加纳米阵列光阳极中量子点的沉积量是提升量子点敏化太阳能电池的关键。

对太阳能电池来说，表面金字塔、锥形、碗状等结构能够产生陷光效应[257-259]，能够有效地提升太阳能电池的光吸收性能，实现太阳能电池光电性能的提升。国内外研究人员开发了不同尺寸自上而下圆锥形 TiO_2 纳米管，显著提升了敏化太阳能电池的光吸收性能[260]。然而，虽然特殊的圆锥形纳米管结构实现了更多的光反射和光散射，但是量子点的沉积量依旧不足。近年来研究发现，竹节状纳米管结构能够提供更多的空间沉积量子点，提升太阳能电池的光吸收性能。因此，开发圆锥形竹节 TiO_2 纳米管阵列薄膜作为量子点敏化太阳能电池的光阳极，有望获得更优异的光电性能。

7.4.1　光阳极的物相组成及形貌结构

利用圆锥形竹节 TiO_2 纳米管阵列光阳极提升量子点敏化太阳能电池的电荷产生和电荷传输性能。图 7-31 为传统 TiO_2 纳米管、锥形 TiO_2 纳米管和锥形竹节 TiO_2 纳米管薄膜的 FESEM 图像，可以发现所有的纳米阵列薄膜都具有高度有序的管状结构。传统 TiO_2 纳米管具有相同的管径，但锥形 TiO_2 纳米管和圆锥形竹节 TiO_2 纳米管薄膜中纳米管的直径从底部（150nm）到顶部（100nm）逐渐缩小。此外，圆锥形竹节 TiO_2 纳米管薄膜样品中明显存在竹节的结构。圆锥形竹节 TiO_2 纳米管薄膜是通过多步阳极氧化法进行调控，通过改变阳极氧化的电压、时间等参数，能够实现 TiO_2 纳米管直径的调控和竹节之间距离的调控，进而影响整个薄膜的光学性能和光电性能。

不同结构的 TiO_2 纳米管阵列薄膜通过不同的阳极氧化方法制备而成。图 7-32（a）为传统 TiO_2 纳米管、锥形 TiO_2 纳米管、圆锥形竹节 TiO_2 纳米管薄膜和 $CuInS_2$ 量子点敏化 TiO_2 纳米管薄膜的 XRD 谱图。从图中可以看出，TiO_2 纳米管、锥形 TiO_2 纳米管和圆锥形竹节 TiO_2 纳米管薄膜在 $2\theta = 25.4°$、$38.3°$、$48.1°$、$54.1°$、$55.2°$、$62.3°$ 和 $68.4°$ 均存在衍射峰，分别对应了（101）、（004）、（200）、（105）、（211）、（204）和（116）七个晶面参数，与锐钛矿相 TiO_2 的标准卡片 JCPDS No: 84–1285 非常吻合。这说明不同的阳极氧化工艺对传统 TiO_2 纳米管、锥形 TiO_2 纳米管和圆

锥形竹节 TiO_2 纳米管薄膜的物相纯度没有影响。然而，随着纳米管结构逐渐转变为圆锥形竹节纳米管结构，XRD 衍射峰的峰宽逐渐增加，圆锥形竹节 TiO_2 纳米管薄膜具有最宽的 XRD 衍射峰。相比之下，锥形 TiO_2 纳米管和圆锥形竹节 TiO_2 纳米管薄膜的管径从底部到顶部逐渐变小，明显小于传统 TiO_2 纳米管。同时，竹节状结构会在整个 TiO_2 纳米管薄膜中引入小尺寸的枝晶结构，都导致 XRD 衍射峰的峰宽增加。

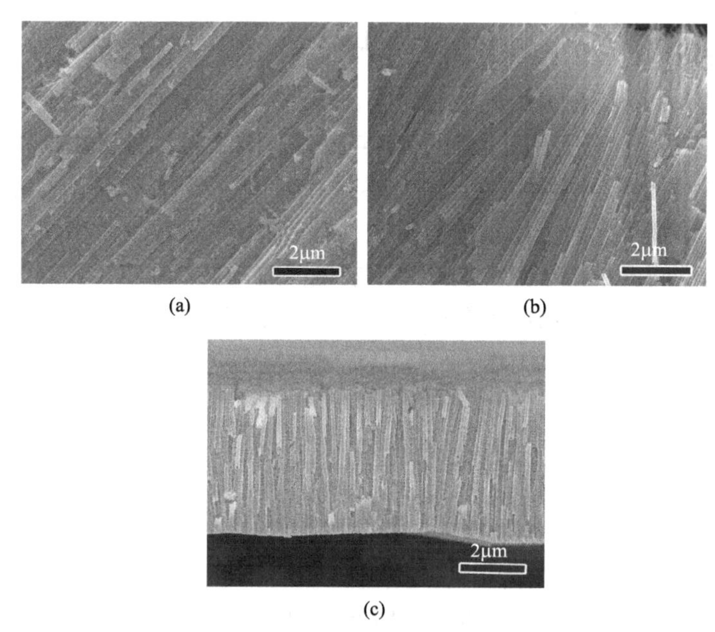

图 7-31　不同结构 TiO_2 纳米管阵列的 FESEM 图像

(a) 传统 TiO_2 纳米管；(b) 锥形 TiO_2 纳米管；(c) 锥形竹节 TiO_2 纳米管

在量子点沉积之后，$CuInS_2$ 量子点敏化 TiO_2 纳米管薄膜在 $2\theta = 27.7°$，$46.2°$ 和 $54.2°$ 均存在衍射峰，分别对应了（112），（204）和（116）三个晶面参数，与四方 $CuInS_2$ 相的标准卡片 JCPDS No: 32-0339 非常吻合。图 7-32（f）为 $CuInS_2$ 量子点敏化 TiO_2 纳米管薄膜的 HRTEM 图像，可以发现 0.352nm 和 0.196nm 两条晶格条纹，分别对应了锐钛矿 TiO_2 的（101）晶面和 $CuInS_2$ 的（204）晶面，这也说明了 $CuInS_2$ 量子点敏化 TiO_2 纳米管薄膜没有任何杂相。为了确定不同薄膜结构中的量子点沉积量，进一步分析了基于传统 TiO_2 纳米管、锥形 TiO_2 纳米管、圆锥形竹节 TiO_2 纳米管薄膜的 $CuInS_2$ 量子点敏化太阳能电池的微观结构。从图 7-32（b）至（d）中可以看出，量子点能够均匀地沉积在所有 TiO_2 纳米管薄膜的表面。相比之下，$CuInS_2$ 量子点敏化锥形 TiO_2 纳米管和圆锥形竹节 TiO_2 纳米管薄膜中的空间结构明显比 $CuInS_2$ 量子点敏化 TiO_2 纳米管要低，进一步证明在圆锥形竹节 TiO_2 纳米管薄膜上沉积了更多的量子点。从 $CuInS_2$ 量子点敏化圆锥形竹节 TiO_2 纳米管薄膜的断面 SEM 图像可以看出，纳米管的表面变粗糙，进一步证明了量子点在纳米管上的有效沉积。因此，不同结构的 TiO_2 纳米管能够有效地调控量子点的沉积量，为量子点敏化太阳能电池提供更高的电荷产生量。

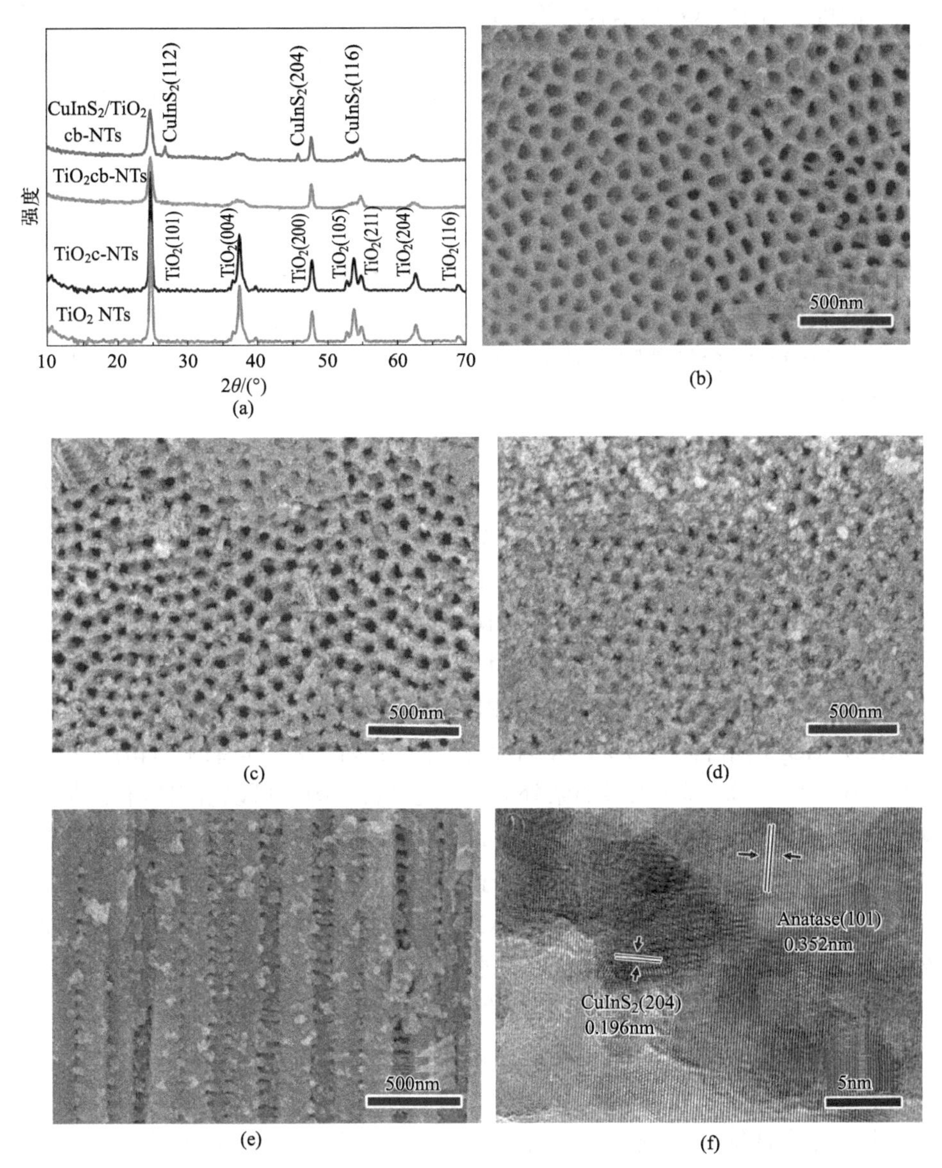

图 7-32　不同结构 TiO_2 纳米管阵列的 XRD 谱图及不同量子点敏化 TiO_2 纳米管阵列的 SEM 图像

(a) XRD 谱图；(b) 传统纳米管；(c) 锥形纳米管；(d) 圆锥形竹节纳米管；(e) 断面结构；(f) $CuInS_2$ 量子点敏化锥形竹节状纳米管的 HRTEM 图像

7.4.2 圆锥形竹节 TiO_2 纳米管阵列的光学性能

不同结构和量子点的沉积量会影响光阳极的光吸收性能，进而决定了太阳能电池的电荷产生量。图 7-33（a）为传统 TiO_2 纳米管（TiO_2 NTs）、锥形 TiO_2 纳米管（TiO_2 c-NTs）、圆锥形竹节 TiO_2 纳米管薄膜（TiO_2 cb-NTs）和 $CuInS_2$ 量子点敏化 TiO_2 纳米管薄膜的紫外 - 可见光吸收谱图，可以明显看到不同结构的薄膜展现出不同的光吸收性能。虽然传统 TiO_2 纳米管、锥形 TiO_2 纳米管、圆锥形竹节 TiO_2 纳米管薄膜的光吸收边界都只有 400nm，但是锥形 TiO_2 纳米管和圆锥形竹节 TiO_2 纳米管薄膜的光吸收强度高于传统 TiO_2 纳米管，这说明圆锥形竹节 TiO_2 纳米管薄膜具有更优异的光吸收性能。相比于传统 TiO_2 纳米管，锥形 TiO_2 纳米管结构具有更多的光反射，进而展现出优异的光吸收效率。同时，圆锥形竹节 TiO_2 纳米管薄膜中附加的竹节结构能够进一步增加比表面积，进而获得更高的光吸收强度。此外，圆锥形竹节 TiO_2 纳米管薄膜中竹节之间的间距会随着阳极氧化时间的增加而调控。随着阳极氧化时间的增加，圆锥形竹节 TiO_2 纳米管薄膜中竹节之间的间距会增加，这会降低光阳极中的比表面积。为了进一步分析不同纳米管结构的量子点沉积量，图 7-33（b）展示了经过量子点沉积之后的量子点溶液的光吸收性能，其光吸收强度能够有效地反映量子点的沉积量。从图中可以看出，在经过量子点沉积之后，量子点溶液的光吸收强度明显下降，经过锥形 TiO_2 纳米管和圆锥形竹节 TiO_2 纳米管薄膜沉积的量子点溶液光吸收强度明显低于传统 TiO_2 纳米管，经过圆锥形竹节 TiO_2 纳米管薄膜沉积的量子点溶液具有最低的光吸收强度。因此，不仅圆锥形竹节 TiO_2 纳米管薄膜自身的光吸收性能会提升，而且圆锥形竹节 TiO_2 纳米管薄膜能够沉积更多的量子点。图 7-33（c）为 $CuInS_2$ 量子点敏化传统 TiO_2 纳米管、锥形 TiO_2 纳米管、圆锥形竹节 TiO_2 纳米管薄膜和 TiO_2 纳米颗粒（TiO_2 NPs）薄膜光阳极的紫外 - 可见光吸收谱图，可以看出所有光阳极的光吸收边界从 400nm 扩展到了 800nm。$CuInS_2$ 量子点敏化锥形 TiO_2 纳米管和圆锥形竹节 TiO_2 纳米管薄膜的光吸收强度明显高于 $CuInS_2$ 量子点敏化传统 TiO_2 纳米管薄膜。其中，$CuInS_2$ 量子点敏化圆锥形竹节 TiO_2 纳米管薄膜具有最佳的光吸收性能，比传统的商业 TiO_2 纳米颗粒薄膜具有更高的光吸收强度。因此，可以确定圆锥形竹节 TiO_2 纳米管薄膜能够有效地提升光阳极的光吸收性能，进而获得更高的电荷产生量。

电荷产生量决定了太阳能电池的原始电子数量，而电荷分离效率会影响太阳能电池中电荷的传输和收集。图 7-33（d）首先展示了不同结构 TiO_2 纳米管薄膜光阳极的电荷分离性能。从图中可以看出，相比于纯 FTO/$CuInS_2$ 电极，不同结构的 $CuInS_2$ 量子点敏化 TiO_2 纳米管薄膜光阳极的荧光激发强度都出现显著降低，有效地证明了电荷分离效果。由于传统 TiO_2 纳米管和锥形 TiO_2 纳米管薄膜具有相同的长度和光滑度，$CuInS_2$ 量子点敏化传统 TiO_2 纳米管和锥形 TiO_2 纳米管薄膜光阳极具有相似的荧光激发强度，说明锥形 TiO_2 纳米管薄膜光阳极不会影响量子点敏化太阳能电池的电荷分离效率。然而，$CuInS_2$ 量子点敏化圆锥形竹节 TiO_2 纳米管薄膜光阳极的荧光激发强度略低于其他两种结构的光阳极，说明竹节状结构能够提升电池中的电荷分离性能。相比于商业 TiO_2 纳米颗粒薄膜光阳极，$CuInS_2$ 量子点敏化圆锥形竹节 TiO_2 纳米管薄膜光阳极的荧光激发强度显著降低。因此，圆锥形竹节 TiO_2 纳米管薄膜的竹节状结构能够提供更多的电荷传输通道，提升电荷分离性能。

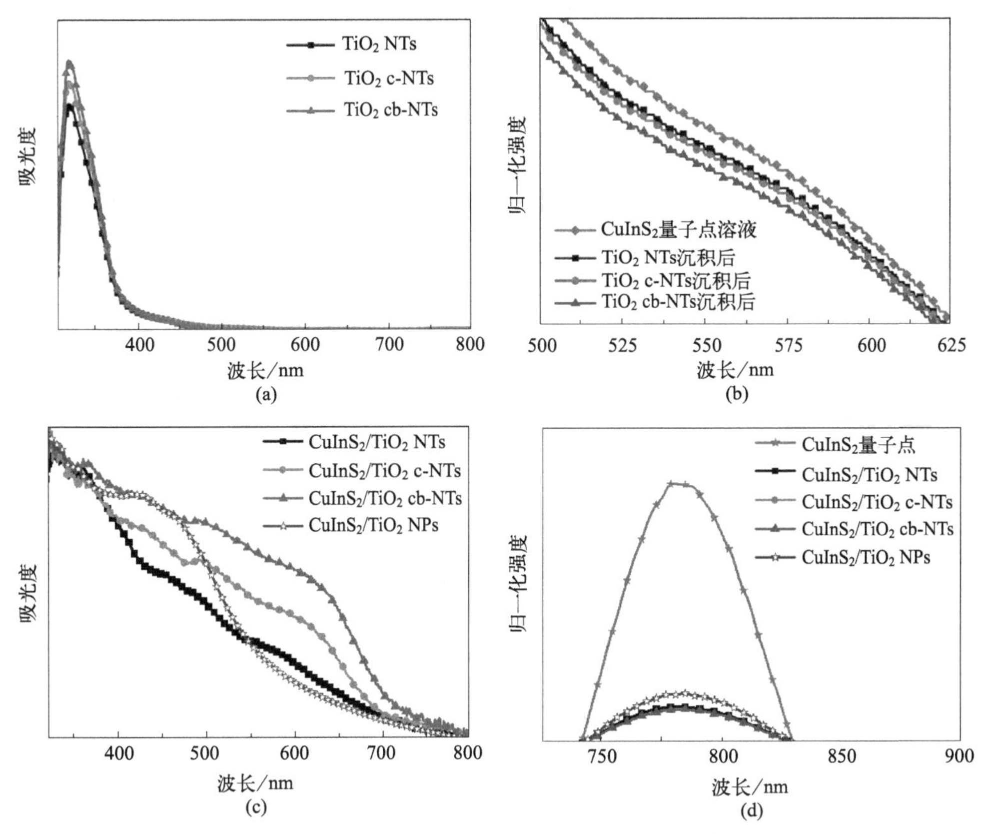

图 7-33　(a) 不同结构 TiO_2 纳米管阵列的紫外 - 可见光吸收谱图，(b) 经过不同结构 TiO_2 纳米管阵列沉积后的量子点溶液紫外 - 可见光吸收谱图，(c) 不同量子点敏化 TiO_2 纳米管阵列的紫外 - 可见光吸收谱图，(d) 不同量子点敏化 TiO_2 纳米管阵列的荧光光谱图

7.4.3　太阳能电池的光电性能

为了进一步证明圆锥形竹节 TiO_2 纳米管结构对 $CuInS_2$ 量子点敏化太阳能电池电荷产生和分离性能的提升，对 $CuInS_2$ 量子点敏化传统 TiO_2 纳米管、锥形 TiO_2 纳米管和圆锥形竹节 TiO_2 纳米管薄膜太阳能电池的 *J-V* 曲线进行分析。从图 7-34（a）和

表 7-8 中可以看出，所有太阳能电池的开路电压没有明显的区别，这是由于物相结构没有发生变化，没有造成能级结构的改变。传统 TiO_2 纳米管和锥形 TiO_2 纳米管都是通过一步阳极氧化法制备而成，能够为两种不同的纳米管结构提供类似的光滑度、有序度和稳定性，因此 $CuInS_2$ 量子点敏化传统 TiO_2 纳米管和锥形 TiO_2 纳米管太阳能电池具有类似的填充因子。然而，$CuInS_2$ 量子点敏化圆锥形竹节 TiO_2 纳米管薄膜太阳能电池的填充因子略微高于其他两种太阳能电池，这可能是由于圆锥形竹节 TiO_2 纳米管薄膜中的竹节状结构能够增强各个纳米管之间的连接，进而提升光阳极的稳定性。相比之下，$CuInS_2$ 量子点敏化锥形 TiO_2 纳米管和圆锥形竹节 TiO_2 纳米管薄膜太阳能电池的短路电流密度明显高于 $CuInS_2$ 量子点敏化传统 TiO_2 纳米管太阳能电池，其中 $CuInS_2$ 量子点敏化圆锥形竹节 TiO_2 纳米管薄膜太阳能电池具有最高的短路电流密度。此外，虽然 $CuInS_2$ 量子点敏化商业 TiO_2 纳米颗粒太阳能电池的填充因子略高于 $CuInS_2$ 量子点敏化圆锥形竹节 TiO_2 纳米管薄膜太阳能电池，但其短路电流密度明显较低。综合说明圆锥形竹节 TiO_2 纳米管结构能够提升电荷产生和传输效率。

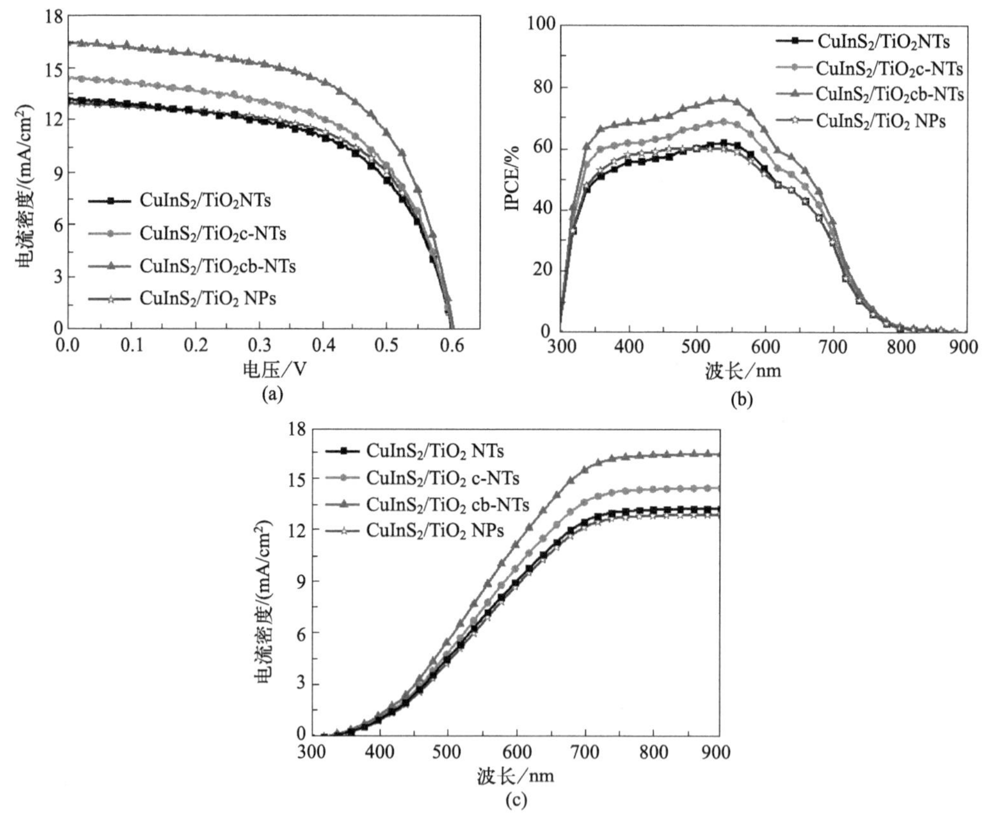

图 7-34　不同量子点敏化 TiO_2 纳米管阵列薄膜太阳能电池

(a) *J-V* 曲线；(b) IPCE 谱图；(c) 光电流密度

表7-8　不同量子点敏化TiO_2纳米管阵列薄膜太阳能电池光电性能参数

结构	J_{sc}/(mA/cm²)	V_{oc}/mV	FF/%	η/%	R_s/Ω	R_{ct}/Ω
TiO_2 NTs	13.32	608.2	57.4	4.65	8.9	110.7
TiO_2 c-NTs	14.58	608.1	57.6	5.11	8.8	109.6
TiO_2 cb-NTs	16.52	608.5	59.5	5.98	7.6	100.2
TiO_2 NPs	13.01	608.3	60.8	4.81	/	/

图 7-34（b）为 $CuInS_2$ 量子点敏化传统 TiO_2 纳米管、锥形 TiO_2 纳米管、圆锥形竹节 TiO_2 纳米管和 TiO_2 纳米颗粒薄膜太阳能电池的 IPCE 谱图，可以发现所有电池在 300 ～ 800nm 紫外 - 可见全光谱范围内都存在 IPCE 响应。其中，$CuInS_2$ 量子点敏化传统 TiO_2 纳米管、锥形 TiO_2 纳米管、圆锥形竹节 TiO_2 纳米管和 TiO_2 纳米颗粒薄膜太阳能电池的 IPCE 响应最高峰分别为 62%，69%，76% 和 62%，并且在整个光谱响应范围内 $CuInS_2$ 量子点敏化圆锥形竹节 TiO_2 纳米管薄膜太阳能电池的 IPCE 响应都最高。从图 7-34（c）中可以看出，$CuInS_2$ 量子点敏化圆锥形竹节 TiO_2 纳米管薄膜太阳能电池具有最高的光电流密度。因此，圆锥形竹节 TiO_2 纳米管结构为量子点敏化太阳能电池提供了更优异的光电流响应，有效地将纳米管阵列基 $CuInS_2$ 量子点敏化太阳能电池的光电转换效率从 4.65% 提升至 5.98%。

电荷产生和分离效率能够提供初始的短路电流密度，而电荷传输效率是太阳能电池电荷收集的关键因素。图 7-35（a）和表 7-8 为 $CuInS_2$ 量子点敏化传统 TiO_2 纳米管、锥形 TiO_2 纳米管和圆锥形竹节 TiO_2 纳米管薄膜太阳能电池的电化学阻抗谱。与填充因子类似，$CuInS_2$ 量子点敏化传统 TiO_2 纳米管和锥形 TiO_2 纳米管薄膜太阳能电池具有相似的串联电阻，$CuInS_2$ 量子点敏化圆锥形竹节 TiO_2 纳米管薄膜太阳能电池的串联电阻略低于其他两种太阳能电池，进一步证明了圆锥形竹节 TiO_2 纳米管能够提供优异的电池稳定性和界面结合。从图中可以看到，所有不同的太阳能电池都存在一个明显的半圆曲线，代表了电池的电荷传输电阻。相比之下，$CuInS_2$ 量子点敏化锥形 TiO_2 纳米管和圆锥形竹节 TiO_2 纳米管薄膜太阳能电池的电荷传输电阻略低于 $CuInS_2$ 量子点敏化传统 TiO_2 纳米管薄膜太阳能电池，其中 $CuInS_2$ 量子点敏化圆锥形竹节 TiO_2 纳米管薄膜太阳能电池具有最低的电荷传输电阻。说明圆锥形竹节 TiO_2 纳米管结构不仅提升了电池的电荷产生和分离效率，还提供了优异的电荷传输性能，进一步证明了圆锥形竹节 TiO_2 纳米管薄膜中的竹节状结构能够提供更多的电荷传输路径。图 7-35（b）为 $CuInS_2$ 量子点敏化传统 TiO_2 纳米管、锥形 TiO_2 纳米管和圆锥形竹节 TiO_2 纳米管薄膜太阳能电池的瞬态荧光光谱图。相比纯 FTO/$CuInS_2$ 光电极，不同结构太阳能电池的荧光寿命从 17.9ns 分别降低到 5.9ns，5.1ns 和 3.3ns，$CuInS_2$ 量子点敏化圆锥形竹节 TiO_2 纳米管薄膜太阳能电池具有最低的荧光寿命。通过计算可以发现，$CuInS_2$ 量子点敏化圆锥形竹节 TiO_2 纳米管薄膜太阳能电池的电荷传输速率为 $2.47\times10^8s^{-1}$，明显高于传统 TiO_2 纳米管（$1.14\times10^8s^{-1}$）和锥形 TiO_2 纳米管（$1.4\times10^8s^{-1}$）结构。因此，圆锥形竹节 TiO_2 纳米管结构为量子点敏化太阳能电池提供了更优异的电荷传输性能。

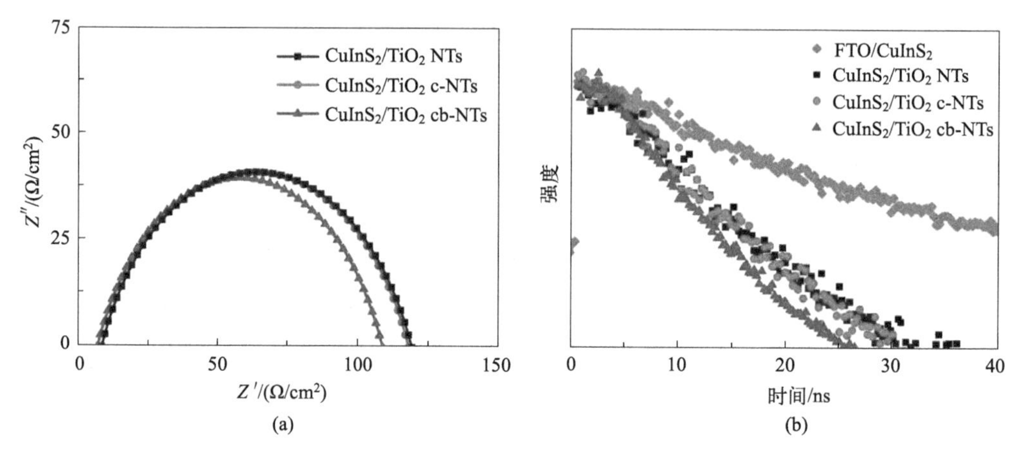

图 7-35 不同量子点敏化 TiO_2 纳米管阵列薄膜太阳能电池

(a) EIS 谱图；(b) TRPL 谱图

为了明确锥形竹节状 TiO_2 纳米管阵列薄膜结构对 $CuInS_2$ 量子点敏化太阳能电池的电荷产生和传输性能的提升，图 7-36 展示了不同结构 TiO_2 纳米管阵列薄膜下太阳能电池的电荷产生和传输机理。在传统 TiO_2 纳米管薄膜结构中，量子点会均匀地沉积在 TiO_2 纳米管中。然而纳米管之间的间隙较小，无法沉积更多的量子点。同时传统 TiO_2 纳米管薄膜中的纳米管都是完全垂直于导电玻璃基地直线生长，会有一定的垂直方向的光反射损失。虽然传统 TiO_2 纳米管阵列结构能够有效地提升太阳能电池的电荷传输速率，但电池的电荷产生效率依旧需要进一步提升。不同于传统 TiO_2 纳米管薄膜结构，锥形 TiO_2 纳米管阵列薄膜结构具有较大的空间间隙，可以在纳米管内和纳米管之间沉积更多的量子点，进而产生更多的光生电荷。同时，锥形 TiO_2 纳米管阵列薄膜结构的管径自下而上逐渐变小，太阳光入射到锥形 TiO_2 纳米管阵列薄膜结构中能够产生更多的光学反射，进而增加光吸收的概率。更多的量子点沉积量和更多的光吸收次数就能够为锥形 TiO_2 纳米管阵列薄膜基量子点敏化太阳能电池提供更多的光生电荷。圆锥形竹节 TiO_2 纳米管薄膜结构是在锥形 TiO_2 纳米管阵列薄膜结构的基础上制备而成，其具备了锥形 TiO_2 纳米管阵列薄膜结构更多的量子点沉积量和光吸收次数的优势。圆锥形竹节 TiO_2 纳米管薄膜中的竹节状结构能够沉积更多的量子点，同时竹节状结构还能作为电荷传输的桥梁，增加太阳能电池中电荷传输的路径。因此，以圆锥形竹节 TiO_2 纳米管薄膜结构作

为 $CuInS_2$ 量子点敏化太阳能电池的光阳极，能够实现电池光电转换效率的进一步提升。

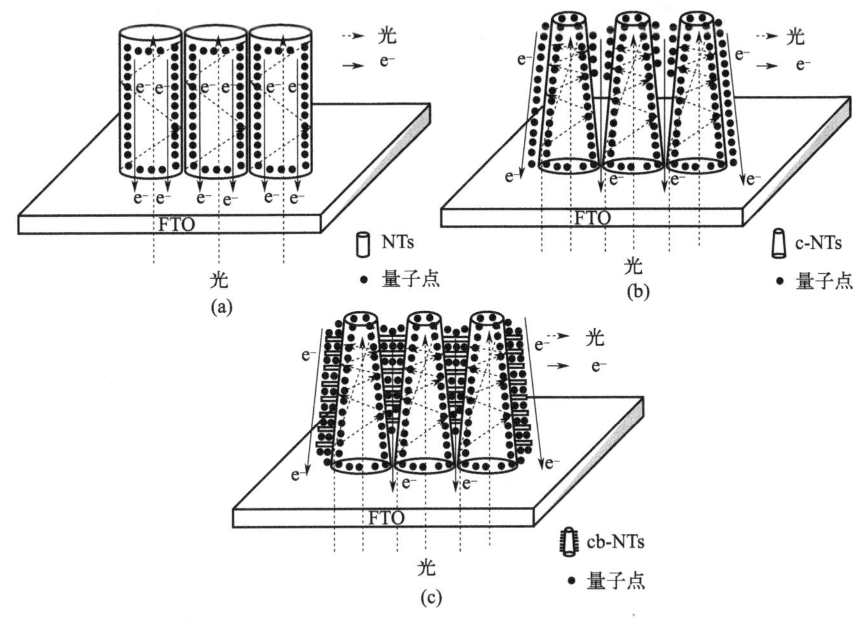

图 7-36　不同量子点敏化 TiO_2 纳米管阵列薄膜太阳能电池电荷产生和传输机理

(a) 传统 TiO_2 纳米管；(b) 锥形 TiO_2 纳米管；(c) 圆锥形竹节 TiO_2 纳米管

7.5　$CuInS_2$ 量子点共敏化 TiO_2 纳米阵列太阳能电池

为了制备出最为高效的 $CuInS_2$ 基量子点敏化太阳能电池，将 $CuInS_2$ 量子点共敏化工艺用于锐钛矿相的 TiO_2 纳米线阵列与 TiO_2 纳米管阵列薄膜光阳极上。为了确定这种锐钛矿相 TiO_2 纳米阵列薄膜的优势，将 TiO_2 纳米阵列薄膜与 TiO_2 纳米颗粒薄膜光阳极也共同进行对比。首先从图 7-37 的紫外 - 可见光吸收谱图中可以看出，四种类型的 TiO_2 纳米薄膜光阳极都在整个紫外 - 可见光波段都有光吸收。无论是 $CuInS_2$/$CuInS_2$ 量子点和 $CuInS_2$/Mn-CdS 量子点共敏化薄膜，三种 TiO_2 纳米阵列结构光阳极的光吸收性能比 TiO_2 纳米颗粒光阳极要好。相比之下，锐钛矿相 TiO_2 纳米管阵列薄膜光阳极的可见光光吸收强度最大，这就初步证明了锐钛矿相 TiO_2 纳米管阵列薄膜作为光阳极能有望获得较佳的光电性能。

为了获得更为高效的量子点敏化太阳能电池，将所有的光阳极组装成太阳能电池进行对比。首先对比 $CuInS_2$/$CuInS_2$ 量子点共敏化太阳能电池，从图 7-38（a）的 J-V 曲线和表 7-9 的光电性能参数中可以发现，太阳能电池的开路电压和填充

因子相对于之前的 TiO_2 纳米颗粒薄膜来说并没有明显变化，但是短路电流密度进一步提高，尤其是 TiO_2 纳米管阵列薄膜太阳能电池的短路电流密度已经提高到了 9.89mA/cm²，远远高于 TiO_2 纳米颗粒薄膜太阳能电池的 7.42mA/cm²。$CuInS_2$/$CuInS_2$ 量子点共敏化 TiO_2 纳米管阵列薄太阳能电池的光电转换效率达到了 2.49%。同时，对比图 7-38（b）的 IPCE 谱图也可以看到，TiO_2 纳米管阵列薄膜太阳能电池的 IPCE 响应峰值也从 42% 上升到了 50%。

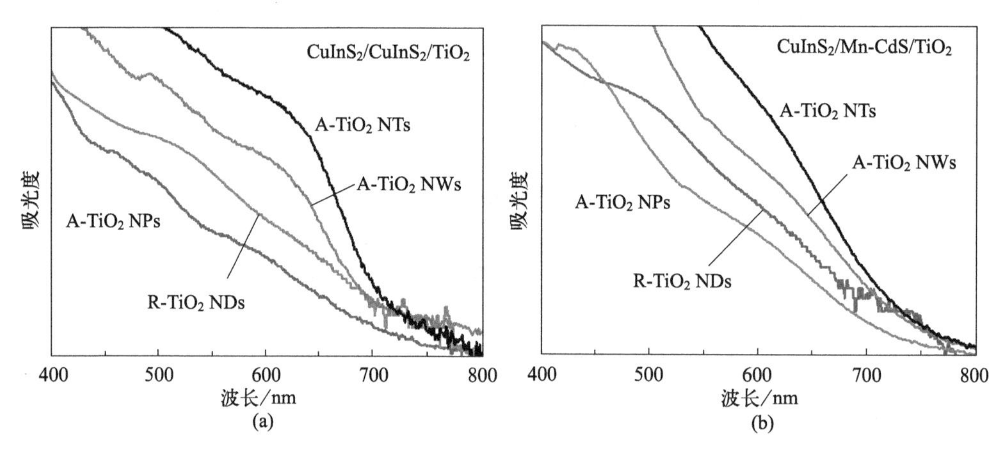

图 7-37　$CuInS_2$ 量子点共敏化不同形貌 TiO_2 纳米薄膜太阳能电池的紫外 - 可见光吸收谱图

(a) $CuInS_2$/$CuInS_2$/TiO_2；(b) $CuInS_2$/Mn-CdS/TiO_2

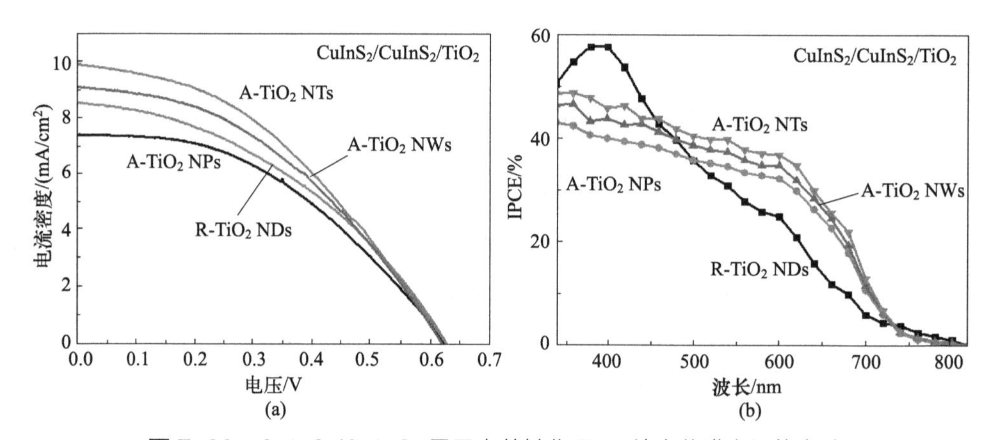

图 7-38　$CuInS_2$/$CuInS_2$ 量子点共敏化 TiO_2 纳米薄膜太阳能电池

(a) *J-V* 曲线阵列；(b) IPCE 谱图

表7-9　$CuInS_2$/$CuInS_2$量子点共敏化TiO_2纳米薄膜太阳能电池的光电性能参数

TiO_2/$CuInS_2$/$CuInS_2$	J_{sc}/(mA/cm²)	V_{oc}/mV	FF/%	η/%
A-TiO_2 NPs	7.42	621.7	45.7	2.11
TiO_2 NDs	8.53	628.2	40.8	2.18

续表

$TiO_2/CuInS_2/CuInS_2$	J_{sc}/(mA/cm^2)	V_{oc}/mV	FF/%	η/%
A-TiO_2 NWs	9.07	620.8	41.9	2.36
A- TiO_2 NTs	9.89	627.8	40.2	2.49

对比 $CuInS_2$/Mn-CdS 量子点共敏化太阳能电池，从图 7-39（a）的 *J-V* 曲线和表 7-10 的光电性能参数中可以发现，与之前的结果类似，太阳能电池的开路电压和填充因子没有明显变化，而 TiO_2 纳米管阵列薄膜太阳能电池的短路电流密度从 14.72mA/cm^2 提高到了 18.58mA/cm^2。相对应 $CuInS_2$/Mn-CdS 量子点共敏化 TiO_2 纳米管阵列薄太阳能电池的光电转换效率达到了 4.48%。同时，$CuInS_2$/Mn-CdS 量子点共敏化 TiO_2 纳米管阵列薄膜太阳能电池的 IPCE 响应峰值也已经接近 80%，如图 7-39（b）所示。从 $CuInS_2/CuInS_2$ 和 $CuInS_2$/Mn-CdS 量子点共敏化太阳能电池光电性能的结果分析表明，锐钛矿相 TiO_2 纳米阵列薄膜作为太阳能电池的光阳极要比 TiO_2 纳米颗粒薄膜效果更好，尤其是锐钛矿相 TiO_2 纳米管阵列薄膜因其独特的管结构能够使太阳能电池获得接近 4.5% 的光电转换效率。

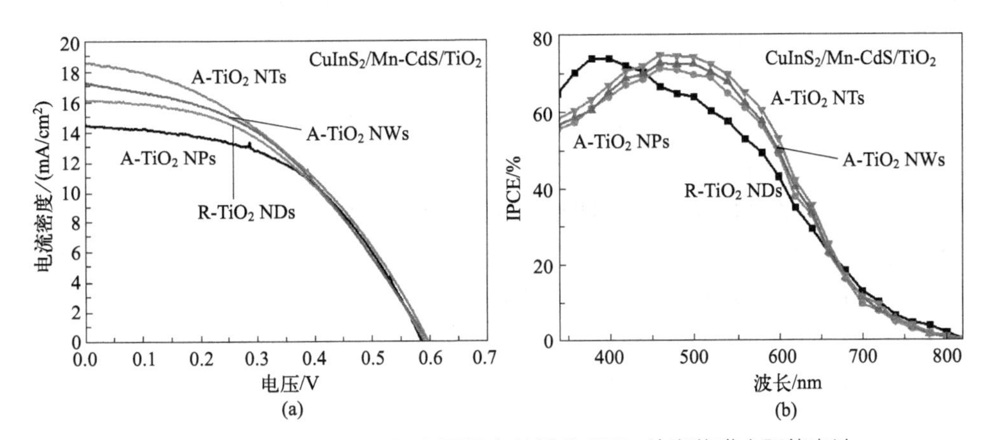

图 7-39　$CuInS_2$/Mn-CdS 量子点共敏化 TiO_2 纳米薄膜太阳能电池

(a) *J-V* 曲线阵列；(b) IPCE 谱图

表7-10　$CuInS_2$/Mn-CdS量子点共敏化TiO_2纳米薄膜太阳能电池的光电性能参数

$TiO_2/CuInS_2$/Mn-CdS	J_{sc}/(mA/cm^2)	V_{oc}/mV	FF/%	η/%
A-TiO_2 NPs	14.72	597.5	47.9	4.22
TiO_2 NDs	16.14	592.1	44.9	4.29
A-TiO_2 NWs	17.27	598.6	42.5	4.39
A- TiO_2 NTs	18.58	599.0	40.3	4.48

7.6 纳米阵列中间层对太阳能电池性能的影响

在 $CuInS_2$ 量子点敏化太阳能电池中，当前研究的重点集中在敏化剂、电子传输层和光阳极等主体结构。在大量研究中，$CuInS_2$ 量子点敏化太阳能电池的电子传输层采用的是 TiO_2 薄膜，电荷在光阳极中产生后，通过 TiO_2 薄膜中传递，在这个过程中由于 TiO_2 薄膜与 FTO 导电玻璃基板之间存在界面，会使得载流子在传输过程中产生界面电荷复合，严重影响电池的性能。因此，改善 TiO_2 薄膜和 FTO 导电基板界面间结合成为提升电池性能的关键因素。一维的 ZnO 纳米线具有较大的比表面积，在太阳能电池中作为中间层能很好地提升电荷传输速率。本节将一维 ZnO 纳米线结构引入 $CuInS_2$ 量子点敏化太阳能电池中，作为 FTO 导电基板和 TiO_2 薄膜之间的中间层，增强 FTO 导电玻璃基底和 TiO_2 薄膜之间的界面结合，减少电荷传输过程中的界面复合。通过分析一维 ZnO 纳米线薄膜和 FTO/ZnO/TiO_2/$CuInS_2$ 电池的物相组成、表面形貌与光电特征，提升基于一维 ZnO 纳米线中间层的 $CuInS_2$ 量子点敏化太阳能电池的性能。

在 $CuInS_2$ 量子点敏化太阳能电池的中，ZnO 纳米薄膜取代 TiO_2 作为电子传输层可以有效提升电荷传递速率。同时，在近年来的研究中发现，纳米阵列结构能够降低太阳能电池内部的电荷传输复合，提升太阳能电池中电荷传输速率，极其适用于量子点敏化太阳能电池。然而，传统纳米阵列结构仅仅作为太阳能电池的光阳极，并未用于电池内部的中间层。本节中将 ZnO 纳米阵列薄膜作为 $CuInS_2$ 量子点敏化太阳能电池的中间层，通过调整 $CuInS_2$ 量子点敏化太阳能电池中导电基底与光阳极之间的界面结合，达到改善光阳极中的界面缺陷，增强载流子传递速度的目的，最终提升整个 $CuInS_2$ 量子点敏化太阳能电池的光电性能。通过表征 ZnO 纳米阵列薄膜和 FTO/ZnO/TiO_2/$CuInS_2$ 电池的物相组成、光学特性与光电性能测试，研究了基于 ZnO 纳米阵列中间层的 $CuInS_2$ 量子点敏化太阳能电池的性能。

7.6.1 ZnO 纳米线的物相组成及形貌结构表征

为了获得最佳结构的 ZnO 纳米线阵列薄膜，对四组不同沉积时间的 ZnO 纳米线进行了相关表征测试，图 7-40 为不同沉积时间的 ZnO 纳米线的 X 射线衍射谱图。从图中可以看出，四组样品都在 31.2°、33.5°、35.7°、49.5°、56.1°、64.2°、69.7° 位置出现了衍射峰，对应了（100）、（002）、（101）、（102）、（110）、（103）和（112）晶面，这与 ZnO 的 JCPDS 标准卡片相符。在这些衍射峰当中，（100）、（002）、（101）晶面的衍射峰强度较大。其中，（002）晶面衍射峰决定了 ZnO 纳米线生长的择优取向，（002）衍射峰强度越大，说明 ZnO 纳米线越大程度地沿着 c 轴方向择优生长，(002)衍射峰强度越弱，说明ZnO纳米线的生长方向越大程度地脱离*c*轴方向。四组不同沉积时间的ZnO纳米线样品的(002)峰均表现出了一定的强度，这充分说明四组样品中的ZnO纳米线内部基本上是沿着*c*轴方向的。(100)和(101)晶面的衍射峰强度也较大，说明电化学沉积的ZnO有可能存在一定的比例没有沿着*c*轴方向垂直生长，(002)衍射峰强度在所有衍射峰强度中所占的比重不是很高能够证明这一点。此外，在不同样品的X射线衍射谱图均没有发现如Zn、O等其他物质的衍射峰，说明电化学制备的ZnO纳米线没有杂质，为纯度较高的ZnO薄膜。

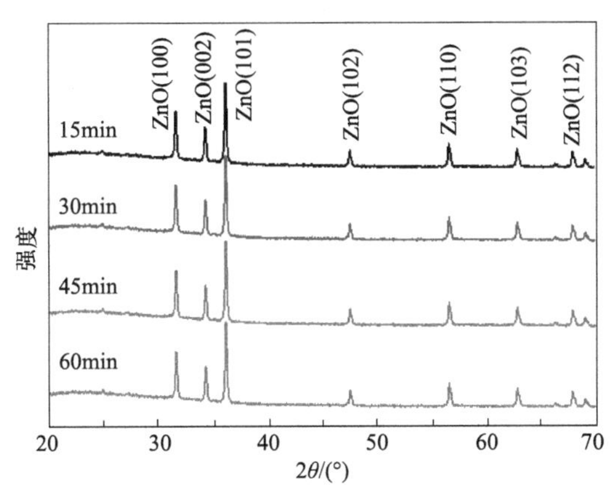

图7-40　不同沉积时间的ZnO纳米线的X射线衍射谱图

由于ZnO纳米线的尺寸和间距对电子传输的性能有直接的影响，利用场发射扫描电镜分别测试了不同电化学沉积时间下的ZnO纳米线薄膜。图6-41是电沉积时间分别为15min、30min、45min和60min的ZnO纳米线在不同倍率下的SEM图像。从图中可以看出，不同电化学沉积时间下制备的ZnO薄膜都为纳米线结构，说明电化学沉积法能够较好地制备ZnO纳米线薄膜。

对比不同沉积时间制备的ZnO纳米线薄膜，可以发现ZnO纳米线呈现出六边形结构，并且随着沉积时间从15min增加至60min，ZnO纳米线的直径逐渐从60nm增加至100nm。随着ZnO纳米线直径的增加，有可能会降低ZnO纳米线薄膜的比表面积，影响光阳极制备过程中光吸收层的沉积。然而，对比不同电化学沉积时间下ZnO纳米线在薄膜中的密度，可以发现ZnO纳米线随着沉积时间的增加越来越密集。在沉积时间为15min时，ZnO纳米线排列稀疏，可以从SEM图像中发现FTO导电玻璃基底。而沉积时间为45min和60min的ZnO纳米线薄膜排列紧密，基本完全覆盖FTO导电玻璃基底。与此同时，电沉积时间必然会影响ZnO纳米线的长度，从图中可以看出随着沉积时间的增加ZnO纳米线的长度逐渐增加。此外，虽然ZnO纳米线的生长方向虽然比较混乱，沿着各个方向都有生长，但是大体上

维持了沿 c 轴方向的生长，这与前面的 XRD 结论相符，因此可以确定 ZnO 纳米线薄膜在 FTO 导电玻璃基板上实现了垂直生长并形成纳米线的结构。对 ZnO 纳米线来说，其直径、密度、长度会对最终电荷在光阳极中的产生及传输有较大影响，因此，应进一步考虑 ZnO 纳米线自身结构之间的平衡。

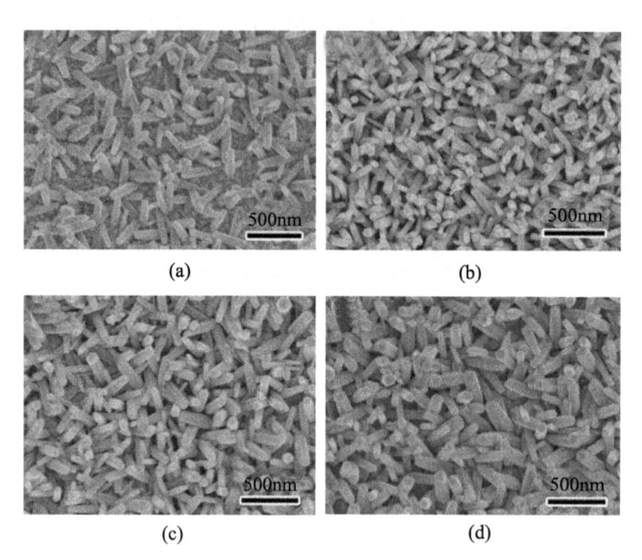

图 7-41　不同沉积时间的 ZnO 纳米线薄膜的 SEM 图像

7.6.2　$ZnO/TiO_2/CuInS_2$ 光阳极的物相组成及形貌结构

为了进一步确定 ZnO 纳米线结构对最终光阳极结构及性能的影响，通过刮刀法和连续离子吸附法制备了 $ZnO/TiO_2/CuInS_2$ 光阳极。图 7-42 为制备得到的 $ZnO/TiO_2/CuInS_2$ 光阳极的 XRD 谱图，从图中可以看出，(100)、(002)、(101)、(102)、(110)、(103) 和 (112) 晶面与 ZnO 的 JCPDS 96-900-4179 标准卡片相符。经刮刀法和连续离子层吸附后，可以看到分别在 26.5°、47.2°、55.3° 和 63.6° 位置出现了四个新的衍射峰，对应了 (101)、(200)、(211) 和 (204) 晶面，这与锐钛矿 TiO_2 相的 JCPDS01-071-1166 卡片非常吻合。同时，另外三个不同的峰在 27.8°、45.7° 和 52.2° 位置，对应了 (112)、(204) 和 (116) 晶面，这也与 $CuInS_2$ 的 JCPDS 85-1575 卡片相吻合。可以确认所制备的光阳极为 $ZnO/TiO_2/CuInS_2$ 结构，不含其他杂质。

图 7-43 (a) 为 $FTO/ZnO/TiO_2/CuInS_2$ 光阳极的断面 SEM 图像，从图中可以看出，光阳极薄膜的厚度为 16μm，膜层结构较为平整，各个膜层之间的界面结合较好，基本没有界面分离状态。图 7-43 (b) 是 $ZnO/TiO_2/CuInS_2$ 光阳极局部放大

的断面 SEM 图像。从图中可以看出，整个薄膜样品的最下层为 ZnO 纳米线结构，ZnO 纳米线基本呈现出沿着基板垂直生长的状态。由于 ZnO 是作为 FTO 导电玻璃和 TiO_2 薄膜之间的缓冲层，因此在整个薄膜中 ZnO 纳米线薄膜的厚度较小。为了有效地实现 ZnO 纳米线阵列缓冲层对电荷传输效率的提升，需要进一步调控合适的 ZnO 纳米线的长度和线与线之间的间距，进而能够为整个电池中电子的传输提供一个有效的通道，同时能够形成一个陷光结构，使得进入电池的可见光在多次反射的情况下被很好地吸收。以上结果表明，所制备的 $ZnO/TiO_2/CuInS_2$ 光阳极均为纯相结构，没有其他相的杂质，各膜层的厚度分布比较合理，膜层之间的界面结合较好。

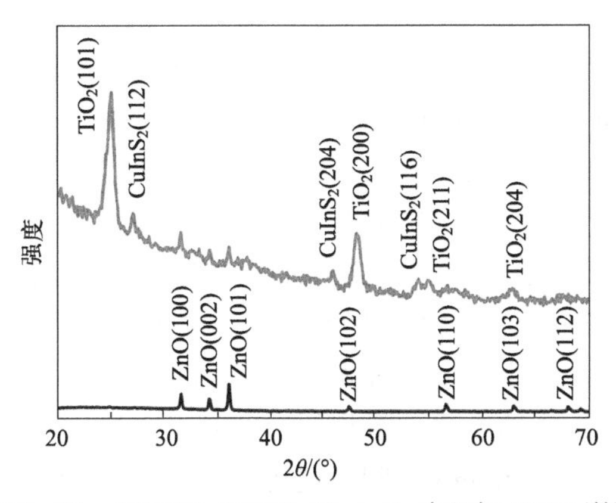

图 7-42　$FTO/ZnO/TiO_2/CuInS_2$ 光阳极 XRD 谱图

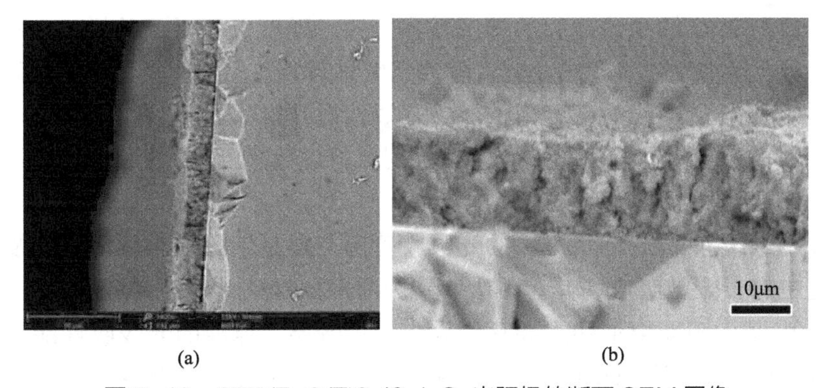

图 7-43　$FTO/ZnO/TiO_2/CuInS_2$ 光阳极的断面 SEM 图像

7.6.3 基于 ZnO 纳米线中间层太阳能电池的性能

薄膜的光学特性是影响太阳能电池性能的重要因素，尤其是薄膜在紫外可见波长范围内的光吸收特性，直接决定电池吸收光能的强弱。为了确定 ZnO 纳米线阵列缓冲层对太阳能电池光吸收性能的影响，分别测试了以 ZnO 纳米线为基础的各个太阳能电池的紫外 - 可见光吸收谱图，测试波长范围均为 300 ～ 800nm，测试环境为室温。

图 7-44（a）是不同电化学沉积时间下的 ZnO 纳米线薄膜的紫外 - 可见光吸收谱图，可以看出不同沉积时间下的 ZnO 纳米线薄膜在 300 ～ 400nm 波长范围内具有较强的光吸收性能。随着沉积时间的增加，薄膜的光吸收边界没有明显变化，这说明 ZnO 纳米线薄膜的光吸收范围主要集中在紫外区域，对大于 400nm 波长的可见光区域基本没有吸收能力。通过比较四种不同电池的光吸收率曲线可以发现，在 300 ～ 350nm 的波长范围内，沉积时间不同的 ZnO 纳米线薄膜的光吸收性能大体上保持一致，没有明显的改变；而在 350 ～ 400nm 的波长范围内，当沉积时间由 15min 增加至 60min 时，样品的光吸收强度逐渐增加；从结果中发现，沉积时间为 60min 的 ZnO 纳米线薄膜的光吸收性能最好。这可能是由于 15min 的 ZnO 纳米线密度不足，无法实现其陷光结构对光吸收性能的提升。而沉积时间为 60min 的 ZnO 纳米线的密度最大，能够进一步提升光吸收性能。因此，可以发现沉积时间为 60min 的 ZnO 纳米线阵列薄膜为中间层能够获得更优异的光吸收性能。

图 7-44（b）为不同电化学沉积时间下 ZnO/TiO_2 薄膜和 TiO_2 薄膜的紫外 - 可见光吸收光谱图。与纯 ZnO 纳米线薄膜相似，四种不同沉积时间的 ZnO/TiO_2 薄膜的有效光吸收范围在 300 ～ 400nm 之间，这也符合 ZnO 和 TiO_2 结构的光吸收性能。随着 ZnO 纳米线沉积时间的增加，ZnO/TiO_2 薄膜的光吸收边界同样没有明显变化，这一点与 ZnO 纳米线薄膜的情况基本一致。随着沉积时间的增加，ZnO/TiO_2 薄膜的光吸收性能发生了明显变化，随着沉积时间的增加，薄膜的光吸收强度逐渐增加，说明 ZnO 纳米线的密度增加能够有效地提升电池的光吸收性能，高密度的 ZnO 纳米线薄膜更能够起到陷光作用。同时，高密度的 ZnO 纳米线阵列可能更有利于与 TiO_2 薄膜之间的界面结合。

ZnO 纳米线和 TiO_2 纳米薄膜的光吸收范围主要是紫外区域，对 400 波长以下的可见光也有一定的吸收，其总体吸收能力有限。ZnO 纳米线薄膜和 ZnO/TiO_2 薄膜在 $CuInS_2$ 基太阳能电池中主要是作为电子传输层，电池的光吸收性能主要依靠 $CuInS_2$ 光吸收层。随着 ZnO 纳米线薄膜沉积时间的增加，其有效光吸收性能呈现上升趋势，说明沉积时间会影响 ZnO 纳米线薄膜的光学性能。

图 7-44（c）是不同 ZnO 沉积时间的 ZnO/TiO_2/$CuInS_2$ 薄膜与 TiO_2/$CuInS_2$ 薄膜的紫外 - 可见光吸收光谱图。相比于纯的 ZnO/TiO_2 薄膜，在制备了 $CuInS_2$ 光吸收层之后，ZnO/TiO_2/$CuInS_2$ 薄膜的有效光吸收范围得到明显的增加，其光吸收边界从 400nm 扩展到了 800nm，使得电池能够吸收更多的可见光并将其转换为电流。

对比图中四种不同的光阳极薄膜可以发现，随着 ZnO 沉积时间的增加，$ZnO/TiO_2/CuInS_2$ 薄膜的光吸收边界逐渐向可见光区移动。同时，薄膜的光吸收强度随着 ZnO 沉积时间的增加逐渐增加，这也证明了高密度的 ZnO 纳米线阵列薄膜作为 FTO 导电玻璃和 TiO_2 薄膜之间的中间层能够实现 ZnO 纳米线的陷光作用。

总之，从以上的紫外 - 可见光吸收光谱图来说，以较长的电化学沉积时间下制备的 ZnO 纳米线薄膜作为中间层，$CuInS_2$ 量子点敏化太阳能电池具有更宽的光吸收边界。然而，最终要获得光电转换效率较高的太阳能电池，还应该结合 ZnO 纳米线结构的光电特性来进行分析。

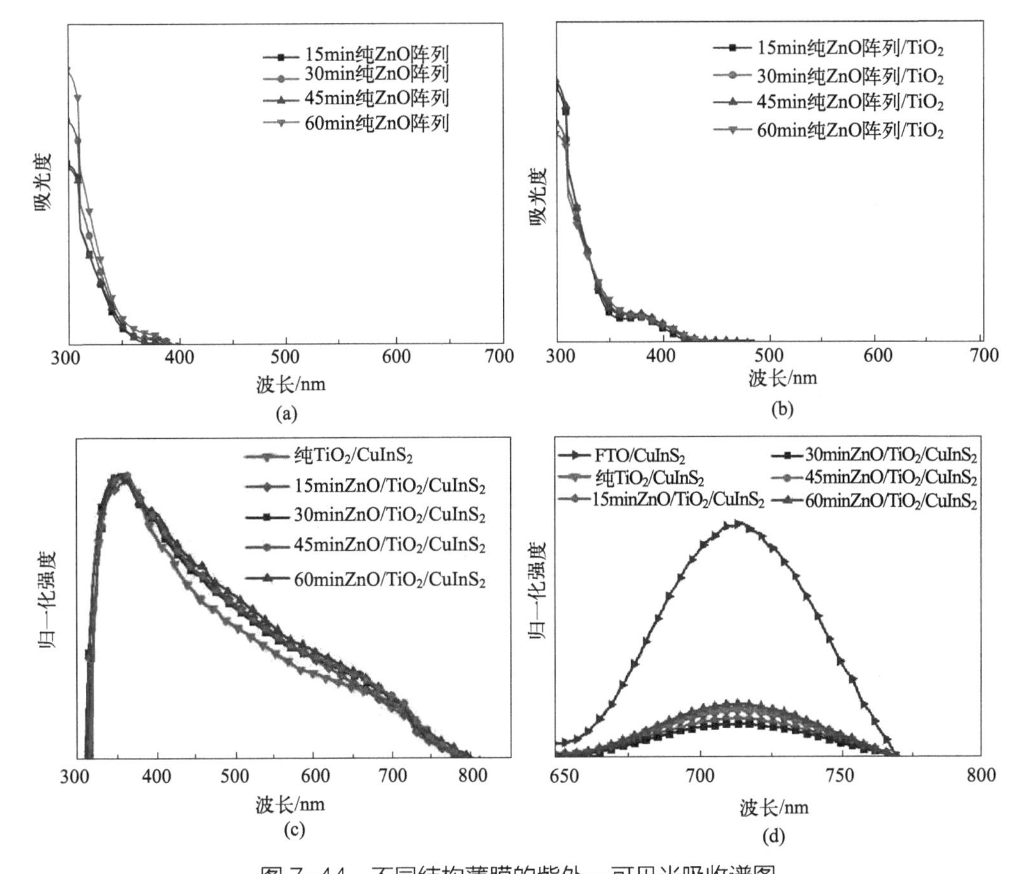

图 7-44 不同结构薄膜的紫外 - 可见光吸收谱图

(a) ZnO 纳米线薄膜；(b) $FTO/ZnO/TiO_2$ 薄膜；(c) $FTO/ZnO/TiO_2/CuInS_2$ 薄膜；(d) 不同结构薄膜的荧光光谱图

为确定 ZnO 纳米线阵列薄膜的结构对 $CuInS_2$ 量子点敏化电池电荷分离效率的影响，分别测试了不同 ZnO 沉积时间的 $ZnO/TiO_2/CuInS_2$ 薄膜与 $TiO_2/CuInS_2$ 薄膜的荧光光谱图。从图 7-44（d）中可以看出，薄膜的荧光峰位置不会随结构的变化而改变。相比于纯 $FTO/CuInS_2$ 量子点薄膜，$FTO/TiO_2/CuInS_2$ 和 $FTO/ZnO/TiO_2/$

$CuInS_2$ 薄膜的荧光峰强度明显降低，这说明薄膜内的电荷出现了有效的分离。对比不同结构的薄膜可以发现，FTO/ZnO/TiO_2/$CuInS_2$ 薄膜的荧光峰强度随着 ZnO 沉积时间的增加先降低后增加，沉积时间为 30min 的 FTO/ZnO/TiO_2/$CuInS_2$ 薄膜具有最低的荧光峰强度，这说明沉积时间为 30min 的 ZnO 纳米线阵列薄膜能够有效地提升 FTO/ZnO/TiO_2/$CuInS_2$ 薄膜的电荷分离效率。

为了确定 ZnO 纳米线阵列薄膜的结构对 $CuInS_2$ 量子点敏化太阳能电池光电性能的影响，分别测试了基于不同沉积时间 ZnO 纳米线的 FTO/ZnO/TiO_2/$CuInS_2$ 量子点敏化太阳能电池的光伏特性。如图 7-45（a）和表 7-11 显示了 *J-V* 曲线和光电性能参数，从图中可以看出，随着 ZnO 纳米线沉积时间的增加，对应的 FTO/ZnO/TiO_2/$CuInS_2$ 量子点敏化太阳能电池的开路电压没有明显变化，这可能是因为不同沉积时间的 ZnO 纳米线结构相似，并未能改变整个电池的能级结构，因此不会造成开路电压的变化。然而，电池的填充因子随电化学沉积时间的增加而减小，填充因子最大的电池为 ZnO 纳米线沉积时间为 30min 的 FTO/ZnO/TiO_2/$CuInS_2$ 量子点敏化太阳能电池，这可能是由于沉积时间的延长造成了 ZnO 纳米线密度和厚度的增加，直接降低了 ZnO 与 TiO_2 之间的界面结合。短路电流密度是证明 ZnO 纳米线薄膜作为陷光结构作用的关键。如图 7-45（a）和表 7-11 所示，随着电化学沉积时间的增加，FTO/ZnO/TiO_2/$CuInS_2$ 量子点敏化太阳能电池的短路电流密度先增加后降低，其中 ZnO 沉积时间为 30min 的太阳能电池的短路电流密度最高，为 13.56mA/cm^2。这也证明了 ZnO 纳米线在相对较大的直径和较高的厚度下，可能存在界面结合局部较差或薄膜内部出现局部空隙缺陷，使得光生载流子产生之后在缺陷处出现电荷复合的中心，进而影响了 FTO/ZnO/TiO_2/$CuInS_2$ 量子点敏化太阳能电池的电荷传输和电荷收集。通过图 7-45（b）可以发现，FTO/ TiO_2/$CuInS_2$ 和 FTO/ZnO/TiO_2/$CuInS_2$ 量子点敏化太阳电池的 IPCE 光谱几乎覆盖了 300nm 到 800nm 波长范围内的整个紫外线和可见光光谱区域。对比可以发现，在整个光谱范围内，FTO/ZnO/TiO_2/$CuInS_2$ 量子点敏化太阳能电池的 IPCE 响应强度比 FTO/TiO_2/$CuInS_2$ 量子点敏化太阳电池要高，说明 ZnO 纳米线薄膜能够有效地提高电池的短路电流密度。

表7-11　不同结构的量子点敏化太阳能电池的光电性能参数

样品	V_{oc}/mV	J_{sc}/(mA/cm^2)	FF/%	η/%	R_s/Ω · cm^2	R_{ct}/Ω · cm^2
纯 TiO_2	566.3	12.51	58.1	4.12	20.4	232.1
沉积 15min	570.2	12.35	58.8	4.15	12.2	203.8
沉积 30min	570.5	13.56	59.2	4.58	12.5	201.2
沉积 45min	570.2	10.82	59.1	3.65	12.7	277.9
沉积 60min	569.9	8.81	59.0	2.96	13.1	346.7

图 7-45（c）为 FTO/TiO_2/$CuInS_2$ 和 FTO/ZnO/TiO_2/$CuInS_2$ 量子点敏化太阳电池的光电流密度响应曲线，从图中可以看出，FTO/ZnO/TiO_2/$CuInS_2$ 量子点敏化太阳电池的光电流密度明显要高于 FTO/TiO_2/$CuInS_2$ 量子点敏化太阳电池的光电流密度，进一步说明 ZnO 纳米线薄膜的引入能够有效提升电池的光电性能。同时，FTO/ZnO/TiO_2/$CuInS_2$ 量子点敏化太阳电池光电流密度的稳定性较好，在一定时间内没有明显的波动和衰减，说明 ZnO 纳米线薄膜能够提升电池的性能稳定。

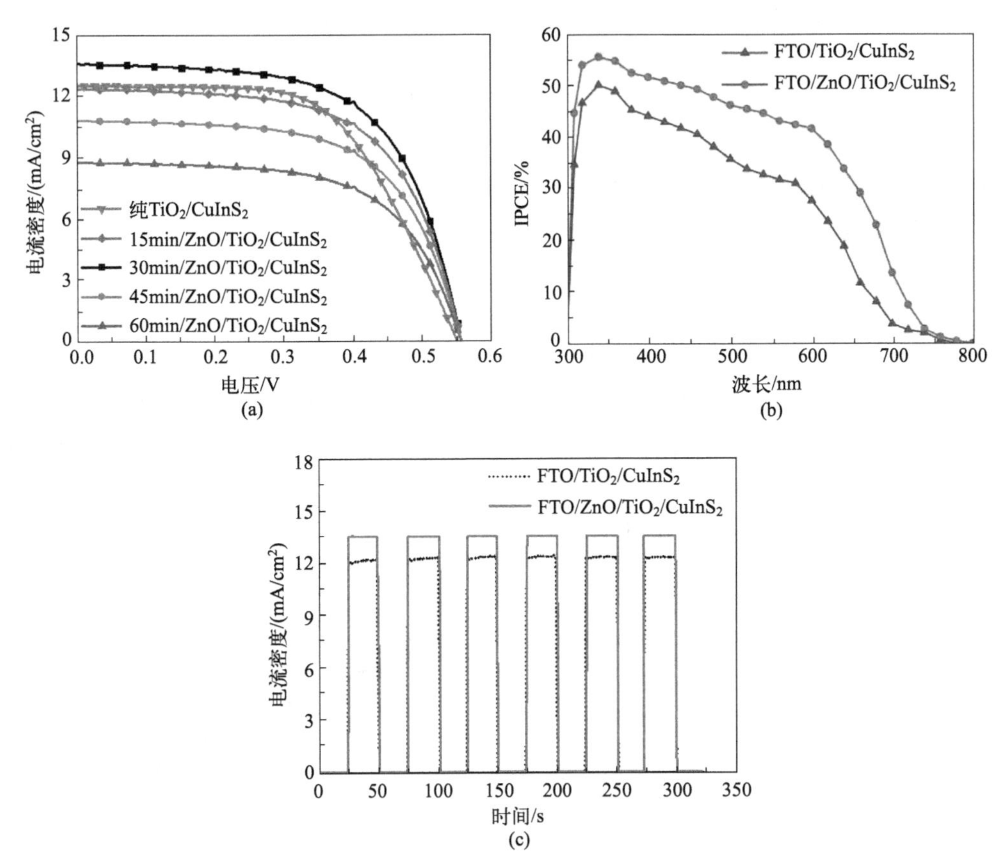

图 7-45　不同结构的量子点敏化太阳能电池

(a) J-V 曲线；(b) IPCE 谱图；(c) 光电流响应

从上述结果可以发现，在 FTO/ZnO/TiO_2/$CuInS_2$ 量子点敏化太阳能电池中 ZnO 纳米线最佳的沉积时间为 30min，基于该沉积时间下的 FTO/ZnO/TiO_2/$CuInS_2$ 量子点敏化太阳能电池具有最高的效率，为 4.58%。

为了进一步证明 ZnO 纳米线薄膜对 FTO/ZnO/TiO_2/$CuInS_2$ 量子点敏化太阳能电池电荷传输效率的提升，分析了 FTO/TiO_2/$CuInS_2$ 和 FTO/ZnO/TiO_2/$CuInS_2$ 量子点敏化太阳能电池的电化学阻抗谱。从图 7-46（a）中可以看出，FTO/ZnO/TiO_2/

$CuInS_2$ 量子点敏化太阳能电池的串联电阻明显低于 FTO/TiO_2/$CuInS_2$ 量子点敏化太阳能电池，这说明 ZnO 纳米线薄膜中间层能够有效地提升光吸收层和导电玻璃基地之间的界面结合。随着 ZnO 纳米线薄膜电沉积时间的增加，FTO/ZnO/TiO_2/$CuInS_2$ 量子点敏化太阳能电池的串联电阻先降低后增加。虽然 ZnO 纳米线薄膜中间层能够改善光吸收层和导电玻璃基地之间的界面结合，纳米线的直径和纳米线薄膜厚度过大依然会影响电池光阳极的稳定性。同时，对比不同沉积时间制备的 ZnO 纳米线薄膜，沉积时间为 15min 和 30min 的 FTO/ZnO/TiO_2/$CuInS_2$ 量子点敏化太阳能电池的电荷传输电阻明显低于 FTO/TiO_2/$CuInS_2$ 量子点敏化太阳能电池，进一步证明了 ZnO 纳米线薄膜中间层能够有效地提升电荷传输性能。随着 ZnO 纳米线薄膜电沉积时间的继续增加，FTO/ZnO/TiO_2/$CuInS_2$ 量子点敏化太阳能电池的电荷传输电阻逐渐增加。沉积时间为 45min 和 60min 的 FTO/ZnO/TiO_2/$CuInS_2$ 量子点敏化太阳能电池的电荷传输电阻明显高于 FTO/TiO_2/$CuInS_2$ 量子点敏化太阳能电池，这说明纳米线的直径和纳米线薄膜厚度过大同时会造成新的电子 - 空穴复合中心。图 7-46（b）为 FTO/TiO_2/$CuInS_2$ 和 FTO/ZnO/TiO_2/$CuInS_2$ 量子点敏化太阳能电池的瞬态荧光光谱，可以计算出不同太阳能电池的荧光寿命。从图中可以看出，FTO/ZnO/TiO_2/$CuInS_2$ 量子点敏化太阳能电池的荧光寿命明显低于 FTO/TiO_2/$CuInS_2$ 量子点敏化太阳能电池。通过计算可知，FTO/ZnO/TiO_2/$CuInS_2$ 量子点敏化太阳能电池具有更高的电荷传输速率。以上结果进一步证明了 ZnO 纳米线薄膜中间层能够有效地提升量子点敏化太阳能电池的电荷传输性能。

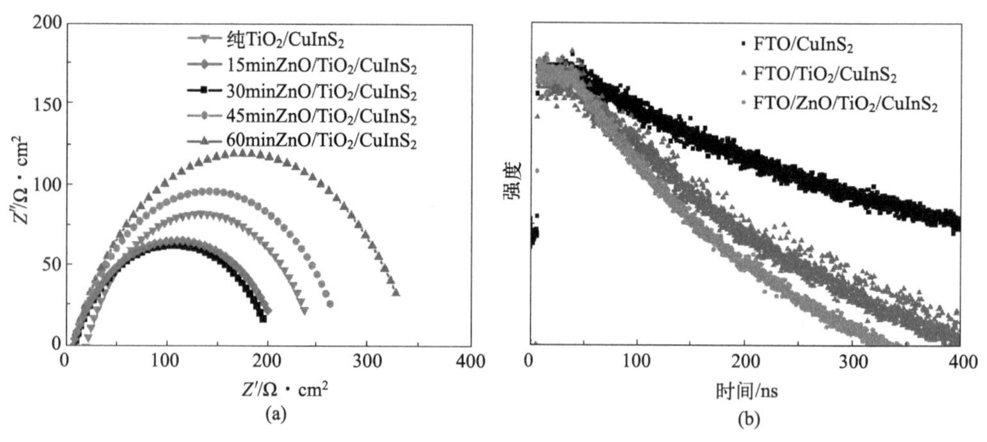

图 7-46　不同结构的 FTO/ZnO/TiO_2/$CuInS_2$ 量子点敏化太阳能电池

(a) 电化学阻抗谱；(b) 瞬态荧光光谱

为进一步揭示电池中的电荷产生及传输机理，图 7-47 分析了引入 ZnO 纳米线薄膜作为 TiO_2 纳米颗粒薄膜与 FTO 导电基板的中间层的 $CuInS_2$ 量子点敏化太阳能电池的模型图。在图 7-47 中，从上到下第一层是 FTO 导电基板，第二层蓝色部分是 TiO_2 纳米颗粒，橙色部分是 $CuInS_2$ 光吸收层，第三层是电解液，最后一层是对电极。图 7-47（a）为传统 TiO_2 纳米颗粒薄膜太阳能电池结构。对 $TiO_2/CuInS_2$ 结构而言，在光照条件下，电子空穴对在 $CuInS_2$ 光吸收层中产生，而光生电子从 $CuInS_2$ 的价带激发到导带，再转移到 TiO_2 纳米粒子薄膜的导带，最终通过 FTO 导电基板与 TiO_2 纳米颗粒薄膜之间的界面进行转移和收集。在 TiO_2 层与 $CuInS_2$ 光吸收层之间没有引入 ZnO 纳米线阵列中间层的情况下，光生电子在 TiO_2 纳米颗粒之间进行传输，进而通过 FTO 导电玻璃进行收集。其中，光生电子在 FTO 导电基板和 TiO_2 纳米颗粒薄膜之间的进行转移和收集的过程中，由于 TiO_2 纳米颗粒薄膜与 FTO 导电基板之间的界面差异，会有一部分光生电子在两者的界面处发生复合，从而降低了太阳能电池的短路电流密度，最终导致太阳能电池整体性能的下降。

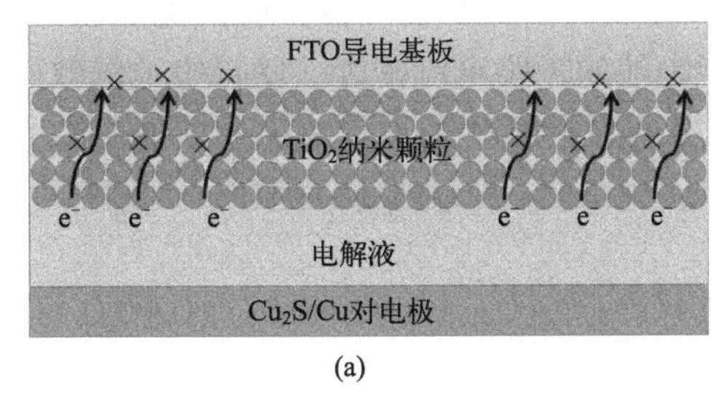

(a)

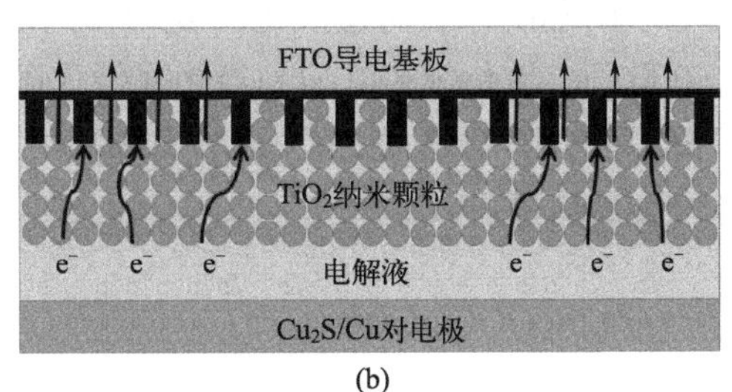

(b)

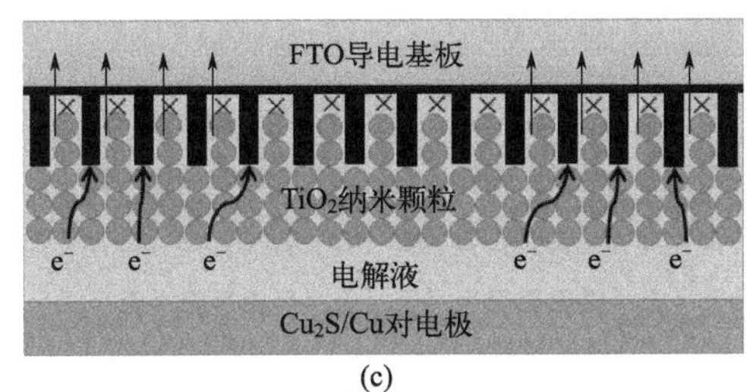

(c)

图 7-47　$FTO/ZnO/TiO_2/CuInS_2$ 量子点敏化太阳能电池电荷传输机理图

(a) 无 ZnO 纳米线薄膜中间层；(b) 最佳的 ZnO 纳米线薄膜中间层；(c) 沉积时间过长的 ZnO 纳米线薄膜中间层

为了改善图 7-47（a）中 TiO_2 纳米颗粒薄膜与 FTO 导电基板间的界面电荷复合，将 ZnO 纳米线阵列薄膜引入 TiO_2 纳米颗粒薄膜与 FTO 导电基板之间，如图 7-47（b）所示，黑色的部分即为引入的 ZnO 纳米线阵列中间层。由上文图 7-41 中 ZnO 纳米线 SEM 图像可知，ZnO 纳米线在 FTO 导电基板上实现了较好的垂直生长，线与线之间具备合适的间距，这些间距被 TiO_2 纳米颗粒紧密填充。同时 ZnO 纳米线阵列薄膜在 FTO 导电玻璃基底上原位生长而成，ZnO 纳米线阵列薄膜与 FTO 导电玻璃之间也具有良好的界面结合，这就使得 FTO 导电基板与 TiO_2 纳米颗粒薄膜之间的界面连接得到改善，从而提高了太阳能电池的填充因子。除此之外，ZnO 纳米线阵列薄膜为穿过太阳能电池的光提供了反射和折射路径，有利于光在电池内部进行反复的吸收，起到了良好的陷光效果。并且 ZnO 纳米线阵列薄膜巨大的比面积为光生电子提供了更多的通道，提高了太阳能电池中的电荷传输速率。

图 7-47（b）的分析结果表明，在 TiO_2 纳米颗粒薄膜与 FTO 导电基板间引入一层 ZnO 纳米线薄膜，虽然能够增加电荷产生量及加快电池中的电荷传输速率，但是在 ZnO 纳米线表面上制备 TiO_2 纳米粒子薄膜时，必须保持 ZnO 纳米线薄膜与 TiO_2 纳米颗粒薄膜之间良好的界面连接，以保证良好的电荷传输效果。如图 7-47（c）所示，ZnO 纳米线阵列中间层的直径、密度和厚度随着电化学沉积时间的增加而逐渐增大，当 ZnO 纳米线阵列中间层的厚度与密度增大至一定程度时，在 ZnO 纳米线薄膜和 TiO_2 纳米粒子薄膜的连接处会产生部分空隙，这些空隙将会成为捕获电子的陷阱，进而造成电荷复合。同时，直径的增加也会降低薄膜的比表面积，影响量子点敏化剂的沉积，最终降低太阳能电池的短路电流密度，使得电池的效率下降。因此，合适的 ZnO 纳米线薄膜中间层是未来提高量子点敏化太阳能电池光电性能的有效方式。

第8章 $CuInS_2/TiO_2$基量子点敏化太阳能电池的纳米阵列对电极

8.1 引言

对电极是纳米晶太阳能电池的重要组成部分之一，广泛应用的有 Pt、Au 和 C 等材料。然而，这些传统的对电极材料并不适用于量子点敏化太阳能电池，并不能促进电荷在整个太阳能电池体系中的传输。针对量子点敏化太阳能电池光阳极和电解液的组成，国内外研究学者开发出硫系化合物（如 CuS、Cu_2S、PbS 等）作为对电极以提高电荷的传输。其中，Cu_2S 对电极由于其制备方法简单、对环境无污染、电荷传输效果好等优势成了量子点敏化太阳能电池中应用最广泛的对电极。现今，Cu_2S 对电极的研究达到一定的瓶颈，各种复杂的合成方法如复合石墨烯等被用来进一步提高太阳能电池的光电性能。因此，采用简单的方法制备更为高效的 Cu_2S 对电极对提高量子点敏化太阳能电池的光电性能非常重要。

众所周知，单晶纳米阵列结构能够最大限度地减少电荷在电极材料中的传输路径，减少界面光生电子 - 空穴复合的机会。与光阳极类似，国内外学者利用纳米阵列结构作为太阳能电池的对电极同样能够提高电荷的传输效率。然而，传统的 Cu_2S 对电极通过化学法制备的薄膜，其表面积相对不大，如果能够利用 Cu_2S 纳米阵列薄膜作为对电极，有望进一步提高太阳能电池的光电转换效率。

8.2 Cu_2S 对电极的制备技术

该技术主要采用一种简单的化学法制备 Cu_2S 纳米棒阵列薄膜，具体步骤：首先将 15g 的氢氧化钠溶于 40mL 的去离子水溶液中，加热到 80℃并持续保温；在该温度下向溶液中分别加入 7mL 的乙二胺，7mmol 的硫单质和 40μL 的水合肼溶液，搅拌均匀；然后将铜片进行分别进行物理抛光和化学抛光，清洗干净之后置于该混合溶液中数小时即可。具体流程见图 8-1。

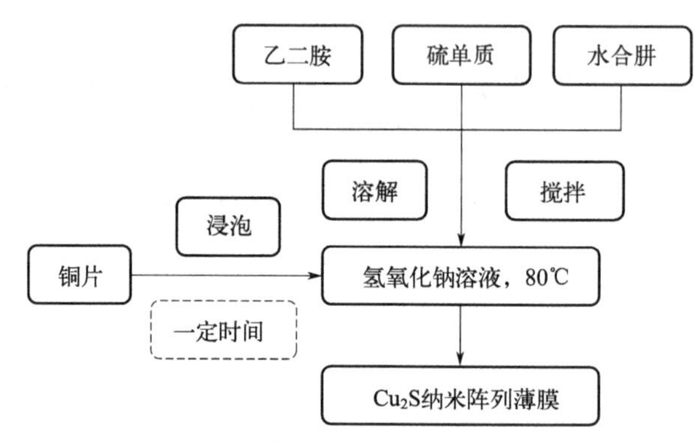

图 8-1　Cu_2S 纳米阵列薄膜合成的工艺流程图

采用化学法制备传统的 Cu_2S 纳米薄膜对电极，与 Cu_2S 纳米棒阵列薄膜进行对比，探索其对太阳能电池光电性能的影响，具体步骤：首先将铜片进行分别进行物理抛光和化学抛光，清洗干净之后置于 70℃的浓盐酸溶液中 10min；取出清洗干净之后置于多硫化物溶液（1mol/L Na_2S 和 1mol/L S 的去离子水溶液）中 10min，取出清洗烘干即可。具体实验流程见图 8-2。

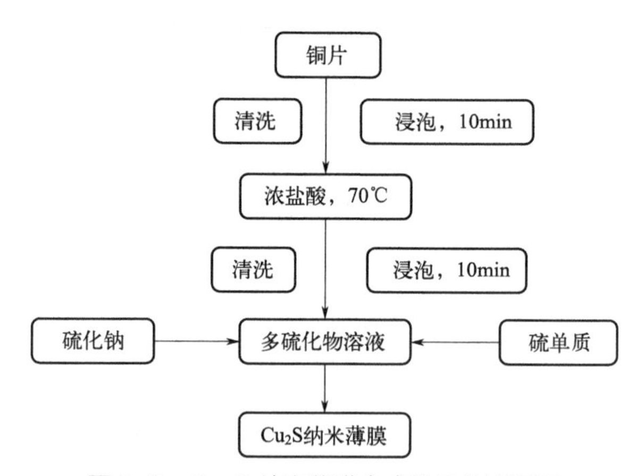

图 8-2　Cu_2S 纳米薄膜合成的工艺流程图

通过以上方法制备出样品，并对样品进行物相及形貌结构的表征。从图 8-3（a）样品的 XRD 谱图中可以看出，两个强度较高的峰为铜基底的衍射峰，其他几乎所有的衍射峰都符合纯正交相的 Cu_2S 的衍射峰（JCPDS card No.23-0961），另外还

存在微量的 Cu_xS 物相。这就证明该方法制备的样品为较纯的 Cu_2S 薄膜，所含有的 Cu_xS 对薄膜并不会对性能产生影响。从图 8-3（b）样品的 SEM 图像中可以明显看到 Cu_2S 薄膜呈现出纳米棒阵列的形貌，并且都垂直于基底的方向生长。纳米棒的直径为 100 ～ 150nm。而从图 8-3（c）样品的 TEM 图像和 HRTEM 图像中可以看到 Cu_2S 纳米棒表面比较光滑，直径约为 120nm。从 HRTEM 图像中的晶格条纹计算可知为 $d = 0.198$nm 的晶面参数，对应着 Cu_2S 的（2 13 1）晶面。以上结果证明，通过这种简单的溶液法能够在铜基底上制备出纯相的 Cu_2S 纳米棒阵列薄膜。

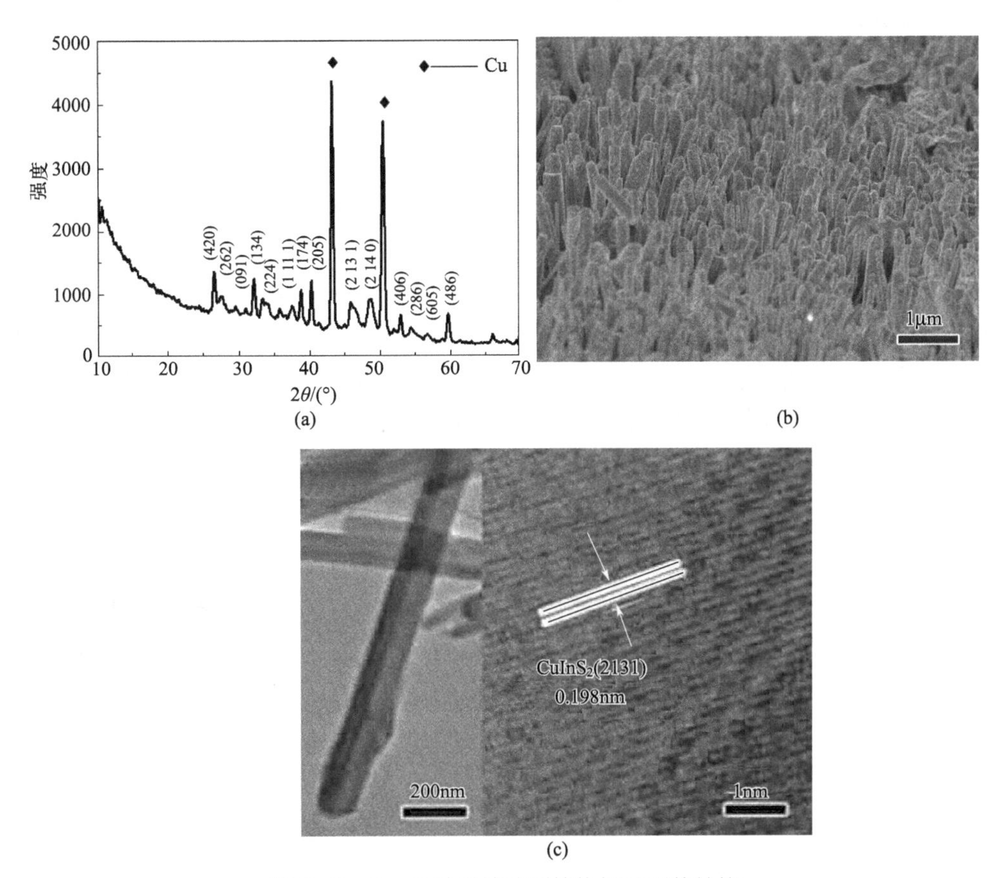

图 8-3 Cu_2S 纳米棒阵列的物相及形貌结构

(a) XRD 谱图；(b) SEM 图像；(c) TEM 图像（内含 HRTEM 图像）

对传统的 Cu_2S 纳米薄膜来说，是通过式（8-1）的反应过程来合成，经过清洗和化学抛光的铜片在多硫化钠溶液中发生反应，在铜片表面生成 Cu_2S。由于该反应过程速度较快，在数分钟内就能够获得预期的 Cu_2S 纳米薄膜厚度。然而，铜片表面的 Cu_2S 纳米薄膜正因为反应速度快，只能生成大面积的薄膜，并且反应速度过快会影响其与基底接触效果。因此，为了制备 Cu_2S 纳米棒阵列薄膜就必须降低反应速度。

$$2Cu + S_x^{2-} + 2H_2O \longrightarrow Cu_2S + (x-2)S^{2-} + 2OH^- + H_2S \quad (8\text{-}1)$$

与传统的 Cu_2S 纳米薄膜的制备方法相同，Cu_2S 纳米棒阵列薄膜也是通过简单的化学法合成。围绕式（8-1）的反应过程，采用还原性极强的有机物水合肼在一定的反应条件下将硫单质还原成多硫根离子，然后以同样的反应过程在铜片表面制备 Cu_2S 纳米棒阵列薄膜。为了降低反应速度，用有机反应物取代无机反应，与此同时，在溶液中加入大量的氢氧化钠溶液，大幅度降低 Cu_2S 的生成速度，从而生成纳米阵列结构。

为了进一步了解 Cu_2S 纳米棒阵列薄膜的生长过程，可以由图 8-4 的生长模型来分析：由于溶液中含有大量的氢氧化钠，当化学反应开始进行之后，铜片通过与溶液中的多硫根离子反应开始从表面缓慢溶解，在反应的初级阶段首先在铜片的表面生成了一层 Cu_2S 纳米晶，而溶液中乙二胺的存在，限制了 Cu_2S 纳米晶的生长尺寸；随着化学反应的继续进行，铜片通过内部的溶解扩散作用继续提供铜源，与溶液中的多硫根离子继续反应生成 Cu_2S；与此同时，最先生成的 Cu_2S 纳米晶作为晶核，引导 Cu_2S 纳米晶垂直于铜片的方向继续生长形成 Cu_2S 纳米棒；在此过程中，由于溶液中氢氧化钠和乙二胺的存在，反应速度较慢，Cu_2S 纳米晶不会出现明显的颗粒团聚或者长大的现象，进而随着反应时间的延长而持续生长成为排列有序的 Cu_2S 纳米棒阵列薄膜。整个 Cu_2S 纳米棒阵列薄膜反应过程可以被定义为“成核—结晶—生长”的生长机制。

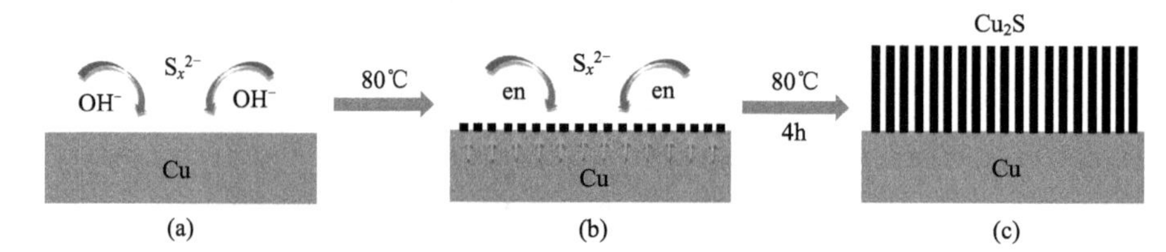

图 8-4 Cu_2S 纳米棒阵列的合成机理

(a) 预反应；(b) 化学反应初级阶段；(c) 80℃反应 4h

8.3 Cu_2S 对电极对 $CuInS_2/TiO_2$ 基量子点敏化太阳能电池的性能影响

在 Cu_2S 纳米棒阵列薄膜的制备过程中，随着浸泡时间的延长，Cu_2S 纳米棒阵列的长度在逐渐增加，为了确定最佳的 Cu_2S 纳米棒阵列的长度，以 TiO_2 纳米颗粒基太阳能电池为基础，首先研究 Cu_2S 纳米棒阵列的长度对太阳能电池光电性能的影响。

通过化学法反应分别制备 Cu_2S 纳米薄膜、1h-Cu_2S 纳米棒阵列、2h-Cu_2S 纳米棒阵列、3h-Cu_2S 纳米棒阵列、4h-Cu_2S 纳米棒阵列和 5h-Cu_2S 纳米棒阵列六种材料作为 $CuInS_2$/Mn-CdS 量子点共敏化 TiO_2 纳米颗粒太阳能电池的对电极。从图 8-5 的 *J-V* 曲线和表 8-1 的光电性能参数可以看出，采用 Cu_2S 纳米棒阵列薄膜作为对电极的太阳能电池的光电转换效率比 Cu_2S 纳米薄膜对电极要高。Cu_2S 纳米棒阵列薄膜对电极太阳能电池的开路电压和填充因子随着反应时间的延长逐渐有细微的降低，这可能是由于化学反应的延长，对电极薄膜表面生成的 Cu_2S 纳米棒阵列与铜片基底之间的界面接触效果在缓慢降低，可以预测过长的反应时间所制备的 Cu_2S 纳米棒阵列并不一定能够提高太阳能电池的光电性能。对比短路电流密度就可以发现，随着反应时间的延长，太阳能电池的短路电流密度先增加后降低，反应时间为 4h 制备的 Cu_2S 纳米棒阵列薄膜对电极具有最高的短路电流密度 16.52mA/cm^2，这也证明了之前对 Cu_2S 纳米棒阵列反应时间的预测。因此，4h-Cu_2S 纳米棒阵列作为太阳能电池的对电极比 Cu_2S 纳米薄膜效果更佳，所制备的 $CuInS_2$/Mn-CdS 量子点共敏化 TiO_2 纳米颗粒太阳能电池的光电转换效率从 4.22% 提升到 4.54%。

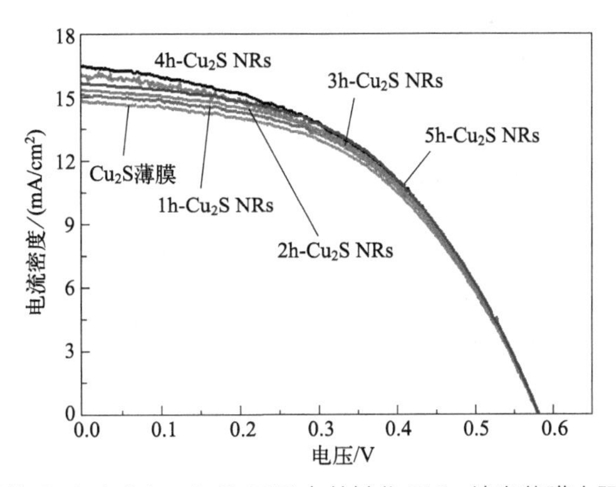

图 8-5　不同对电极的 $CuInS_2$/Mn-CdS 量子点共敏化 TiO_2 纳米薄膜太阳能电池的 *J-V* 曲线

表8-1　$CuInS_2$/Mn-CdS量子点共敏化TiO_2纳米薄膜太阳能电池的光电性能参数

样品	J_{sc}/(mA/cm^2)	V_{oc}/mV	FF/%	η/%
Cu_2S 薄膜	14.72	597.5	47.9	4.22
1h-Cu_2S NRs	15.21	593.4	47.4	4.28
2h-Cu_2S NRs	15.43	593.7	47.1	4.32
3h-Cu_2S NRs	15.91	591.4	46.9	4.41
4h-Cu_2S NRs	16.52	591.2	46.5	4.54
5h-Cu_2S NRs	16.04	588.7	46.4	4.38

从前面的研究结果中可以发现，以锐钛矿相 TiO_2 纳米阵列薄膜为光阳极制备的 $CuInS_2$/Mn-CdS 量子点敏化太阳能电池能够获得最佳的光电转换效率。为了进一步提高光电性能，以上述制备的 Cu_2S 纳米棒阵列为对电极，与之前所制备的 TiO_2 纳米阵列光阳极共同组装成双阵列结构的 $CuInS_2$/Mn-CdS 量子点共敏化太阳能电池。从图 8-6（a）的 *J-V* 曲线和表 8-2 的光电参数可以看出，双阵列结构太阳能电池的开路电压略微提高，填充因子略微降低，这可能是由于 Cu_2S 纳米阵列结构对太阳电池体系中电子传输的改变而引起，而 Cu_2S 纳米棒通过溶液法在基板上生长，与基板的接触可能会有细微的降低，进而引起填充因子的略微降低。更为重要的是双阵列结构太阳能电池的短路电流密度相对于之前的太阳能电池都有提高，相比于 TiO_2 纳米颗粒薄膜有大幅度的提升，TiO_2 纳米线阵列薄膜和 TiO_2 纳米管阵列薄膜分别达到了 19.27mA/cm^2 和 19.99mA/cm^2，这说明了光电极的阵列结构能够更好地提高太阳能电池的光电流密度。通过制备这种双阵列结构的太阳能电池，$CuInS_2$ 基量子点敏化 TiO_2 纳米管阵列薄膜太阳能电池的光电转换效率最终达到了 4.90%。而从图 8-6（b）的 IPCE 谱图中也可以发现，$CuInS_2$/Mn-CdS 量子点共敏化 TiO_2 纳米管阵列薄膜太阳能电池的 IPCE 响应强度已经超过了 80%。这些结果都证明了双阵列结构对加速太阳能电池内部电子传输的重要性。

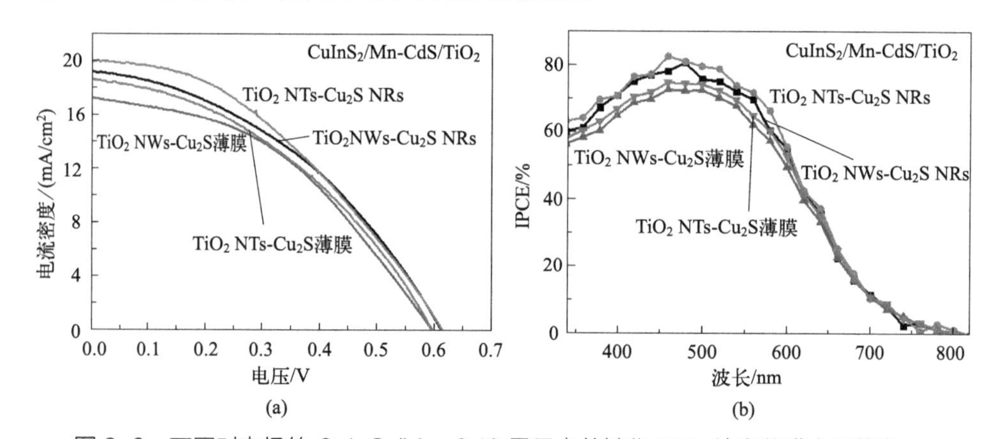

图 8-6　不同对电极的 $CuInS_2$/Mn-CdS 量子点共敏化 TiO_2 纳米薄膜太阳能电池

(a) *J-V* 曲线；(b) IPCE 谱图

表8-2　$CuInS_2$/Mn-CdS量子点共敏化TiO_2纳米薄膜太阳能电池的光电性能参数

样品	J_{sc}/(mA/cm^2)	V_{oc}/mV	FF/%	η/%
TiO_2 NWs-Cu_2S 薄膜	17.27	598.6	42.5	4.39
TiO_2 NTs-Cu_2S 薄膜	18.58	599.0	40.3	4.48
TiO_2 NWs-Cu_2S NRs	19.21	615.7	39.9	4.71
TiO_2 NTs-Cu_2S NRs	19.99	616.1	39.8	4.90

通过 EIS 阻抗分析研究双阵列结构对太阳能电池的电荷传输速率。首先从图 8-7（a）和表 8-3 中分析可知，TiO_2 纳米线阵列薄膜和 TiO_2 纳米管阵列薄膜的串联电阻 R_s 比 TiO_2 纳米颗粒薄膜的要大，这是由于 TiO_2 纳米阵列薄膜是通过溶胶黏结剂粘贴在 FTO 导电玻璃，中间存在的 TiO_2 纳米颗粒薄膜层必然导致接触电阻的下降，也是在之前结果中造成填充因子降低的一个重要原因之一。而 TiO_2 纳米阵列薄膜的电荷传输电阻 R_{CT} 要远远低于 TiO_2 纳米颗粒，进一步证明了 TiO_2 纳米阵列薄膜对加快电荷传输速率的优越性。而 TiO_2 纳米管阵列薄膜的 R_{CT} 为 145Ω，略低于 TiO_2 纳米线阵列的 151Ω，这也可以从一定程度上反映出 TiO_2 纳米管阵列薄膜中电荷传输速率相对更快一点。而从图 8-7（b）的 EIS 曲线中可以看到，两种不同的对电极都有两个明显的半圆，其中直径较大的半圆代表着光阳极与电解液之间的电荷传输电阻 R_1，由于在这个测试体系中光阳极相同，因此 R_1 的电阻几乎相同。从表 8-3 中可以看到 Cu_2S 纳米棒阵列薄膜的串联电阻要略高于 Cu_2S 薄膜，这也证明了 Cu_2S 纳米棒阵列薄膜与基底之间的接触要略差，进而略微降低了太阳能电池的填充因子。对比两种对电极的 R_{CT}，Cu_2S 纳米棒阵列的 R_{CT} 仅为 4.3Ω，要小于 Cu_2S 薄膜的 8.5Ω，这就证明了 Cu_2S 纳米棒阵列薄膜对电极具有更高电催化活性，能够加速电荷的传输。通过以上分析可以确定双阵列结构太阳能电池能够更有效地提升电荷传输效率。

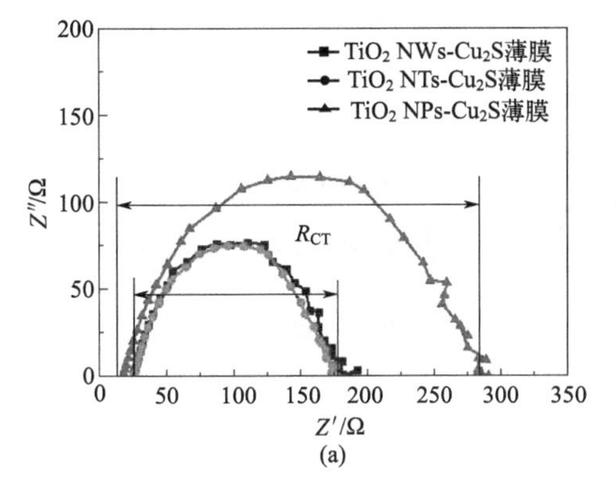

(a)

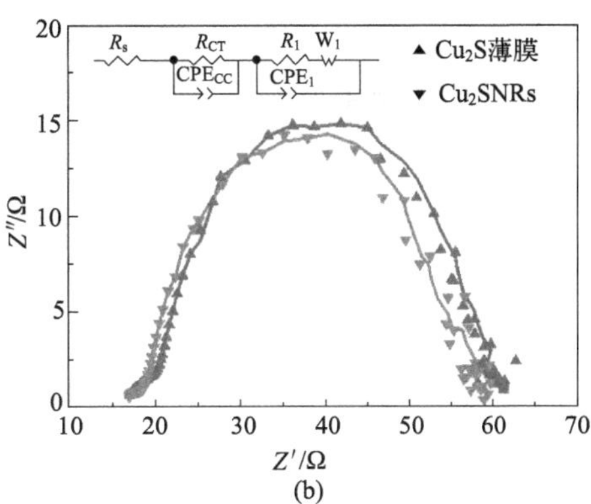

(b)

图 8-7　不同光电极的 EIS 曲线

(a) 光阳极；(b) 对电极

表8-3　不同光电极的EIS电阻参数

样品	R_s/Ω	R_{CT}/Ω	R_1/Ω
TiO_2 NPs	15.7	258	/
TiO_2 NWs	24.9	151	/
TiO_2 NTs	25.0	145	/

续表

样品	R_s/Ω	R_{CT}/Ω	R_1/Ω
Cu_2S 薄膜	15.8	8.5	39.7
Cu_2S NRs	16.4	4.3	39.5

通过对量子点敏化技术的研究和开发、量子点共敏化技术的研究和不同光阳极的研究，制备出 $CuInS_2$/Mn-CdS 量子点共敏化 TiO_2 纳米管阵列薄膜太阳能电池的短路电流密度达到了 18.58mA/cm^2。若要再进一步提高太阳能电池的光电性能，就需要改进 Cu_2S 对电极。通过以上分析可以确定纳米阵列结构作为太阳能电池的光阳极能够有效地提高短路电流密度，因此可以想象将对电极也制备成为纳米阵列结构也能够进一步提高短路电流密度。以 TiO_2 纳米线阵列薄膜太阳能电池为例，从图 8-8 双纳米阵列光阳极薄膜太阳能电池的结构的电荷传输机理中可以看出，首先 TiO_2 纳米线阵列薄膜可以通过单晶一维结构加速电子传输来获得更高的短路电流密度。然后 Cu_2S 纳米棒阵列薄膜的比表面积要比传统的 Cu_2S 薄膜更高，其作为对电极能够增强多硫化物电解液在对电极表面的催化反应区域，能够最大程度地提高电荷的产生和电荷的传输速率。与此同时，在对电极上产生的电荷能够通过纳米棒直接传输，降低电荷在对电极表面被捕获的概率，加速电荷在整个太阳能电池系统中的传输。综合考虑，这种双阵列结构能够最大程度地提升电荷在太阳能电池系统中的传输速率。因此，以 TiO_2 纳米管阵列薄膜为基础的太阳能电池就获得接近 20mA/cm^2 的短路电流密度，最终达到光电转换效率为 4.90%。

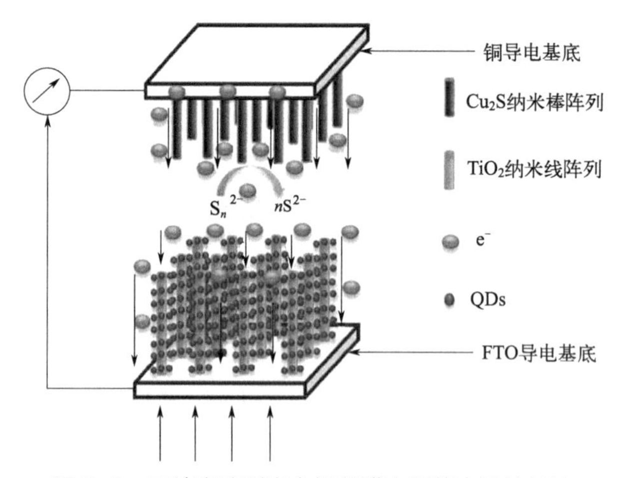

图 8-8 双纳米阵列光电极薄膜太阳能电池的结构

第9章

柔性$CuInS_2/TiO_2$基量子点敏化太阳能电池

9.1 引言

随着能源的减少和环境的恶化，人们对清洁可持续能源的需求越来越强烈，研究人员不断研究和开发可持续的对环境无害的供能方式，太阳能作为可持续、当前利用率较少的能源之一，是研究的重中之重，近些年里也一直是能源研究的热点。但是由于人们对太阳能电池器件的需求越来越高，柔性太阳能电池的研究工作已迫在眉睫，急需解决柔性太阳能电池的稳定性与光阳极透明度问题，柔性高效且具备高稳定性的太阳能电池器件的研究对能源的发展有着非常重要的意义。

9.2 基于纳米颗粒结构的柔性量子点敏化太阳能电池

以 FTO 导电玻璃为基底制备量子点敏化太阳能电池光阳极薄膜需要高温处理，以消除薄膜内部的有机胶黏剂，进而提升电池的电荷传输性能。柔性量子点敏化太阳能电池由于其轻便、柔性等优势，能够应用在各种不同的光伏发电场景，然而柔性量子点敏化太阳能电池的光电性能依然有待提升。

PEN/ITO 柔性导电基底具有轻便、高导电和柔性等优势，目前已经广泛应用于柔性太阳能电池器件。与传统的 FTO 导电玻璃基底不同，PEN/ITO 柔性导电基底无法承受高温热处理，限制了 TiO_2 薄膜中有机添加剂的使用。然而，TiO_2 浆料中缺乏有机添加剂，就会导致柔性太阳能电池中 TiO_2 薄膜中的颗粒间隙增大，这样就会造成更多的电荷复合和较低的电荷传输速率。国内外研究人员利用柔性金属基底，将柔性量子点敏化太阳能电池的光电转换效率提升到5%。然而，柔性金属基底必须使用透明对电极作为透光层，透明对电极会影响太阳能电池的光吸收性能，只有利用PEN/ITO柔性导电基底可以避免光吸收损失。因此，在PEN/ITO柔性导电基底上制备高质量的TiO_2纳米颗粒薄膜，提升薄膜内颗粒之间的界面结合，才能有效地提升电池的光电性能。

9.2.1 柔性纳米颗粒薄膜的制备

柔性TiO_2纳米颗粒薄膜通过传统的刮刀法制备。首先采用三步法制备TiO_2浆料，具体步骤：将5nm的TiO_2纳米颗粒与盐酸以一定的质量比（2∶1、3∶1、4∶1和5∶1）混合在乙醇溶液中，在250r/min下球磨20h形成TiO_2浆料，该5nm TiO_2纳米颗粒将作为20nm TiO_2纳米颗粒的胶黏剂。通过类似的方式制备20nm的TiO_2纳米颗粒浆料，并通过旋转蒸发得到相应的浓度。然后，将5nm的TiO_2纳米颗粒浆料与20nm的TiO_2纳米颗粒浆料以一定的质量比混合搅拌1h，最后球磨12h得到最终的柔性光阳极的混合TiO_2纳米颗粒浆料。不同的TiO_2纳米颗粒浆料采用刮刀法制备在PEN/ITO柔性导电基底上，形成TiO_2纳米颗粒薄膜。20nm的TiO_2纳米颗粒浆料采用同样的方式制备柔性光阳极。最后所有的柔性光阳极在140℃下热处理30min。

9.2.2 柔性纳米颗粒薄膜黏合剂的调控

图9-1为20nm的TiO_2纳米颗粒薄膜和混合TiO_2纳米颗粒薄膜的FESEM图像。从图中可以看出，20nm的TiO_2纳米颗粒薄膜中颗粒之间都存在较多的孔状结构，说明颗粒与颗粒之间的界面结合较差。其中，HRTEM图像中可以明显看出，20nm的TiO_2纳米颗粒薄膜中颗粒之间存在较大的间隙。当加入5nm的TiO_2纳米颗粒作为胶黏剂之后，混合TiO_2纳米颗粒薄膜中颗粒之间的间隙显著减小。从HRTEM图像中可以明显看出，混合TiO_2纳米颗粒薄膜中纳米颗粒之间都互相存在界面结合，没有明显的界面间隙，说明5nm的TiO_2纳米颗粒的引入能够促进颗粒之间的界面结合，进而提供更优异的电荷传输路径。因此，利用混合TiO_2纳米颗粒薄膜作为量子点敏化太阳能电池的光阳极，有望提升电池的光电性能。图9-1（c）为$CuInS_2$量子点敏化TiO_2纳米颗粒光阳极的HRTEM图像，可以明显看到0.352nm和0.196nm两种晶格条纹，分别代表了锐钛矿相TiO_2的（101）晶面和$CuInS_2$量子点的（204）晶面。

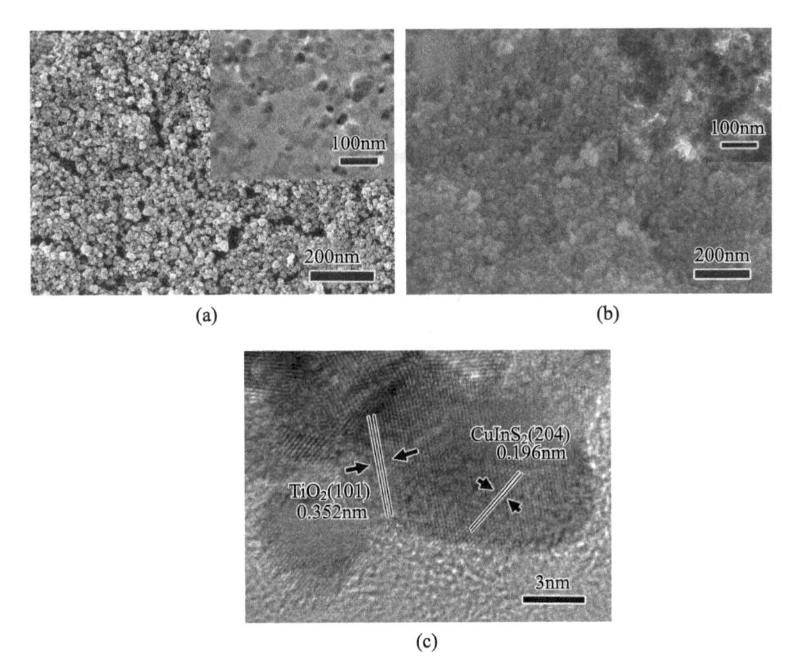

(a)　(b)

(c)

图 9-1　TiO_2 纳米颗粒薄膜的 FESEM 图像

(a) 20nm 的 TiO_2 纳米颗粒薄膜；(b) 混合 TiO_2 纳米颗粒薄膜；(c) 量子点敏化光阳极的 HRTEM 图像

为了确定最佳的 5nm 的 TiO_2 纳米颗粒浆料，分别测试 5nm 的 TiO_2 纳米颗粒和盐酸不同质量比（2：1、3：1、4：1 和 5：1）浆料制备的量子点敏化太阳能电池的 *J-V* 曲线和光电性能参数。从图 9-2 和表 9-1 中可以发现，所有的混合 TiO_2 纳米颗粒薄膜制备的量子点敏化太阳能电池的开路电压明显高于 20nm 的 TiO_2 纳米颗粒薄膜制备的量子点敏化太阳能电池。基于量子尺寸效应，5nm 的纳米颗粒会增加光阳极的能级，进而影响光阳极的能级结构，直接导致电池开路电压的提升。为了确定最佳的 5nm 的 TiO_2 纳米颗粒浆料，5nm 的 TiO_2 纳米颗粒和 20nm 的 TiO_2 纳米颗粒之间的质量比都定为 3：1，混合 TiO_2 纳米颗粒薄膜中的纳米颗粒含量相似，不会影响量子点的沉积量，因此电池的开路电压不会随 5nm 的 TiO_2 纳米颗粒和盐酸质量比的变化而改变。同时，所有的混合 TiO_2 纳米颗粒薄膜制备的量子点敏化太阳能电池的填充因子明显高于 20nm 的 TiO_2 纳米颗粒薄膜制备的量子点敏化太阳能电池。将 5nm 的 TiO_2 纳米颗粒引入 20nm 的 TiO_2 纳米颗粒中，促进了混合 TiO_2 纳米颗粒薄膜中颗粒之间的界面结合，有效地增强了光阳极的稳定性，进而提升了电池的填充因子。此外，所有的混合 TiO_2 纳米颗粒薄膜制备的量子点敏化太阳能电池的短路电流密度明显高于 20nm 的 TiO_2 纳米颗粒薄膜制备的量子点敏化太阳能电池，进一步说明混合 TiO_2 纳米颗粒薄膜的界面结合增强，有效地降低了太阳能电池中的电荷复合概率。对比 5nm 的 TiO_2 纳米颗粒和盐酸不同质量比

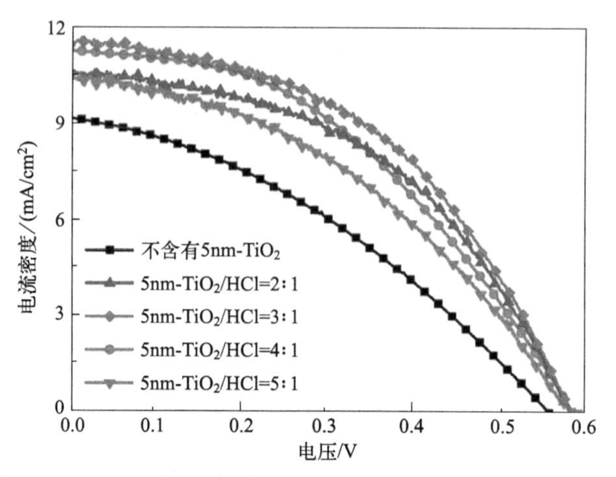

图 9-2　不同混合 TiO_2 纳米颗粒薄膜太阳能电池的 $J-V$ 曲线

的太阳能电池，质量比为 3 ∶ 1 的量子点敏化太阳能电池具有最高的短路电流密度（11.64mA/cm²）。盐酸处理在一定程度上会影响 PEN/ITO 柔性基底的导电性能，因此电池的填充因子和短路电流密度随着盐酸含量的降低而增加。然而，随着盐酸含量的降低，太阳能电池光阳极中的界面结合性能会减弱，进而降低电池的稳定性和电荷传输效率。因此，TiO_2 和盐酸质量比为 3 ∶ 1 的混合 TiO_2 纳米颗粒薄膜能够为柔性量子点敏化太阳能电池提供最高的光电转换效率。

表9-1　不同混合TiO_2纳米颗粒薄膜太阳能电池的光电性能参数

TiO_2/HCl 质量比	V_{oc}/mV	J_{sc}/(mA/cm²)	FF/%	η/%	R_s/Ω	R_{CT1}/Ω
无 TiO_2	565.6	9.90	35.9	2.01	18.5	31.3
2 ∶ 1	585.9	10.68	46.6	2.93	11.2	9.5
3 ∶ 1	586.0	11.64	46.8	3.19	9.4	12.4
4 ∶ 1	586.4	11.36	44.0	2.93	7.5	17.8
5 ∶ 1	586.1	10.55	40.5	2.50	5.6	21.6

为了进一步证明混合 TiO_2 纳米颗粒薄膜对柔性量子点敏化太阳能电池光电性能的影响，图 9-3（a）和表 9-1 展示了 20nm 的 TiO_2 纳米颗粒、5nm 的 TiO_2 纳米颗粒和盐酸不同质量比（2 ∶ 1、3 ∶ 1、4 ∶ 1 和 5 ∶ 1）浆料制备的量子点敏化太阳能电池的电化学阻抗谱和性能参数，可以明显看到两个半圆弧，分别代表了光阳极和电解液之间的电荷传输电阻、电解液的电荷传输电阻。所有太阳能电池都是采用相似的电解液，因此电解液的电荷传输电阻没有明显的区别。20nm 的 TiO_2 纳米颗粒、5nm 的 TiO_2 纳米颗粒和盐酸不同质量比（2 ∶ 1、3 ∶ 1、4 ∶ 1 和 5 ∶ 1）浆料制备的量子点敏化太阳能电池的串联电阻分别为 18.5Ω、11.2Ω、9.4Ω、7.5Ω 和

5.6Ω，可以发现所有的混合纳米颗粒制备的量子点敏化太阳能电池的串联电阻和电荷传输电阻都低于 20nm 的 TiO_2 纳米颗粒制备的太阳能电池，进一步证明了混合纳米颗粒能够提升光阳极和导电基底之间的界面结合，为太阳能电池提供更高的填充因子和短路电流密度。对比不同混合纳米颗粒制备的量子点敏化太阳能电池，电池的串联电阻随着质量比的增加而降低，说明太阳能电池的稳定性随着盐酸含量的增加而降低。不同的是，电池的电荷传输电阻随着盐酸含量的增加而增加，证明了盐酸能够提高纳米颗粒之间的界面结合。图 9-3（b）为不同量子点敏化太阳能电池的 IPCE 谱图，可以发现所有的混合纳米颗粒制备的量子点敏化太阳能电池的 IPCE 响应峰都高于 20nm 的 TiO_2 纳米颗粒制备的太阳能电池。随着盐酸含量的增加，电池的 IPCE 响应峰值先增加后降低，5nm 的 TiO_2 纳米颗粒和盐酸质量比为 3∶1 所制备的 $CuInS_2$ 量子点敏化太阳能电池具有最高的 IPCE 响应。因此，通过平衡 PEN/ITO 柔性导电基底的稳定性和光阳极的界面结合，5nm 的 TiO_2 纳米颗粒和盐酸质量比为 3∶1 所制备的光阳极能够为 $CuInS_2$ 量子点敏化太阳能电池提供更优异的电荷传输效率。

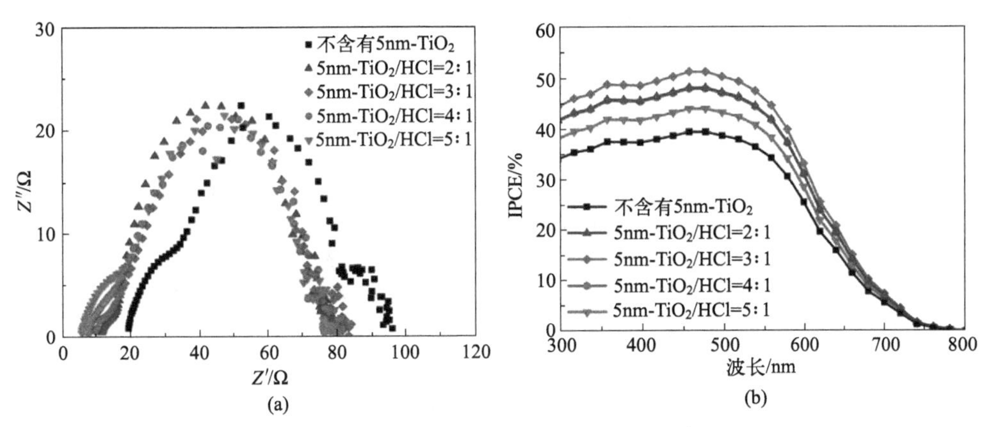

图 9-3　不同混合 TiO_2 纳米颗粒薄膜太阳能电池

(a) EIS 谱图；(b) IPCE 谱图

9.2.3　柔性纳米颗粒薄膜光阳极的调控

5nm 的 TiO_2 纳米颗粒作为黏结浆料，其含量对量子点敏化太阳能电池的光电性能具有较大的影响。5nm 的 TiO_2 纳米颗粒和盐酸最佳的质量比为 3∶1，基于此分析 20nm 和 5nm 的 TiO_2 纳米颗粒质量比（2∶1、3∶1 和 4∶1）对量子点敏化太阳能电池的光电性能的影响。

图 9-4（a）为 20nm 和 5nm 的 TiO_2 纳米颗粒不同质量比制备的 $CuInS_2$ 量子

点敏化光阳极的紫外可见光吸收谱图，可以发现所有的光阳极在紫外可见全光谱范围内都具有较好的光吸收性能。随着20nm和5nm的TiO_2纳米颗粒质量比的增加，光阳极的光吸收强度略微增加，说明量子点的沉积量会随着5nm的TiO_2纳米颗粒含量增加而降低，进而影响光吸收性能。在传统的量子点敏化太阳能电池中，20nm的TiO_2纳米颗粒制备的太阳能电池能够形成多孔结构，可以为量子点沉积提供较大的空间。在柔性量子点敏化太阳能电池中，5nm的TiO_2纳米颗粒的引入能够提升光阳极的界面结合和稳定性，但是光阳极中的多孔结构会减少，进而降低了光阳极中量子点的沉积量。然而，柔性$CuInS_2$量子点敏化太阳能电池的荧光光谱图展现了不同的性能。从图9-4（b）中可以发现，所有光阳极的荧光激发光强度明显降低，说明光阳极中具有优异的电荷分离效率。同时，所有的混合TiO_2纳米颗粒制备的量子点敏化太阳能电池的荧光激发光强度明显低于TiO_2纳米颗粒制备的太阳能电池能，说明5nm纳米颗粒的引入可以为光阳极提供更优异的电荷分离效率。随着20nm和5nm的TiO_2纳米颗粒质量比的增加，光阳极的荧光激发光强度逐渐降低，会增加电荷复合概率。虽然光吸收性能随着小尺寸纳米颗粒的增加而减少，但却提升了光阳极的电荷分离效率。因此，平衡光阳极的光吸收性能和电荷分离性能至关重要。

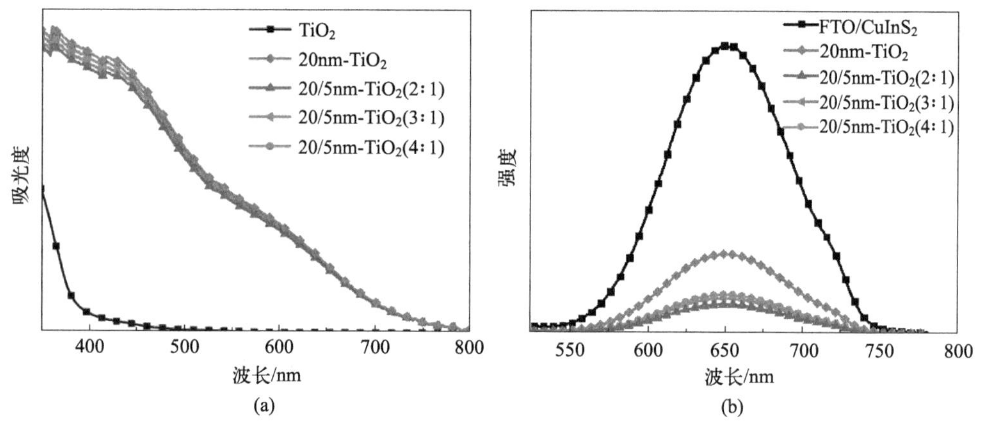

图9-4　不同混合TiO_2纳米颗粒质量比制备的光阳极

(a) 紫外 - 可见光吸收谱图；(b) 荧光光谱图

图9-5（a）和表9-2为混合TiO_2纳米颗粒不同质量比（2∶1、3∶1和4∶1）制备的量子点敏化太阳能电池的*J-V*曲线和光电性能参数。随着5nm的TiO_2纳米颗粒含量的增加，混合TiO_2纳米颗粒质量比制备的量子点敏化太阳能电池的开路电压逐渐增加，这是由于小尺寸纳米颗粒的引入增加了量子点敏化太阳能电池的能级，进而提升了电池的开路电压。同时，量子点敏化太阳能电池的填充因子随着5nm的TiO_2纳米颗粒含量的增加而增加。然而，量子点敏化太阳能电池的短路电

流密度与开路电压和填充因子不一样。随着 5nm 的 TiO_2 纳米颗粒含量的增加，混合 TiO_2 纳米颗粒质量比制备的量子点敏化太阳能电池的短路电流密度先增加后降低，当 20nm 和 5nm 的 TiO_2 纳米颗粒质量比为 3：1 时制备的量子点敏化太阳能电池具有最高的短路电流密度（11.64mA/cm²），这说明适量的 5nm 的 TiO_2 纳米颗粒的引入能够提升电池的电荷传输性能。图 9-5（b）和表 9-2 为混合 TiO_2 纳米颗粒不同质量比（2：1、3：1 和 4：1）制备的量子点敏化太阳能电池的电化学阻抗谱和性能参数，可以看到两个明显的半圆弧，分别代表了光阳极和电解液之间的电荷传输电阻、电解液的电荷传输电阻。随着 20nm 和 5nm 的 TiO_2 纳米颗粒质量比的增加，电池的串联电阻逐渐增加，说明光阳极和 PEN/ITO 柔性导电基底之间的界面结合效果随着 5nm 的 TiO_2 纳米颗粒含量增加而提升，进而获得更高的填充因子。与串联电阻相似，电池的电荷传输电阻随着 5nm 的 TiO_2 纳米颗粒含量增加而降低，说明小尺寸纳米颗粒能够为量子点敏化太阳能电池提供更优异的电荷传输性能。然而，量子点的含量会随着 5nm 的 TiO_2 纳米颗粒含量增加而降低，进而降低量子点敏化太阳能电池中的电荷产生量。因此，当 20nm 和 5nm 的 TiO_2 纳米颗粒质量比为 3：1 时制备的量子点敏化太阳能电池展现出最高的光电转换效率（3.19%）。

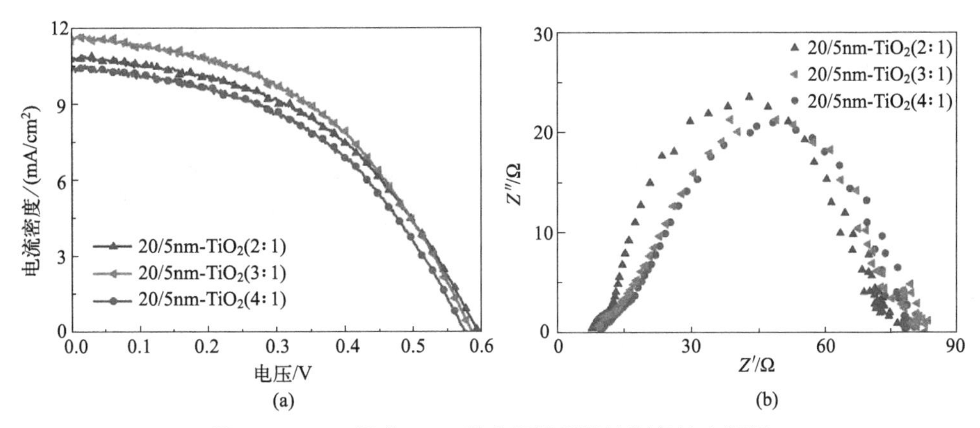

图 9-5 不同混合 TiO_2 纳米颗粒质量比制备的光阳极

(a) *J-V* 曲线；(b) EIS 谱图

表9-2 不同混合TiO_2纳米颗粒质量比制备太阳能电池的光电性能参数

20nm TiO_2 和 5nm TiO_2 质量比	V_{oc}/mV	J_{sc}/(mA/cm²)	FF/%	η/%	R_s/Ω	R_{CT2}/Ω
2：1	594.1	10.80	47.1	3.02	8.3	10.7
3：1	586.0	11.64	46.8	3.19	9.4	12.4
4：1	577.9	10.45	46.3	2.80	10.1	13.8

柔性量子点敏化太阳能电池在很多弯曲条件下都有较好的应用前景。为了进一步证明在弯曲条件下柔性量子点敏化太阳能电池的性能稳定性，图 9-6（b）展示了 20nm 的 TiO_2 纳米颗粒和混合 TiO_2 纳米颗粒制备的量子点敏化太阳能电池在自

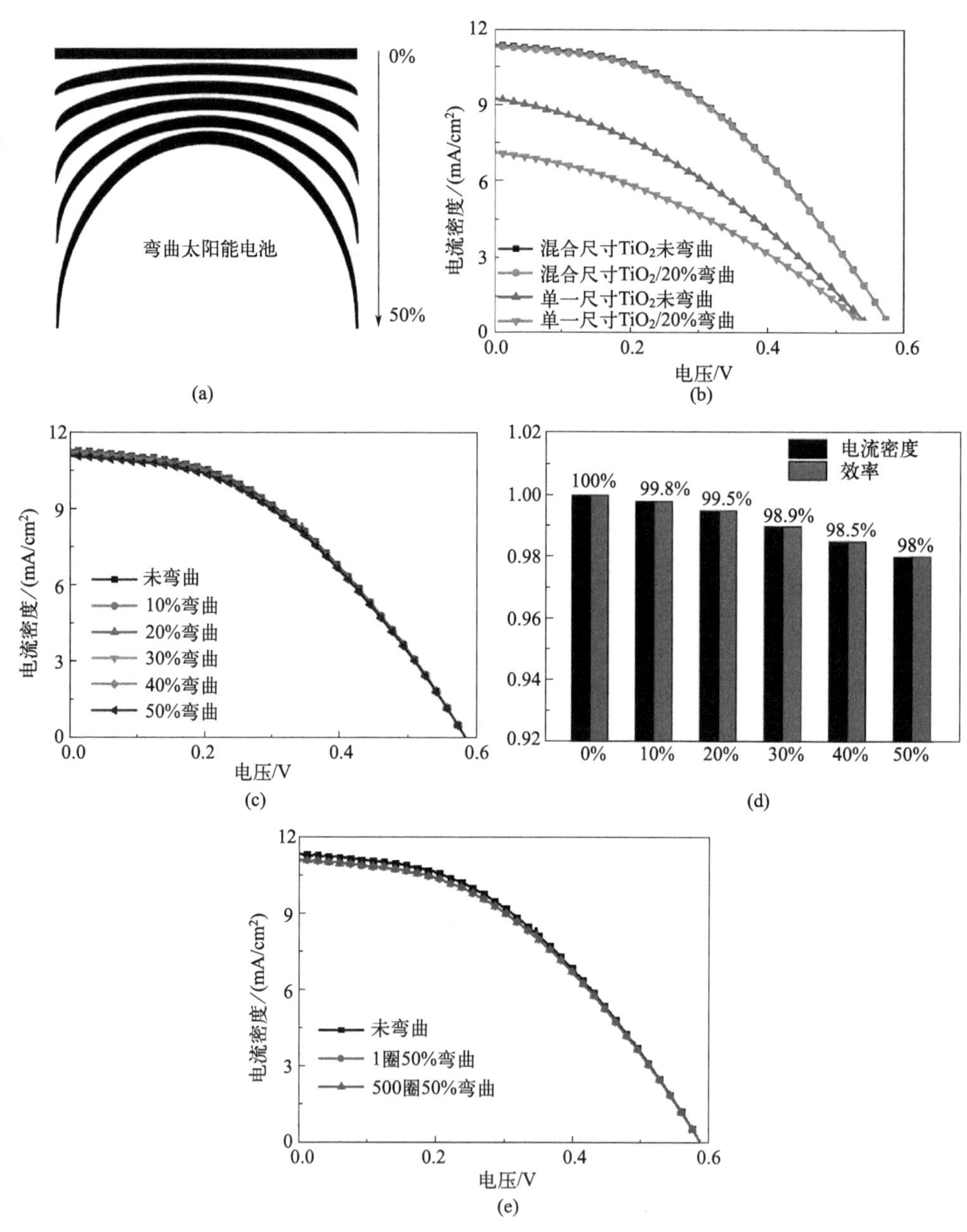

图 9-6　弯曲条件下柔性量子点敏化太阳能电池性能

(a) 不同弯曲条件的机制；(b) 不同太阳能电池的 *J-V* 曲线；(c) 不同弯曲条件的 *J-V* 曲线；(d) 不同弯曲条件短路电流密度的柱状图；(e) 经过 500 次弯曲之后电池的 *J-V* 曲线

然条件和 20% 弯曲条件下的 *J-V* 曲线。从图中可以看出，混合 TiO_2 纳米颗粒制备的量子点敏化太阳能电池在 20% 弯曲条件下几乎没有明显的光电性能衰减，但是 20nm 的 TiO_2 纳米颗粒制备的量子点敏化太阳能电池的光电转换效率从 2.01% 降低到 1.54%。因此，可以确定混合 TiO_2 纳米颗粒能够有效地提升柔性量子点敏化太阳能电池的稳定性。

为了进一步分析柔性量子点敏化太阳能电池的弯曲稳定性，图 9-6（c）和图 9-6（d）展示了不同弯曲条件下柔性量子点敏化太阳能电池的光电性能。从图中可以看出，在弯曲条件下量子点敏化太阳能电池的开路电压和填充因子没有明显变化。对比不同弯曲条件下电池的光电性能，弯曲 30% 条件下的量子点敏化太阳能电池的短路电流密度没有明显变化。当弯曲超过 40% 之后，电池的短路电流密度和光电转换效率略微降低，可能是由于大幅度的弯曲影响了电池内部颗粒之间的界面结合。然而，柔性量子点敏化太阳能电池的光电转换效率在弯曲 50% 条件下仅仅降低 2%。同时，经过 500 次以上的弯曲试验之后，柔性量子点敏化太阳能电池的光电转换效率基本没有变化。因此，通过小尺寸作为黏结剂能够提升柔性量子点敏化太阳能电池的光电性能及稳定性。

9.3　基于纳米线阵列结构的柔性量子点敏化太阳能电池

电荷传输性能是柔性量子点敏化太阳能电池光电性能的关键参数。目前，柔性量子点敏化太阳能电池在 PEN/ITO 柔性基底上制作，不能够承受高温。纳米线阵列结构能够有效地提升电池的电荷传输性能，能够转移到 PEN/ITO 柔性基底上。然而，纳米线阵列薄膜与 PEN/ITO 柔性基底之间的界面结合不足，利用无机浆料作为胶黏剂，能够有效地提升柔性量子点敏化太阳能电池中纳米线阵列的界面结合。

9.3.1　柔性纳米线阵列薄膜的制备及物相结构

一维 TiO_2 纳米线阵列薄膜通过水热法制备。具体步骤：首先在 100mL 去离子水中配制 1mol/L 的氢氧化钠溶液，然后将上述溶液移至反应釜中，把用丙酮、去离子水和无水乙醇超声清洗的钛片置于氢氧化钠溶液中，在电热恒温干燥箱中 220℃下恒温反应一定时间制备得到产物；取出清洗烘干后，采用 0.6mol/L 的盐酸溶液酸洗 2h；然后将酸洗之后的样品清洗烘干置于马弗炉中 500℃下热处理 1h，自然冷却至室温，在钛片表面得到白色薄膜，合成工艺流程图如图 7-16 所示。

为了将一维 TiO_2 纳米线阵列薄膜转移到 PEN/ITO 柔性基底，首先将制备好的一维 TiO_2 纳米线阵列薄膜浸泡在 H_2O_2（10%）溶液中，将一维 TiO_2 纳米线阵列薄膜从 Ti 基底上剥落。然后，将 10nm 的 TiO_2 纳米颗粒和 5nm 的 TiO_2 纳米颗粒在乙醇溶液中混合，将混合溶液加入球磨机中，在 250r/min 转速下球磨 24h 形成 TiO_2 浆料。利用刮刀法将 TiO_2 浆料涂布在 PEN/ITO 柔性基底上，作为一维 TiO_2 纳米线阵列薄膜的黏结剂。最后，将制备好的柔性光阳极在 130℃下热处理 1h。

利用 XRD 测试柔性 TiO_2 纳米线光阳极的物相结构。从图 9-7（a）中可以发现经过水热法制备的 TiO_2 纳米线薄膜具有七个明显的衍射峰，分别代表了（101）、（112）、（200）、（112）、（211）、（204）和（116）晶面，与锐钛矿相 TiO_2 的标准卡片（JCPDS card No. 71-1167）相符合。当 TiO_2 纳米线薄膜转移到 PEN/ITO 导电基底之后，可以发现类似的衍射峰，说明薄膜转移不会影响 TiO_2 纳米线薄膜的纯度。利用 5nm 的 TiO_2 纳米颗粒来提升 TiO_2 纳米线薄膜和 PEN/ITO 柔性导电基底之间的界面结合，可以在 XRD 谱图中看出衍射峰的半高宽略微增加，这说明小尺寸的

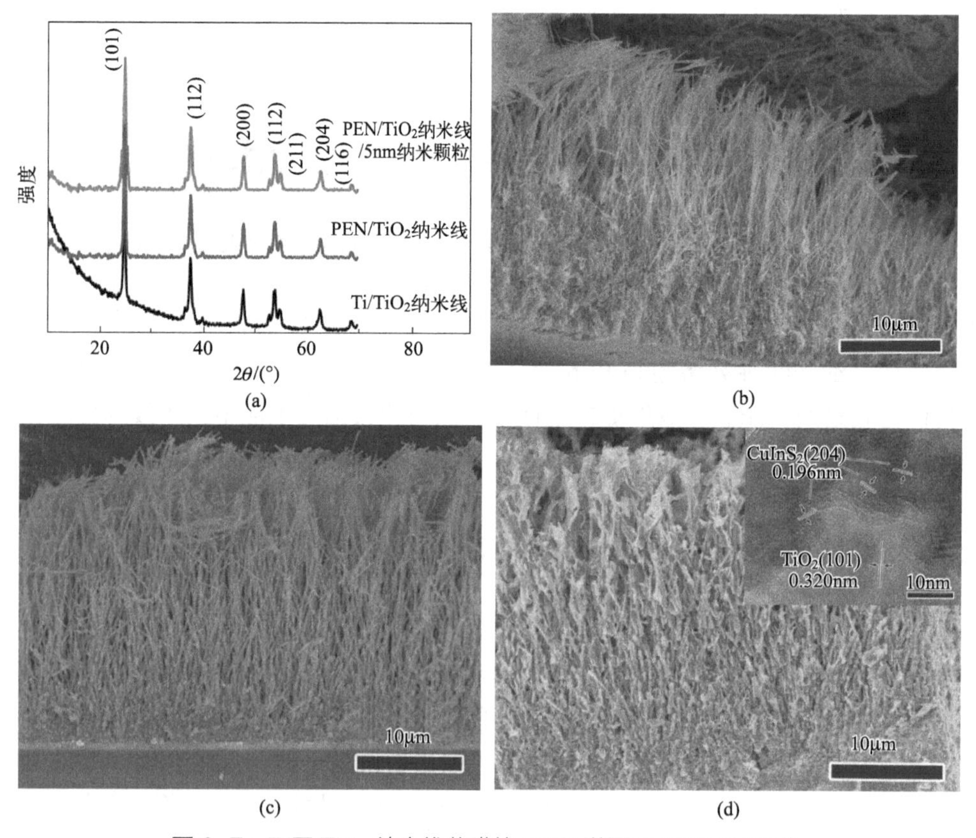

图 9-7　不同 TiO_2 纳米线薄膜的 XRD 谱图和 FESEM 图像

(a) XRD 谱图；(b) TiO_2 纳米线；(c) TiO_2 纳米线在 PEN/ITO 导电基底；(d) $CuInS_2$ 量子点敏化 TiO_2 纳米线光阳极

TiO_2 纳米颗粒会对光阳极造成一定的影响。图 9-7（b）至（d）是 Ti/TiO_2 纳米线光阳极、PEN/ITO/TiO_2 纳米线光阳极和 PEN/ITO/$CuInS_2/TiO_2$ 纳米线光阳极的 FESEM 图像，可以发现垂直于基底生长的纳米线阵列结构。纳米线的长度为 20μm、直径为 80 ～ 100nm。当 TiO_2 纳米线薄膜转移到 PEN/ITO 导电基底之后，其形貌结构没有任何变化。在 TiO_2 纳米线薄膜和 PEN/ITO 导电基底之间形成了 TiO_2 薄膜层，有效地将 TiO_2 纳米线薄膜和 PEN/ITO 导电基底连接起来。在 $CuInS_2$ 量子点沉积之后，整个 TiO_2 纳米线薄膜光阳极没有被破坏，但纳米线的直径明显增加，逐渐形成了网络结构。同时，在 $CuInS_2/TiO_2$ 纳米线光阳极的 HRTEM 图像中可以发现 0.352nm 和 0.196nm 两个晶格条纹，分别对应了锐钛矿相 TiO_2 的（101）晶面和 $CuInS_2$ 量子点的（204）晶面。因此，利用纳米颗粒黏结浆料，可以将锐钛矿相 TiO_2 纳米线光阳极与 PEN/ITO 导电基底有效地连接。

9.3.2　柔性纳米线阵列薄膜的光学性能

5nm 的 TiO_2 纳米颗粒黏结浆料的引入可能会影响光阳极的光学性能。图 9-8（a）为经过不同浓度的黏结浆料制备的纯 TiO_2 纳米线光阳极的紫外 - 可见光吸收谱图，可以看出所有的光阳极在光学波长 460nm 以内的范围都具有光吸收响应。随着 5nm 的 TiO_2 纳米颗粒黏结浆料浓度的增加，光阳极的光吸收边界逐渐向短波范围内移动，说明 5nm 的 TiO_2 纳米颗粒黏结浆料不能过量用于柔性 TiO_2 纳米线光阳极中。此外，纯锐钛矿相 TiO_2 纳米线光阳极会随着 5nm 的 TiO_2 纳米颗粒黏结浆料浓度的增加而略微增加。5nm 的 TiO_2 纳米颗粒存在量子尺寸效应，5nm 的 TiO_2 纳米颗粒的能级略高于传统 TiO_2，这样就会增加光阳极的能级。与传统 $CuInS_2/TiO_2$ 纳米线光阳极相比，经过 5nm 的 TiO_2 纳米颗粒黏结浆料和压力之后的光阳极光吸收性能没有明显变化，说明所有的光阳极具有类似的电荷产生性能。因此，虽然 5nm 的 TiO_2 纳米颗粒能够提升 TiO_2 纳米线薄膜与 PEN/ITO 柔性导电基底之间的稳定性，其能级结构的细微改变会影响太阳能电池的电荷传输性能。

图 9-8（d）为不同结构光阳极的荧光光谱图，可以看出所有的光阳极在光学波长 670nm 的位置具有相同的荧光激发峰。与 PEN/ITO/$CuInS_2$ 光阳极相比，所有的 PEN/ITO/$CuInS_2/TiO_2$ 纳米线光阳极的荧光激发峰强度显著降低，说明所有的光阳极都具有优异的电荷分离性能。随着 5nm 的 TiO_2 纳米颗粒黏结浆料的浓度增加，PEN/ITO/$CuInS_2/TiO_2$ 纳米线光阳极的荧光激发峰强度先降低后增加，5nm 的 TiO_2 纳米颗粒黏结浆料浓度为 10% 的 PEN/ITO/$CuInS_2/TiO_2$ 纳米线光阳极具有最低的荧光激发峰强度，说明适量的 5nm 的 TiO_2 纳米颗粒黏结浆料的引入能够有效地提升 PEN/ITO/$CuInS_2/TiO_2$ 纳米线光阳极的电荷分离性能。5nm 的 TiO_2 纳米颗粒黏结浆

料为 PEN/ITO/$CuInS_2$/TiO_2 纳米线光阳极带来的能级提升，有效地提升了光阳极中的电荷分离效率。同时，PEN/ITO/$CuInS_2$/TiO_2 纳米线光阳极在经过热压之后，其荧光激发峰强度进一步降低，说明 TiO_2 纳米线与柔性基底之间的界面结合得到提升，进一步降低了柔性光阳极中的电荷复合缺陷。因此，通过优化 5nm 的 TiO_2 纳米颗粒和热压过程，有望提升柔性太阳能电池的电荷分离和电荷传输性能。

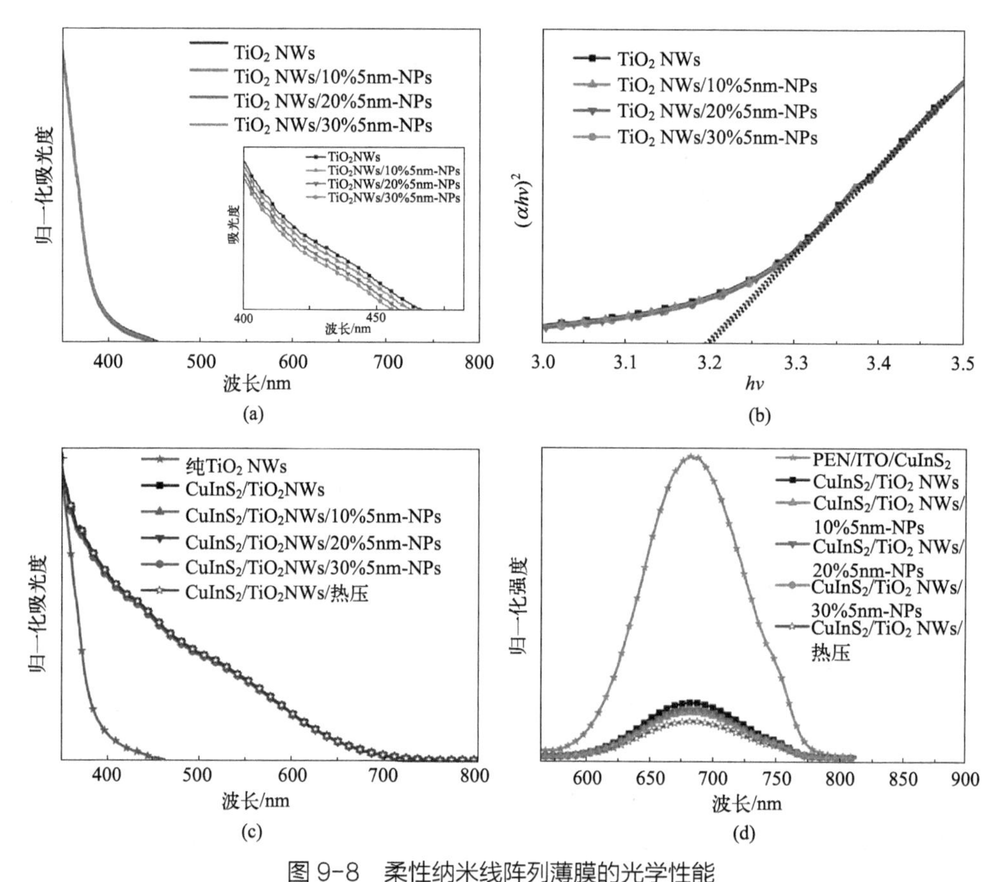

图 9-8　柔性纳米线阵列薄膜的光学性能

(a) 不同 TiO_2 纳米线薄膜的紫外可见光吸收谱图；(b) 不同 TiO_2 纳米线薄膜的能级；(c) 不同 $CuInS_2$/TiO_2 纳米线光阳极的紫外可见光吸收谱图；(d) 不同 $CuInS_2$/TiO_2 纳米线光阳极的荧光光谱图

9.3.3　柔性纳米线阵列薄膜的光电性能

为了进一步分析柔性纳米线阵列量子点敏化太阳能电池的电荷传输性能，图 9-9（a）和表 9-3 为不同柔性 PEN/ITO/$CuInS_2$/TiO_2 纳米线太阳能电池的 J-V 曲线和光电性能参数。光阳极的能级结构决定了太阳能电池的开路电压。从图中可以看出，柔性 PEN/ITO/$CuInS_2$/TiO_2 纳米线太阳能电池的开路电压随着 5nm 的 TiO_2 纳米颗粒黏结浆料浓度的增加逐渐增加。虽然光阳极中只有少量的 5nm 的 TiO_2 纳米颗粒黏结浆料，小尺寸 TiO_2 纳米颗粒会导致能级差的增加，进而为太阳能电池提供更高的开路电压。随着小尺寸 TiO_2 纳米颗粒的引入，光阳极与导电基底之间的界面结合会发生改变，对太阳能电池的填充因子有较大的影响。随着 5nm 的 TiO_2 纳米颗粒黏结浆料浓度的增加，太阳能电池的填充因子逐渐增加，说明 TiO_2 纳米颗粒黏结浆料能够填充光阳极与导电基底之间的间隙，进而降低电荷复合缺陷，提升界面结合性能。虽然电池的开路电压和填充因子随着 5nm 的 TiO_2 纳米颗粒黏结浆料浓度额增加逐渐提升，但是电池的短路电流密度能够直接揭示太阳能电池内部的电荷产生和电荷传输效率。从图 9-9（a）中可以看出，利用 5nm 的 TiO_2 纳米颗粒黏结浆料制备的 $PEN/ITO/CuInS_2/TiO_2$ 纳米线太阳能电池的短路电流密度都高于传统的 $CuInS_2/TiO_2$ 纳米线太阳能电池，这证明了 5nm 的 TiO_2 纳米颗粒黏结浆料能够有效地降低 $PEN/ITO/CuInS_2/TiO_2$ 纳米线太阳能电池中的电荷复合缺陷，进而提升太阳能电池的电荷传输及收集效率。随着 5nm 的 TiO_2 纳米颗粒黏结浆料浓度的增加，$PEN/ITO/CuInS_2/TiO_2$ 纳米线太阳能电池的短路电流密度先增加后降低，当 5nm 的 TiO_2 纳米颗粒黏结浆料浓度为 10% 的时候，$PEN/ITO/CuInS_2/TiO_2$ 纳米线太阳能电池具有最高的短路电流密度（$12.40mA/cm^2$）。5nm 的 TiO_2 纳米颗粒黏结浆料的引入会增加太阳能电池中的能级，在量子点敏化太阳能电池中电荷从量子点的导带跃迁和传输到 TiO_2 的导带中，而 5nm 的 TiO_2 纳米颗粒增加的能级会降低量子点和 TiO_2 导带之间的能极差，进而降低电荷跃迁和传输速率。因此，通过引入浓度为 10% 的小尺寸 TiO_2 纳米颗粒黏结浆料，平衡光阳极的能级结构和界面结合，$PEN/ITO/CuInS_2/TiO_2$ 纳米线太阳能电池展现出最高的光电转换效率（3.43%）。

通过太阳能电池能级结构的优化，界面结合效果逐渐成为影响太阳能电池光电性能的关键因素。在传统工业领域，热压过程能够有效地提升薄膜的机械性能。从图 9-9（a）和表 9-3 中可以发现，经过热压过程之后的太阳能电池开路电压没有明显的变化。然而，太阳能电池的填充因子从 48.4 提升到 50.1，说明热压过程能够进一步减小光阳极中纳米颗粒中的缺陷，进而为太阳能电池提供更优异的电荷传输性能。同时，经过热压过程之后，太阳能电池的短路电流密度从 $12.40mA/cm^2$ 提升到 $13.55mA/cm^2$，进而获得更高的电池光电转换效率。因此，通过引入小尺寸纳米颗粒浆料和热压过程，柔性 $PEN/ITO/CuInS_2/TiO_2$ 纳米线太阳能电池的光电转效率从 2.55% 提升到 3.90%。

为了进一步证明小尺寸纳米颗粒浆料和热压过程对柔性 $PEN/ITO/CuInS_2/TiO_2$ 纳米线太阳能电池的提升效果，图 9-9（b）展示了不同 $PEN/ITO/CuInS_2/TiO_2$ 纳米线太阳能电池的 IPCE 谱图，可以看出电池在 300 ～ 800nm 紫外 - 可见光谱范围内都存在 IPCE 响应。相比之下，引入 5nm TiO_2 纳米颗粒黏结浆料的柔性 PEN/ITO/

$CuInS_2/TiO_2$ 纳米线太阳能电池的 IPCE 峰值明显高于传统 $CuInS_2/TiO_2$ 纳米线太阳能电池，证明了在紫外 - 可见光谱范围内具有优异的光电流响应。然而，柔性 PEN/ITO/$CuInS_2/TiO_2$ 纳米线太阳能电池的 IPCE 峰值随着 5nm TiO_2 纳米颗粒黏结浆料浓度的增加而减少，可以进一步证明相对较高的能级结构会影响电池的短路电流密度。同时，经过热压过程之后，柔性 PEN/ITO/$CuInS_2/TiO_2$ 纳米线太阳能电池的 IPCE 响应进一步提升，进一步证明小尺寸纳米颗粒和热压过程的引入有效地提升柔性 PEN/ITO/$CuInS_2/TiO_2$ 纳米线太阳能电池的电流密度收集效率。

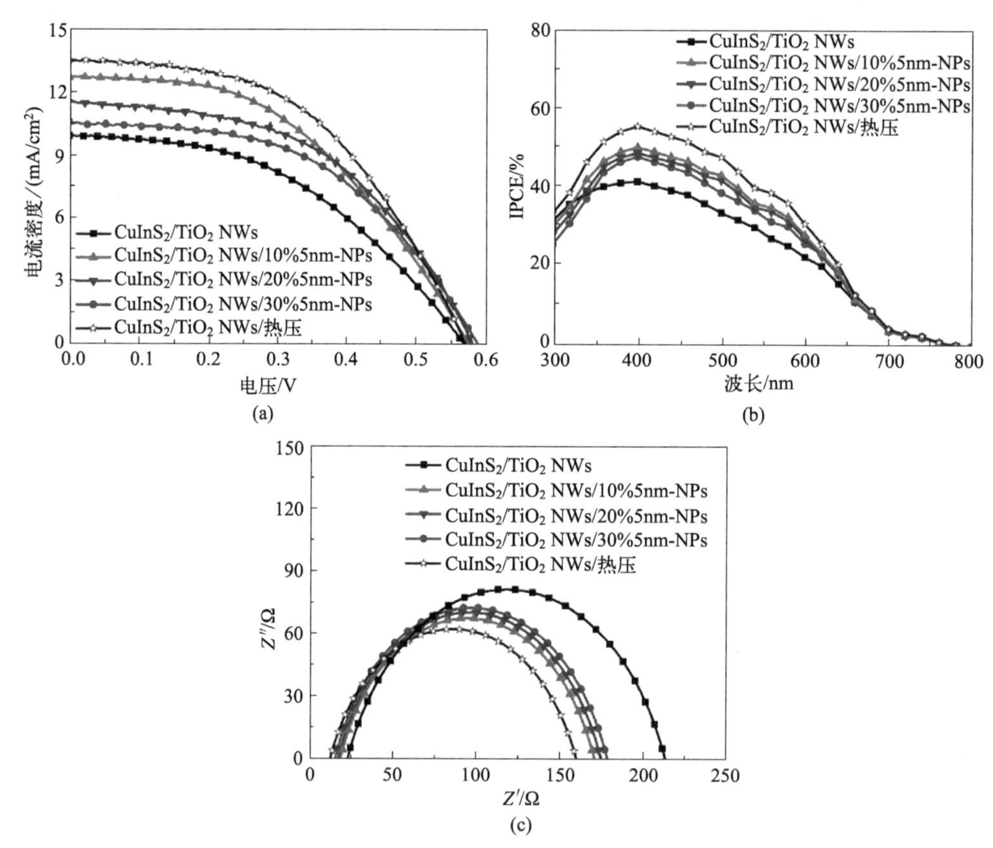

图 9-9　不同结构的太阳能电池性能

(a) *J-V* 曲线；(b) IPCE 谱图；(c) EIS 谱图

图 9-9（c）和表 9-3 为不同柔性 PEN/ITO/$CuInS_2/TiO_2$ 纳米线太阳能电池的电化学阻抗谱和性能参数，可以看出引入所有 5nm TiO_2 纳米颗粒黏结浆料制备的柔性 PEN/ITO/$CuInS_2/TiO_2$ 纳米线太阳能电池的串联电阻明显低于传统的 $CuInS_2/TiO_2$ 纳米线太阳能电池，并且随着 5nmTiO_2 纳米颗粒黏结浆料浓度的增加而降低，这进一步证明 5nm TiO_2 纳米颗粒黏结浆料能够有效地提升电池中的界面结合。同时，

引入所有 5nm TiO_2 纳米颗粒黏结浆料制备的柔性 PEN/ITO/$CuInS_2/TiO_2$ 纳米线太阳能电池的电荷传输电阻明显低于传统的 $CuInS_2/TiO_2$ 纳米线太阳能电池，说明 5nm TiO_2 纳米颗粒黏结浆料能够提升电荷传输效率。随着 5nm TiO_2 纳米颗粒黏结浆料浓度的增加，电池的电荷传输电阻先降低后增加，浓度为 10% 的时候柔性 PEN/ITO/$CuInS_2/TiO_2$ 纳米线太阳能电池具有最低的电荷传输电阻，进一步证明了小尺寸纳米颗粒引起的能级结构变化会降低电荷传输速率。经过热压过程之后，柔性 PEN/ITO/$CuInS_2/TiO_2$ 纳米线太阳能电池的串联电阻和电荷传输电阻明显降低，进一步证明了热压过程对电池界面结合效果的提升。因此，小尺寸纳米颗粒和热压过程能够有效地提升电池的电荷传输性能，进而提升电池的短路电流收集效率。

表9-3　不同柔性PEN/ITO/$CuInS_2/TiO_2$纳米线太阳能电池的光电性能和EIS参数

浓度	V_{oc}/mV	J_{sc}/(mA/cm^2)	FF/%	η/%	R_s/Ω	R_{CT1}/Ω
0%	568.3	9.82	45.7	2.55	24.2	189.4
10%	574.2	12.4	48.4	3.43	19.1	151.8
20%	579.6	11.66	48.8	3.30	17.8	157.1
30%	586.9	10.59	49.5	3.08	15.9	162.8
热压	574.6	13.55	50.1	3.90	12.7	147.4

与传统太阳能电池不同，柔性太阳能电池在很多卷曲条件下具有重要的应用前景。因此，柔性量子点敏化太阳能电池在不同条件下的光电性能稳定性非常重要。图 9-10（a）和图 9-10（b）为传统 $CuInS_2/TiO_2$ 纳米线太阳能电池和经过处理之后柔性 PEN/ITO/$CuInS_2/TiO_2$ 纳米线太阳能电池弯曲 50% 和卷曲的情况。表 9-4 为不同条件下柔性 PEN/ITO/$CuInS_2/TiO_2$ 纳米线太阳能电池的光电性能。从图 9-10（c）中可以看出，电池弯曲和卷曲不会改变柔性 PEN/ITO/$CuInS_2/TiO_2$ 纳米线太阳能电池的开路电压。然而，传统 $CuInS_2/TiO_2$ 纳米线太阳能电池的填充因子和短路电流密度在弯曲和卷曲条件下显著降低，其光电转换效率从 2.55% 降低到 2.3% 和 1.68%，这说明传统 $CuInS_2/TiO_2$ 纳米线太阳能电池无法达到商业应用的要求。相比之下，经过小尺寸纳米颗粒和热压过程的引入，柔性 PEN/ITO/$CuInS_2/TiO_2$ 纳米线太阳能电池的填充因子和短路电流密度略微降低，在弯曲和卷曲条件下太阳能电池的光电转换效率从 3.9% 降低到 3.85% 和 3.79%。虽然柔性 PEN/ITO/$CuInS_2/TiO_2$ 纳米线太阳能电池的光电转换效率在弯曲和卷曲下略微降低，小尺寸纳米颗粒和热压过程的引入提升了太阳能电池的界面结合，进而优化了太阳能电池的稳定性。此外，经过数十次的卷曲之后，柔性 PEN/ITO/$CuInS_2/TiO_2$ 纳米线太阳能电池的光电转换效率维持在 3.8% ± 0.02%，说明电池具有优异的重复性。因此，利用小尺寸纳米颗粒和热压过程，有望进一步提升量子点敏化太阳能电池的光电性能。

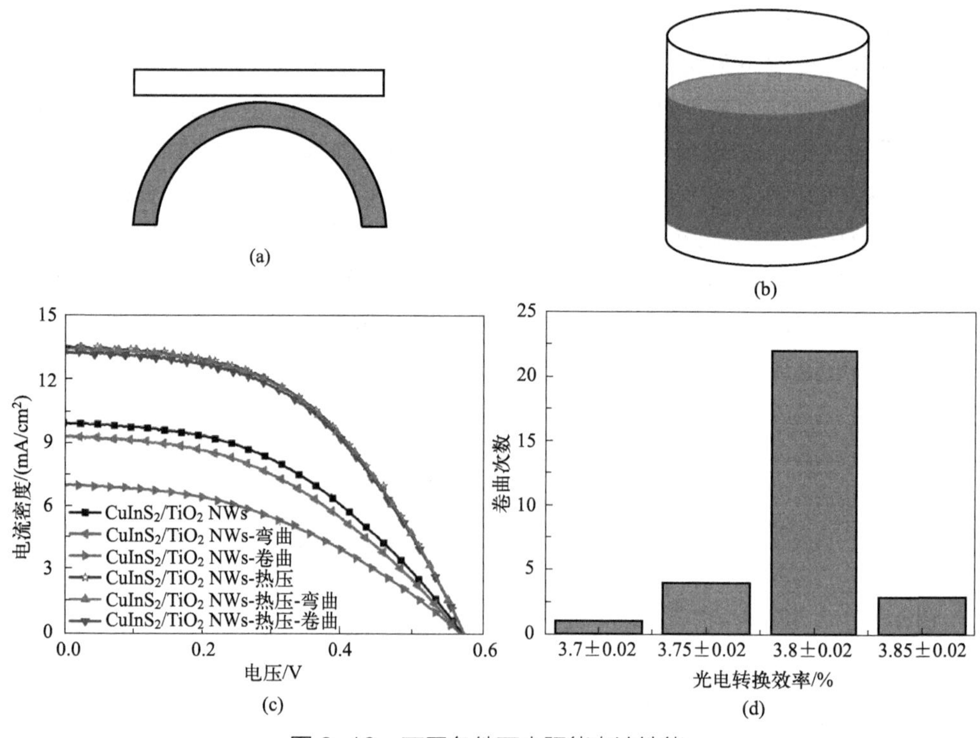

图 9-10　不同条件下太阳能电池性能

(a) 弯曲；(b) 卷曲；(c) *J-V* 曲线；(d) 重复性

表9-4　不同条件下柔性PEN/ITO/$CuInS_2$/TiO_2纳米线太阳能电池的光电性能

$CuInS_2$/TiO_2 纳米线处理条件	V_{oc}/mV	J_{sc}/(mA/cm^2)	FF/%	η/%
无处理	568.3	9.82	45.7	2.55
弯曲	568.5	9.30	43.5	2.30
卷曲	568.4	7.03	42.0	1.68
热压	574.6	13.55	50.1	3.90
热压 - 弯曲	574.5	13.43	49.9	3.85
热压 - 卷曲	574.4	13.22	49.9	3.79

第10章 结论与展望

10.1 结论

为了获得高效的 $CuInS_2$ 量子点敏化太阳能电池，本书围绕 TiO_2 纳米材料及 $CuInS_2$ 量子点材料的制备及表征、$CuInS_2$ 量子点敏化及共敏化工艺、各种 TiO_2 纳米结构光阳极、钝化层及后处理工艺、对电极、柔性太阳能电池等方面进行了研究，并深入分析了材料的生长机理和太阳能电池的电荷传输机理，探索了光电极结构、制备工艺与性能之间的关系，形成了一系列有意义的成果，具体如下。

10.1.1 量子点材料和光阳极材料的制备、表征及生长机理研究

利用钛酸定向二步水热法可控合成高效锐钛矿相 TiO_2 纳米材料，二次水热形成 TiO_2 纳米颗粒，热处理之后形成 TiO_2 纳米带；利用多步水热法可控合成一维金红石相 TiO_2 纳米棒阵列，随着水热反应时间和次数的增加 TiO_2 纳米棒长度增加，进一步水热成功合成三维金红石相 TiO_2 纳米枝晶，并用“成核—生长—外延生长”的过程阐述了 TiO_2 纳米棒 / 纳米枝晶的生长机理；利用高温水热反应可控合成一维锐钛矿相 TiO_2 纳米线阵列，随着水热时间延长 TiO_2 纳米线长度增加，并用“成核—溶解—再结晶—共边”的过程阐述了 TiO_2 纳米线阵列的生长机理；利用阳极氧化法制备了适合太阳能电池光阳极的高度有序的 TiO_2 纳米管阵列薄膜。

利用多步热分解法和一步热分解法成功合成多尺寸的 $CuInS_2$ 量子点，通过改变有机耦合剂浓度、反应温度和反应时间能够控制量子点的尺寸（2 ～ 8nm）及光学性能，分析表明通过奥斯特瓦尔德熟化和团聚反应生长形成不同尺寸的 $CuInS_2$ 量子点；利用油相溶剂热法成功合成了 $CuInS_2$ 量子点，改变反应温度制备尺寸 3 ～ 5nm 的量子点，分析表明通过快速成核生长过程与奥斯特瓦尔德熟化反应生

长形成不同尺寸 $CuInS_2$ 量子点，通过有机耦合剂转换应用到太阳能电池中；利用水相热处理合成法成功合成 $CuInS_2$ 量子点，通过改变热处理温度控制 $CuInS_2$ 量子点尺寸（2 ～ 7nm），并用奥斯特瓦尔德熟化反应及“成核—生长”过程叙述了不同尺寸 $CuInS_2$ 量子点的生长机理，并直接应用于太阳能电池中；发展了一种连续离子层吸附法成功合成 $CuInS_2$ 量子点，通过改变循环次数能够在一定范围内控制 $CuInS_2$ 量子点尺寸及光学性能，并用“成核—生长”过程探讨了 $CuInS_2$ 量子点的生长机理，能有望极大地提高太阳能电池的光电性能。

10.1.2 $CuInS_2/TiO_2$ 基量子点敏化太阳能电池的性能研究

利用有机耦合法成功制备了 $CuInS_2$ 量子点敏化高效锐钛矿相 TiO_2 纳米颗粒及纳米带薄膜光阳极。研究表明，尺寸为 3.5nm 的 $CuInS_2$ 量子点经过三次有机耦合制备的太阳能电池具有最佳的光电性能；在有机耦合法工艺体系中，高效 TiO_2 纳米颗粒薄膜作为光阳极比 TiO_2 纳米带薄膜具有更好的光电性能；通过有机耦合剂转换，油胺耦合的 $CuInS_2$ 量子点表面的状态最纯，能够减少量子点表面缺陷，最大程度地吸附在太阳能电池的光阳极上，进而获得较高的填充因子和光电流密度，最终获得最佳的光电转换效率为 0.59%。

开发新型的连续离子层吸附法成功制备了 $CuInS_2$ 量子点敏化 TiO_2 太阳能电池。研究表明，在铜离子溶液中反应时间为 30s 能够获得纯度较高、光电性能较好的光阳极，TiO_2 纳米颗粒光阳极的光电流密度随着 SILAR 沉积次数的增加而增加，而 SILAR 沉积次数为 6 次制备的光阳极具有最佳的光吸收性能和光电转换效率（0.71%）；通过引入 Cu_xS 缓冲层能够有效地提高太阳能电池的光电转换效率（0.89%）。在新型 SILAR 法制备的太阳能电池中，量子点不能稳定地结合在光阳极表面，导致界面接触和填充因子不如有机耦合法，但是其具有较高的沉积量，不存在有机耦合剂对电子传输的阻碍，光电流密度得到非常明显的提升，最终以 TiO_2 纳米带为光阳极获得最佳的光电转换效率 0.94%。

共同利用有机耦合法和连续离子层吸附法共敏化成功制备 $CuInS_2/CuInS_2$、$CuInS_2$/Mn-CdS、PbS/$CuInS_2$ 量子点共敏化太阳能电池，研究发现，通过两种方法共同制备的太阳能电池的光学性能和光电性能得到明显提高，有机耦合剂的存在增强了光阳极的稳定性提高了填充因子，连续离子层吸附法增加了量子点的吸附量提高了光电流密度，最终 $CuInS_2/CuInS_2$、$CuInS_2$/Mn-CdS、PbS/$CuInS_2$ 量子点共敏化 TiO_2 纳米颗粒太阳能电池的光电转换效率分别达到了 1.32%、3.51% 和 2.93%。

利用 ZnS 和 ZnSe 作为 $CuInS_2/TiO_2$ 基量子点敏化太阳能电池的钝化层。结果表明，ZnSe 作为纯 $CuInS_2$ 基量子点敏化太阳能电池的钝化层、ZnS 作为 $CuInS_2$/

Mn-CdS 基量子点敏化太阳能电池的钝化层能够获得最佳的光电转换效率（分别为 1.86% 和 4%），结果证明了 ZnSe 钝化层在 $CuInS_2$ 量子点敏化太阳能电池体系中能更有效地防止电子和氧化还原对再结合，有利于电解液中空穴的捕获。研究了不同的热处理温度和热处理时间对各种不同类型的 $CuInS_2/TiO_2$ 基量子点敏化太阳能电池光电性能的影响。结果表明，热处理温度为 300℃和热处理时间为 5min 制备的 $CuInS_2$/Mn-CdS 量子点共敏化太阳能电池够获得最佳的光电性能。通过这种热处理工艺之后，光阳极表面游离的有机耦合剂被去除，光阳极中界面结合效果增强，光阳极中材料的结晶性能提高，最终光电转换效率提高到了 4.22%。实验证明钝化层的选择和热处理工艺的改良为 $CuInS_2$ 基量子点敏化太阳能电池光电性能的提高提供了一种有效的思路。

利用金红石相 TiO_2 纳米棒 / 纳米枝晶阵列薄膜取代 TiO_2 纳米颗粒作为 $CuInS_2$ 量子点敏化太阳能电池的光阳极，研究发现，长度为 6μm 的 TiO_2 纳米棒阵列薄膜太阳能电池能够获得更高的光电流密度，TiO_2 纳米枝晶阵列具有最佳的光电转换效率，达到了 1.65%，这是由于 TiO_2 纳米枝晶阵列为单晶阵列结构，不存在晶界阻碍，比表面结相对更大，能够获得更高的光电流密度。利用锐钛矿相 TiO_2 纳米线和纳米管阵列薄膜作为 $CuInS_2$ 量子点敏化太阳能电池的光阳极成功提升了电池光电性能。研究发现，以 FTO 导电玻璃为基底，长度为 20μm 的 TiO_2 纳米线和纳米管阵列薄膜太阳能电池具有最佳的光电转换效率，分别达到了 1.84% 和 1.94%。相比金红石相 TiO_2 纳米枝晶阵列，TiO_2 纳米线和纳米管为锐钛矿相，比表面积相对更大，光电流密度进一步提高。开发了圆锥形竹节状 TiO_2 纳米管阵列薄膜作为量子点敏化太阳能电池的光阳极，有效地提升了电荷产生和电荷传输性能，电池的光电转换效率从 4.65% 提升至 5.98%。在光阳极和导电基底之间引入 ZnO 纳米阵列中间层，有效地提升了 $CuInS_2/TiO_2$ 量子点敏化太阳能电池的电荷传输性能。利用最佳的共敏化工艺制备 $CuInS_2$/Mn-CdS/TiO_2 纳米管阵列薄膜太阳能电池获得更高的光电转换效率，可以达到 4.48%，因此以 TiO_2 纳米阵列薄膜为太阳能电池的光阳极更为有效。

利用简单的化学法成功制备 Cu_2S 纳米阵列薄膜，研究表明，薄膜为纯相、直径为 100nm 的 Cu_2S 纳米棒阵列薄膜，Cu_2S 纳米阵列薄膜通过化学反应成核 - 生长而形成。分别以 Cu_2S 纳米薄膜和 Cu_2S 纳米阵列薄膜作为 $CuInS_2$ 基量子点敏化太阳能电池的对电极研究了光电性能，研究表明，反应时间 4h 制备的 Cu_2S 纳米阵列薄膜作为对电极制备的 $CuInS_2$/Mn-CdS 量子点共敏化 TiO_2 纳米管阵列薄膜太阳能电池具有最佳的光电性能，实验证明 Cu_2S 纳米棒阵列对电极能够有效地增加催化反应接触面积，这种双阵列结构能够最大程度地提高电荷传输速度，最终的光电转换效率达到了 4.90%。

利用 5nm 的小尺寸 TiO_2 纳米颗粒和盐酸混合浆料作为柔性量子点敏化太阳能电池光阳极的无机胶黏剂，研究表明，5nm 的 TiO_2 纳米颗粒和盐酸质量比为 3∶1 制备的无机胶黏剂能够有效地提升柔性量子点敏化太阳能电池光阳极的界面结合。以质量比 3∶1 的 20nm 和 5nm 混合 TiO_2 纳米颗粒制备光阳极，能够进一步提升柔性量子点敏化太阳能电池的光电性能。利用 5nm 的小尺寸 TiO_2 纳米颗粒浆料作为 TiO_2 纳米线阵列薄膜与 PEN/ITO 柔性基底的胶黏剂，联合热压工艺，能够改善光阳极中的界面结合，有效地降低柔性太阳能电池中的电荷复合缺陷，进一步提升柔性量子点敏化太阳能电池的电荷传输效率。在多次弯曲和卷曲条件下，电池的光电性能保持稳定。

10.2 展望

作为第三代薄膜太阳能电池，$CuInS_2$ 量子点敏化太阳能电池因其独特的光学性能逐渐被国内外学者进行广泛研究。但是，目前该类太阳能电池的光电转换效率与传统产业化电池还存在一定的差距，无论是从结构上、制备工艺上还是机理上还有许多内容有待深入探索，以获得更高的光电转换效率。

① 探索各种不同尺寸的 $CuInS_2$ 量子点共敏化太阳能电池，提高全光谱吸收性能，进一步提高光电转换效率。

② 由于 CdS 量子点对环境存在污染，因此可以进一步探索新型无污染的量子点与 $CuInS_2$ 量子点共敏化，并提高光电转换效率。

③ 以 $CuInS_2$ 量子点为基础，探索多种量子点共敏化，或者 $CuInS_2$ 量子点与染料共敏化，进一步提高光电转换效率。

④ 进一步探索新型的 TiO_2 纳米阵列薄膜结构作为太阳能电池的光阳极，以提高太阳能电池的光电转换效率。

⑤ 改进新型对电极材料的结构，进一步提高太阳能电池的光电转换效率。

⑥ 开发高效柔性量子点敏化太阳能电池的制备工艺。

以上的几点展望仅仅局限于 $CuInS_2$ 量子点敏化太阳能电池，然而获得低成本、低污染、高效率的量子点敏化太阳能电池才是研究的关键所在，希望在经过长期深入研究之后，量子点敏化太阳能电池能够广泛普及到生产及生活中。

参考文献

[1] S. V. Bavel, S. Veenstra, J. Loos. On the importance of morphology control in polymer solar cells, Macromolecular Rapid Communications, 2010, 31: 1835-1845.

[2] United Nations Development Program (UNDP), United Nations Department of Economy and Social Affairs (UNDESA), World Energy Council (WEC), World Energy Assessment Overview, 2001.

[3] U.S. Bureau of the Census International Data Base, 2008.

[4] Energy use in offices, Energy consumption guide, vol. 19 (ECG019), Energy efficiency best practice programme, UK Government.

[5] International Energy Agency, Key World Energy Statistics.

[6] R. W. Bentley. Global oil and gas depletion: An overview, Energy Policy, 2002, 30: 189-205.

[7] O. A. Mustafa. Energy, environment and sustainable development, Renewable and Sustainable Energy Reviews, 2008, 12: 2265-2300.

[8] W. A. Hermann. Quantifying global exergy resources, Energy, 2006, 31: 1685-1702.

[9] N. Nakicenovic, N. A. Grubler, A. McDonald, et al. Global Energy Perspectives, Cambridge University Press, Cambridge, 1998.

[10] S. Licht, G. Hodes, R. Tenne, et al. A light-variation insensitive high efficiency solar cell, Nature, 1987, 326: 863-864.

[11] M. Grätzel. Photoeletrochemical cells, Nature, 2001, 414: 338-344.

[12] A. Slaoui, R. T. Collis. Advanced inorganic materials for photovoltaics, MRS Bulletin, 2007, 32: 211-218.

[13] I. Gur, N. A. Fromer, A. P. Alivisatos. Air-stable all-inorganic nanocrystal solar cells processed from solution, Science, 2005, 310: 462-465.

[14] M. A. Green, E. Dunlop, J. H. Ebinger, et al. Solar cell efficiency tables (version 57), Progress in Photovoltaics: Research and Applications, 2021, 29(1): 3-15.

[15] H. Savin, P. Repo, G. V. Gastrow, et al. Black silicon solar cells with interdigitated back-contacts achieve 22.1% efficiency, Nature Nanotechnology, 2015, 10: 624-628.

[16] M. Ali, F. L. Zhou, K. Chen, et al. Nanostructured photoelectrochemical solar cell for nitrogen reduction using plasmon-enhanced black silicon, Nature Communications, 2016, 7: 11335.

[17] J. Y. Ki, G. Li, J. A. Rogers, et al. Light trapping in ultrathin monocrystalline silicon solar cells, Advanced Energy Materials, 2013, 3: 1401-1406.

[18] A. Richter, R. Muller, J. Benick, et al. Design rules for high-efficiency both-sides-contacted silicon solar cells with balanced charge carrier transport and recombination losses, Nature Energy, 2021, 6: 429-438.

[19] J. D. Fields, M. I. Ahmad, V. L. Pool, et al. The formation mechanism for printed silver-contacts for silicon solar cells, Nature Communications, 2016, 7: 11143.

[20] R. Cariou, J. Benick, F. Feldmann, et al. III-V-on-silicon solar cells reaching 33% photoconversion efficiency in two-terminal configuration, Nature Energy, 2018, 3: 326-333.

[21] D. E. Carlson, C. R. Wronski. Amorphous silicon solar cells, Amorphous Semiconductors, 1985, 36: 287-329.

[22] X. L. Qu, Y. C. He, M. H. Qu, et al. Identification of embedded nanotwins at c-Si/a-Si:H interface limiting the performance of high-efficiency silicon heterojunction solar cells, Nature Energy, 2021, 6: 194-202.

[23] A. Tomasi, B. P. Salomon, Q. Jeangros, et al. Simple processing of back-contacted silicon heterojunction solar cells using selective-area crystalline growth, Nature Energy, 2017, 2: 17062.

[24] J. H. Zhao, A. Wang, M. A. Green, 19.8% efficient “honeycomb” textured multicrystalline and 24.4% monocrystalline silicon solar cells, Applied Physics Letters, 1998, 73: 1991-1993.

[25] M. H. Kao, C. H. Shen, P. C. Yu, et al. Low-temperature growth of hydrogenated amorphous silicon carbide solar cell by inductively coupled plasma deposition toward high conversion efficiency in indoor lighting, Scientific Reports, 2017, 7: 12706.

[26] A. Wang, J. Zhao, M. A. Green, 24% efficient silicon solar cells, IEEE 1st WCPEC, 1994, 21: 1477-1480.

[27] J. Y. Koh, Y. H. Lee, H. Fujiwara, et al. Optimization of hydrogenated amorphous silicon p-i-n solar cells with two-step i layers guided by real-time spectroscopic ellipsometry, Applied Physics Letters, 1998, 73: 1526-1528.

[28] M. Kohler, M. Pomaska, P. Procel, et al. A silicon carbide-based highly transparent passivating contact for crystalline silicon solar cells approaching efficiencies of 24%, Nature Energy, 2021, 6: 529-537.

[29] K. Yoshikawa, H. Kawasaki, W. Yoshida, et al. Silicon heterojunction solar cell with interdigitated back contacts for a photoconversion efficiency over 26%, Nature Energy, 2017, 2: 17032.

[30] J. D. Poplawsky, W. Guo, N. Paudel, et al. Structural and compositional dependence of the $CdTe_xSe_{1-x}$ alloy layer photoactivity in CdTe-based solar cells, Nature Communications, 2016, 7: 12537.

[31] W. K. Metzger, S. Grover, D. Lu, et al. Exceeding 20% efficiency with in situ group V doping in polycrystalline CdTe solar cells, Nature Energy, 2019, 4: 837-845.

[32] Y. Zhao, M. Boccard, S. Liu, et al. Monocrystalline CdTe solar cells with open-circuit voltage over 1 V and efficiency of 17%, Nature Energy, 2016, 1: 16067.

[33] J. Luria, Y. Kutes, A. Moore, et al. Charge transport in CdTe solar cells revealed by conductive tomographic atomic force microscopy, Nature Energy, 2016, 1: 16150.

[34] H. L. Chen, A. Cattoni, R. D. Lepinau, et al. A 19.9%-efficient ultrathin solar cell based on a 205-nm-thick GaAs absorber and a silver nanostructured back mirror, Nature Energy, 2019, 4: 761-767.

[35] S. Essig, C. Allebe, T. Remo, et al. Raising the one-sun conversion efficiency of Ⅲ-V/Si solar cells to 32.8% for two junctions and 35.9% for three junctions, Nature Energy, 2017, 2: 17144.

[36] P. K. Nayak, S. Mahesh, H. J. Snaith, et al. Photovoltaic solar cell technologies: analysing the state of the art, Nature Reviews Materials, 2019, 4: 269-285.

[37] V. Bermudez, A. P. Rodriguez. Understanding the cell-to-module efficiency gap in $Cu(In,Ga)(S,Se)_2$ photovoltaics scale-up, Nature Energy, 2018, 3: 466-475.

[38] P. Hatton, M. J. Watts, A. Abbas, et al. Chlorine activated stacking fault removal mechanism in thin film CdTe solar cells: the missing piece, Nature Communications, 2021, 12: 4938.

[39] C. Algora, E. Oritiz, I. S. Rey, et al. A GaAs solar cell with an efficiency of 26.2% at 1000 suns and 25.0% at 2000 suns, Electron Devices, 2001, 48: 840-844.

[40] J. D. Mccambridge, M. A. Steiner, B. A. Unger, et al. Compact spectrum splitting photovoltaic module with high efficiency, Progress in Photovoltaics: Research and Applications, 2011, 19: 352-360.

[41] P. Jackson, D. Hariskos, E. Lotter, et al. New world record efficiency for $Cu(In, Ga)Se_2$ thin-film solar cells beyond 20%, Progress in Photovoltaics: Research and Applications, 2011, 19: 894-897.

[42] K. O. Brinkmann, T. Becher, F. Zimmermann, et al. Perovskite-organic tandem solar cells with indium oxide interconnect, Nature, 2022, 604: 280-286.

[43] Y. H. Cai, Q. Li, G. Y. Lu, et al. Vertically optimized phase separation with improved exciton diffusion enables efficient organic solar cells with thick active layers, Nature Communications, 2022, 13: 2369.

[44] Y. Y. Jiang, X. Y. Dong, L. L. Sun, et al. An alcohol-dispersed conducting polymer complex for fully printable organic solar cells with improved stability, Nature Energy, 2022, 7: 352-359.

[45] X. E. Li, Q. L. Zhang, J. W. Yu, et al. Mapping the energy level alignment at donor/acceptor interfaces in non-fullerene organic solar cells, Nature Communications, 2022, 13: 2046.

[46] L. Zhu, M. Zhang, J. Q. Xu, et al. Single-junction organic solar cells with over 19% efficiency enabled by a refined double-fibril network morphology, Nature Materials, 2022.

[47] B. O. Regan, M. Grätzel. A low-cost, high-efficiency solar cell based on dye-sensitized colloidal TiO_2 films, Nature, 1991, 353: 737-740.

[48] U. Bach, D. Lupo, M. Grätzel, et al. Solid-state dye-sensitized mesoporous TiO_2 solar cells with high photon-to-electron conversion efficiencies, Nature, 1998, 395: 583-585.

[49] P. Wang, S. M. Zakeeruddin, M. Grätzel, et al. A stable quasi-solid-state dye-sensitized solar cell with an amphiphilic ruthenium sensitizer and polymer gel electrolyte, Nature Materials, 2003, 2: 402-407.

[50] F. D. Angelis, S. Fantacci, M. Grätzel, et al. Time-dependent density functional theory investigations on the excited states of Ru(II)-dye-sensitized TiO_2 nanoparticles: The role of sensitizer protonation, Journal of American Chemistry Society, 2007, 129: 14156-14157.

[51] N. Koide, R. Yamanaka, H. Katayama, et al. Recent advances of dye-sensitized solar cells and integrated modules at

SHARP, MRS Proceedings, 2009: 1211-1213.
[52] A. Yella, H. W. Lee, M. Grätzel, et al. Porphyrin-sensitized solar cells with cobalt (Ⅱ/Ⅲ)-based redox electrolyte exceed 12 percent efficiency, Science, 2011, 334: 629-634.
[53] Z. Y. Ni, H. Y. Jiao, C. B. Fei, et al. Evolution of defects during the degradation of metal halide perovskite solar cells under reverse bias and illumination, Nature Energy, 2022, 7: 65-73.
[54] W. Chen, Y. D. Zhu, J. W. Xiu, et al. Monolithic perovskite/organic tandem solar cells with 23.6% efficiency enabled by reduced voltage losses and optimized interconnecting layer, Nature Energy, 2022, 7: 229-237.
[55] G. Hodes. Comparison of dye- and semiconductor-sensitized porous nanocrystalline liquid junction solar cells, The Journal of Physical Chemistry C, 2008, 112: 17778-17787.
[56] A. J. Nozik. Quantum dot solar cells, Physica E, 2002, 14: 115-120.
[57] P. V. Kamat. Quantum dot solar cells. Semiconductor nanocrystals as light harvesters, The Journal of Physical Chemistry C, 2008, 112: 18737-18753.
[58] J. M. Caruge, J. E. Halpert, M. G. Bawendi, et al. Colloidal quantum-dot light-emitting diodes with metal-oxide charge transport layers, Nature Photonics, 2008, 2: 247-250.
[59] D. I. Son, B. W. Kwon, W. K. Choi, et al. Emissive ZnO-graphene quantum dots for white-light-emitting diodes, Nature Nanotechnology, 2012, 7: 465-471.
[60] L. F. Sun, J. J. Choi, F. W. Wise, et al. Bright infrared quantum-dot light-emitting diodes through inter-dot spacing control, Nature Nanotechnology, 2012, 7: 369-373.
[61] L. K. David, R. Richard, A. P. Alivisatos, et al. A single-electron transistor made from a cadmium selenide nanocrystal, Nature, 1997, 389: 699-701.
[62] E. D. Mentovich, B. Belgorodsky, S. Richter, et al. 1-Nanometer-sized active-channel molecular quantum-dot transistor, Advanced Materials, 2010, 22: 2182-2186.
[63] G. Konstantatos, M. Badioli, F. H. Koppens, et al. Hybrid graphene-quantum dot phototransistors with ultrahigh gain, Nature Nanotechnology, 2012, 7: 363-368.
[64] Y. Liu, J. Tolentino, M. Law, et al. PbSe Quantum Dot Field-Effect Transistors with Air-Stable Electron Mobilities above $7cm^2 V^{-1} s^{-1}$, Nano Letters, 2013, 13: 1578-1587.
[65] J. K. Jaiswal, H. Mattoussi, S. M. Simon, et al. Long-term multiple color imaging of live cells using quantum dot bioconjugates, Nature Biotechnology, 2002, 21: 47-51.
[66] I. L. Medintz, A. R. Clapp, J. M. Mauro, et al. Self-assembled nanoscale biosensors based on quantum dot FRET donors, Nature Materials, 2003, 2: 630-638.
[67] I. L. Medintz, H. T. Uyeda, H. Mattoussi, et al. Quantum dot bioconjugates for imaging, labelling and sensing, Nature Materials, 2005, 4: 435-446.
[68] I. L. Medintz, M. H. Stewart, H. Mattoussi, et al. Quantum-dot/dopamine bioconjugates function as redox coupled assemblies for in vitro and intracellular pH sensing, Nature Materials, 2010, 9: 676-684.
[69] W. W. Yu, L. H. Qu, X. G. Peng, et al. Experimental determination of the extinction coefficient of CdTe, CdSe, and CdS nanocrystals, Chemistry of Materials, 2003, 15: 2854-2860.
[70] T. J. Bollmann, R. V. Gastel, B. Poelsema, et al. Quantum size effect driven structure modifications of Bi films on Ni(111), Physical Review Letters, 2011, 107: 176102-176107.
[71] J. B. Gao, J. M. Luther, M. C. Beard, et al. Quantum dot size dependent J-V characteristics in heterojunction ZnO/PbS quantum dot solar cells, Nano Letters, 2011, 11: 1002-1008.
[72] R. Sarkar, A. K. Shaw, S. K. Pal, et al. Size and shape-dependent electron-hole relaxation dynamics in CdS nanocrystals, Optical Materials, 2007, 29: 1310-1320.
[73] J. M. Zhang, X. K. Zhang, J. Y. Zhang. Size-dependent time-resolved photoluminescence of Colloidal CdSe nanocrystals, The Journal of Physical Chemistry C, 2009, 113: 9512-9515.
[74] I. Robel, M. Kuno, P. V. Kamat. Size-dependent electron injection from excited CdSe quantum dots into TiO_2 nanoparticles, Journal of American Chemistry Society, 2007, 129: 4136-4137.
[75] M. A. Hines, G. D. Scholes. Colloidal PbS nanocrystals with size-tunable near-infrared emission: Observation of post-synthesis self-narrowing of the particle size distribution, Advanced Materials, 2003, 15: 1844-1849.
[76] A. Kongkanand, K. Tvrdy, P. V. Kamat, et al. Quantum dot solar cells. Tuning photoresponse through size and shape control of CdSe-TiO_2 architecture, Journal of American Chemistry Society, 2008, 130: 4007-4015.

[77] W. K. Metzger, D. Albin, R. K. Ahrenkiel, et al. Time-resolved photoluminescence studies of CdTe solar cells, Journal of Applied Physics, 2003, 94: 3549-3555.

[78] T. Uchihara, H. Kato, E. Miyagi. Subpicosecond time-resolved photoluminescence of thioglycerol-capped CdS nanoparticles in water, Journal of Photochemistry and Photobiology A: Chemistry, 2006, 181: 86-93.

[79] D. G. Kim, K. Tomihira, M. Nakayama, et al. Highly efficient preparation of size-controlled CdS quantum dots with high photoluminescence yield, Journal of Crystal Growth, 2008, 310: 4244-4247.

[80] L. Brus. Electronic wave functions in semiconductor clusters: experiment and theory, The Journal of Physical Chemistry, 1986, 90: 2555-2560.

[81] J. Kim, P. S. Nair, G. D. Scholes, et al. Sizing up the exciton in complex-shaped semicondutor nanocrystals, Nano Letters, 2007, 7: 3884-3890.

[82] L. Brus. Electron-electron and electron-hole interactions in semiconductor cyrstallites: The size dependence of the lowest excited electronic state, Journal of Applied Physics, 1984, 80: 4403-4407.

[83] T. Omata, K. Nose, Y. M. Ostuka. Size dependent optical band gap of temary Ⅰ-Ⅲ-Ⅵ semiconductor nanocrystals, Journal of Applied Physics, 2009, 105: 073106-073110.

[84] C. Burda, S. Link, M. E. Sayed, et al. The relaxation pathways of CdSe nanoparticles monitored with femtosecond time-resolution from the visible to the IR: Assignment of the transient features by carrier quenching, The Journal of Physical Chemistry B, 2001, 105: 12286-12292.

[85] V. V. Matylitsky, A. Shavel, J. Wachtveitl, et al. Ultrafast interfacial charge carrier dynamics in ZnSe and ZnSe/ZnS Core/Shell nanoparticles: influence of shell formation, The Journal of Physical Chemistry C, 2008, 112: 2703-2710.

[86] J. Huang, D. Stockwell, T. Q. Lian, et al. Photoinduced ultrafast electron transfer from CdSe quantum dots to re-bipyridyl complexes, Journal of American Chemistry Society, 2008, 130: 5632-5633.

[87] B. R. Hyun, Y. W. Zhong, N. F. Borreli, et al. Electron injection from colloidal PbS quantum dots into titanium dioxide nanoparticles, ACS Nano, 2008, 2: 2206-2212.

[88] C. Harris, P. V. Kamat. Photocatalysis with CdSe nanoparticles in confined media: mapping charge transfer events in the subpicosecond to second timescales, ACS Nano, 2009, 3: 682-690.

[89] S. Y. Jin, T. Q. Lian. Electron transfer dynamics from single CdSe/ZnS quantum dots to TiO_2 nanoparticles, Nano Letters, 2009, 9: 2448-2454.

[90] A. Makhal, H. D. Yan, S. K. Pal, et al. Light harvesting semiconductor core-shell nanocrystals: Ultrafast charge transport dynamics of CdSe-ZnS quantum dots, The Journal of Physical Chemistry C, 2009, 114: 627-632.

[91] T. Zewdu, J. N. Clifford, E. Palomares, et al. Photo-induced charge transfer dynamics in efficient TiO_2 /CdS/CdSe sensitized solar cells, Energy & Environmental Science, 2011, 4: 4633-4638.

[92] V. V. Matylitsky, L. Dworak, J. Wachtveitl, et al. Ultrafast charge separation in multiexcited CdSe quantum dots mediated by adsorbed electron acceptors, Journal of American Chemistry Society, 2009, 131: 2424-2425.

[93] V. Sukhovatkin, S. Hinds, E. H. Sargent, et al. Colloidal quantum-dot photodetectors exploiting multiexciton generation, Science, 2009, 324: 1542-1544.

[94] S. Dayal, C. Burda. One- and two-photon induced QD-based energy transfer and the influence of multiple QD excitations, Photochemical & Photobiological Sciences, 2008, 7: 605-613.

[95] O. E. Semonin, J. M. Luther, M. C. Beard, et al. Peak external photocurrent quantum efficiency exceeding 100% via MEG in a quantum dot solar cell, Science, 2011, 334: 1530-1533.

[96] M. C. Beard, A. G. Midgett, A. J. Nozik, et al. Comparing multiple exciton generation in quantum dots to impact ionization in bulk semiconductors: Implications for enhancement of solar energy conversion, Nano Letters, 2010, 10: 3019-3027.

[97] J. B. Sambur, T. Novet, B. A. Parkinson. Multiple exciton collection in a sensitized photovoltaic system, Science, 2010, 330: 63-66.

[98] R. F. Service. Protein chip promises cheaper diagnostics, Science, 2008, 322: 1784-1785.

[99] V. Sayevich, Z. L. Robinson, Y. H. Kim. et al. Highly versatile near-infrared emitters based on an atomically defined HgS interlayer embedded into a CdSe/CdS quantum dot, Nature Nanotechnology, 2021, 16: 673-679.

[100] J. B. Cui, Y. E. Panfil, S. Koley, et al. Colloidal quantum dot molecules manifesting quantum coupling at room temperature, Nature Communications, 2019, 10: 5401.

[101] C. Livache, W. D. Kim, H. Jin, et al. High-efficiency photoemission from magnetically doped quantum dots driven

by multi-step spin-exchange Auger ionization, Nature Photonics, 2022.

[102] Z. L. Zhang, J. Y. Sung, D. T. W. Toolan, et al. Ultrafast exciton transport at early times in quantum dot solids, Nature Materials, 2022, 21: 533-539.

[103] F. L. Yuan, Y. K. Wang, G. Sharma, et al. Bright high-colour-purity deep-blue carbon dot light-emitting diodes via efficient edge amination, Nature Photonics, 2020, 14: 171-176.

[104] Y. S. Park, J. H. Lim, V. I. Klmov. Asymmetrically strained quantum dots with non-fluctuating single-dot emission spectra and subthermal room-temperature linewidths, Nature Materials, 2019, 18: 249-255.

[105] Y. S. Park, J. K. Roh, B. T. Diroll, et al. Colloidal quantum dot lasers, Nature Reviews Materials, 2021, 6: 382-401.

[106] Y. S. Park, J. H. Lim, V. I. Klimov. Asymmetrically strained quantum dots with non-fluctuating single-dot emission spectra and subthermal room-temperature linewidths, Nature Materials, 2019, 18: 249-255.

[107] B. T. Diroll, M. L. Chen, I. Coropceanu, et al. Polarized near-infrared intersubband absorptions in CdSe colloidal quantum wells, Nature Communications, 2019, 10: 4511.

[108] S. Morozov, E. L. Pensa, A. H. Khan, et al. Electrical control of single-photon emission in highly charged individual colloidal quantum dots, Science Advances, 2020.

[109] T. G. Lee, K. Enomoto, K. Ohshiro, et al. Controlling the dimension of the quantum resonance in CdTe quantum dot superlattices fabricated via layer-by-layer assembly, Nature Communications, 2020, 11: 5471.

[110] T. T. Zhuang, Y. Li, X. Q. Gao, et al. Regioselective magnetization in semiconducting nanorods, Nature Nanotechnology, 2020, 15: 192-197.

[111] M. Vasilopoulou, H. P. Kim, B. S. Kim, et al. Efficient colloidal quantum dot light-emitting diodes operating in the second near-infrared biological window, Nature Photonics, 2020, 14: 50-56.

[112] G. L. Whitworth, M. Dalmases, N. Taghjpour, et al. Solution-processed PbS quantum dot infrared laser with room-temperature tunable emission in the optical telecommunications window, Nature Photonics, 2021, 15: 738-742.

[113] S. Pradhan, F. D. Stasio, Y. Bi, et al. High-efficiency colloidal quantum dot infrared light-emitting diodes via engineering at the supra-nanocrystalline level, Nature Nanotechnology, 2019, 14: 72-79.

[114] L. Gao, C. Chen, K. Zeng, et al. Broadband, sensitive and spectrally distinctive SnS_2 nanosheet/PbS colloidal quantum dot hybrid photodetector, Light: Science & Applications, 2016, 5: 16126.

[115] C. R. Wang, K. B. Tang, Y. T. Qian, et al. Raman scattering, far infrared spectrum and photoluminescence of SnS_2 nanocrystallites, Chemical Physics Letters, 2002, 357: 371-375.

[116] Y. L. Kwon, J. W. Oh, E. J. Lee, et al. Evolution from unimolecular to colloidal-quantum -dot-like character in chlorine or zinc incorporated InP magic size clusters, Nature Communications, 2020, 11: 3127.

[117] J. Phoenix, M. Korusinski, D. Dalacu, et al. Magnetic tuning of tunnel coupling between InAsP double quantum dots in InP nanowires, Scientific Reports, 2022, 12: 5100.

[118] Y. H. Won, O. Cho, T. Y. Kim, et al. Highly efficient and stable InP/ZnSe/ZnS quantum dot light-emitting diodes, Nature, 2019, 634-638.

[119] J. H. Song, H. Y. Choi, H. T. Pham, et al. Energy level tuned indium arsenide colloidal quantum dot films for efficient photovoltaics, Nature Communications, 2018, 9: 4267.

[120] M. V. Rakhlin, K. G. Belyaev, G. V. Klimko, et al. InAs/AlGaAs quantum dots for single-photon emission in a red spectral range, Scientific Reports, 2018, 8: 5299.

[121] H. Y. Liu, T. Wang, A. Seeds, et al. Long-wavelength InAs/GaAs quantum-dot laser diode monolithically grown on Ge substrate, Nature Photonics, 2011, 5: 416-419.

[122] M. Bernechea, N. C. Miller, G. Xercavins, et al. Solution-processed solar cells based on environmentally friendly $AgBiS_2$ nanocrystals, Nature Photonics, 2016, 10: 521-525.

[123] M. R. Bergren, N. S. Makarov, K. Ramasamy, et al. High-performance $CuInS_2$ quantum dot laminated glass luminescent solar concentrators for windows, ACS Energy Letters, 2018, 3(3): 520-525.

[124] S. O. M. Hinterding, M. J. J. Mangnus, P. T. Prins, et al. Unusual spectral diffusion of single $CuInS_2$ quantum dots sheds light on the mechanism of radiative decay, Nano Letters, 2021, 21(1): 658-665.

[125] M. G. Panthani, V. Akhavan, B. A. Korgel, et al. Synthesis of $CuInS_2$, $CuInSe_2$, and $Cu(In_xGa_{1-x})Se_2$ (CIGS) nanocrystal "inks" for printable photovoltaics, Journal of American Chemistry Society, 2008, 130: 16770-16777.

[126] J. Tang, S. Hinds, E. H. Sargent, et al. Synthesis of colloidal $CuGaSe_2$, $CuInSe_2$, and $Cu(InGa)Se_2$ nanoparticles,

Chemistry of Materials, 2008, 20: 6906-6910.

[127] T. Uematsu, T. Doi, S. Kuwabata, et al. Preparation of luminescent $AgInS_2$-$AgGaS_2$ solid solution nanoparticles and their optical properties, The Journal of Physical Chemistry Letters, 2010, 1: 3283-3287.

[128] Y. Hamanaka, T. Ogawa, M. Tsuzuki. Photoluminescence properties and its origin of $AgInS_2$ quantum dots with chalcopyrite structure, The Journal of Physical Chemistry C, 2011, 115: 1786-1792.

[129] J. Y. Chang, G. Q. Wang, J. C. Hsu, et al. Strategies for photoluminescence enhancement of $AgInS_2$ quantum dots and their application as bioimaging probes, Journal of Materials Chemisry, 2012, 22: 10609-10618.

[130] M. D. Regulacio, Y. W. Khin, Y. G. Zheng, et al. Aqueous synthesis of highly luminescent $AgInS_2$-ZnS quantum dots and their biological applications, Nanoscale, 2013, 5: 2322-2327.

[131] H. J. Lee, J. H. Yun, S. I. Seok, et al. CdSe quantum dot-sensitized solar cells exceeding efficiency 1% at full-sun intensity, The Journal of Physical Chemistry C, 2008, 112: 11600-11608.

[132] L. W. Chong, H. T. Chien, Y. L. Lee. Assembly of CdSe onto mesoporous TiO_2 films induced by a self-assembled monolayer for quantum dot-sensitized solar cell applications, Journal of Power Sources, 2010, 195: 5109-5113.

[133] F. Khodam, A. R. A. Ghadim, S. Aber. Preparation of CdS quantum dot sensitized solar cell based on ZnTi-layered double hydroxide photoanode to enhance photovoltaic properties, Solar Energy, 2019, 181: 325-332.

[134] L. Li, X. C. Yang, L. C. Sun, et al. Highly efficient CdS quantum dot-sensitized solar cells based on a modified polysulfide electrolyte, Journal of American Chemistry Society, 2011, 133: 8458-8460.

[135] M. Sotodeian, M. Marandi. Effects of PbS quantum dots layer and different light scattering films on the photovoltaic performance of double passivated PbS, CdS and CdSe quantum dots sensitized solar cells, Solar Energy, 2021, 221: 418-432.

[136] M. Kamruzzaman. The effect of ZnO/ZnSe core/shell nanorod arrays photoelectrodes on PbS quantum dot sensitized solar cell performance, Nanoscale Advances, 2020, 2: 286-295.

[137] Y. Yang, D. Q. Pan, Z. Zhang, et al. Ag_2Se quantum dots for photovoltaic applications and ligand effects on device performance, Journal of Alloys and Compounds, 2018, 766: 925-932.

[138] W. Li, Z. Y. Peng, Z. Sun, et al. Orientation modulation of ZnO nanorods on charge transfer performance enhancement for CuInS2 quantum dot sensitized solar cells, Journal of Alloys and Compounds, 2020, 816: 152628.

[139] A. Zaban, B. A. Gregg, A. J. Nozik, et al. Photosensitization of nanoporous TiO_2 electrodes with InP quantum dots, Langmuir, 1998, 14: 3153-3156.

[140] D. Battaglia, X. G. Peng. Formation of high quality InP and InAs nanocrystals in a noncoordinating solvent, Nano Letters, 2002, 2: 1027-1030.

[141] R. G. Xie, D. Battaglia, X. G. Peng. Colloidal InP nanocrystals as efficient emitters covering blue to near-infrared, Journal of American Chemistry Society, 2007, 129: 15432-15433.

[142] P. R. Yu, K. Zhu, A. J. Nozik, et al. Nanocrystalline TiO_2 solar cells sensitized with InAs quantum dots, The Journal of Physical Chemistry B, 2006, 110: 25451-25454.

[143] D. Z. Hu, E. T. Yu, D. M. Schaadt, et al. Improvement of performance of InAs quantum dot solar cell by inserting thin AlAs layers, Nanoscale Research Letters, 2011, 6: 83-88.

[144] Y. Q. Wang, Q. H. Zhang, Y. Q. Li, et al. Preparation of $AgInS_2$ quantum dot/In_2S_3 co-sensitized photoelectrodes by a facile aqueous-phase synthesis route and their photovoltaic performance, Nanoscale, 2015, 7: 6185-6192.

[145] S. M. Kobosko, D. H. Jara, P. V. Kamat. $AgInS_2$-ZnS quantum dots: excited state interactions with TiO_2 and photovoltaic performance, ACS Applied Materials & Interfaces, 2017, 9(39): 33379-33388.

[146] C. Q. Cai, L. L. Zhai, Y. H. Ma, et al. Synthesis of $AgInS_2$ quantum dots with tunable photoluminescence for sensitized solar cells, Journal of Power Sources, 2017, 341: 11-18.

[147] A. Qurashi, M. F. Hossain, R. N. Koteeswara, et al. Fabrication of well-aligned and dumbbell-shaped hexagonal ZnO nanorod arrays and their dye sensitized solar cell applications, Journal of Alloys and Compounds, 2010, 503: 40-43.

[148] G. M. Wang, X. Y. Yang, Y. Li, et al. Double-sided CdS and CdSe quantum dot co-sensitized ZnO nanowire arrays for photoelectrochemical hydrogen generation, Nano Letters, 2010, 10: 1088-1092.

[149] H. W. Chen, C. Y. Lin, K. C. Ho, et al. Electrophoretic deposition of ZnO film and its compression for a plastic based flexible dye-sensitized solar cell, Journal of Power Sources, 2011, 196: 4859-4864.

[150] V. M. Guerin, J. Elias, T. Pauporte, et al. Ordered networks of ZnO-nanowire hierarchical urchin-like structures for

improved dye-sensitized solar cells, Physical Chemistry Chemical Physics, 2012, 14: 12948-12955.

[151] C. H. Li, L. Yang, Q. B. Meng, et al. ZnO nanoparticle based highly efficient CdS/CdSe quantum dot-sensitized solar cells, Physical Chemistry Chemical Physics, 2013, 15: 8710-8715.

[152] J .J .Tian, Q. F. Zhang, G. Z. Cao, et al. Constructing ZnO nanorod array photoelectrodes for highly efficient quantum dot sensitized solar cells, Journal of Materials Chemistry A, 2013, 1: 6770-6775.

[153] J. B. Zhang, C. Z. Sun, Y. Lin, et al. Interfacial passivation of CdS layer to CdSe quantum dots-sensitized electrodeposited ZnO nanowire thin films, Electrochimica Acta, 2013, 106: 121-126.

[154] C. J. Raj, S. N. Karthick, S. Y. Park, et al. Improved photovoltaic performance of CdSe/CdS/PbS quantum dot sensitized ZnO nanorod array solar cell, Journal of Power Sources, 2014, 248: 439-446.

[155] J. Tyagi, H. Gupta, L. P. Purohit, et al. Cascade Structured ZnO/TiO_2/CdS quantum dot sensitized solar cell, Solid State Sciences, 2020, 102: 106176.

[156] J. J. Tian, E. Uchaker, Q. F. Zhang, et al. Hierarchically structured ZnO nanorods-nanosheets for improved quantum-dot-sensitized solar cells, ACS Applied Materials & Interfaces, 2014, 6(6): 4466-4472.

[157] J. Luo, Y. X. Wang, J. Sun, et al. MnS passivation layer for highly efficient ZnO-based quantum dot-sensitized solar cells, Solar Energy Materials and Solar Cells, 2018, 187: 199-206.

[158] H. L. Feng, W. Q. Wu, H. S. Rao, et al. Three-dimensional TiO_2/ZnO hybrid array as a heterostructured anode for efficient quantum-dot-sensitized solar cells, ACS Applied Materials & Interfaces, 2015, 7(9): 5199-5205.

[159] D. P. Wu, X. L. Wang, K. Cao, et al. ZnO nanorods with tunable aspect ratios deriving from oriented-attachment for enhanced performance in quantum-dot sensitized solar cells, Electrochimica Acta, 2017, 231: 1-12.

[160] G. E. Unni, S. Sasi, A. S. Nair. Higher open-circuit voltage set by cobalt redox shuttle in SnO_2 nanofibers-sensitized CdTe quantum dot solar cells, Journal of Energy Chemistry, 2016, 25(3): 481-488.

[161] Y. B. Lin, Y. Lin, Y. M. Meng, et al. CdS/CdSe co-sensitized SnO_2 photoelectrodes for quantum dots sensitized solar cells, Optics Communications, 2015, 346: 64-68.

[162] M. A. Hossain, Z. Y. Koh, Q. Wang. PbS/CdS-sensitized mesoscopic SnO_2 solar cells for enhanced infrared light harnessing, Physical Chemistry Chemical Physics, 2012, 14: 7367-7374.

[163] M .A. Hossain, J. R. Jennings, Q. Wang, et al. Carrier generation and collection in CdS/CdSe-sensitized SnO_2 solar cells exhibiting unprecedented photocurrent densities, ACS Nano, 2011, 5: 3172-3181.

[164] B. Tan, E. Toman, Y. Y. Wu, et al. Zinc stannate (Zn_2SnO_4) dye-sensitized solar cells, Journal of American Chemistry Society, 2007, 129: 4162-4163.

[165] J. J. Chen, L. Y. Lu, W. Y. Wang. Zn_2SnO_4 nanowires as photoanode for dye-sensitized solar cells and the improvement on open-circuit voltage, The Journal of Physical Chemistry C, 2012, 116: 10841-10847.

[166] Z. D. Li, Y. Zhou, Z. G. Zou, et al. Vertically building Zn_2SnO_4 nanowire arrays on stainless steel mesh toward fabrication of large-area, flexible dye-sensitized solar cells, Nanoscale, 2012, 4: 3490-3494.

[167] S. Singh, Z. Salam, A. Subasri, et al. Development of porous TiO_2 nanofibers by solvosonication process for high performance quantum dot sensitized solar cell, Solar Energy Materials and Solar Cells, 2018, 179: 417-426.

[168] Z. Y. Peng, Z. Sun, J. L. Chen, et al. Enhanced charge generation and transfer performance of the conical bamboo-like TiO_2 nanotube arrays photo-electrodes in quantum dot sensitized solar cells, Solar Energy, 2020, 205: 161-169.

[169] Y. Zhang, X. L. Zhong, D. G. Zhang, et al. TiO_2 nanorod arrays/ZnO nanosheets heterostructured photoanode for quantum-dot-sensitized solar cells, Solar Energy, 2018, 166: 371-378.

[170] H. Latif, S. Ashraf, M. S. Rafique, et al. A novel, PbS quantum dot-Sensitized solar cell structure with TiO2-fMWCNTS nano-composite filled meso-porous anatase TiO_2 photoanode, Solar Energy, 2020, 204: 617-623.

[171] H. K. Han, P. Sudhagar, Y. Paik, et al. Three dimensional-TiO_2 nanotube array photoanode architectures assembled on a thin hollow nanofibrous backbone and their performance in quantum dot-sensitized solar cells, Chemical Communications, 2013, 49: 2810-2812.

[172] Y. Li, L. Wei, L. Mei, et al. Efficient PbS/CdS co-sensitized solar cells based on TiO_2 nanorod arrays, Nanoscale Research Letters, 2013, 8: 67-74.

[173] Y. K. Lai, Z. Q. Lin, C. J. Lin, et al. CdSe/CdS quantum dots co-sensitized TiO_2 nanotube array photoelectrode for highly efficient solar cells, Electrochimica Acta, 2012, 79: 175-181.

[174] Q. X. Zhang, G. P. Chen, Q. B. Meng, et al. Toward highly efficient CdS/CdSe quantum dots-sensitized solar cells

incorporating ordered photoanodes on transparent conductive substrates, Physical Chemistry Chemical Physics, 2012, 14: 6479-6486.

[175] J. P. Deng, L. Li, Y. C. Gou, et al. CdS-derived $CdS_{1-x}Se_x$ nanocrystals within TiO_2 films for quantum dot-sensitized solar cells prepared through hydrothermal anion exchange reaction, Electrochimica Acta, 2020, 356: 136845.

[176] Z. G. Zhang, C. W. Shi, K. Lv, et al. 200-nm long TiO_2 nanorod arrays for efficient solid-state PbS quantum dot-sensitized solar cells, Journal of Energy Chemistry, 2018, 27(4): 1214-1218.

[177] J. H. Bang, P. V. Kamat, Quantum dot sensitized solar cells. A tale of two semiconductor nanocrystals: CdSe and CdTe, ACS Nano, 2009, 3: 1467-1476.

[178] X. Y. Yu, J. Y. Liao, D. B. Kuang, et al. Dynamic study of highly efficient CdS/CdSe quantum dot-sensitized solar cells fabricated by electrodeposition, ACS Nano, 2011, 5: 9494-9500.

[179] K. Shin, S. II. Seok, J. H. Park, et al. CdS or CdSe decorated TiO_2 nanotube arrays from spray pyrolysis deposition: use in photoelectrochemical cells, Chemical Communications, 2010, 46: 2385-2387.

[180] I. Robel, V. Subramanian, P. V. Kamat, et al. Quantum dot solar cells. Harvesting light energy with CdSe nanocrystals molecularly linked to mesoscopic TiO_2 films, Journal of the American Chemical Society, 2006, 128: 2385-2393.

[181] X. F. Gao, H. B. Li, L. M. Peng, et al. CdTe quantum dots-sensitized TiO_2 nanotube array photoelectrodes, The Journal of Physical Chemistry C, 2009, 113: 7531-7535.

[182] Y. L. Lee, Y. S. Lo. Highly efficient quantum-dot-sensitized solar cell based on co-sensitization of CdS/CdSe, Advanced Functional Materials, 2009, 19(4): 604-609.

[183] X. Y. Yu, B. X. Lei, C. Y. Su, et al. High performance and reduced charge recombination of CdSe/CdS quantum dot-sensitized solar cells, Journal of Materials Chemistry A, 2012, 22: 12058-12063.

[184] P. K. Santra, P. V. Kamat. Mn-doped quantum dot sensitized solar cells: A strategy to boost efficiency over 5%, Journal of the American Chemical Society, 2012, 134: 2508-2511.

[185] G. ZHu, L. K. Pan, Z. Sun, et al. Cascade structure of TiO_2/ZnO/CdS film for quantum dot sensitized solar cells, Journal of Alloys and Compounds, 2011, 509: 7814-7818.

[186] P. V. Kamat. Boosting the efficiency of quantum dot sensitized solar cells through modulation of interfacial of interfacial charge transfer, Account of Chemical Research, 2012, 45: 1906-1915.

[187] G. Hodes. Comparison of dye- and semiconductor-sensitized porous nanocrystalline liquid junction solar cells, The Journal of Physics Chemistry C, 2008, 112: 17778-17787.

[188] C. Liang, L. Li, J. Su, et al. A general method for preparing anatase TiO_2 tree-like-nanoarrays on various metal wires for fiber dye-sensitized solar cells, Scientific Reports, 2014, 4: 4420.

[189] S. Park, G, Wang, B. Cho, et al. Flexible molecular-scale electronic devices, Nature Nanotechnology, 2012, 7: 438-422.

[190] F. Fu, T. Feurer, T. Weiss, et al. High-efficiency inverted semi-transparent planar perovskite solar cells in substrate configuration, Nature Energy, 2016, 2: 16190.

[191] S. Mali, S. Desai, S. Kalagi, et al. PbS quantum dot sensitized anatase TiO_2 nanocrystals for quantum dot-sensitized solar cell applications, Dalton Transactions, 2012, 41: 6130-6136.

[192] D. Wu, S. Zhang, S. Jiang, et al. Anatase TiO_2 hierarchical structures composed of ultra-thin nano-sheets exposing high percentage {001} facets and their application in quantum-dot sensitized solar cells, Journal of Alloys and Compound, 2015, 624: 94-99.

[193] H. Weerasinghe, P. Sirimanne, G. Simon, et al. Cold isostatic pressing technique for producing highly efficient flexible dye-sensitized solar cells on plastic substrates, Progress in Photovoltaic: Research and Applications, 2012, 20: 321-332.

[194] G. Zhu, Z. Cheng, T. Lv, et al. Zn-doped nanocrystalline TiO_2 films for CdS quantum dot sensitized solar cells, Nanoscale, 2010, 2: 1229-1232.

[195] T. Shu, P. Xiang, X. Zhou, et al. Mesoscopic nitrogen-doped TiO_2 spheres for quantum dot-sensitized solar cells, Electrochimica Acta, 2012, 68: 166-172.

[196] L. Li, J. Y. Xiao, X. Yang, et al. High efficiency CdS quantum-dot-sensitized solar cells with boron and nitrogen co-doped TiO_2 nanofilm as effective photoanode, Electrochimica Acta, 2015, 169: 103-108.

[197] Y. L. Liu, Y. Cheng, W. Shu, et al. Formation and photovoltaic performance of few-layered graphene-decorated

TiO_2 nanocrystals used in dye-sensitized solar cells, Nanoscale, 2014, 6: 6755-6762.

[198] H. Wang, Y. Bai, H. Zhang, et al. CdS quantum dots-sensitized TiO_2 nanorod array on transparent conductive glass photoelectrodes, The Journal of Physical Chemistry C, 2010, 114: 16451-16455.

[199] Z. Y. Peng, Y. L. Liu, Y. H. Zhao, et al. Efficiency enhancement of TiO_2 nanodendrite array electrodes in $CuInS_2$ quantum dot sensitized solar cells, Electrochimica Acta, 2013, 111: 755-761.

[200] Z. Y. Peng, Y. L. Liu, Y. H. Zhao, et al. Incorporation of the TiO_2 nanowire arrays photoanode and Cu_2S nanorod arrays counter electrode on the photovoltaic performance of quantum dot sensitized solar cells, Electrochimica Acta, 2014, 135: 276-283.

[201] P. Hsiao, Y. Liou, H. Teng. Electron transport patterns in TiO_2 nanotube arrays based dye-sensitized solar cells under frontside and backside illuminations, The Journal of Physical Chemistry C, 2011, 115: 15018-15024.

[202] C. Wang, Z. Jiang, L. Wei, et al. Photosensitization of TiO_2 nanorods with CdS quantum dots for photovoltaic applications: a wet-chemical approach, Nano Energy, 2012, 1: 440-447.

[203] H. Rao, W. Wu, Y. Liu, et al. CdS/CdSe co-sensitized vertically aligned anatase TiO_2 nanowire arrays for efficient solar cells Nano Energy, 2014, 8: 1-8.

[204] Q. Shen, A. Yamada, S. Tamura, et al. CdSe quantum dot-sensitized solar cell employing TiO_2 nanotube working-electrode and Cu_2S conter-electrode, Applied Physics Letters, 2010, 97: 123107.

[205] D. Wu, J. He, S. Zhang, et al. Multi-dimensional titanium dioxide with desirable structural qualities for enhanced performance in quantum-dot sensitized solar cells, Journal of Power Sources, 2015, 282: 202-210.

[206] Y. L. Liu, Y. Q. Cheng, K. Q. Chen, et al. Enhanced light-harvesting of the conical TiO_2 nanotube arrays used as the photoanodes in flexible dye-sensitized solar cells, Electrochimica Acta, 2014, 146: 838-844.

[207] W. Shu, Y. Yu, H. Pan, et al. CdS quantum dots sensitized TiO_2 nanotube-array photoelectrodes, Journal of the American Chemical Society, 2008, 139: 1124-1125.

[208] V. Burungale, V. Satale, A. Teli, et al. Surfactant free single step synthesis of TiO_2 3-D microflowers by hydrothermal route and its photoelectrochemical characterizationsm Journal of Alloys and Compounds, 2016, 656: 491-499.

[209] X. Xu, W. Wu, H. Rao. CdS/CdSe co-sensitized TiO_2 nanowire-coated hollow spheres exceeding 6% photovoltaic performance, Nano Energy, 2015, 11: 621-630.

[210] Y. L. Liu, Y. Q. Cheng, K. Q. Chen, et al. Fabrication of TiO_2 nanotube arrays and their application in flexible dye-sensitized solar cells, RSC Advances, 2014, 4: 45592-45597.

[211] G. Wang, X. Yang, F. Qian, et al. Double-sided CdS and CdSe quantum dot co-sensitized ZnO nanowire arrays for photoelectrochemical hydrogen generation, Nano Letters, 2010, 10: 1088-1092.

[212] C. Raj, S. Karthick, S. Park, et al. Improved photovoltaic performance of CdSe/CdS/PbS quantum dot sensitized ZnO nanorod array solar cell, Journal of Power Sources, 2014, 248: 439-446.

[213] J. Chen, W. Lei, C. Li, et al. Flexible quantum dot sensitized solar cell by electrophoretic deposition of CdSe quantum dots on ZnO nanorods, Physical Chemistry Chemical Physics, 2011, 13: 13182-13184.

[214] T. Chetia, M. Ansari, M. Qureshi. Ethyl cellulose and cetrimonium bromide assisted synthesis ofmesoporous, hexahon shaped ZnO nanodisks with exposed ± {0001} polar facet for enhanced photovoltaic performance in quantum dot sensitized solar cells, ACS Applied Materials & Interfaces, 2015, 7: 13266-13279.

[215] W. Lee, S. Kang, T. Hwang, et al. Facile conversion synthesis of densely-formed branched ZnO-nanowire arrays for quantum-dot-sensitized solar cells, Electrochimica Acta, 2015, 167: 194-200.

[216] J. Tian, E. Uchaker, Q. Zhang, et al. Hierarchically structured ZnO nanorods-nanosheets for improved quantum-dot-sensitized solar cells, ACS Applied Materials & Interfaces, 2014, 6: 4466-4472.

[217] T. Chetia, D. Barpuxary, M. Qureshi. Enhanced photovoltaic performance utilizing effective charge transfers and light scattering effects by the combination of mesoporous, hollow 3D-ZnO along with 1D-ZnO in CdS quantum dot sensitized solar cells, Physical Chemistry Chemical Physics, 2014, 16: 9625-9633.

[218] J. Tian, Q. Zhang, L. Zhang, et al. ZnO/TiO_2 nanocable structured photoelectrodes for CdS/CdSe quantum dot co-sensitized solar cells, Nanoscale, 2013, 5: 936-943.

[219] H. Feng, W. Wu, H. Rao, et al. Three dimensional TiO_2/ZnO hybrid array as a heterostructured anode for efficient quantum-dot-sensitized solar cells, ACS Applied Materials & Interfaces, 2015, 7: 5199-5205.

[220] Y. Y. Han, S. He, X. Luo, et al. Triplet sensitization by "self-trapped" excitons of nontoxic $CuInS_2$ nanocrystals for

efficient photon upconversion, Journal of the American Chemical Society, 2019, 141(33): 13033-13037.
[221] A. Anand, M. L. Zaffalon, G. Gariano, et al. Evidence for the band-edge exciton of $CuInS_2$ nanocrystals enables record efficient large-area luminescent solar concentrators, 2020, 30(4): 1906629.
[222] W. V. D. Stam, M. D. Graaf, S. Gudjonsdottir, et al. Tuning and probing the distribution of Cu^+ and Cu^{2+} trap states responsible for broad-band photoluminescence in $CuInS_2$ nanocrystals, ACS Nano, 2018, 12(11): 11244-11253.
[223] S. Y. Tang, H. Medina, Y. T. Yen, et al. Enhanced photocarrier generation with selectable wavelengths by M-decorated-$CuInS_2$ nanocrystals (M = Au and Pt) synthesized in a single surfactant process on MoS_2 bilayers, Small, 2019, 15(8): 1803529.
[224] A. C. Berends, W. V. D. Stam, J. P. Hofmann, et al. Interplay between surface chemistry, precursor reactivity, and temperature determines outcome of ZnS shelling reactions on $CuInS_2$ nanocrystals, Chemistry of Materials, 2018, 30(7): 2400-2413.
[225] S. O. M. Hinterding, A. C. Berends, B. M. Kurttepeli, et al. Tailoring Cu^+ for Ga^{3+} cation exchange in $Cu_{2-x}S$ and $CuInS_2$ nanocrystals by controlling the Ga precursor chemistry, ACS Nano, 2019, 13(11): 12880-12893.
[226] X. Li, D. T. Tu, S. H. Yu, et al. Highly efficient luminescent I-III-VI semiconductor nanoprobes based on template-synthesized $CuInS_2$ nanocrystals, Nano Research, 2019, 12: 1804-1809.
[227] H. D. Nelson, D. R. Gamelin. Valence-band electronic structures of Cu^+-doped ZnS, aloyed Cu-In-Zn-S, and ternary $CuInS_2$ nanocrystals: a unified description of photoluminescence across compositions, The Journal of Physical Chemistry C, 2018, 122(31): 18124-18133.
[228] M. Y. Ye, Y. Li, R. L. Tang, et al. Pressure-induced bandgap engineering and photoresponse enhancement of wurtzite $CuInS_2$ nanocrystals, Nanoscale, 2022, 14: 2668-2675.
[229] S. O. M. Hinterding, M. J. J. Mangnus, P. T. Prins, et al. Unusual spectral diffusion of single $CuInS_2$ quantum dots sheds light on the mechanism of radiative decay, Nano Letters, 2021, 21(1): 658-665.
[230] J. J. Naim, P. J. Shapiro, M. G. Norton, et al. Preparation of ultrafine chalcopyrite nanoparticles via the photochemical decomposition of molecular single-source precursors, Nano Letters, 2006, 6: 1218-1223.
[231] J. Gardner, E. Shurdha, J. Pak, et al. Rapid synthesis and size control of $CuInS_2$; semiconductor nanoparticles using microwave irradiation, Journal of Nanoparticle Research, 2008, 10: 633-641.
[232] T. L. Li, H. S. Teng. Solution synthesis of high-quality $CuInS_2$ quantum dots as sensitizers for TiO_2 photoelectrodes, Journal of Materials Chemistry, 2010, 20: 3656-3664.
[233] H. Nakamuran, W. Kato, H. Maeda, et al. Tunable photoluminescence wavelength of chalcopyrite $CuInS_2$-based semiconductor nanocrystals synthesized in a colloidal system, Chemistry of Materials, 2006, 18: 3330-3335.
[234] R. G. Xie, M. Rutherford, X. G. Peng. Formation of high-quality I-III-VI semiconductor nanocrystals by tuning relative reactivity of cationic precursors, Journal of the American Chemical Society, 2009, 131: 5691-5697.
[235] L. Li, T. J. Daou, P. Reiss, et al. Highly luminescent $CuInS_2$/ZnS core/shell nanocrystals: Cadmium-free quantum dots for In vivo imaging, Chemistry of Materials, 2009, 21: 2422-2429.
[236] H. Z. Zhong, Y. Zhou, Y. F. Li, et al. Controlled synthesis and optical properties of colloidal ternary chalcogenide $CuInS_2$ nanocrystals, Chemistry of Materials, 2008, 20: 6434-6443.
[237] H. Z. Zhong, S. S. Lo, G. D. Scholes, et al. Noninjection gram-scale synthesis of monodisperse pyramidal $CuInS_2$ nanocrystals and their size-dependent properties, ACS Nano, 2010, 4: 5253-5262.
[238] H. X, Q. X. Zhang, Q. B. Meng, et al. Aqueous colloidal $CuInS_2$ for quantum dot sensitized solar cells, Journal of Materials Chemistry, 2011, 21: 15903-15905.
[239] T. L. Li, Y. L. Lee, H. S. Teng. High-performance quantum dot-sensitized solar cells based on sensitization with $CuInS_2$ quantum dots/CdS heterostructure, Energy & Environmental Science, 2012, 5: 5315-5324.
[240] H. Song, Y. Lin, M. S. Liu, et al. Zn-Cu-In-S-Se quinary "Green" alloyed quantum-dot-sensitized solar cells with a certified efficiency of 14.4%, Angewandte Chemie International Edition, 2021, 60(11): 6137-6144.
[241] H. Song, Y. Lin, Z. Y. Zhang, et al. Improving the efficiency of quantum dot sensitized solar cells beyond 15% via secondary deposition, Journal of the American Chemical Society, 2021, 143(12):4790-4800.
[242] J. J. Wu, W. T. Jiang, W. P. Liao. $CuInS_2$ nanotube array on indium tin oxide: synthesis and photoelectrochemical properties, Chemical Communications, 2010, 46: 5885-5887.
[243] Z. J. Zhou, J. Q. Fan, S. X. Wu, et al. Solution fabrication and photoelectrical properties of $CuInS_2$ nanocrystals on TiO_2 nanorod array, ACS Applied Materials & Interfaces, 2011, 3: 2189-2194.

[244] Z. J. Zhou, S. J. Yuan, S. X. Wu, et al. $CuInS_2$ quantum dot-sensitized TiO_2 nanorod array photoelectrodes: synthesis and performance optimization, Nanoscale Research Letters, 2012, 7: 1-8.

[245] J. Y. Chang, L. F. Su, J. M. Lin, et al. Efficient "green" quantum dot-sensitized solar cells based on Cu_2S-$CuInS_2$-ZnSe architecture, Chemical Communications, 2012, 48: 4848-4850.

[246] S. C. Abrahams, J. L. Bernstein, Piezoelectric nonlinear optic $CuGaS_2$ and $CuInS_2$ crystal structure: Sublattice distortion in $A^{I}B^{III}C_2^{VI}$ and $A^{II}B^{IV}C_2^{V}$ type chalcopyrites, The Journal of Chemical Physics, 1973, 59: 5415-5422.

[247] C. H. Xia, W. W. Wu, T. Yu, et al. Size-dependent band-gap and molar absorption coefficients of colloidal $CuInS_2$ quantum dots, ACS Nano, 2018, 12(8): 8350-8361.

[248] R. Marin, A. Vivian, A. Skripka, et al. Mercaptosilane-passivated $CuInS_2$ quantum dots for luminescence thermometry and luminescent labels, ACS Applied Nano Materials, 2019, 2(4): 2426-2436.

[249] S. Chang, Y. L. Zhao, J. L. Tang, et al. Balanced carrier injection and charge separation of $CuInS_2$ quantum dots for bifunctional light-emitting and photodetection devices, The Journal of Physical Chemistry C, 2020, 124(12): 6554-6561.

[250] J. N. Park, J. Joo, T. H. Hyeon, et al. Synthesis of monodisperse spherical nanocrystals, Angewandte Chemie International Edition, 2007, 46: 4630-4660.

[251] S. Hachiya, Q. Shen, T. Toyoda. Effect of ZnS coatings on the enhancement of the photovoltaic properties of PbS quantum dot-sensitized solar cells, Journal of Applied Physics, 2012, 111: 104315-104319.

[252] X. N. Wang, R. Liu, H. Wang, et al. Dual roles of ZnS thin layers in significant photocurrent enhancement of ZnO/CdTe nanocable arrays photoanode, ACS Applied Materials & Interfaces, 2013, 5: 3312-3316.

[253] C. Y. Wang, H. Groenzin, M. J. Shultz. Comparative study of acetic acid, methanol, and water adsorbed on anatase TiO_2 probed by sum frequency generation spectroscopy, Journal of the American Chemical Society, 2005, 127: 9736-9744.

[254] A. Hofmann, C. Pettenkofer. Surface orientation dependent band alignment for $CuInSe_2$/ZnSe/ZnO, Applied Physics Letters, 2011, 98: 113503-113505.

[255] S. H. Wei, Z. Zunger. Band offsets and optical bowings of chalcopyrites and Zn-based II-VI alloys, Journal of Applied Physics, 1995, 78: 3846 - 3856.

[256] N. Gujarro, J. M. Campina, R. Gomez, et al. Uncovering the role of the ZnS treatment in the performance of quantum dot sensitized solar cells, Physical Chemistry Chemical Physics, 2011, 13: 12024-12032.

[257] P. F. Zhang, R. Jia, K. Tao, et al. The influence of Ag-ion concentration on the performance of mc-Si silicon solar cells textured by metal assisted chemical etching (MACE) method, Solar Energy Materials and Solar Cells, 2019, 200: 109983.

[258] H. Savin, P. Repo, G. V. Gastrow, et al. Black silicon solar cells with interdigitated back-contacts achieve 22.1% efficiency, Nature Nanotechnology, 2015, 10: 624-628.

[259] X. P. Li, Z. B. Gao, D. N. Zhang, et al. High-efficiency multi-crystalline black silicon solar cells achieved by additive assisted Ag-MACE, Solar Energy, 2020, 195: 176-184.

[260] Y. L. Liu, Y. Q. Cheng, K. Q. Chen, et al. Enhanced light-harvesting of the conical TiO_2 nanotube arrays used as the photoanodes in flexible dye-sensitized solar cells, Electrochimica Acta, 2014, 146: 838-844.